Frank Lampe

Unternehmenserfolg im Internet

Business Computing

Bücher und neue Medien aus der Reihe Business Computing verknüpfen aktuelles Wissen aus der Informationstechnologie mit Fragestellungen aus dem Management. Sie richten sich insbesondere an IT-Verantwortliche in Unternehmen und Organisationen sowie an Berater und IT-Dozenten.

In der Reihe sind bisher erschienen:

SAP, Arbeit, Management
von AFOS

Steigerung der Performance von Informatikprozessen
von Martin Brogli

Netzwerkpraxis mit Novell NetWare
von Norbert Heesel und Werner Reichstein

Professionelles Datenbank-Design mit ACCESS
von Ernst Tiemeyer und Klemens Konopasek

Qualitätssoftware durch Kundenorientierung
von Georg Herzwurm, Sixten Schockert und Werner Mellis

Modernes Projektmanagement
von Erik Wischnewski

Projektmanagement für das Bauwesen
von Erik Wischnewski

Projektmanagement interaktiv
von Gerda M. Süß und Dieter Eschlbeck

Projektkompass SAP®
von AFOS und Andreas Blume

Elektronische Kundenintegration
von André R. Probst und Dieter Wenger

Moderne Organisationskonzeptionen
von Helmut Wittlage

SAP® R/3® im Mittelstand
von Olaf Jacob und Hans-Jürgen Uhink

Electronic Commerce
von Markus Deutsch

Unternehmenserfolg im Internet
von Frank Lampe

Vieweg

Frank Lampe

Unternehmenserfolg im Internet

Ein Leitfaden für das Management kleiner und mittlerer Unternehmen

2., überarbeitete und erweiterte Auflage

Die Deutsche Bibliothek – CIP-Einheitsaufnahme

Lampe, Frank:
Unternehmenserfolg im Internet: ein Leitfaden für das Management kleiner und mittlerer Unternehmen / Frank Lampe. – 2., überarb. und erw. Aufl. – Braunschweig; Wiesbaden: Vieweg, 1998
(Business Computing)

ISBN-13: 978-3-528-15544-5 e-ISBN-13: 978-3-322-89108-2
DOI: 10.1007/978-3-322-89108-2

1. Auflage 1996
Diese Auflage erschien unter dem Titel „Business im Internet"

2., überarbeitete und erweiterte Auflage 1998

Der Verlag Vieweg ist ein Unternehmen der Bertelsmann Fachinformation GmbH.

http://www.vieweg.de

Höchste inhaltliche und technische Qualität unserer Produkte ist unser Ziel. Bei der Produktion und Auslieferung unserer Werke wollen wir die Umwelt schonen: Dieses Buch ist auf säurefreiem und chlorfrei gebleichtem Papier gedruckt. Die Einschweißfolie besteht aus Polyäthylen und damit aus organischen Grundstoffen, die weder bei der Herstellung noch bei der Verbrennung Schadstoffe freisetzen.

Umschlaggestaltung: Ulrike Posselt, Wiesbaden

ISBN-13: 978-3-528-15544-5

Vorwort zur 2. Auflage

Gut zwei Jahre sind seit der Veröffentlichung der ersten Auflage vergangen und eine neue, gründlich überarbeitete und erweiterte Auflage erscheint. Ich freue mich über die positive Aufnahme des Buches und sehe mich bestätigt in meinem Ziel, Orientierungshilfe und Anregungen bei der Integration dieser jungen Technologie in den betrieblichen Alltag bzw. Arbeitsablauf zu geben. Darüber hinaus ist es Ziel dieses Buches, der Debatte um den geschäftlichen Einsatz des Internet mehr Sachlichkeit und Objektivität zu verleihen. Dazu trägt auch der neue Titel ohne Anglizismen bei.

Diese 2. Auflage gibt mir die Gelegenheit, die rasanten Entwicklungen und Diskussionen des vergangenen Jahres zu berücksichtigen und viele Neuerungen einzuarbeiten. Die Nutzenpotentiale des Netzes werden jetzt noch deutlicher herausgearbeitet und in eigenen Abschnitten dargestellt. Besonders im Bereich Marketing im Internet (Kapitel 6) aber auch in der Marktforschung (Abschnitt 4.3) hat sich in der wissenschaftlichen Forschung wie in der praktischen Anwendung einiges getan. Empirische Untersuchungen und Konzepte zur Planung und Gestaltung von Marketingauftritten im WWW wurden vorgelegt, Bannerstandardisierungen und Meßkonzepte zur quantitativen und qualitativen Bewertung von Online-Werbung wurden vorgeschlagen und heftig diskutiert. Electronic Commerce, Telearbeit und virtuelle Unternehmen, Konzepte, die u.a. durch das Internet plötzlich in aller Munde sind, hielten Einzug in das alltägliche Leben. Der deutsche Gesetzgeber versuchte mit der technologischen Entwicklung Schritt zu halten und verabschiedete das Informations- und Telekommunkationsdienstegesetz.

Nicht zuletzt wurde auch das Zahlenmaterial und der größte Teil der Bilder und Graphiken überarbeitet. Besonders die im Buch genannten Internet-Adressen (URLs) wurden überprüft und aktualisiert. Ich hoffe daher, daß der Fall verschwundener oder verzogener WWW-Seiten weiterhin so gering wie möglich bleibt.

Mein besonderer Dank gilt Frau Carola Spiecker für ihre intensive und geschätzte Mitarbeit.

Bremen, im August 1998

Frank Lampe

Vorwort zur 2. Auflage

Inhalt

1 WORUM ES IN DIESEM BUCH GEHT 1

1.1 Unternehmenserfolg im Internet 1

1.2 Ziele und Zielgruppen dieses Buches 2

1.3 Der Nutzen für das Unternehmen 2

1.4 Wie Sie dieses Buch nutzen können 4

2 UNTERNEHMEN UND DAS INTERNET 7

2.1 Unternehmenserfolg und Kommerz 7

2.2 Grundsätzliche Möglichkeiten für Unternehmen 8

2.3 Die Internet-Dienste im Überblick 13

2.4 Betriebliche Nutzung der Dienste 16

2.5 Die Markt- und Zielgruppengröße 21

2.6 Die Internet-User: Potentielle Kunden 25

Literatur 34

3 TECHNISCHER BACKGROUND UND ÜBERBLICK 35

3.1 Rückblick 38

3.2 Wie das Internet funktioniert 39

3.2.1 Das Internet-Protokoll 42

3.2.2 Das Domain-Name-System 44

3.2.3 Die Client/Serversoftwarearchitektur 47

3.3 Internet weltweit: die Netztopographie 51

3.4 Die aktuelle Bedeutung des Internet: Zahlen zum Netz 56

3.5 Kommerzielle Online-Dienste 60

Literatur 67

4 INFORMATIONSBESCHAFFUNG 69

4.1 Dienste zur Informationsbeschaffung 69

4.1.1 FTP-Dateitransfer 70

4.1.2 Telnet: Die Computer-Fernbedienung 72

4.1.3 Die Schwarzen Bretter: News 74

4.1.4 Am Rande erwähnt: Archie, WAIS und Gopher 77

4.2 Allgemeine Informationsrecherchen im Internet 80

4.2.1 Search Engines - Suchmaschinen und Kataloge 81
4.2.2 Information im Netz 85

4.3 Möglichkeiten der Marktforschung im Internet 89
4.3.1 Primärforschung 91
4.3.2 Sekundärforschung 103

4.4 Weitere betriebliche Einsatzgebiete 105

4.5 Wie vorgehen bei der Informationssuche? 110
4.5.1 Suchen nach Information mit lokalem Bezug 110
4.5.2 Suchen mit Themenschwerpunkt 111
4.5.3 Suchen nach Informationen aus der Forschung 112
4.5.4 Suchen nach Software 112
4.5.5 Beispiele 112

4.6 Potentiale für Wettbewerbsvorteile 115

Literatur 119

5 UNTERNEHMENSKOMMUNIKATION UND INTERNET 121

5.1 Kommunikationsorientierte Dienste 121
5.1.1 E-Mail und Mailinglisten 123
5.1.2 Talk und Internet Relay Chat (IRC) 129
5.1.3 Videokonferenzen und Telefonieren im Internet 130

5.2 Die interne Kommunikation 132
5.2.1 Anwendungen 132
5.2.2 Exkurs: Telearbeit 137

5.3 Die externe Kommunikation 138
5.3.1 Öffentliche Stellen im Netz 139
5.3.2 Finanzdienstleister 142
5.3.3 Publizieren unternehmenseigener Informationen 144

5.4 Potentiale für Wettbewerbsvorteile 150

Literatur 154

6 MARKETING IM INTERNET 155

6.1 Das World Wide Web 158
6.1.1 Funktionsweise 159
6.1.2 HTTP und HTML 161
6.1.3 Layoutmöglichkeiten, Multimedia und Dateiformate 162
6.1.4 Plug-Ins 164
6.1.5 Java und JavaScript 165
6.1.6 Formulare und Datenbankanbindung 167

6.2 Marketingziele und das Internet 169

6.3 Marketingstrategien und das Internet 173

6.4 Der Einfluß des Internet auf die Produktpolitik 184
6.4.1 Die prozeßbezogene Produktpolitik 189

6.4.2 Die gestaltungsbezogene Produktpolitik 197
6.4.3 Die programmbezogene Produktpolitik........................ 199

6.5 Preispolitik im Internet: Was zu bedenken ist 200
6.5.1 Preismanagement im Internet........................ 201
6.5.2 Exkurs: Mögliche Kostenwirkungen 204
6.5.3 Konditionenpolitik im Internet........................ 207

6.6 Kommunikationspolitik im Internet 212
6.6.1 Internet und Direktkommunikation 214
6.6.2 Virtuelle Messen und Ausstellungen........................ 216
6.6.3 Event-Marketing........................ 218
6.6.4 Marketing-PR via Internet........................ 219
6.6.5 Sponsoring und Internet 220
6.6.6 Einsatz des Internet bei der Verkaufsförderung 220
6.6.7 Multimedia-Kommunikation 221

6.7 Werbung im World Wide Web 222
6.7.1 Werbeziele 224
6.7.2 Werbebudgets im Internet 228
6.7.3 Werbebotschaften........................ 233
6.7.4 Welche Werbemittel gibt es im Internet?........................ 236
6.7.5 Direkte Internet-Werbung 238
6.7.6 Indirekte Internet-Werbung........................ 239
6.7.7 Werbeträger Online-Zeitungen und Zeitschriften........................ 243
6.7.8 Mediaforschung........................ 245
6.7.9 Werbewirkung........................ 248
6.7.10 Exkurs: Werbefeindlichkeit der Nutzer........................ 249

6.8 Die Distributionspolitik........................ 250
6.8.1 Das Internet als Absatzweg 250
6.8.2 Absatzmittler und das Internet........................ 256
6.8.3 Außendienst und persönlicher Verkauf 263
6.8.4 Transportmedium Internet........................ 265

6.9 Dienstleistungen im Internet 267

6.10 Potentiale für Wettbewerbsvorteile 270

Literatur........................ 273

7 MANAGEMENT DES INTERNET-EINSATZES 277

7.1 Der richtige Internet-Zugang 277

7.2 Die Providerauswahl........................ 282

7.3 Die Kosten des Internet-Engagements........................ 286
7.3.1 Leitungskosten........................ 287
7.3.2 Providertarife 288
7.3.3 Hardware- und Softwarepreise 290
7.3.4 Kosten der Erstellung von WWW-Seiten........................ 293
7.3.5 Kosten für Wartung und Aktualisierung........................ 294

7.4 Planung eines Internet-Projekts **295**
7.4.1 Projektteam und Situationsanalyse 295
7.4.2 Ziele des Internet-Engagements 298
7.4.3 Die Internet-Strategie und das Budget 300
7.4.4 Maßnahmenplanung: Der eigene WWW-Server 303
7.4.5 Inhaltliche Gestaltung der WWW-Homepage 306
7.4.6 Formale Gestaltung der Seiten 310
7.4.7 Controlling des Internet-Engagements 315

7.5 Organisationen rund um das Internet **316**

Literatur **321**

8 ERFOLGSFAKTOREN UND HINDERNISSE **323**

8.1 Wirtschaftlichkeitsanalysen **326**

8.2. Technologie **329**
8.2.1 Standards 329
8.2.2 Leitungskapazitäten 330

8.3 Datensicherheit **333**

8.4 Zahlungsysteme und Elektronisches Geld **341**

8.5 Rechtliche Aspekte **346**
8.5.1 Anzuwendende Gesetze und Richtlinien 347
8.5.2 Vertragsrecht 350
8.5.3 Steuerrecht 353
8.5.4 Haftungsfragen 354
8.5.5 Internationales Recht 355
8.5.6 Datenschutz 356
8.5.7 Urheberrecht 359

8.6 Akzeptanzprobleme **360**
8.6.1 Nutzerakzeptanz 360
8.6.2 Unternehmensakzeptanz 361

Literatur **363**

9 RESÜMEE UND AUSBLICK **365**

ANHANHG

A ACCEPTABLE USE POLICY (BEISPIEL) **369**

B GLOSSAR UND ABKÜRZUNGSVERZEICHNIS **371**

INDEX **384**

1 Worum es in diesem Buch geht

1.1 Unternehmenserfolg im Internet

Öffnung des Netzes

Mit der Öffnung für die kommerzielle Nutzung Anfang der neunziger Jahre hat sich das Internet oder das „Netz der Netze", wie es auch genannt wird, verändert. Das anfangs militärisch und später wissenschaftlich genutzte Netz (die Begriffe „Internet" und „Netz" werden im folgenden synonym gebraucht), war ca. zwei Jahrzehnte lang den „Spezialisten" vorbehalten. Es öffnete sich unter dem Einfluß und Druck der US-Regierung, die es über die National Science Foundation (NSF) teilweise finanzierte, und gegen den Widerstand einiger alteingesessener Nutzerkreise einer breiteren Öffentlichkeit.

Steigende Zahl von Unternehmen im Internet

Mit der Weiterentwicklung des Netzes und der kostenlosen Verbreitung der entsprechenden Anwendungssoftware vereinfachte sich die Nutzung, während Geschwindigkeit und Funktionsumfang zunahmen. Auch wenn gerade das Thema „Geschwindigkeit" oft Anlaß zu Diskussionen bietet, die Zahl der angeschlossenen Nutzer wuchs und wächst noch immer rasant. Diese Entwicklung macht das Internet auch für Unternehmen interessant: Die Zahl der Firmen, die sich auf verschiedenste Weise im Internet engagieren, steigt weltweit schnell an und hat bereits die Zahl der vormals dominierenden wissenschaftlichen und berufsbildenden Einrichtungen überrundet (siehe dazu auch Abschnitt 2.6).

Übersicht über Chancen und Risiken

Die sich für Unternehmen im Internet eröffnenden Chancen und Risiken sind vielfältig und nicht leicht zu überschauen. Geschäftlicher Erfolg im Netz erfordert eine gründliche Vorbereitung auf das neue Medium und seine Spielregeln. Dieses Buch bietet Ihnen eine systematische Darstellung der Möglichkeiten und Hindernisse der Internet-Nutzung in Unternehmen und verdeutlicht diese anhand vieler Beispiele.

1.2 Ziele und Zielgruppen dieses Buches

Dieses Buch richtet sich an alle, die sich für die Möglichkeiten der kommerziellen Nutzung des Internet interessieren. Das Buch soll für all diejenigen, die sich mit dem geschäftlichen Einstieg in das Internet befassen, eine Entscheidungs- und Orientierungshilfe sein. Es zeigt die Einsatzmöglichkeiten systematisch auf und ist ein umfassender Begleiter beim unternehmerischen Aufbau der Internet-Präsenz. Dem gewerblichen Online-Einsteiger versucht es neben den aus den Medien bekannten und schon stärker verbreiteten Nutzungsformen, wie etwa der Werbung im World Wide Web (WWW), auch die Anwendungen und Dienste, die das Internet darüber hinaus zu bieten hat (wie z.B. die Kommunikationsdienste) näherzubringen. Gerade die Kommunikationsmöglichkeiten firmenintern wie -extern versprechen gegenwärtig einen „Return on Investment". Gleichzeitig bietet das Buch eine allgemeine Einführung in das Internet und versucht mit zahlreichen Abbildungen, Beispielen und Adressen Perspektiven aufzuzeigen und Hilfestellung bei der Anwendung der neuen Technologie im Unternehmen zu geben.

Einstiegs- und Entscheidungshilfe

Grundlegende Einführung in das Internet

1.3 Der Nutzen für das Unternehmen

Informationszeitalter und Internet

Das oft gepriesene Informationszeitalter hat viele Gesichter. Eines davon ist mit Sicherheit das Internet, dessen Schwerpunkt die Bereitstellung und der Transport von Informationen sind. Information oder Know how ist für viele Unternehmen längst zum vierten Produktionsfaktor neben Boden, Arbeit und Kapital aufgestiegen.

Bedeutung von Computernetzen

Vielfach wird das Netz in seiner langfristigen Bedeutung für die Entwicklung der Menschheit auf eine Stufe mit der Entwicklung des Mikrochip und des PC gestellt – Technologien, ohne die heute in den industrialisierten Staaten fast nichts mehr geht. Man braucht kein Prophet zu sein, um die zukünftige Bedeutung von Computernetzen und Online-Diensten zu prognostizieren. Sie werden mittel- bis langfristig eine ähnliche Bedeutung haben wie heute Telefon, Fernsehen und Fax. Vermutlich werden sie diese Medien integrieren und in bestimmten Bereichen sogar verdrängen. Telefonieren im und faxen aus dem Internet ist beispielsweise schon heute Stand der Technik (vergleiche dazu auch Abschnitt 5.1.3). Auch Fernsehübertragungen, wenn auch nur in beschränkter Größe und Qualität, werden bereits durchgeführt.

Nutzungsmöglichkeiten des Internet

Das Internet setzt sich aus verschiedenen Bestandteilen – sogenannten Diensten – zusammen. Das WWW und E-Mail z.B. werden gegenwärtig schon von einer Vielzahl von Unternehmen eingesetzt. Die kommerziellen Nutzungsmöglichkeiten dieser Dienste können in drei große Bereiche gegliedert werden: die Informationsbeschaffung, die Unternehmenskommunikation und das Marketing i.w.S. Innerhalb dieser Bereiche können jeweils weitere Aufgabenuntergliederungen vorgenommen werden. Einzelne Internet-Dienste – wie etwa E-Mail – können dabei gleichzeitig in vielen Bereichen sinnvoll genutzt werden. Andere Dienste – wie z.B. Telnet – lassen sich nur für wenige Aufgaben wirtschaftlich einsetzen (Siehe 4.1).

Auswirkungen auf Leistungen bzw. Absatz und Kosten

Das Netz wird immer stärker in den Betrieb integriert. Es läßt sich von der Beschaffung über die Produktion bis hin zum Absatz nutzen. Der Einsatz des Internet im Rahmen der verschiedenen betrieblichen Funktionsbereiche kann sich sowohl auf der Leistungsseite als auch auf der Kostenseite positiv auswirken. Diese positiven Auswirkungen umfassen zum einen direkt zurechenbare, quantifizierbare monetäre Vorteile, und zum anderen enthalten sie nicht quantifizierbare, wie etwa den Imageeffekt, der durch E-Mail-Adressen und die Präsenz im Internet erzielt wird. Grundsätzlich lassen sich durch den Einsatz des Internet im Bereich Informationsbeschaffung und Unternehmenskommunikation Zeitersparnisse realisieren und Kostensenkungspotentiale erschließen (siehe Kapitel 4 und 5). Durch die Nutzung des Netzes als Werbe- und Absatzmedium lassen sich in bestimmten Fällen ebenfalls Kosten einsparen. Zusätzlich kann der Absatz ausgedehnt und neue internationale Märkte können erschlossen bzw. ihre Bearbeitung kann intensiviert werden. Dies gilt sicherlich nicht für jedes Unternehmen und auch nicht für jede Branche; dennoch besitzt das Internet schon zum gegenwärtigen Zeitpunkt ein enormes Potential, das sich durch das anhaltende Wachstum der Nutzerzahlen noch verstärkt. Darüber hinaus ist die Generierung von Know-how im Bereich Electronic Commerce ein Vorteil im Wettbewerb des nächsten Jahrtausends.

Imageeffekt

Wachsendes Potential

Technologischer Vorsprung = Wettbewerbsvorsprung

Wer sich frühzeitig mit den neuen Technologien vertraut macht, erkennt auch früh die ihnen innewohnenden Chancen und Risiken. Der zeitliche Vorsprung bei der Nutzung neuer Technologien stellt einen nicht zu unterschätzenden Wettbewerbsvorteil sowohl für einzelne Betriebe als auch für ganze Volkswirtschaften dar. Diesem Wettbewerbsvorteil stehen auf betrieblicher

Seite relativ gut kalkulier- und handhabbare Risiken (Investitionen, Datenschutz u.ä.) gegenüber.

Gesamtwirtschaftliche Auswirkungen

Volkswirtschaftlich und gesellschaftlich können sich langfristig aber auch Effekte einstellen, die möglicherweise schon jetzt nicht mehr oder nur sehr schwer zu korrigieren sind. So bleibt u.a. die Frage offen, ob die Vernetzung von Computern global eher Arbeitsplätze schafft oder vernichtet. Auch wird dem Internet von einigen Autoren die Möglichkeit zugeschrieben, langfristig das menschliche Kommunikationsverhalten drastisch zu verändern, hin zu immer unpersönlicheren Formen. Der Einfluß des Internet auf den Menschen ist vielfältig. Technikfolgenabschätzung und Medienerziehung, sind hier Stichwörter die nicht nur in Deutschland verstärkt in der Diskussion sind. Welche gesellschaftlichen Folgen das Internet möglicherweise haben wird, läßt sich heute noch nicht absehen. Verschiedene Faktoren sind hier als Einflußgrößen auszumachen. Neben dem Verhalten der privaten Haushalte und der Unternehmen sind nationale und internationale rechtliche, politische und auch technologische Entwicklungen entscheidend. Aufhalten kann man die neue Technologie sicher nicht – daher sollte man sich ihr nicht verschließen, sondern den sinnvollen Umgang mit ihr erlernen und mögliche negative Auswirkungen genau beobachten, um gegebenenfalls frühzeitig korrigierend einwirken zu können.

Einfluß auf die menschliche Kommunikation

1.4 Wie Sie dieses Buch nutzen können

Kapitel überspringen

Gerade bei Sachbüchern gibt es verschiedene Wege ein Buch zu lesen. Leser, die sich gründlich in die Thematik einarbeiten wollen, werden das Buch von vorne bis hinten durchlesen. Andere Leser, mit speziellen Interessen, werden sich im Index am Ende des Buches die passenden Stellen heraussuchen und schnell dort nachschlagen.

Neun Kapitel

Das Buch gliedert sich in neun Kapitel und einen Anhang. Für den Leser ohne Internet-Erfahrung empfiehlt es sich, alle Kapitel des Buches nacheinander zu lesen, da die Kapitel teilweise aufeinander aufbauen und Begriffe und Inhalte aus vorherigen Kapiteln voraussetzen. Einen Ausweg für diejenigen, die nicht so viel Zeit haben, bietet das Glossar am Ende des Buches. Es erläutert kurz die wichtigsten Begriffe. Der Leser mit fortgeschrittenen Internet-Kenntnissen kann problemlos das Kapitel 3 sowie die Abschnitte 4.1, 5.1, 6.1 sowie 7.1 und 7.2 in denen die Internet-Dienste, Zugänge und Provider näher beschrieben werden, überspringen.

Einführung in das Netz
Eine Basis schaffen

Nach diesen einführenden Worten in Kapitel 1 wird in Kapitel 2 die generelle Bedeutung des Internet für Unternehmen untersucht, um eine Basis zum Verständnis der später im einzelnen untersuchten kommerziellen Nutzungsmöglichkeiten zu schaffen. Dazu müssen die unternehmerischen Nutzungsmöglichkeiten systematisiert und ein kurzer Überblick über die wichtigsten Internet-Dienste gegeben werden.

Die einzelnen Dienste sollen dann später jeweils im Rahmen der Erläuterung der einzelnen Nutzungsmöglichkeiten näher besprochen werden. Einige Zahlen verdeutlichen die Marktgröße, was besonders zur Beurteilung des Internet als Marketinginstrument wichtig ist. Weiter werden einige Studien über die Internet-Nutzer sowie über ihr „Verhalten" vorgestellt. Letzteres vermittelt einen ersten Eindruck der gegenwärtigen „Zielgruppe". Anschließend folgt in Kapitel 3 eine Einführung in das Internet, in der geklärt wird, was unter dem Begriff „Internet" überhaupt zu verstehen ist, und wie es im groben funktioniert. Außerdem wird das Internet gegenüber „Online-Diensten" abgegrenzt.

Kommerzielle Anwendungsmöglichkeiten

Kapitel 4 widmet sich der Informationsbeschaffung als Anwendungsbeispiel des Internet im Unternehmen und erläutert einige der zentralen Dienste des Internet, die hierbei häufig eingesetzt werden. Für Unternehmen ist dabei besonders die Marktforschung interessant. Danach werden in Kapitel 5 die Kommunikationsmöglichkeiten des Internet als eine zweite Säule der unternehmensbezogenen Internet-Nutzung näher betrachtet. Hier ist das Corporate Publishing im WWW verstärkt in den Vordergrund getreten, aber auch Begriffe wie Intranet und Extranet sind anzusprechen. Auch hier werden weitere Internet-Dienste erläutert, die besonders die Kommunikation via Netz unterstützen bzw. ermöglichen.

WWW und Marketing

Kapitel 6 widmet sich einem Bereich, dem in den Medien die größte Aufmerksamkeit geschenkt wird, dem „World Wide Web" oder auch „WWW". Erst das WWW ermöglichte die erfolgreiche Nutzung des Internet für Marketingzwecke. Im Rahmen des Marketing im Internet sollen daher die Aspekte des Marketing in Bezug zum World Wide Web und anderen Diensten betrachtet werden. Diese Teilaspekte des Marketing umfassen die Marketingstrategien und die Produkt-, Preis-, Kommunikations- und Distributionspolitik.

Einstieg ins Netz

Kapitel 7 verrät, welche Einstiegsmöglichkeiten es gibt und was diese kosten. Außerdem soll – in Abhängigkeit von der angestrebten Nutzung – die Frage nach dem jeweils richtigen Internet-Anschluß beantwortet werden. Weiter werden Ansätze zur Planung und Gestaltung des Internet-Auftritts von Unternehmen vorgestellt.

Hindernisse auf dem Weg

Kapitel 8 widmet sich den Erfolgsfaktoren und damit eng verknüpft, den Hindernissen und Problemen der kommerziellen Internet-Nutzung sowie den Wegen zu deren Überwindung. Mit einem Resümee sowie einem Ausblick auf Entwicklungstrends bildet Kapitel 9 den Abschluß des Buches.

2 Unternehmen und das Internet

Dieses Kapitel legt den Grundstein für die Systematik, nach der in diesem Buch vorgegangen wird. Es beschreibt die generellen Nutzungsmöglichkeiten des Internet und stellt seine Dienste sowie erste Anhaltspunkte für ihre Verwendung im Unternehmen vor. Darüber hinaus werden dem Leser einige Zahlen zur Einschätzung und Bewertung der gegenwärtigen Lage sowie zur Entwicklung des Internet an die Hand gegeben. Studien über die Internet Nutzer verdeutlichen die Struktur möglicher Kunden im Netz.

2.1 Kommerz und Internet

Begriffsbestimmung

„Business" im Internet (Business engl. = u.a. Geschäft, Gewerbe, Handel, aber auch Geschäftslokal) zielt auf die kommerzielle Nutzung des Internet bzw. den Einzug von Geschäften ins Internet ab. Der Begriff „Kommerz" wird als ein wirtschaftliches, auf Gewinn bedachtes Interesse verstanden. Als „Kommerzialisierung" kann die Verwendung bisher nicht zur wirtschaftlichen Zwecken genutzter Dinge und ideeller Werte zur Gewinnerzielung betrachtet werden. Damit stellt die „kommerzielle" Nutzung des Internet die Nutzung zum Zwecke der Gewinnerzielung dar.

quantitative und qualitative Vorteile durch das Internet

Im Rahmen dieses Buches soll sich die Gewinnerzielung aber nicht nur auf direkt meßbare, pekuniäre Gewinne erstrecken, sondern auch qualitative Vorteile einschließen. So kann z.B. ein durch das Internet realisierter beschleunigter und effizienterer interner Informationsfluß einen Wettbewerbsvorteil darstellen, der jedoch oft nicht ganz einfach zu quantifizieren ist. Die Gewinnerzielungsabsicht kann sowohl bei Unternehmen als auch bei Privatleuten gegeben sein. Ein Beispiel für die kommerzielle Nutzung des Internet durch Private stellen u.a. Kleinanzeigen dar.

Wertung des Begriffs „Kommerzialisierung"

Gelegentlich geht mit dem Begriff der Kommerzialisierung auch die Vorstellung oder besser die negative Wertung einher, daß Dinge, die eigentlich nicht wirtschaftlich bzw. gewinnbringend genutzt werden sollten, nun der wirtschaftlichen Verwendung zugeführt werden. Dies entspricht auch der Haltung einiger Internet-User, zumindest in bestimmten Teilbereichen des Netzes. Eine solche Wertung wird hier nicht vorgenommen (vergleiche dazu auch Abschnitt 6.6).

2.2 Grundsätzliche Möglichkeiten für Unternehmen

Es gibt verschiedene Ansätze zur Systematisierung der Nutzungsmöglichkeiten des Internet. Die folgende Abbildung 2.1 stellt, ausgehend von der Wertschöpfungskette (Porter 1986), die Unterstützung der primären und sekundären bzw. unterstützenden Unternehmensaktivitäten durch das Internet dar und gibt Beispiele.

Abb. 2.1: Internet und Wertkette

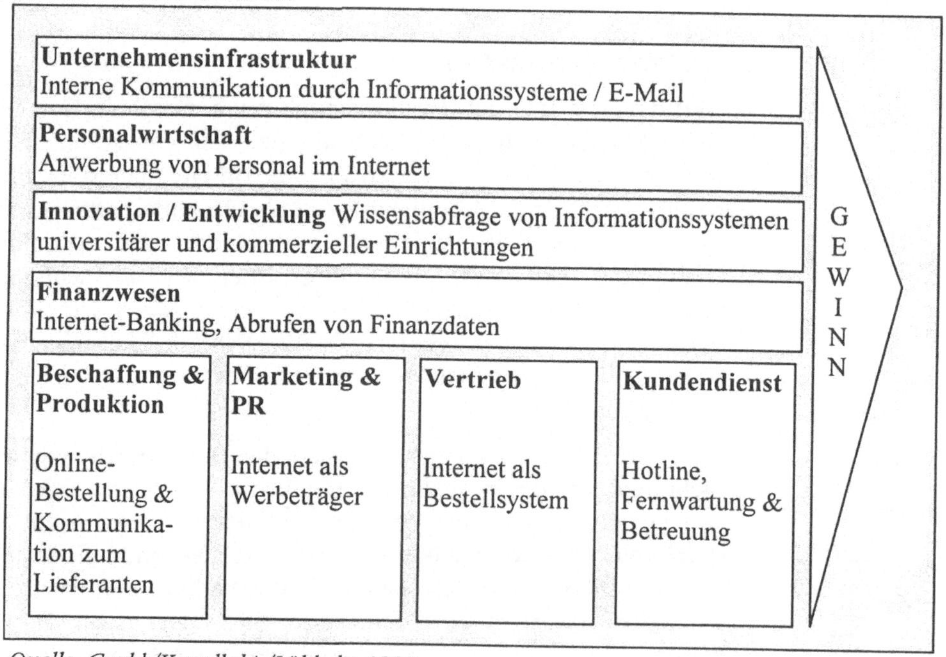

Unternehmensinfrastruktur Interne Kommunikation durch Informationssysteme / E-Mail				GEWINN
Personalwirtschaft Anwerbung von Personal im Internet				
Innovation / Entwicklung Wissensabfrage von Informationssystemen universitärer und kommerzieller Einrichtungen				
Finanzwesen Internet-Banking, Abrufen von Finanzdaten				
Beschaffung & Produktion Online-Bestellung & Kommunikation zum Lieferanten	**Marketing & PR** Internet als Werbeträger	**Vertrieb** Internet als Bestellsystem	**Kundendienst** Hotline, Fernwartung & Betreuung	

Quelle: Grubb/Kanellakis/Lübbeke 1995

Der Wertkettenansatz wird in ähnlicherweise auch bei Cronin (1995) und Griese/Sieber (1996) verwendet. Alpar (1996) unterscheidet bei seiner Analyse zwischen der Unterstützung bestehender Geschäftsfelder und der Schaffung neuer Internet-Geschäftsfelder. Auch er nutzt die Wertkette zur Darstellung der

Möglichkeiten, die sich Unternehmen mit dem Internet und im Internet bieten (siehe Abbildung 2.2).

Abb. 2.2: Beispiele für Internet-Geschäftsfelder

Beratung				
Auswahl eines Zugangsanbieters Erstellen von WWW-Seiten				
Backbone	**Hardware/ Systemnahe Software**	**Internet Zusatz-dienste**	**Anwen-dungsnahe Software**	**Zugang**
Netz-betreiber	WWW-Server	Verifikation von Seiten-abrufen	Browser, HTML-Editor	Zugangs-anbieter

Quelle: Alpar 1996

Die in Abbildung 2.2 dargestellten primären neuen „Internet-Geschäftsfelder" hängen eng mit den in Kapitel 3 noch zu besprechenden Grundlagen des Internet zusammen. Begriffe wie „Backbone", „Browser", etc. werden dort näher erläutert. Die unterstützenden Tätigkeiten umfassen in erster Linie die Beratung und Tätigkeiten wie die Erstellung von unternehmensspezifischer Software oder WWW-Seiten.

Online-Wertschöpfungskette

Um die Online-Wertschöpfungskette herum angesiedelt befinden sich eine Reihe von Unternehmen bzw. Branchen, für die das Internet in Zukunft eine größere Bedeutung bekommen kann. Zu diesen Branchen zählen neben der Computerindustrie und den Telekommunikationsunternehmen vor allem die „Inhaltsanbieter" (Content Provider), wie z.B. Nachrichten Agenturen, Verlage u.ä. und die Hersteller von Unterhaltungselektronik. Abbildung 2.3 zeigt die um die Online-Wertschöpfungskette gruppierten Branchen auf.

Betriebliche Einsatzgebiete

Ich möchte die betrieblichen Einsatzgebiete und Vorteile des Internet nicht an Porters Wertkettenmodell aufzeigen. Um die Nutzungsmöglichkeiten und Potentiale zu systematisieren und dann zu Chancen für Wettbewerbsvorteilen zu kommen, ist es einfacher und sinnvoller, von den Grundfunktionen des Internet auszugehen. Das Internet verbindet die Informationstechnologie – sprich Computer – mit der Kommunikationstechnologie – sprich Telekommunikationsnetzen. Es stellt damit ein „integriertes Kommunikationssystem" (Hermanns/Flegel 1992) dar. Oft wird in diesem Zusammenhang auch von „Telematik" gesprochen.

Abb. 2.3: Online-nahe Industrien

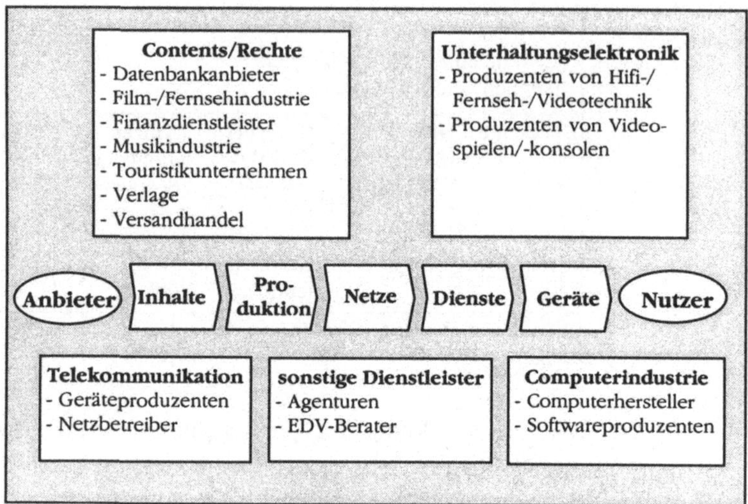

Dreiteilung der Informationswirtschaft

Der zentrale Mechanismus des Internet ist die Bereitstellung jeglicher Art von Information in digitaler Form und ihr Transport von einem Ort zum nächsten. Ausgehend von dieser Basisfunktion kann man sich die Erkenntnisse der Informationswirtschaft zunutze machen (Kaiser 1995). Die Informationswirtschaft wird in drei Phasen eingeteilt: Informationsbeschaffung, Informationsorganisation und Informationsverwertung. Diese Dreiteilung führt unter Berücksichtigung der Bedeutung von Information und Kommunikation als Produktions- und Wettbewerbsfaktor zu einer grundlegenden Systematik der betrieblichen Internet-Nutzungsmöglichkeiten.

1. Information = betriebliche Informationsbeschaffung

Frei zugänglicher Informationspool

Unter „Informationsbeschaffung" wird hier die Beschaffung und Sammlung von problemrelevanten Informationen verstanden. Die Möglichkeiten des Internet zur Informationsbeschaffung sind bei näherer Betrachtung relativ offensichtlich. Sie ergeben sich aus der Vielzahl an frei zugänglichen und größtenteils kostenlosen Datenbanken, welche über verschiedene Internet-Dienste genutzt werden können. So stellt das Internet insgesamt einen gigantischen Informationspool dar. Daneben tritt die Marktforschung in Form des „Desk Research" oder in Form der Feldforschung. Die betriebliche Informationsbeschaffung wird in Kapitel 4 näher betrachtet.

Abb. 2.4: Die Säulen der kommerziellen Internet-Nutzung

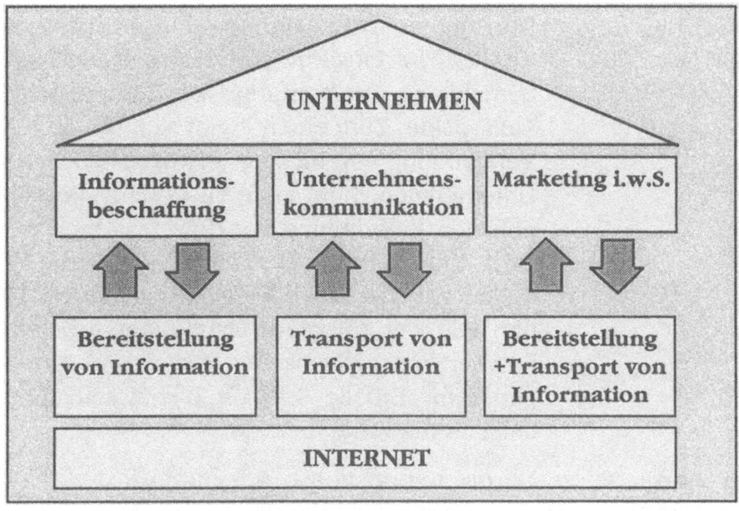

2. Kommunikation = Unternehmenskommunikation und Informationsmanagement

Elektronische Kommunikationsmedien

Kommunikation kann man als die gezielte Verteilung bzw. den Austausch von Informationen ansehen. Dazu muß die Information zum richtigen Zeitpunkt an die richtigen Stellen gelangen. Die Informationsorganisation bzw. das Informationsmanagement im Unternehmen erfordert in erster Linie die bedarfsgerechte Übermittlung von Informationen an die Entscheidungsträger bzw. an die mit der Lösung bestimmter Probleme befaßten Personen. Zu diesem Zweck hält das Internet als wichtigstes Instrument E-Mail, die elektronische Post, bereit und bietet daneben die Möglichkeit, z.B. News – eine Art öffentliches Diskussionsform im Netz – und andere Dienste im Unternehmen einzusetzen. Neben der internen Verteilung und Übermittlung von Information ist hier auch die steigende Bedeutung der Kommunikation mit unternehmensexternen Stellen und Personen zu nennen. Die betriebliche Nutzung der Kommunikationsmöglichkeiten des Internet wird in Kapitel 5 beschrieben.

Nutzung und Bereitstellung von Informationen im Netz

3. Transaktion = Marketing i.w.S. (Informationsverwertung)

Bei der Informationsverwertung geht es um die zielgerichtete Nutzung von Informationen durch Organisationen bzw. den Einsatz von Informationen im Rahmen der Unternehmensziele. Die betriebliche „Verwertung von Informationen" beinhaltet zwei Teilaspekte. Zum einen ergibt sich die problemlösungsorientierte Verwendung von im Netz gewonnenen Informationen durch das Unternehmen. Zum anderen besteht die Möglichkeit der zielgerichteten Einbringung von Informationen in das Netz durch Firmen. Unternehmen können für die „Netzöffentlichkeit" Informationen bereitstellen oder gezielt verteilen. Hier tritt die Bidirektionalität der Internet-Nutzung deutlich zutage. Jeder Netzteilnehmer kann gleichzeitig Nutzer und Anbieter von Informationen sein. Tabelle 2.1 faßt die Systematik zusammen und beleuchtet relevante Aspekte.

Bidirektionale Nutzung

Bereitstellung von Information durch Unternehmen

Da die Informationsbeschaffung im Netz bereits auf die interne Verwertung der Information durch die Organisation ausgerichtet ist, soll der zweite Aspekt, also die Bereitstellung von Informationen durch Unternehmen im Internet, hier in den Vordergrund gerückt werden. Sucht man einen Oberbegriff für die mit der Informationsbereitstellung verbundenen Ziele und Inhalte, bietet sich der Begriff „Transaktion" an.

Marketing

Bei der Informationsverwertung werden anstelle des Begriffs „Transaktion" auch oft die Bereiche „Bestellung von Produkten" und „Transfer von Informationsprodukten" genannt. Diese Bereiche bzw. Tätigkeiten werden wiederum von den Begriffen „Absatz" oder „Marketing i.w.S." abgedeckt. Der Begriff Marketing geht sogar erheblich darüber hinaus und umfaßt eine Vielzahl weiterer Aspekte, die ebenfalls durch das Internet unterstützt werden (siehe zum Marketingbegriff auch Kapitel 6).

Generische Transaktionsfunktion

Durch die Kombination aus Informations- und Kommunikationsfunktion des Internet entsteht also eine generische, dritte Funktion, die Transaktionsfunktion. Das Internet wird damit zu einer Transaktionsumgebung bzw. zu einem Markt. Der Markt, als Ort an dem Angebot und Nachfrage aufeinandertreffen, wird damit zu einem virtuellen bzw. elektronischen Markt.

Tab. 2.1: Überblick Internet im Unternehmen

Nutzung	*Informations-beschaffung*	*Unternehmens-kommunikation / Informations-management*	*Marketing i.w.S.*
Basis Funktionen	Speicherung / Zugang zu Information	Transport von Information	Medium für Transaktionen
Ausrichtung	intern	intern/extern	extern
Betroffene Abteilungen	alle, besonders Marktforschung und F&E	alle, besonders EDV und Hauspost	Marketing, Vertrieb, Kundendienst
Genutzte Dienste	WWW, FTP, News Telnet, E-Mail	E-Mail, WWW, News	WWW, E-Mail, News
Potentielle Auswirkung	Ergänzung / Ersatz traditioneller Informationsquellen	Ergänzung / Ersatz traditioneller Kommunikationswege	Ergänzung / Ersatz traditioneller Märkte, Distributionswege und Werbemedien
Vorteile	Effizientere Informationsbeschaffung, Zeit- und Kostenersparnisse	Effizienteres Informationsmanagement, Zeit- und Kostenersparnisse	Reduktion von Transaktionskosten, Kundenbindung
Beispiele	Online-Lieferantensuche, Online-Marktforschung	Data Warehouse, Online-Informationsverbund (CIM), Kooperationsmanagement (z.B. EDI)	Online-Werbung + PR, Online-Bestellung, -lieferung, -zahlung, Online-Kundendienst (Teleservice, Teleconsulting
Beschränkungen	Kein zentrales Verzeichnis aller Informationen Qualität/Wahrheitsgehalt der Information	Sicherheitsprobleme Mangel an Bandbreite	Anzahl der Nutzer, Nutzerdemographie, Akzeptanz des Online-Shopping, geringe realisierte Marktvolumen, kein internationales Online-Handelsrecht, keine international akzeptierten Online-Zahlungsmittel

2.3 Die Internet-Dienste im Überblick

Basis- versus Werkzeugdienste

Bei den Internet-Anwendungen oder -Diensten kann man zwischen Basisdiensten und Werkzeugen zur besseren Nutzung dieser Dienste unterscheiden. Die Abgrenzung ist jedoch nicht immer ganz einfach, da eine Reihe von „Werkzeuganwendungen" gleichzeitig auch neue Möglichkeiten geschaffen haben, die über die Leistung der Basisdienste weit hinausgehen. Das World Wide

Web etwa bietet mit seinen multimedialen Fähigkeiten neue, zuvor ungeahnte Nutzungsmöglichkeiten und gestattet die gleichzeitige Nutzung anderer Anwendungen wie Telnet oder FTP. Die Internet-Dienste lassen sich wie in Tabelle 2.2 dargestellt systematisieren.

Diskussionsforen

Neben den Basisdiensten kann man Diskussionsforen, Informationsrecherchesysteme und Verzeichnisdienste und unterscheiden. Als Basisdienste werden allgemein „Telnet" (zur Fernsteuerung von Computern), FTP (zum Dateitransfer) und E-Mail bezeichnet. Teilweise werden auch die (USENET-) News (vgl. 4.1.3) mit zu den Basisdiensten gezählt. Die Basisdienste stellen zugleich auch die ältesten Dienste des Internet dar.

Dienste

Die „neueren" Dienste umfassen vor allem die Informationsrecherchesysteme wie Gopher, Veronica, Archie, das World Wide Web und WAIS (vgl. 4.1.4). Daneben wurden eine Reihe von Verzeichnisdiensten zum Suchen und Finden von Personen, Adressen u.ä. im Internet geschaffen. Auf diese Verzeichnisdienste wie Finger, Whois, Netfind und X.500 wird in diesem Buch nicht näher eingegangen. Dennoch sind sie für die gewerbliche Nutzung zunehmend von größerem Interesse, z.B. bei der Suche nach Personen bzw. E-Mail Adressen im Netz. Beschreibungen dieser Dienste finden sich in der Literatur z.B. bei Kroll, Scheller/et.al., Gilster. Ich möchte mich auf die im folgenden aufgezählten Dienste konzentrieren, da sie für die kommerzielle Internet-Nutzung die größte Bedeutung haben.

Tab. 2.2: Systematik der Internet-Dienste

Internet-Dienste			
Basisdienste	*Diskussionsforen*	*Informationsrecherchesysteme*	*Verzeichnisdienste*
Telnet	News	World Wide Web	Finger
FTP	Mailing lists	Archie	Whois/Whatis
E-Mail		Gopher/Veronica	X.500
		WAIS	Netfind

Quelle: In Anlehnung an Scheller/et.al. 1994

E-Mail

Elektronische Post

Dokumente und Dateien jeder Art können in Sekunden von Computer zu Computer rund um die Welt befördert werden. E-Mail eignet sich zum gezielten Informationsaustausch zwischen Netzbenutzern.

Automatisierte Postverteiler

Mailing lists/Diskussionslisten
Computerprogramme, die als automatisierte, elektronische Verteiler für Nachrichten agieren. Sendet man eine E-Mail an eine Mailing list, erhalten alle in der Liste eingetragenen Teilnehmer eine Kopie der Mail.

Dateitransfer

FTP
Ein Dienst bzw. ein Programm, mit dessen Hilfe man auf einen entfernten, fremden Rechner zugreifen kann. Dort kann man sich Verzeichnisse und Dateien ansehen und freigegebene Dateien auf den eigenen Rechner kopieren.

Dateisuche

Archie
Ein Programm, mit dessen Hilfe man FTP-Server finden kann, auf denen bestimmte Dateien gespeichert sind, sofern man den ungefähren Namen der gesuchten Datei kennt.

Rechner-Fernbedienung

Telnet
Ermöglicht die Anmeldung und Nutzung von entfernten Rechnern. Dort installierte Programme können gestartet und genutzt werden.

Schwarze Bretter

News
Öffentliche „Schwarze Bretter" bzw. Diskussionsforen, an die elektronische Nachrichten „geheftet" werden können. Die Nachrichten können von allen Netzteilnehmern gelesen und beantwortet werden.

Navigations- bzw. Recherchesystem

Gopher/Veronica
Ein nicht sehr weit verbreitetes, menüorientiertes Navigationssystem, mit dessen Hilfe man ohne Kenntnis von Internet-Adressen im Internet umherreisen und Informationen suchen kann. Seit dem Siegeszug des WWW verliert Gopher an Bedeutung.

Datenbank

WAIS
Ein ebenfalls nicht übermäßig verbreiteter Dienst, der die Volltextsuche in Indexdatenbanken ermöglicht und damit Informationsrecherchen erlaubt, die sich nicht nur an den jeweiligen Dateinamen bzw. Überschriften orientieren.

Multimedia-, Navigations- und Recherchesystem

World Wide Web
Ein multimedialer Dienst, der die Präsentation von Informationen und das Umherreisen zu verschiedensten Internet-Ressourcen ermöglicht. Man hat damit Zugriff auf nahezu das gesamte Internet, auch auf Telnet, FTP, Gopher und ähnliches.

Dienste und Programmnamen

Bei den Basisdiensten, wie FTP (Dateitransfer) und Telnet (Fernbedienung von Computern), aber auch bei Werkzeugen wie Gopher oder Archie, sind die Dienste häufig auch Programmnamen. „E-Mail" und „World Wide Web" hingegen sind keine Programmnamen. Zur Nutzung der Dienste, wie WWW oder zur Versendung von E-Mails, sind verschiedene Programme von unterschiedlichen Herstellern erhältlich. Die Software zur Nutzung des WWW wird als „Browser" bezeichnet.

2.4 Betriebliche Nutzung der Dienste

Welchen Dienst wofür nutzen?

Nachdem nun die Internet-Dienste überblickartig vorgestellt wurden, möchte ich kurz umreißen, welcher Dienst sich im Rahmen der kommerziellen Nutzung wofür eignet.

Relativ eindeutig ist die gute Verwendbarkeit der Internet-Dienste Telnet, FTP und WWW im Bereich der Informationsbeschaffung. Für die Kommunikation gibt es zwei Favoriten, E-Mail und News. Zum Teil kann auch das WWW eingesetzt werden. Die anderen Dienste lassen sich zwar ebenfalls auf die eine oder andere Art einsetzen, können aber nicht mit den zuvor genannten konkurrieren. Zum Einsatz im Bereich Marketing eignet sich besonders das World Wide Web. Mit Abstrichen kann man auch E-Mail und unter bestimmten Voraussetzungen News einsetzen. Die Tabelle 2.3 ordnet die wichtigsten Internet-Dienste den verschiedenen Nutzungsmöglichkeiten zu und verschafft einen ersten Überblick über ihre Anwendbarkeit.

Tab. 2.3: Nutzung der wichtigsten Internet-Dienste

	Internet-Dienste				
Nutzung	E-Mail	FTP	Telnet	News	WWW
Informationsbeschaffung	☆☆☆	☆☆☆☆	☆☆☆	☆☆☆☆	☆☆☆☆☆
Unternehmenskommunikation	☆☆☆☆☆	☆☆☆	☆☆	☆☆☆☆☆	☆☆☆
Marketing, i.w.S.	☆☆☆☆	☆	☆	☆	☆☆☆☆☆
☆☆☆☆☆ = sehr hohe, ☆ = sehr geringe Eignung					

In Tabelle 2.4 werden die wichtigsten Internet-Dienste den betrieblichen Funktionsbereichen zugeordnet. Die Internet-Nutzungsmöglichkeiten für die einzelnen Bereiche werden im Rahmen der bereits vorgestellten Einteilung in Informationsbeschaffung, Unternehmenskommunikation und Marketing in den anschließenden Kapiteln 4 bis 6 näher erläutert.

Tab. 2.4: Internet und betriebliche Funktionen

Dienst / *Funktion*	*E-Mail*	*FTP*	*Telnet*	*News*	*WWW*
F&E	●	●	●	●	●
Marktforschung	●	●	●	●	●
Beschaffung	●	○	○	●	●
Logistik	●	●	○	○	●
Produktion	●	○	○	○	●
Marketing	●	●	○	●	●
Personal	●	○	○	●	●
EDV	●	●	●	●	●
Rechnungswesen	●	○	○	○	○
Finanzen/Controll.	●	○	○	●	●
Geschäftsleitung	●	○	○	●	●

(● = volle, O = i.d.R. eingeschränkte Nutzbarkeit)

Vielseitigkeit von E-Mail und WWW

Wie angedeutet läßt sich E-Mail immer und überall einsetzen, ja der volle Nutzen macht sich erst bei vollständiger Anbindung aller Abteilungen richtig bezahlt. Aufgrund seiner Darstellungs- und Vermittlungskünste ist auch das WWW ein Multitalent in der Informationsbeschaffung und -verteilung. FTP und Telnet eignen sich dazu auf Grund ihrer speziellen Vor- und Nachteile nur eingeschränkt, d.h. in bestimmten Bereichen. So kann etwa die Bereitstellung und der Transport großer Datenmengen besser über FTP realisiert werden als via News oder WWW.

Anwendungsformen

Kombinationen der Nutzungsformen

Beim Einsatz des Internet in Unternehmen können den drei generellen Nutzungsmöglichkeiten folgend, drei theoretische Anwendungsformen unterschieden werden. Diese sollen im folgenden kurz aufgezeigt werden. In der Praxis wird man in der Regel eine Kombination der drei Formen beobachten. Bei großen Firmen dominiert meist der interne Kommunikationsaspekt und die WWW-Präsenz ist oft eher eine Formsache. Bei kleineren Firmen mit wenigen Angestellten tritt oft der Kommunikationsnutzen deutlich in den Hintergrund gegenüber der Nutzung des WWW zur Generierung von Umsatz beispielsweise bei CD-Versendern.

Informationsbeschaffung

Bei der *Informationsbeschaffung* können grundsätzlich alle Internet-Dienste genutzt werden. Unternehmen könnten das Internet ausschließlich zur Gewinnung von Information einsetzen. Das Unternehmen tritt dann im Netz nicht in Erscheinung. Es werden keine Daten bzw. Informationen aus dem eigenen Unternehmen anderen zur Verfügung gestellt. Der Internet-Anschluß wird zeitweise benötigt und steht nur einer begrenzten Anzahl von Mitarbeitern zur Verfügung. In der Regel denen, die am meisten davon profitieren, etwa die Forschungs- und Entwicklungsabteilung oder die Marktforschung. Abbildung 2.5 verdeutlicht eine solche eher theoretische Minimalkonfiguration.

Abb. 2.5: Ausschließliche Informationsbeschaffung

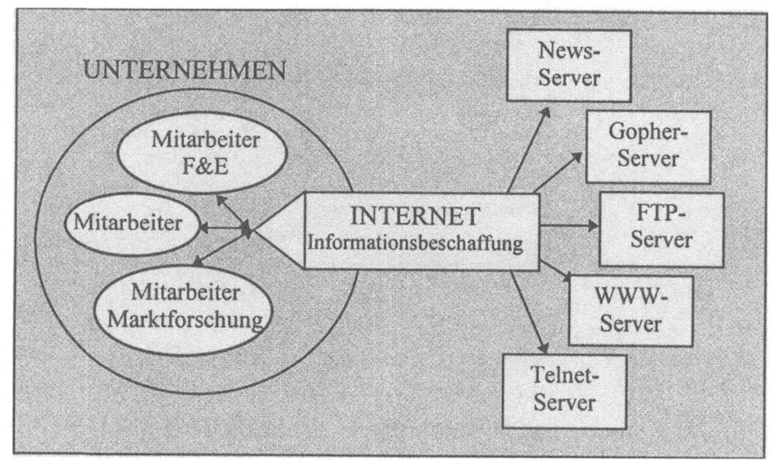

E-Mail, News oder WWW für die Kommunikation

Bei der *Unternehmenskommunikation* können unternehmensintern neben E-Mail auch nichtöffentliche News- oder WWW-Server eingesetzt werden, über die sich nur die Mitarbeiter informieren können. Die einzelnen Abteilungen oder Geschäftseinheiten, z.B. eines Konzerns, können sich darstellen und Informationen austauschen, die Mitarbeiter können untereinander kommunizieren. Nachrichten können als E-Mail an Adressaten innerhalb und außerhalb des Unternehmens gerichtet werden, und die Firma erhält auch E-Mails von außen. Für eine sinnvolle Nutzung der Kommunikationsmöglichkeiten benötigt i.d.R. jeder Mitarbeiter einen Internet-Anschluß, um zumindest über E-Mail erreichbar zu sein. Ähnlich wie in den USA nimmt auch in Deutschland – nach dem Boom der internen Vernetzung – die Kommunikation mit unternehmensexternen Stellen via E-Mail zu.

Intranet

Werden die in größeren Betrieben oftmals vorhandenen älteren EDV-Systeme auf Basis der Internet-Technologie miteinander verbunden, was häufig auf relativ unkomplizierte Weise bestehende Kompatibilitätsprobleme löst, erhält man das viel diskutierte „Intranet". Über einen internen WWW-Server kann so verschiedensten Abteilungen Zugriff auf Daten gegeben werden, die vorher nur umständlich zu bekommen waren. Die Bedeutung dieser Intranets ist enorm. Bereits Anfang 1996 waren gut 25% von 170 befragten europäischen Großunternehmen dabei Intranets zu planen bzw. zu realisieren. Einer Prognose des englischen Softwarehauses JSB folgend werden bis Ende 1998 über 70% der Großunternehmen Europas Intranet-Anwendungen betreiben. Abbildung 2.6 zeigt ein solches Kommunikationssystem auf.

Extranet

Ein weiterer Begriff, der in diesem Zusammenhang auftaucht, ist das „Extranet". Beim Extranet werden Kunden via Internet in eine geschlossene Benutzergruppe eines Unternehmens einbezogen. Man spricht hier auch von einem „Virtual Private Network" (VPN, siehe auch Abschnitt 5.2)

Abb. 2.6: Unternehmenskommunikation via Inter- und Intranet

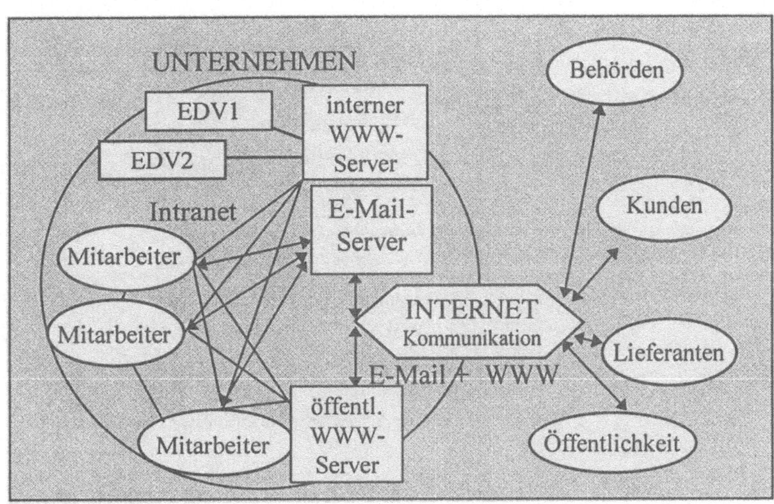

Vor- und Nachteile bei Intranets

Den Vorteilen, wie Kostengünstigkeit, global akzeptierter, stabiler Netzwerkstandard, schnelle Erweiterbarkeit, einfache bzw. intuitive und attraktive Benutzeroberflächen für den unternehmensweiten Daten- und Informationsaustausch stehen nur wenig Nachteile gegenüber. So kann es besonders in großen Firmen passieren, daß die Mitarbeiter plötzlich vor einer wahren Informationsflut stehen, besonders wenn über das Intranet Konzepte wie „Data Warehouse" realisiert werden. Bei Silicon Graphics etwa waren Anfang 1997 über 400.000 „Seiten" im hauseigenen „Intranet" abrufbar. Für Vorgesetzte kann die entstehende Informationstransparenz den Verlust ihres Informationsvorsprungs bedeuten. Mitarbeiter können bzw. müssen sich selbständig auf dem Laufenden halten. Das „Führen durch Informationsvorsprung" wird erschwert.

WWW im Marketing

Für das *Marketing i.w.S.* unterhält die Marketing- bzw. die Vertriebs- oder die EDV-Abteilung entweder einen eigenen WWW-Server, oder sie nutzt das Angebot von externen Service-Providern, die häufig entsprechendes technisches Know-how bei der Erstellung von Web-Seiten sowie den nötigen Speicherplatz auf ihrem Rechner zur Verfügung stellen. Informationen und Angebote können im Netz plaziert werden Kunden können Waren und Dienstleistungen bestellen und bezahlen, und Informationsprodukte können ausgeliefert werden. Abbildung 2.7 zeigt dies auf.

Abb. 2.7: Marketing im Internet

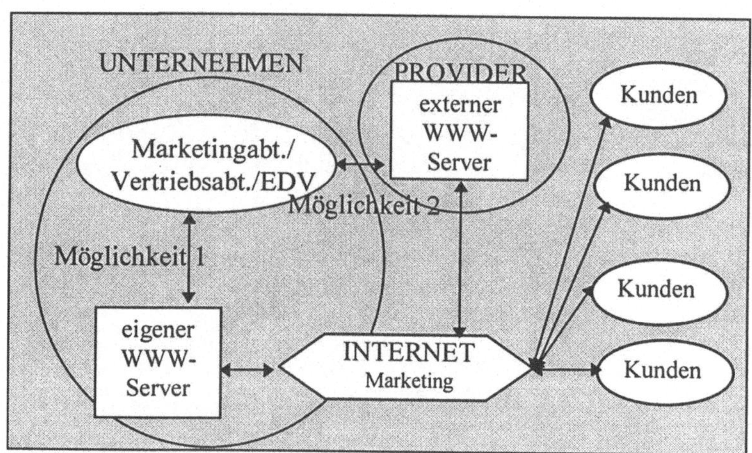

Die drei dargestellten Nutzungsformen lassen sich auch in verschiedenen Kombinationen und teilweise unter Einsatz weiterer Internet-Dienste antreffen.

Einsatz in Längs- und Querschnittsfunktionen

Grundsätzlich können die in diesem Buch aufgezeigten Teilbereiche des Internet in allen Längs- und Querschnittsfunktionen des Betriebes eingesetzt werden. So können die Kommunikationsmöglichkeiten von E-Mail in jeder Abteilung eines Unternehmens und auf jeder Hierarchiestufe genutzt werden – sofern vernetzte Computer oder entsprechende Modems vorhanden sind.

2.5 Die Markt- und Zielgruppengröße

Schätzung der Anzahl der Internet-Nutzer

Die Anzahl der an das Internet angeschlossenen Computer dient häufig als Grundlage der meist groben Schätzungen über die Anzahl der Internet-Teilnehmer. Eine alte Faustregel geht von ca. zehn Nutzern pro „Host" – so werden die Rechner im Internet genannt – aus. Es gibt jedoch auch Stimmen, die von siebeneinhalb oder auch nur drei Benutzern pro Host ausgehen. Das Problem dabei ist die Tatsache, daß ein Büro-PC und ein angeschlossener Supercomputer bei der Hostzählung den selben Status haben, aber eine unterschiedliche Anzahl Nutzer auf sich vereinigen. Da in letzter Zeit ebenfalls ein Trend zum Anschluß von einzelnen privaten Computern an das Netz vorhanden ist, könnte die Zahl zehn möglicherweise zu hoch angesetzt sein. Andererseits schießen kommerzielle Internet-Provider, die eine Vielzahl von neuen Nutzern über Wählleitungen mit temporären, „on the fly" vergebenen Internet-Adressen an das Netz anschließen, wie Pilze aus dem Boden. Hier werden die zur Verfügung stehenden Internet-Adressen mehr als nur fünf- oder siebenfach genutzt (siehe dazu auch Kapitel 3 und 7).

Zielgruppengröße

Ein Grund für die Zurückhaltung vieler traditioneller Unternehmen in puncto Internet ist wahrscheinlich die derzeit noch geringe Markt- und Zielgruppengröße des Internet. Den Aufwendungen für die Nutzung des Internet (etwa als Absatzkanal) stehen nach Einschätzungen vieler Unternehmen gegenwärtig keine entsprechenden Einnahmen gegenüber. Ca 24% der Deutschen zwischen 14 und 64 Jahren hatten Ende 1995 einen PC in ihrem Haushalt, jedoch nur 4,3% besaßen ein Modem.[1] Auch in den USA, wo ca. ein Drittel aller Haushalte über einen Computer verfügt, sollen bislang nur etwa 7% der Bevölkerung über einen PC mit Modem verfügen. Die Einschätzung dieser Zahlen ist nicht ganz einfach.

Ca. 64 Mio. Internet Nutzer Anfang 1996

Die Zahl der Internet-Nutzer wird nie genau zu ermitteln sein. Für Juli 1997 ergaben sich jedoch ausgehend von drei bzw. zehn Nutzern pro angeschlossenem Computer – bei ca. 19,5 Mio. Hosts [2]– geschätzte Nutzerzahlen zwischen mindestens 58,3 Mio. und maximal 195 Mio. weltweit. Mittelt man die geschätzten Werte, ergäben sich immerhin ca. 126 Mio. Internet-Nutzer welt-

1 Eine Sammlung von Statistiken zum Internet gibt es u.a. bei Focus `http://www.focus.de/DD/DD36/dd36.htm`

2 Network Wizzards Internet Domain Survey `http://www.nw.com`

weit. Das entspräche 6,5 Nutzern pro Host, eine sehr optimistische Schätzung.

Entwicklung der Nutzerzahlen

Für Juli 1996 ergaben sich nach dieser Schätzmethode noch ca. 86,4 Mio. User, während es im Januar erst ca. 64 Mio. waren. Andere Autoren gingen bereits im Herbst 1995 von 40 bis 50 Mio. Nutzern aus. Für 1994 beliefen sich die Schätzungen ausgehend von zehn Personen pro Host noch auf 20-30 Mio. Benutzer.

Skeptischere Schätzungen, wie die des „Projekt 2000" (Hoffmann/ Novak 1995), gingen von 16,4 Mio. Personen aus, die im Herbst 1995 in Nordamerika Zugang zum Internet hatten.[3]

Vorsicht: Internet-Nutzer ist nicht gleich WWW-Nutzer

Zu bedenken ist auch, daß nicht alle User das volle Angebot an Internet-Diensten nutzen können. Einige Nutzer verfügen nur über eine preiswerte E-Mail-Anbindung und können das für das Marketing relevante World Wide Web nicht nutzen. Auch in Unternehmen wird den Mitarbeitern oft E-Mail angeboten, nicht aber die Nutzung der anderen „unterhaltsamen" Möglichkeiten des Netzes. Ein Internet-Nutzer ist also nicht notwendigerweise auch ein WWW-Nutzer. Schätzungen gingen von etwa acht Mio. WWW-Nutzern weltweit im Jahre 1994 aus. Für Oktober 1995 schätzte Nielsen für Nordamerika etwa 18 Mio. WWW-Nutzer. Auch hier errechneten Hoffmann/ Novak niedrigere Werte, nämlich ca. 11,5 Millionen.

CommerceNet/ Nielsen Studie

Die aktuelle – Mitte März 97 veröffentlichte – Studie von CommerceNet und Nielsen Media Research kam zu dem Ergebnis, daß in den USA und Kanada etwa 50,6 Mio. Menschen das Internet nutzen, jedoch nur ca. 37,4 Mio. das World Wide Web. Dies entspricht einem Wert von rund 5 Nutzern pro Host in den USA und Kanada. Auf die gesamte Welt bezogen würde man damit immerhin 97,5 Mio. Nutzer für Juli 1997 errechnen.

Deutscher Online-Markt

Unternehmen, die nur den deutschen Markt bedienen wollen, konnten Schätzungen zufolge Anfang 1995 in Deutschland nur etwa 150.000 Personen über das Internet erreichen. Diese Zahl hat sich mittlerweile vervielfacht; dafür sprechen nicht nur die Absatzzahlen der Modemproduzenten, die Rekordhöhen erreichen, sondern auch die Ergebnisse verschiedener Umfragen.

---

[3] Hoffmann, Kalsbeek, Novak hatten im Rahmen des Projekt 2000 den „Internet Demographics Survey" von CommerceNet/Nielsen, die 36,8 Mio. Nordamerikaner mit Internet-Zugang ermittelt hatten, hinsichtlich seiner Repräsentativität kritisiert und das Sample neu gewichtet (`http://www.ogsm.vanderbilt.edu/baseline/1995.Internet.estimates.html`).

Stern Studie Markenprofile 6

Die Stern Studie Markenprofile 6 „Der Online-Markt und die Onliner" kommt bereits Ende 1995 zu dem Ergebnis, daß etwa 1,68 Mio. Menschen zwischen 16 und 64 Jahren in Deutschland Zugang zu einem der großen Online-Dienste oder dem Internet selbst (über Provider) haben. Weitere 0,88 Mio. Deutsche planten „sicher" einen Anschluß für die nächsten 12 Monate. Danach hatten Ende 1996 rund 2,56 Mio. einen PC mit Modem in ihrem Haushalt. Zusätzlich spielten etwa 5,47 Mio. Menschen mit dem Gedanken, sich vielleicht einen Online-Anschluß zu zulegen, was das Gesamtpotential auf über acht Mio. ansteigen ließ.

1997 über 3,2 Mio. WWW-Nutzer in Deutschland

Geht man von den USA und Kanada aus, so ergibt sich Mitte 1997 für Deutschland bei rund 875.000 Hosts entsprechend ca. 4,5% der 19,5 Mio. Internet-Rechner[4], die stolze Zahl von 4,375 Mio. Internet- und 3,2 Mio. WWW-Nutzern. Hierbei wird unterstellt, daß es hinsichtlich der „Hosts zu Nutzer" Verhältnisse keine Unterschiede zwischen den einzelnen Länder gibt. Besonders durch die mittlerweile rund 1,5 Mio. T-Online-Kunden und die Nutzer von AOL/CompuServe und anderer Online-Dienste, die ebenfalls auf das WWW zugreifen, scheinen diese Zahlen nicht unrealistisch.

Marktvolumen und Marktpotential Homeshopping

Beim Marketing im Internet geht es gegenwärtig trotz der Nutzerzahlen in Millionenhöhe noch um kein großes Marktvolumen. 1994 wurden weltweit geschätzte 100 Mio. US-Dollar über das Internet umgesetzt. Zwischen 1,5 und 2,5 Mio. Amerikaner haben bereits über das Internet Waren oder Dienstleistungen bezogen.

Umsatzschätzungen

Andere Schätzungen gingen bereits von weltweit 366 Mio. US-Dollar für 1994 und 771 Mio. für 1995 aus. Diese Zahlen beinhalten dabei sowohl Umsätze, die mit Internet-Beratungen, Internet-Zugängen, Hard- und Software und Inhalten erzielt wurden als auch die Erlöse aus dem Verkauf von Waren im Netz. Goldmann Sachs errechneten die in der folgenden Abbildung 2.8 dargestellten regionalen Aufteilungen der Umsätze. Danach wurden in Deutschland 1995 rund 50 Mio. US-Dollar im und um das Internet herum umgesetzt.

4 Nicht enthalten sind die deutschen Hosts mit Adressenendungen wie „net" oder „com". Im Juli 1996 waren 548.168 Rechner mit der Adressenendung „de" an das Netz angeschlossen. Der Anteil Deutschlands am Internet ist damit relativ konstant geblieben.

Abb. 2.8: Internet Umsätze

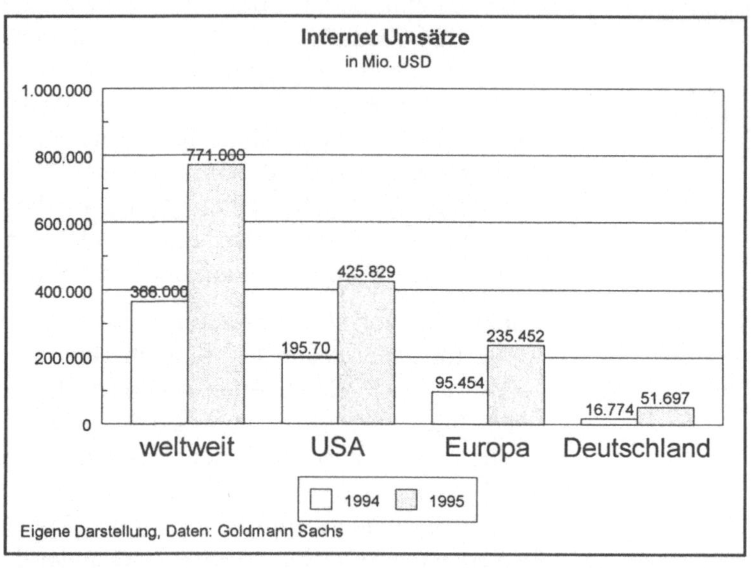

Marktpotential

Als Marktpotential für die Zukunft führen die Optimisten der Branche den gesamten Versandhandelsumsatz an. 1994 wurden weltweit ca. 53 Mrd. US-Dollar im Versandhandel über Kataloge umgesetzt. Dazu kommen noch rund 2,5 Mrd. US-Dollar Umsatz weltweit im Bereich „TV Homeshopping". Deutschland liegt bei den jährlichen Pro-Kopf-Versandhandelsausgaben mit über 460 DM weltweit an erster Stelle.

Versandhandel

Dies erklärt auch das Engagement deutscher und internationaler Versandhandelsfirmen im Internet. Firmen wie der Otto Versand oder Quelle haben recht schnell damit begonnen, den neuen Markt zu erkunden. Es wird dabei davon ausgegangen, daß jemand, der per Katalog bzw. „Mail-Order" einkauft, auch bereit ist, per „Online-Order" einzukaufen. Außerdem wird befürchtet, daß eine Ausweitung des „Online-Geschäftes" eher zu Lasten des Versandhandels gehen könnte, denn zu Lasten des stationären Einzelhandels. Dennoch hat das „Online-Shopping" bisweilen noch mit Akzeptanzproblemen zu kämpfen (siehe dazu Abschnitt 8.4).

Quelle

Das Versandhandelsunternehmen Quelle hat 1996 runde 70 Mio. DM über den Dienst T-Online umgesetzt. Das sind ca. 18% mehr als im Jahr zuvor. Mittelfristig rechnet man bei Quelle mit einem Anstieg der Online-Verkäufe auf 10% des Gesamtumsatzes.

Prognosen

Langfristig wird sich jedoch auch in Deutschland der Einzelhandel auf die Online-Konkurrenz einstellen müssen. Im Dienstleistungsmekka USA kann man bereits den lokalen Supermarkt oder das Delikatessengeschäft um die Ecke per Netz erreichen. Der bestellte Einkauf wird – gegen ein paar Dollar extra – sofort ausgeliefert. Ein Kölner Beratungsunternehmen schätzt, daß bis zum Jahre 2010 etwa 8% des gesamten Einzelhandelsumsatzes Online abgewickelt werden; das entspricht etwa 100 Mrd. DM.

2.6 Die Internet-User: Potentielle Kunden

Eine wichtige Grundlage zur Beurteilung der Chancen der kommerziellen Internet-Nutzung sind Informationen über die Internet-Nutzer und ihre Gewohnheiten. Es gibt einige Befragungen, die innerhalb des Netzes durchgeführt worden sind und deren Ergebnisse ebenfalls dort zumindest teilweise veröffentlicht wurden. Die folgende Tabelle 2.5 stellt entsprechende Quellen zusammen.

Tab. 2.5: Internet Studien im Netz

Internet-Studien	
Cyberatlas	http://www.cyberatlas.com/
Find/SVP	http://www.findspv.com/
Graphic, Vizualization, & Usability Center GVU	http://www.cc.gatech.edu/gvu/user_survey/
International Data Corporation IDC/IAO	http://www.idc.com/
Jupiter Communications	http://www.jup.com/research/reports
Nielsen/CommerceNet	http://www.commerce.net/information/surveys/
O'Reilly/Trish	http://www.ora.com/survey/
Statistical Research Institute SRI International	http://future.sri.com/
Survey.Net	http://www.survey.net/
W3B	http://www.w3b.de/

Im folgenden sollen fünf ausgewählte Studien über „die User" und ihre Gewohnheiten vorgestellt werden.

Vergleichbarkeit der Untersuchungen

Die ausgewählten Untersuchungen werden z.T. regelmäßig bzw. halbjährlich durchgeführt. Die Stern Studie „Der Online-Markt und die Onliner“ ist eine traditionelle Marktforschungsstudie. Sie widmete sich nicht speziell dem Internet, sondern allen Online-Diensten in Deutschland. Die TIC/MIDS-Studie wandte sich nicht direkt an die Nutzer des Internet und wurde – anders als die übrigen drei – nicht im World Wide Web durchgeführt. Die beiden Studien sind damit nicht mit den drei anderen vergleichbar. Da speziell die deutsche Situation von Interesse ist und einiges auf erhebliche Unterschiede zwischen den amerikanischen und den europäischen Nutzern hindeutet, wird auch eine Umfrage über die Netznutzung in Deutschland vorgestellt.

Studie 1: Stern Markenprofile 6

Stern Online-Typen

Vom 14.09.1995 bis 08.11.1995 führte der Stern eine repräsentative Umfrage zum Thema „Der Online-Markt und die Onliner“ unter deutschsprachigen Personen zwischen 14 und 64 Jahren (mündliches Interview mit strukturiertem Fragebogen) durch. Der Stichprobenumfang betrug 10.033 Personen bei einem Ausschöpfungsgrad von 71%. Der Fragebogen enthielt u.a. Fragen zu den Bereichen der Marken- und Medianutzung, zu Konsumgewohnheiten sowie einer Reihe demographischer Markmale. Neben der bereits erwähnten Größe des Online Marktes ermittelte die Studie auch fünf „Online Typen“. Abbildung 2.9 zeigt die Ergebnisse.

Abb. 2.9: Stern Online-Typen

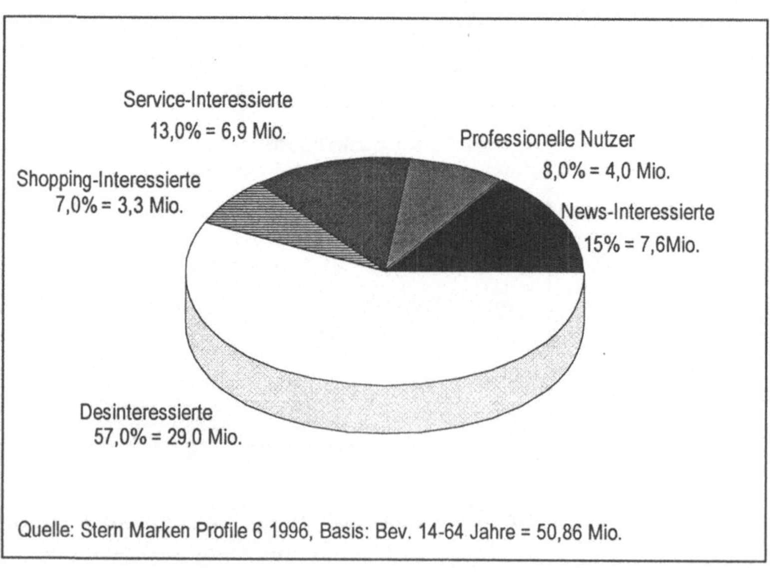

Desinteressierte

Die Umfrage ermittelte u.a. daß ca. 57% der Bevölkerung zwischen 14 und 64 Jahre (rund 29 Mio.) zu den „Online-Desinteressierten“ zu zählen sind, jedoch etwa 43%, entsprechend rund 22 Mio. Menschen in der einen oder anderen Form ein Nutzungsinteresse an bestimmten Online-Angeboten haben. Für die USA ermittelte eine Studie der Find/SVP[5], daß dort 41% der Bevölkerung kein Interesse am Internet hat. Die übrigen 59% haben, planen oder interessieren sich für die eine oder andere Form eines Internet-Zugangs.

Beschreibung der Online-Typen

Professionelle Nutzer wollen recherchieren, faxen, E-Mails versenden, Daten übertragen, Homebanking sowie Firmen- und Wirtschaftsinformationen aus dem bzw. mit dem Netz erreichen. Service-Interessierte nutzen u.a. Kartenreservierungen, Reisebuchungen, Veranstaltungshinweise, Fahrplanauskünfte, Homebanking sowie Teleshopping. Shopping-Interessierte reizt der Online-Einkauf und die Werbung sowie der Zugang zu Produktinformation sowie -nachrichten.

News-Interessierte

Die News-Interessierten nutzen Wetterinformationen, Sportberichte, Fernsehprogrammzeitschriften, Zeitungsinserate und Stellenanzeigen etc. Überraschend ist die große Gruppe der Desinteressierten in der deutschen Bevölkerung. Diese Gruppe wäre vermutlich noch größer geworden, wenn die Grundgesamtheit auch Personen über 64 Jahre eingeschlossen hätte. Neben den Online-Typen enthält die Studie eine Reihe weiterer interessanter Informationen, die hier jedoch aus Platzgründen nicht aufgeführt werden können (Stern 1996).

Studie 2: „Third TIC/MIDS Internet Demographic Survey“

Untersuchung bei Systemadministratoren

Am 15. September 1995 führten Quarterman/Carl-Mitchell ihre dritte Internet-Umfrage durch. Bei dieser Umfrage wurde ein umfangreicher Fragebogen (ausgedruckt etwa 12 DIN-A4-Seiten) per E-Mail an insgesamt 13.302 Domains bzw. die dortigen „Postmaster“, also für die Internet-Post zuständige Systemadministratoren geschickt. Antworten bis zum 19. Oktober 1995 wurden berücksichtigt. Insgesamt gingen 1.293 auswertbare Fragebogen in Form von E-Mail bei den Initiatoren ein, was einer Antwortquote von 9,7% entspricht. Die auswertbaren Fragebogen entsprachen ca. 2,9% der zu diesem Zeitpunkt insgesamt vorhandenen 45.091 Domains. Tabelle 2.6 zeigt einige Ergebnisse.

[5] `http://www.findspv.com/`

Tab. 2.6: Organisationsarten im Internet

Art der Organisation	*Anteil an allen Organisationen*
Kommerzielle Organisationen	49,2%
Bildungseinrichtungen	23,7%
Privatleute	18,1%
Regierungsstellen/Behörden	5,6%
Non-Governmental-Organisations	3,3%
Militär	0,1%

Besonderheiten

Da sowohl die Zielgruppe keine „normalen" Internet-User waren als auch die Fragen neben wenigen demographischen Merkmalen eher technische Details betrafen, soll diese Studie hier nicht ausführlicher dargestellt werden. Sie sorgte jedoch wegen einiger Ergebnisse für Schlagzeilen im Internet. So ermittelten Quarterman/Carl-Mitchell – entgegen dem bis dato vermuteten Geschlechterverhältnis von 9:1 – ein Verhältnis von 63,3% männlichen gegenüber 36,7% weiblichen Internet-Nutzern, also fast 2:1. Außerdem stellten sie ein drastisches Übergewicht der angeschlossenen kommerziellen Organisationen – sprich Unternehmen – fest.[6]

Studie 3: GVU's 6th WWW User Survey

Das „Graphic, Visualization, & Usability Center" (GVU) des Georgia Technology College of Computing führte mit Unterstützung des „WWW-Curatoriums" und der „Internet Society" vom 10. Oktober bis zum 16. November 1997 seine achte, nichtkommerzielle „Internet-Umfrage" durch. Dafür wurden verschiedene Fragebogen konzipiert und im World Wide Web zugänglich gemacht. Zusätzlich wurden verschiedene Verweise auf die Befragung eingerichtet, u.a. bei Yahoo und Netscape

Inhalte

Die Fragebogen erschlossen folgende Themengebiete: generelle demographische Daten, technologiebezogene demographische Daten, Datenschutz, Web- und Internet-Nutzung, Electronic Commerce, Internet Shopping, Informationsbeschaffung und Einkauf, Meinungen zum Internet-Kommerz sowie einen Sonderabschnitt zu kulturellen Fragen. Insgesamt wurden Fragebogen von über 10.000 Teilnehmern ausgewertet und die Ergebnisse im Netz veröffentlicht. Neben verbalen und graphischen Aus-

[6] Informationen zu dieser Umfrage sind erhältlich über: `http://www.mids.org/`

wertungen sind auch die ursprünglichen Datensätze zugänglich und können kostenlos via FTP bezogen werden.[7] Zu den Ergebnisse dieser Studie siehe Tabelle 2.7.

Studie 4: Yahoo!/Jupiter Communications

Größte kommerzielle WWW-Umfrage

Die Yahoo!/Jupiter-Umfrage ist eine kommerzielle WWW- Umfrage, die nach eigenen Angaben 70.000 Befragte umfaßt. Damit ist sie die größte bzw. umfangreichste ihrer Art. Zur Erhebung selbst sowie zu den Auswertungsmethoden wurden keine näheren Informationen veröffentlicht. Die Ergebnisse wurden auszugsweise im Netz präsentiert.[8] Eine detaillierte Auswertung ist von Jupiter Communications, 627 Broadway, New York, NY 10012 erhältlich.

Studie 5: Fünfte W3B-Umfrage

Deutsche Umfrage

Vom 08.10.1997 bis zum 17.11.1997 führten Fittkau/Maaß ihre fünfte deutsche bzw. deutschsprachige, ebenfalls kommerzielle „Web-Umfrage" durch. Sechs Wochen lang war ein Fragebogen in Form eines WWW-Dokuments auf einem W3-Server zugänglich, auf den auch andere WWW-Dokumente hinwiesen. Insgesamt über 16.000 Web-Nutzer nahmen an der Untersuchung teil. Auszüge der Ergebnisse sind im Netz zugänglich. Die gesamte Studie ist gegen Honorar von Fittkau/Maaß, Grögersweg 11, 22307 Hamburg erhältlich.[9]

In Tabelle 2.7 sind die drei World-Wide-Web-Umfragen bzw. einige ihrer Ergebnisse einander gegenübergestellt. Die einzelnen Umfragen haben jeweils mehrere zum Teil unterschiedliche Schwerpunkte, wie etwa „Information-Authoring" oder „Mediagewohnheiten" der Nutzer. Auf diese Schwerpunkte kann hier nicht näher eingegangen werden.

7 ftp://ftp.cc.gatech.edu/pub/gvu/www/survey/survey-10-1996/

8 http://www.jup.com/

9 http://www.w3b.de/w3b/

Tab. 2.7: Vergleich ausgewählter „User-Surveys"

	Yahoo!/Jupiter	***8th GVU Survey***	***3. W3B-Umfrage***
Gebiet *Teilnehmer* *Datum* *Medium*	global/USA 60.000 Sep. 1995 WWW-Fragebogen	global >10.000 Okt./Nov. 1997 WWW-Fragebogen	deutschsprachig >16.000 Okt./Nov. 1997 WWW-Fragebogen
Alter	25-34 Jahre	global ∅ 34,9 Jahre Europa ∅ 29,7 J.	∅ 33 Jahre 36% = 20-29 Jahre
Geschlecht (m:w)	k.A.	global 61,5:38,5 Europa 78,0:22,0	87,8:12,2
Berufe %	k.A.	30,9% Ausbildung 29,1% Computer 10,2% Management 29,7% andere	44,0% Angestellte 17,4% Studierende 16,7% Selbständige 7,2% Schüler/Azubi 4,5% Beamte 2,9% Doktoranden
Bildung	mehrheitlich college degree oder höher	mehrheitlich college degree oder höher	6,8% Hauptschule 21,6% Mittl. Reife 69,8% Abitur
Einkommen	∅ 35.000-49.999$	USA ∅ 64.700$ Europa ∅ 56.000$	k.A.
WWW-Nutzung	∅ 20 Std./Woche	∅ > 10 Std./Woche 85% täglich	∅ 5,8 Std. bzw. an 4,3 Tagen/Woche
Zugang	50% Provider 40% Arbeit/Uni 8% Online-Dienst 2% sonstige	63,6% zu Hause (Europa: 36,7%) 36,4% Arbeit 28.8 Mod. = 51,4%	38,1% Arbeitgeber 45,3% Uni/Schule 68,6% = eigener PC + Modem
Bezahlen für WWW-Seiten?	66% nicht bereit	67,6% nicht bereit	k.A.
Sonderergebnisse, Werte in %	61% sehen weniger fern; 55% gehen zu Hause ins Netz.	Browsing: 77,8 Unterhaltung.: 63,8 Bildung: 53,3 Arbeit: 50,9 Einkauf: 18,8	76,3 Nachrichten 65,6 Software 65,5 Unterhaltung 62,8 Recherche 60,4 Produktin-form.

Unterschiede zwischen USA und Europa

Die Befragten bei der GVU-Studie, an der alle WWW-Nutzer weltweit teilnehmen konnten, kamen zu 82,7% aus den USA und nur zu 17,3% aus dem Rest der Welt. Interessant sind dabei die Unterschiede zwischen US-amerikanischen und europäischen

Nutzern, die in der GVU-Studie analysiert wurden. Danach sind europäische Nutzer z.B. jünger als amerikanische. Es überwiegen in Europa noch stärker als in den USA die männlichen Nutzer, auch wenn sich hier langsam eine leichte Annäherung abzeichnet. Das Durchschnittseinkommen ist in den USA ebenfalls höher als in Europa.

Vergleich der Ergebnisse

Die deutschsprachige W3B-Umfrage spiegelt diese Erfahrungen, die in der GVU-Studie durch Sondervergleiche ermittelt wurden, zum Teil wieder. So weist sie mit 33 Jahren ein niedrigeres Durchschnittsalter der Nutzer aus als die amerikanisch-dominierten Umfragen. Quarterman/Carl-Mitchell (TIC/MIDS) ermittelten sogar ein noch höheres Durchschnittsalter. Auch der Studentenanteil bei den deutschsprachigen Netzteilnehmern, der in den anderen globalen bzw. nordamerikanischen Untersuchungen deutlich geringer ausfällt, weist auf ein niedrigeres durchschnittliches Alter und auch Einkommen hin. Die Zahl der Studenten wird in der W3B Studie durch den Sonderausweis der Doktoranden, noch gedrückt. Addiert man Schüler, Auszubildende, Studenten und Doktoranden so erhält man immerhin 27,5%. Bei allen Untersuchungen wird ein überdurchschnittliches Bildungsniveau der Nutzer festgestellt.

Übergewicht von Beschäftigten in der Computerbranche

Bei den Berufen stellten sowohl GVU als auch Quarterman/Carl-Mitchell ein Übergewicht der Beschäftigten aus den Bereichen Computer, Software und Bildungswesen fest. Alle Studien ermittelten unterschiedliche Verweildauern sowie Zugangs- und Nutzungsgewohnheiten. Auch die Bereitschaft, für WWW-Seiten zu bezahlen, fällt bei allen Studien unterschiedlich aus.

Besondere Ergebnisse

Unter den hier als „besondere Ergebnisse“ aufgeführten Zahlen sind einige interessante Einzelaspekte der Studien zusammengestellt. So nutzen in den USA 77% das WWW zum Spaß bzw. zur Unterhaltung, aber über 50% nutzen es auch beruflich oder zu Bildungszwecken, während nur etwa 18% auch im Internet einkaufen. Nach der Yahoo-Studie schränken über 60% der Nutzer ihren Fernsehkonsum ein, da sie mehr Zeit im Internet verbringen und über die Hälfte der WWW-Nutzer geht meistens zu Hause ans Netz. Die W3B-Studie fragte außerdem, ob sich die Nutzer vorstellen könnten, ihre Lieblingszeitung nur noch „online“ zu lesen, was von über 70% der Befragten verneint wurde.

Tendenzen

Diese Schlaglichter geben sicher keinen erschöpfenden Einblick in die Nutzungsgewohnheiten, und sie liefern auch keine überprüfbare Zahl der Nutzer insgesamt. Dennoch machen sie einige

Tendenzen deutlich, die für die Bewertung der kommerziellen Nutzung des Internet wichtig sind.

Regionale Unterschiede

Es gibt deutliche regionale Unterschiede. Die Gruppe der WWW-Nutzer besteht in Deutschland zu etwa 44% aus Angestellten und zu 27,5% aus Schülern, Azubis, Studenten und Doktoranden. Fast 90% der Nutzer sind männlich. Diese Zahlen sind aufgrund der Erhebungsmethode zwar nicht repräsentativ, dürften in der Tendenz jedoch stimmen. Frauen sind also im deutschsprachigen Netz stark unterrepräsentiert, während sich ihre Zahl in den USA der 40%-Marke nähert.

Zugang

Der größte Teil der deutschen Befragten ins Internet gelangen über ihre Schule, ihren Arbeitgeber oder die Universität in das World Wide Web bzw. Internet. Personen, die über den Arbeitgeber an das Internet angebunden sind, nutzen es in der Regel beruflich (über 50%). Sie kommen möglicherweise als gewerbliche Kunden in Frage, ob sie ihre privaten Einkäufe im Netz tätigen können und wollen (während der Arbeitszeit), bleibt offen.

Online-Shopping

Die männlichen Nutzer scheinen noch weniger als die weibliche Netzöffentlichkeit zu den „Online-Einkäufern" zu zählen. Gegenwärtig nutzen nach der GVU-Studie nur etwa 18% der internationalen Anwender das Internet bzw. das WWW auch zum „Shopping". Diese Zahl steigt jedoch kontinuierlich an. Die Vorteile des Online-Shopping werden dabei wie folgt bewertet: Bequemlichkeit 65%, Erhältlichkeit von Verkaufsinformationen 60%, kein „Druck" vom Verkaufspersonal 55%, Zeitersparnis 53%.

Shoppig-Verhalten

Bei den deutschsprachigen Nutzern zeigte sich in der vierten W3B-Umfrage (Mai 1997) interessanterweise, daß Männer das Netz nicht nur absolut, sondern auch relativ betrachtet, häufiger für das Online-Shopping nutzen als Frauen dies tun. Auch beim Download von Produktinformationen liegen die Männer vorn (siehe Tabelle 2.8).

Tab. 2.8:
Online Interessen

WWW-Nutzug	*Frauen %*	*Männer %*
Neugier, Unterhaltung	79,8	75,4
Aktuelle Informationen abrufen	77,4	79,5
Kommunikation	57,0	60,9
Aus- und Weiterbildung	50,7	52,2
Software herunterladen	35,6	73,9
Produktinformationen abrufen	34,1	61,4
Online-Zeitschriften lesen	49,2	49,4
Geschäftl./berufliche Nutzung	43,3	48,0
Wissenschaftliche Recherche	40,8	41,1
sonstiges	18,4	22,3
Spielen	15,8	11,3
Shopping	10,0	16,8
Online-Banking	9,7	15,7

Quelle: Fittkau/Maaß 1997

Zusammenfassung

Nach diesem ersten Einblick kann man folgendes festhalten: das Internet ist von der Struktur seiner Nutzer her regional differenziert zu betrachten. Nur in wenigen Fällen läßt es sich als Absatzkanal und Werbemedium uneingeschränkt einsetzen. Das Online-Potential ist jedoch groß. So weist die Stern Studie allein für Deutschland 3,3 Mio. Shopping-Interessierte aus. Zusätzlich ist damit zu rechnen, daß die anderen immerhin 18,5 Mio. „Interessierten" bereit wären, Produkte online zu kaufen bzw. für bestimmte Online-Dienstleistung zu bezahlen.

Literatur

Alpar, Paul: Kommerzielle Nutzung des Internet, Berlin 1996.

Anderson, Christopher: The Internet: The Accidental Superhigh way: A Survey of the Internet, *in:* The Economist, Vol. 336, No. 7921, July 1st, 1995, Suppl. S. 1-20.

Berres, Anita: Marketing und Vertrieb mit dem Internet: ein Leitfaden für mittelständische Unternehmen, Berlin 1997.

Birkelbach, Jörg: Financial Services im Internet, *in:* Die Bank, Heft 7, 1995, S. 388-393.

Cronin, Mary J.: Doing More Business on the Internet, 2nd ed. New York 1995.

Emery, Vince: Internet im Unternehmen, Heidelberg 1996.

Griese, Joachim, Sieber, Pascal: Internet: Nutzung für Unternehmen, Bern 1996.

Grubb; Kanellakis; Lübbeke: Profit im Internet, München 1995.

Gruner + Jahr AG & Co / Stern MarkenProfile 6: Der Online-Markt und die Onliner, Hamburg 1996.

Hoffmann, Donna L.; Kalsbeek, Wiliam D.; Novak, Thomas P.: Internet and Web Use in the United States: Baselines for Commercial Development, 10 July 1996. http://www.ogsm.vanderbilt.edu/internet_demos_july9_1996.html

Jaros-Sturhahn, Anke; Löffler, Peter: Das Internet als Werkzeug zur Deckung des betrieblichen Informationsbedarfs, *in:* IM Information-Management, 10. Jg., Heft 1, 1995, S. 6-13.

Kaiser,Alexander: Möglichkeiten der Integration von Internet in die betriebliche Informationswirtschaft, in: Journal für Betriebswirtschaft, 45. Jg., Heft 2, 1995, S. 95-104.

Kotschenreuther, Jürgen: Auf dem Weg zum „Global Village", *in:* Diebold Management Report, o. Jg., Heft 8/9, 1994, S. 3-6.

Network Wizzards (Mark Lottor): Internet Domain Survey, July 1996, http://www.nw.com/

3 Technischer Background und Überblick

Nachdem in Kapitel 2 die einzelnen Internet-Dienste schon kurz angesprochen wurden, möchte ich in diesem Kapitel kurz die Grundlagen des Internet näher erläutern. Der mit dem Internet vertraute Leser kann diese Abschnitte überspringen, der Internet-Einsteiger sollte sie jedoch lesen, da es zum Verständnis der Möglichkeiten und der Grenzen des Internet wichtig ist, seine Funktionsweise zumindest grob zu kennen. Darüber hinaus möchte ich auch noch ein paar Basisdaten zum Netz vorstellen.

Zum Begriff „Internet"

Das Internet stellt eine Verbindung zwischen (lat.: „inter" = zwischen) bestehenden Elementen, in der Regel Teilnetzen – sogenannten „Subnetzen" – dar. Es wird auch oft als „Metanet" oder als „Netz der Netze" bezeichnet.

Kein eigenes Netz, sondern Summe der Teilnetze

Ziel: globale Verbreitung von Information

Anders als kommerzielle Online-Dienste (KOD), wie T-Online oder CompuServe, bezeichnet das Wort „Internet" kein bestimmtes, klar abgegrenztes Netz, sondern die Möglichkeit, verschiedene, voneinander unabhängige Netze miteinander zu verbinden. Das Internet ist eine sich selbst organisierende Ansammlung von Netzen. Jedes Subnetz verfügt über eigene Ressourcen, und alles steht allen Nutzern auf der Welt offen. Dies ist zumindest der Grundgedanke des Internet: die Zugänglichkeit zu Informationen und ihre globale Verbreitung.

Enthusiasten

In der Realität stellen allerdings nicht alle Nutzer auch ihrerseits Ressourcen bzw. Informationen zur Verfügung. Man könnte sagen, mit voranschreitender Kommerzialisierung hat sich das Internet vom Prinzip „Geben und Nehmen" vielfach zum reinen Nehmen entwickelt. Ich möchte deshalb an dieser Stelle darauf hinweisen, daß eine Vielzahl wichtiger und interessanter Ressourcen im Internet ihre Existenz nur dem freiwilligen und unentgeltlichen Einsatz einer großen Zahl von Enthusiasten verdankt.

Dynamische Entwicklung

Um zu beschreiben, was das Internet genau ist, könnte man versuchen, enumerativ seine einzelnen Bestandteile und Teilnetze heranzuziehen. Da das Netz jedoch einem ständigen Wandel unterliegt, sich mit großer Geschwindigkeit ausbreitet und sich auch qualitativ ständig weiterentwickelt, würde dieser Versuch immer einzelne Aspekte unberücksichtigt lassen.

Definitionsansatz

Eine mögliche Definition des Begriffs Internet setzt an der software-seitigen Realisierung der Netzwerkstruktur an. Danach kann unter dem Begriff „Internet" die Summe aller mittels „TCP/IP" (Transmission Control Protocol/Internet Protocol, siehe dazu auch Abschnitt 3.1.1) miteinander verbundenen Netze und Rechner verstanden werden. Erst das „TCP/IP" bzw. die darauf aufbauenden Protokolle ermöglichen die Interaktivität und damit die Anwendungen, die das Netz so populär gemacht haben. Man könnte dies auch als das Internet im engeren Sinne betrachten. Diese Eingrenzung läßt Netze wie das „BITNET", „UUCP" (UNIX to UNIX Copy Protocol) oder „FidoNet" außer acht, auch wenn diese über sogenannte „Gateways" einen Teil der Dienste im Internet nutzen können.

Gateways

Gateways dienen dazu, Teilnetze, die nicht das TCP/IP-Protokoll verwenden, mit dem Internet zu verknüpfen. Es handelt sich meist um Rechner, die die unterschiedlichen Kommunikationsprotokolle übersetzen. Damit können z.B. CompuServe-Nutzer auf das Internet zugreifen, und umgekehrt können elektronische Nachrichten aus dem Internet an CompuServe-Nutzer geleitet werden. Auch sind heute fast alle Netze in der Lage, via E-Mail mit dem Internet zu kommunizieren und dadurch bestimmte Dienste des Internet, wie z.B. Suchdienste indirekt – über einen sogenannten Mailroboter – zu nutzen, obwohl sie nicht auf dem TCP/IP basieren.

Netze anderer Protokolle

Die Netze der anderen Protokolle sind selbständige Einheiten, auch wenn Teile dieser Netze einen wichtigen Beitrag zum Internet leisten. So stellt das BITNET die „Listservs" zur Verfügung. Das sind themenorientierte Listen mit „E-Mail-Adressen", in die sich Nutzer aus unterschiedlichen Netzen eintragen können. Will man eine E-Mail an jeden Teilnehmer einer Themengruppe senden, schickt man sie nur einmal an die „Listservs". Von dort wird sie automatisch an alle eingetragenen Teilnehmer versendet. Dieser Service wird von einem Großteil der Internet-Nutzer als selbstverständlicher Bestandteil des Internet betrachtet bzw. wahrgenommen, auch wenn er technisch gesehen bzw. nach obiger Definition nicht im Internet abläuft. Man kann also das ein objektives Internet (TCP/IP-basiert) und ein subjektives Internet (wichtige Dienste anderer Protokolle) unterscheiden.

Listserv

News

Ein ganz ähnliches Phänomen stellen die USENET News dar. Das USENET ist kein physisch existentes, sondern ein „virtuelles

Netz" ohne eigene Leitungen. Es basierte ursprünglich auf dem „UNIX to UNIX Copy"-Protokoll. Heute wird jedoch meist das NNTP (Network News Transfer Protocol) verwendet, das auf TCP/IP aufsetzt. Auch diejenigen USENET-Rechner, die noch immer über UUCP angeschlossen sind und damit außerhalb des TCP/IP-Netzes liegen, werden von der Mehrheit der Nutzer als integraler Bestandteil des Internet betrachtet.

Core- und Consumer-Internet

Weiterhin kann nach Quarterman (1990) danach unterschieden werden, ob die Rechner im Internet nur als Nutzer von Ressourcen in Erscheinung treten, oder ob sie auch als Anbieter von Informationen oder Dienstleistungen im Netz aktiv werden. Letztere bilden das „Core-Internet", erstere das „Consumer-Internet". Das „Consumer-Internet" könnte auch als Internet im weiteren Sinne bezeichnet werden. Hierunter fallen z.B. Firmen, die das Netz zu Informationszwecken nutzen, aber Fremden keinen Zugang zu ihrem eigenen Netz oder Knoten gewähren bzw. keine eigenen Informationen bereitstellen.

Internet-Definition in diesem Buch

Die diesem Buch zugrundeliegende Definition des Internet baut auf dem Internet-Protokoll als Abgrenzungskriterium auf und umfaßt alle Rechner, die über das TCP/IP miteinander kommunizieren, unabhängig davon, ob nur sie Ressourcennutzer oder Nutzer und Anbieter von Ressourcen in einem sind. Sie schließt auch die „USENET News" und die „Listservs" des BITNET mit ein.

Nicht miteinbezogene Netze

Netze, die nur E-Mail nutzen können, wie z.B. die kommerziellen E-Mail-Anbieter „MCI-Mail" oder „SprintNet" und kommerzielle Online-Dienste mit einem Gateway zum Internet, wie etwa „AOL/CompuServe" oder „T-Online", werden in diesem Buch nicht zum Internet gezählt, womit jedoch keine Qualitätsaussage über die Internet-Gateways dieser Netze verbunden ist (so wird ein T-Online-Benutzer i.d.R. kaum merken, daß er nicht im „echten" Internet agiert). Abbildung 3.1 verdeutlicht diese Definition graphisch.

Abb. 3.1: Internet und Beispiele für Netze anderer Protokolle

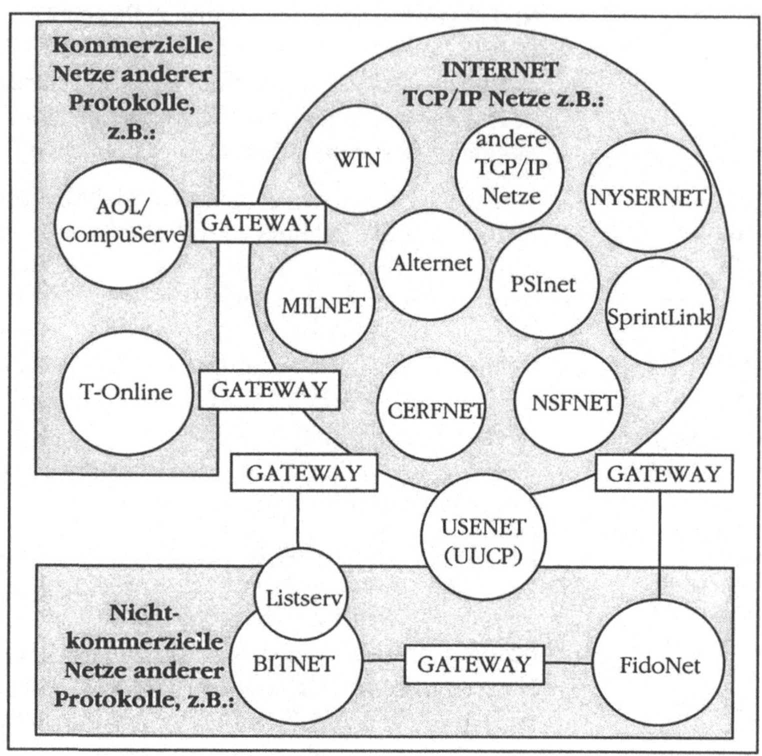

3.1 Rückblick

Die Wurzeln

Die Ursprünge der Computernetze liegen in den sechziger Jahren. 1965 entwarf das Pentagon mit Blick auf den Kalten Krieg ein Szenario, wie es im Falle eines nuklearen Angriffs auf die Vereinigten Staaten um die nationale Kommunikation bestellt sein würde. Dies führte zu einem von der „ARPA" (Advanced Research Projects Agency, eine Abteilung des Pentagons) finanzierten Forschungsprojekt, das 1969 die erste Vernetzung von damals vier Computern zum Ergebnis hatte.

Das ARPANET

Die ersten Knoten waren die UCLA (University of California, Los Angeles), das SRI (Stanford Research Institute), UCSB (University of California, Santa Barbara) sowie die UU (University of Utah, Salt Lake City). Um die Betriebssicherheit des Netzes im Ernstfall zu gewährleisten, erhielt das Netz einen dezentralen Charakter und entsprechende Kommunikationsprotokolle. Es entstand das „ARPANET".

Knoten

1971 waren 15 „Knoten“ an das ARPANET angeschlossen, die insgesamt 23 Rechner beherbergten. Ein Jahr später waren es bereits 40 Computer. 1973 entstanden erste internationale Verbindungen zu Rechenzentren in England und Norwegen. 1982 wurde TCP/IP als offizielles Protokoll des ARPANET eingeführt. Zu diesem Zeitpunkt hatte man bereits die Dienste E-Mail und Telnet entwickelt.

TCP/IP

Andere Netze

Parallel waren Anfang der achtziger Jahre das USENET und das BITNET entstanden. Aus dem ARPANET wurde dann 1983 das „MILNET“ als rein militärisches Netz ausgegliedert. Ein Jahr später wurden die Domain-Name-Server vorgestellt. Es war nun nicht mehr nötig, die Rechneradressen in der komplizierten Zahlenform anzugeben, da die Domain-Name-Server nun automatisch die Buchstabenadressen in IP-Adressen umwandelten. Man erreichte die Grenze von 1.000 angeschlossenen Hosts. Das „NSFNET“ bildete ab 1986 das „US-Backbone“. Die Backbone-Geschwindigkeit betrug damals 56 Kbps (Kilobit pro Sekunde). 1989 wurde die Grenze von 10.000 angeschlossenen Hosts erreicht, und das T1-Backbone (1.544 Mbps) ging in Betrieb.

Das World Wide Web

Das ARPANET stellte 1990 den Betrieb ein. Im Folgejahr wurde der Dienst Gopher entwickelt. Das CERN (Europäisches Laboratorium für Teilchenphysik) in der Schweiz stellte 1992 das World Wide Web vor, für das 1993 die ersten modernen Browser – eine Art „Navigations-Software“ – entwickelt wurden. Speziell die Multimediafähigkeiten des World Wide Web und die Nutzungsmöglichkeiten der Browser sorgten in der Folge für die anhaltende „Explosion“ des Internet. Seit 1994 beträgt die Geschwindigkeit des US-Backbone (Hauptdatenleitungen) mindestens 45 Mbps. 1995 wurde die Grenze von 5 Mio. und 1996 12 Mio. Hosts durchbrochen. Anfang 1998 fällt die 20 Mio.-Hosts-Grenze

3.2 Wie das Internet funktioniert

Verbindung unterschiedlicher Rechner und Netze

Wie eingangs beschrieben, ist das Internet ein Netz, das mittels des Kommunikationsprotokolls TCP/IP unterschiedlichste Rechnertypen und Netze miteinander verbindet. Das Netz lebt von der „individuellen“ Zusammenschaltung verschiedener Subnetze. Es gibt keinen zentralen Betreiber, sondern eine Vielzahl von Betreibern angeschlossener Rechner und Netze auf der ganzen Welt. In den USA, wo sich das Internet formierte, sind die Betreiber dieser Subnetze z.B. Universitäten, militärische Einrichtungen, die Regierung, nationale, regionale und kommunale Be-

Kein zentraler Betreiber

hörden, Unternehmen, Forschungsinstitute, Bibliotheken, Schulen, Krankenhäuser, usw. sowie Privatleute.

LANs, MANs und WANs

Die lokalen Netze (Local Area Networks), wie z.B. „Inhouse-Systeme" mit mehreren vernetzen Arbeitsplätzen oder Mainframe-Rechnern an einem Standort, stehen neben den sogenannten MAN (Metropolitan Area Networks), in denen sich in den USA z.B. kleinere Schulen, Bibliotheken oder Stadtverwaltungen engagieren. Sie erstrecken sich über einen kommunalen Bereich. Daneben bilden große Unternehmen wie Stromversorger, Banken und Versicherungen mit Filialnetzen überregionale Networks, sogenannte WANs (Wide Area Networks). Auch diese können an das Internet angeschlossen werden (siehe Abbildung 3.2).

Nationale Backbones

Landesweite „Datentransport-Rückgrate", sogenannte „Backbones", werden von großen nationalen Institutionen betrieben. In der Regel sind dies größere Rechenzentren, in den USA meist „Supercomputing-Zentren", d.h. Standorte von Hochleistungscomputern. Diese Zentren verfügen über „dedizierte" Verbindungen – sprich Standleitungen – zu anderen Backbone-Knotenpunkten. Sie werden permanent für den Zweck der Datenverbindung unterhalten. In den USA herrschen hier sogenannte T1- und T3-Verbindungen mit Übertragungsgeschwindigkeiten von 1,54 bzw. 45 Mbps (Megabit pro Sekunde) vor.

Geschwindigkeit

An die Backbones werden die weniger stark frequentierten Rechner und die kleineren Netzwerke mit niedrigeren Geschwindigkeiten, wie z.B. 56 bzw 64 Kbps (Kilobits pro Sekunde) oder 128 Kbps angeschlossen, was einem bzw. zwei ISDN-Kanälen entspricht. Die nationalen Backbones sind international miteinander verbunden und ermöglichen auf diese Weise die globale Nutzung des Netzes.

Internet-Knoten

Werden Firmen oder andere Organisationen an das Internet angebunden, stellen sie einen Internet-Knoten dar und können entsprechende Knotenfunktionen ausüben. Jeder Rechner – vom Mainframe (Großrechner) bis zum IBM-kompatiblen PC – kann Knotenfunktionen übernehmen, sofern ein weiterer Rechner an ihn angeschlossen wird. Die dezentrale Konzeption des Internet in Verbindung mit der universellen Protokollstruktur des TCP/IP ermöglicht den einfachen Anschluß aller Rechnertypen und damit das schnelle Wachstum des Netzes an seinen „Rändern".

Wachstum des Netzes an seinen Rändern

Provider

Eine an das Internet angebundene Firma kann anderen einen Anschluß kommerziell zur Verfügung stellen. Sie könnte auch ihren Mitarbeitern erlauben, sich nach Feierabend von zu Hause aus über den Firmenrechner an das Internet anzuschließen. Sie baut damit ein eigenes Netz auf. Firmen, deren Hauptgeschäftszweck die kommerzielle Anbindung anderer an das Netz ist, werden „Provider" genannt; sie besitzen typischerweise eine weit leistungsfähigere Anbindung als ein Unternehmen, das das Netz nur zu eigenen Zwecken nutzen will.

In Deutschland existieren auch einige Vereine, in denen sich Nutzer zusammengeschlossen haben. Diese Vereine sind nicht auf Gewinnerzielung ausgerichtet und können Interessenten Internet-Zugänge zu günstigen Konditionen anbieten, da sie gegenüber anderen Providern als Großabnehmer auftreten (siehe auch Kapitel 7).

Abb. 3.2: Beispiel Netzwerkhierarchie

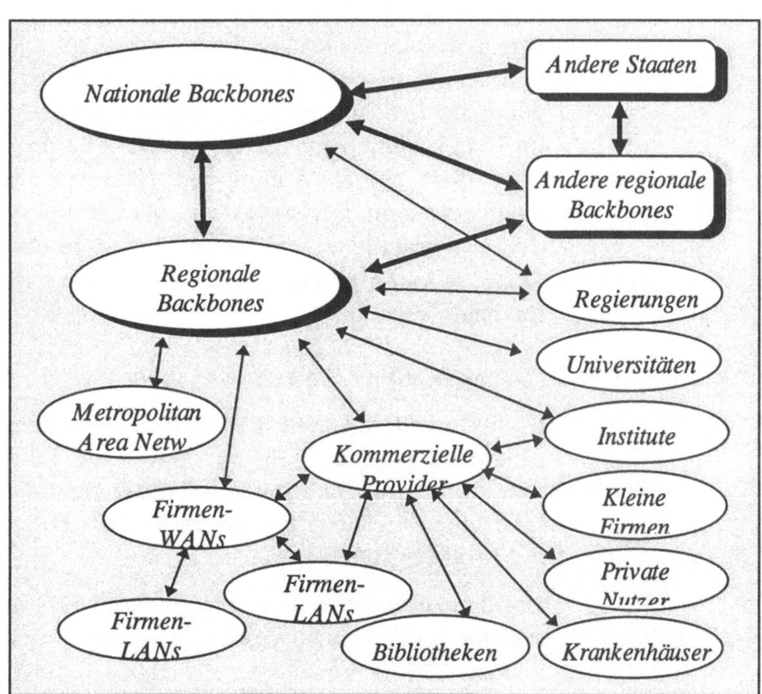

Vereine in Deutschland

Router ermitteln den Weg durchs Netz

Damit die Daten ihren Weg von einem zum anderen Computer finden, agieren die Knotenpunkte als „Router", d.h. sie lesen die Zieladresse auf den Datenpaketen und senden sie weiter an den nächsten Rechner in Richtung Zielort. Dabei können sie abhängig vom Verkehrsaufkommen für jedes Datenpaket einzeln die günstigste Route ermitteln (Dynamic Routing) und so mögliche

Überlastungen oder ausgefallene Stationen umgehen. Daß es dennoch zu Engpässen kommt, liegt unter anderem daran, daß zu bestimmten Stellen im Netz nur ein Weg führt und die entsprechenden Leitungen und Rechner eine bestimmte Kapazitätsgrenze besitzen. Auch wenn mehrere Zugänge existieren, kann das ständig steigende Datenvolumen die Rechner oder die Leitungen überlasten.

Gesamtkosten des Internet-Betriebs

Die Betriebskosten des Internet können in zwei Bereiche aufgegliedert werden. Zum einen entstehen Kosten für die individuelle Anbindung jedes einzelnen Unternehmens an das Netz. Diese Kosten beinhalten die Anschluß-, Bereitstellungs- und die Telefon- bzw. Leitungskosten zum nächsten Einwählpunkt. Diese Kosten werden in Abschnitt 7.2. behandelt. Daneben entstehen Kosten für den Betrieb der regionalen, nationalen und internationalen Netzverbindungen und die Verwaltung der angeschlossenen Teilnetze, Router und Gateways. Diese Kosten werden von den Betreibern der jeweiligen Teilnetze und Anlagen selbst getragen. D.h. die Provider, Firmen, Universitäten, Institute, etc. im Netz kommen für die Kosten auf, die ihre jeweilige regionale oder überregionale Anbindung verursacht. Die Kosten der nationalen und zum Teil auch der regionalen Netzverbindungen werden also sowohl von größeren Providern als auch von größeren Organisationen getragen. Letzere werden teilweise auch staatlich finanziert werden.

3.2.1 Das Internet-Protokoll

Es soll an dieser Stelle keine detaillierte Beschreibung der technischen Vorgänge erfolgen, sondern nur kurz die Idee der Computerkommunikation im Rahmen des Internet dargestellt werden. Eine gute Übersicht zu diesem Themenkomplex findet sich z.B. bei Kroll (1994).

TCP/IP

Um die Vernetzung unterschiedlichster Computertypen, Betriebssysteme und Teilnetze zu ermöglichen, wurde das bereits erwähnte TCP/IP entwickelt, welches seit 1981 das Standardprotokoll des Internet ist. Dieses maschinenunabhängige Übertragungsprotokoll sorgt dafür, daß die vom Versender aufgegebenen Informationen in „handliche" Datenpakete aufgeteilt werden, die in der Regel nicht größer als 1.500 Byte sind. Das TCP übernimmt die Kontrolle über den sicheren Transport, d.h. es ermöglicht durch Numerierung der einzelnen Pakete die Überprüfung, ob die empfangenen Daten vollständig sind und sorgt für die korrekte Aneinanderreihung der übermittelten Informa-

Datenpakete

tionen beim Empfänger. Dies ist wichtig, da die Pakete durch das Dynamic Routing nicht unbedingt in der richtigen Reihenfolge beim Empfänger ankommen.

Zweistufige Arbeitsweise des TCP/IP

Das „IP" (Internet Protocol) sorgt ähnlich einer Briefadresse für die richtige Ankunft der Datenpakete beim Empfänger. Jedes Paket erhält einen Absender und eine Zieladresse, die in einem „Header" dem jeweiligen Datenpaket vorangestellt werden. Die Arbeitsweise des TCP/IP ist also zweistufig. Stufe eins beinhaltet die IP-Internet-Adressen des Zielcomputers und des Absenders. Stufe zwei enthält die TCP-Informationen für die Überprüfung und Zusammensetzung der Daten durch den Zielrechner. Dazwischen befinden sich die zu übermittelnden Informationen.

Dienst-spezifische Protokolle

Zur Nutzung der einzelnen Internet-Dienste werden von Organisationen wie z.B. dem IAB (Internet Architecture Board) (vgl. 7.5) bestimmte dienstspezifische Protokolle vereinbart, die auf dem TCP/IP aufbauen. Dadurch, daß die Anbieter von Informationen im Netz sich an die jeweiligen Protokolle halten, können die Nutzer mit unterschiedlichen Arten von Anwendungssoftware die Dienste nutzen. Abbildung 3.3 zeigt einige der möglichen Protokolle für die wichtigsten Dienste sowie Beispiele für deren Verwendungen.

Abb. 3.3: Protokolle, Dienste und Anwendungen

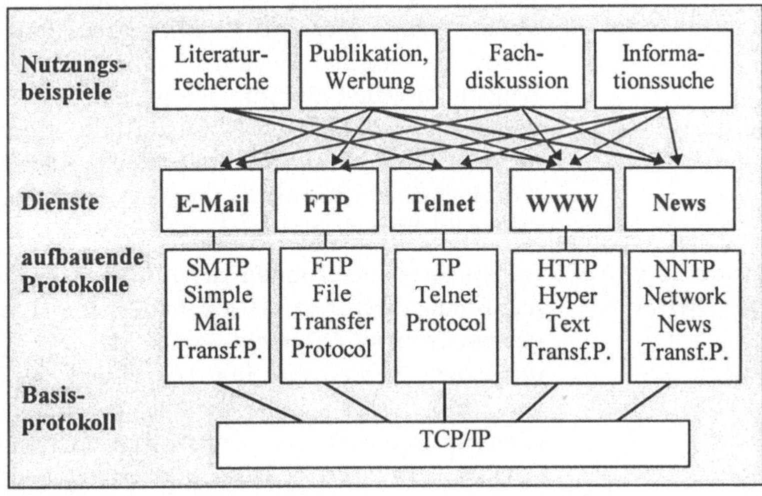

Basisprotokoll und aufbauende Protokolle

Jeder einzelne Dienst fußt auf einem eigenen Protokoll, welches wiederum auf dem TCP/IP als Basisprotokoll beruht. Die Nutzungsmöglichkeiten der einzelnen Dienste sind nicht überschneidungsfrei. So haben die Anbieter von Information die

Wahl, in welcher Form – sprich über welches Protokoll – sie ihre Daten im Internet bereitstellen wollen. Diese Entscheidung wird für Unternehmen – mit wenigen Ausnahmen – zur Wahl des WWW als „allround Dienst" führen.

3.2.2 Das Domain-Name-System

Adressensystem

Damit Computer miteinander kommunizieren können, benötigen sie eine eindeutige Adresse. Es gibt zwei Arten von Computeradressen im Internet: die ursprünglichen, maschinenorientierten, numerischen Internet Protocol-Adressen (z.B. „115.13.28.21") und eine für Menschen einfachere Buchstabenversion (z.B. „`www.microsoft.com`"). Diese Adresse des Computers im Internet wird auch „Domain Name" genannt. Die Rechneradresse besteht in diesem Fall aus der Angabe des Rechnernamens „www." und der Domain „microsoft.com". Domains sind also die „Haupt- bzw. Organisationsadressen". Manchmal wird auch nur der Adressenteil vor der „Top-Level-Domain", also der Länder- oder Organisationskennung, als Domain bezeichnet.[1]

Domain

DNS

Die Adressen werden auf die eine oder andere Weise in allen Diensten des Internet gebraucht. Die Zuordnung der Computeradressen erfolgt hierarchisch über das DNS (Domain-Name-System). An verschiedenen Punkten in der Welt stehen „Domain-Name-Server". Das sind Rechner bzw. Programme, welche die Adressen einzelner Regionen verwalten. Jeder untergeordnete Bereich verwaltet die Adressen in seinem Bereich. Beispielsweise verwaltet ein Rechner die Domain-Adressen für Deutschland, eine deutsche Universität verwaltet die Adressen ihrer Subnetze, die universitären Subnetze ihrerseits verwalten die Adressen einzelner Rechner.

Beispiel für eine Rechneradresse

Die Buchstabenversionen der Adressen werden mittels der Domain-Name-Server in die rechnerlesbaren Internet-Adressen umgewandelt. Der „Domain-Name" des Rechners ALF (Anwendungsrechner für Lehre und Forschung) der Universität Bremen lautet z.B. „`alf.zfn.uni-bremen.de`" Die Internet-Adresse des ZfN (Zentrum für Netze) an der Universität Bremen lautet dagegen „134.102.20.x". Das bedeutet, daß das ZfN ein Paket von 254 IP-Adressen (x im Bereich 1 bis 254) beliebig den verwalteten Rechnern zuweisen kann.

---

[1] Zu Details zum Domain-Name-System, das diese Hierarchie implementiert, siehe Abschnitt 3.1.2.

DNS-Server

Außerdem betreibt das ZfN einen eigenen DNS-Server, der die Namen und Nummern der eigenen Rechner kennt. Will ich nun eine Verbindung zum Rechner „alf" aufbauen, so wird automatisch zunächst der zuständige DNS-Server nach der zugehörigen IP-Nummer gefragt (bei „alf" ist das die 134.102.20.22), und dann kann die Verbindung hergestellt werden. Welcher DNS-Server für „`zfn.uni-bremen.de`" zuständig ist, erfährt mein Rechner wiederum von einem übergeordneten DNS-Server usw. Beim DNS liegt also ein hierarchisches Konzept vor.[2]

Firmenrechner im Netz – Beispiel DEC

Hinter einer „Domain" können sich eine Vielzahl von Hosts verbergen. So hatte die amerikanische Computerfirma Digital Equipment (DEC) 1996 ca. 31.000 Rechner am Netz. Probleme ergeben sich derzeit aus dem begrenzten Adreßraum im Internet. Es können nur Zahlen zwischen 0 und 255 je Abschnitt der Adresse verwendet werden, da sie durch 1 Byte dargestellt werden. Rechnerisch ergibt sich die astronomische Zahl von 256^4 möglichen Adressen, aber in der Praxis werden oft sehr große Nummern- bzw. Adreßräume für Institutionen reserviert, auch wenn diese nur wenige Rechner betreiben.

Adressen-endungen

Während in den meisten Ländern der Erde die Endung der Domain-Adressen (Top-Level-Domain) das jeweilige Land angibt, in dem der Rechner arbeitet bzw. registriert ist, haben sich in den USA die in der Tabelle 3.1 abgebildeten Endungen entwickelt.

Adressen-beispiele

Mittlerweile gibt es auch in anderen Ländern Adressen, die Aufschluß über die Organisationszugehörigkeit geben, z.B. gemischte Formen, wie „`www.apollo.co.uk.`", die „`co.`" für „commercial" bzw. „company" und „uk" für Großbritannien als Landeskennung enthalten. Es existieren aber auch deutsche Firmen, die sich nach amerikanischem Vorbild „com" nennen und auf die Top-Level-Domain „de" verzichten, wie z.B. „`www.daimler-benz.com`". Die Daimler Benz AG hat sich also dafür entschieden, die Adresse für ihren Internet-Server nicht bei der Verwaltung der „.de-Domains" zu beantragen (DENIC in Frankfurt), sondern in den USA, wo die „.com-Domains" verwaltet werden (InterNIC, Chantilly).

---

2 Die Darstellung ist stark vereinfacht. In der Realität wird die Effizienz des DNS-Systems noch durch Caching-Algorithmen erhöht.

Tab. 3.1: Top-Level-Domains in den USA

Endung	*Art der Organisation*
com	Kommerzielle Organisationen (Firmen)
edu	Ausbildungseinrichtungen (z.B. Universitäten)
gov	Einrichtungen des Staates, nicht militärisch
mil	Militär (Heer, Marine, etc.)
org	Andere Organisationen (z.B. Greenpeace)
net	Netzwerkressourcen/Institutionen

Globale Unternehmen

Besonders für globale Unternehmen mit weltweiten Repräsentanzen oder für Firmen, deren Name keine Assoziation zu einem bestimmten Land aufweist, bietet sich dieses Vorgehen an. Der „globale Konsument" kann häufig durch einfaches ausprobieren der Kombination des Firmennamens mit dem Zusatz "com" (firmaxy.com) die Homepage des Unternehmens finden, ohne die genaue Adresse zu kennen.

Kostenaspekte

Durch die Auswahl von Länder-Domains hingegen können mögliche „Country-of-Origin-Effekte" ausgenutzt werden. Ein weiteres nicht unerhebliches Argument bei der Wahl des Namens sind die damit verbundenen Kosten. So ist die jährliche Gebühr für eine de.-Domain deutlich teurer als etwa die Kosten einer net-Domain (vgl. auch Kapitel 7).

Kurz ist besser

Generell ist eine kurze und einprägsame Adresse von Vorteil, auch wenn sich die aktuellen Browser die Adressen durch die Bookmark-Funktion (Lesezeichen) merken können. Es erleichtert vor allem das intuitive Auffinden von Web-Präsenzen, deren genauen Namen man nicht kennt.

Adressen vom Provider

Da die Adressen hierarchisch verwaltet werden, können auch Internet-Provider Adressen vergeben. Sie verfügen über eine Domain und verwalten entsprechend die Rechnernamen der Sub-Domains (siehe auch die Beispiele für Internet-Firmenadressen sowie die Adressen des DE-NIC und InterNIC im Anhang).

Neues DNS

Gegenwärtig plant das IAHC (Internet Ad Hoc Committee) eine neue Organisation der Namensverwaltung, d.h. ein neues DNS. Das IAHC hat eigens zu diesem Zweck das Interim Policy Oversight Committee (IPOC) ins Leben gerufen. So sind u.a. die folgenden sieben neuen bzw. zusätzlichen „generic top level domains" (gTLDs) in Vorbereitung (vgl. Tabelle 3.2).

Tab. 3.2:
7 neue gTLDs

Endung	*Art der Organisation*
.firm	für Unternehmen bzw. Geschäfte
.store	für Geschäfte die Waren zum Verkauf anbieten
.web	für WWW bezogene Aktivitäten/Angebote
.arts	für kultur- und unterhaltungsbezogene Angebote
.rec	für Erholungs- und Unterhaltungsangebote
.info	für Informationsangebote bzw. -dienstleistungen
.nom	für individuelle bzw. persönliche Namen

Registrierungsstellen

Eine in der Schweiz ansässige Non-Profit-Organisation namens CORE (Council of Registrars) soll dazu eine gemeinsam genutzte Datenbank gleichen Namens betreiben, über die die registrierenden Stellen die neuen Domains vergeben. Geplant ist zunächst per Lotterie neue „Registries" (je vier in sieben Weltregionen) zugelassen. Diese müssen um die Konzession zu erhalten, bestimmte Voraussetzungen erfüllen. Sie vergeben dann jeweils für alle sieben gTLDs Domain-Namen. Das IPOC verhandelt zudem mit der Urheberrechtsorganisation World Intellectual Property Rights Organization (WIPO, Genf), um zukünftig Rechtsstreitigkeiten um Domain-Namen zu vermeiden bzw. schneller zu lösen. Für Deutschland ist DENIC die offizielle Vergabestelle für gTLDs.

3.2.3 Die Client/Serversoftwarearchitektur

Das Internet beruht auf der „Client/Server-Softwarearchitektur". Auf der Anbieterseite steht auf einem Hostrechner ein „Server-Programm" zur Verfügung, z.B. für den Internet-Dienst Telnet. Der „Systemadministrator" des Hostrechners ermöglicht auf diese Weise über das Internet allen, die über ein entsprechendes „Telnet-Client-Programm" verfügen, den Zugriff auf diesen Dienst in seinem Rechner. Das Server-Programm antwortet auf die Anforderungen des Client-Programms und schickt die Daten an den Client, der diese auf dem Bildschirm des Nutzers darstellt.

Client auf dem PC oder auf dem Zugangsrechner

Auf der Nutzerseite muß das „Client-Programm" entweder auf dem Rechner des Nutzers selbst oder auf dem seines Internet-Zugangsanbieters installiert sein. Der Nutzer kann direkt vom

Arbeitsplatz oder von zu Hause aus den jeweiligen Dienst an seinem Computer in Anspruch nehmen.

Indirekte Anbindung

Ist der „Client" nur auf dem Rechner des Zugangsanbieters vorhanden, was heutzutage nur noch sehr selten anzutreffen ist, dann muß der Nutzer von seinem PC aus über ein Kommunikationsprogramm, mit dem Rechner des Providers kommunizieren. Er ruft dann z.B. den dort installierten Telnet-Client des Providers auf, um Zugang zu einem entfernten, fremden Rechner im Internet zu bekommen. Die umständliche, langsame, indirekte Internet-Anbindung ist heute von geringer Bedeutung (siehe dazu auch Abschnitt 7.1).

Zeichen- bzw. zeilenorientierte Software versus graphikorientierte Software

Es kann generell zwischen „zeilen- bzw. zeichenorientierter" und „graphischer" Software unterschieden werden. Die Bedeutung der zeichenorientierten Clients sinkt stark, da die Highlights des Internet – allen voran das World Wide Web – damit nicht ausgereizt werden können. Die graphikorientierten Programme nutzen die Möglichkeit der „Fenstertechnik" und der „Maussteuerung" und vereinfachen so die Anwendung. Man muß sich nicht an „neue" bzw. alte Benutzeroberflächen gewöhnen, sondern arbeitet mit den vertrauten Techniken.

WWW-Browser

In den letzten Jahren hat sich die Benutzung des Internet entscheidend weiterentwickelt. Moderne Software, die für die Nutzung des World Wide Web entwickelt wurde, vereinigt heute die gängigen Internet-Anwendungen unter einer einzigen graphischen Oberfläche. Die Programme „Cello" und „Mosaic" (siehe Abbildung 3.4) gehörten zu den ersten, die diese Möglichkeiten boten. Diese Programme werden „Browser" (engl. to browse = schmökern, durchstöbern) genannt. Die Nutzung fast aller Dienste des Internet mit nur einem Programm bietet der gegenwärtig meist genutzte Browser „Netscape Navigator 4.0" an (siehe Abbildung 3.5). Das World Wide Web sowie alle anderen wichtigen Dienste inklusive der News können damit genutzt werden, und auch das Lesen und Schreiben von E-Mails ist mit dieser Programmversion möglich. Das Programm ist kostenlos zu beziehen über `http://www.netscape.com/`.

Abb. 3.4: Mosaic Internet-Browser

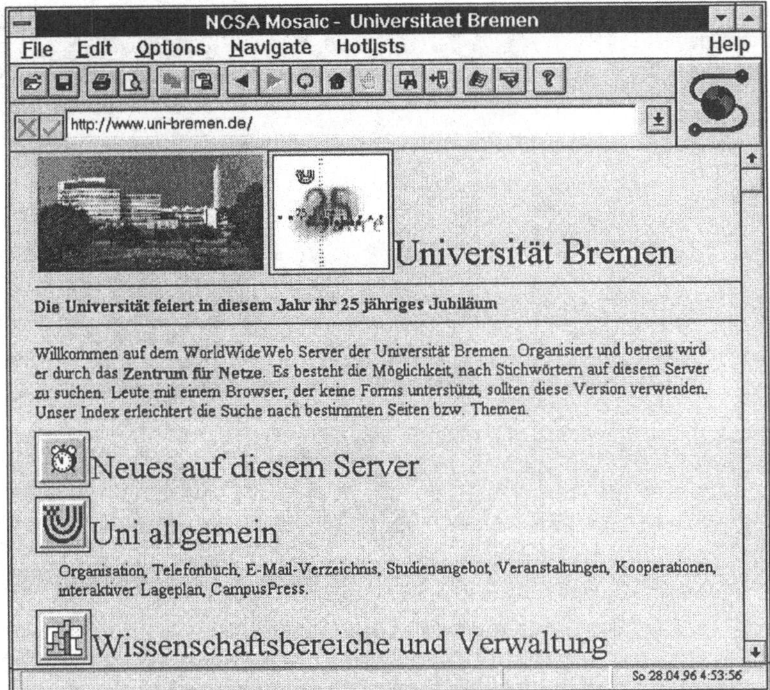

Microsoft Internet Explorer

Der Communicator bzw. Navigator 4.0 ist gegenwärtig trotz der Konkurrenz durch Microsofts Internet Explorer der Standard-Browser für das WWW. Die Analyse verschiedener Serverzugriffsstatistiken zeigt, daß Mitte 1997 zwischen 65% und 70% aller WWW-User Netscape benutzen und etwa 25% bis 30% den Internet Explorer. Auch der Internet Explorer ist kostenlos erhältlich (`http://www.microsoft.com`). Da alte Web-User ihre bevorzugte Browser-Firma eher selten wechseln, hatte Microsoft den Internet Explorer in sein Betriebssystem Windows 95 bzw. NT integriert, um auf diese Weise Marktanteile durch neue PC-Käufer bzw. neue Internet-Nutzer zu gewinnen. Eine Möglichkeit die sich für Netscape nicht bot. Seit dem die Wettbewerbshüter in den USA dies als unlauteren Wettbewerb untersagten, prozessiert Microsoft gegen diese Maßnahme.

Abb. 3.5:
Netscape Navigator 4.05

Neue Darstellungsmöglichkeiten

Frames

Bereits mit dem Navigator 2.0 wurden im WWW neue Darstellungsmöglichkeiten implementiert, die über den bis dahin allgemein gültigen Standard HTLM 2.0 hinausgingen und die zunächst nur von diesem Browser unterstützt wurden. Besonders hervorzuheben sind hier die Frames, die die Aufteilung des Bildschirms in unterschiedlich große Teilbereiche ermöglichen, innerhalb derer verschiedene HTML-Dokumente angezeigt werden können. Mittlerweile sind einige dieser Möglichkeiten auch in Standard der WWW-Seitenbeschreibungssprache HTML 4.0 aufgenommen worden und die nächste Generation (XML = Extended Markup Language) wird weitere Funktionserweiterungen mit sich bringen.

Plug-Ins

Zu den Browsern sind außerdem verschiedenste „Plug-Ins“ erhältlich. Das sind „Hilfsapplikationen“, die der Browser automatisch aufruft und startet, wenn er z.B. im WWW auf entsprechende Dateitypen stößt. Diese Plug-Ins können u.a. selbständig komprimierte Daten entpacken, oder sie ermöglichen die Darstellung bestimmter Bild-, Graphik- oder Textformate, die der Browser allein nicht unterstützt. Darüber hinaus gibt es Audio- und Video Player, wie z.B. Real Audio oder Schockwave zum Abspielen von Audio- und Videodateien sowie Virtual Reality Player (VRML = Virtual Reality Modelling Language), mit denen am Rechner modellierte, virtuelle Räume betrachtet, „durchfahren“ sowie verändert werden können.

Versionen für andere Rechnertypen

Zu fast allen Clients und Serverprogrammen des Internet gibt es Versionen für Unix, Windows oder Mac-Rechner. Da häufig die Software entweder komplett oder in einer „abgespeckten“ Version im Netz frei („Freeware“) oder gegen geringe Gebühren als „Shareware“ erhältlich ist, verbreiten sich Neuheiten und Verbesserungen bei der Applikationssoftware schnell. Bestimmte Programme wie „Telnet“ oder „Mail“ sind häufig bereits im für das Internet wichtigen Unix-Betriebssystem integriert.

Serversoftware

Die „Serverprogramme“, welche die Zugriffe aus dem Netz auf die bereitgestellten Daten regeln, sind meist für Unix-Rechner konzipiert, es werden aber auch Serverprogramme für Macintosh und Windows-PCs angeboten. In den USA sind „Plug and Play“-Server auf PC-Basis auf dem Markt. Im März 1997 betrug der Anteil der Windows NT basierten Server im Netz bereits über 16%. Auch Linux als kostenloses Unix-System für Intel-PCs ermöglicht den preiswerten Einstieg in die Client-Server-Technologie. Durch das Wegfallen hoher Anschaffungskosten für Unix-Rechnersysteme wird es immer mehr kleine Firmen und Privatpersonen möglich, als Anbieter mit eigenem Rechner im Internet aufzutreten.

Server Hersteller

Den Markt für kommerzielle Serversoftware bestimmen vor allem die folgenden Firmen (Marktanteile jeweils 03/97):[3]

- Apache (42,79%)
- Netscape (Communications, Commerce, etc.) (13,07%)
- Micorsoft (MS-IIS, PWS-95, etc.) (11,65%)
- NCSA (8,94%)

Zu den Kosten der Serversoftware vgl. Abschnitt 7.3.3.

3.3 Internet weltweit: die Netztopographie

Geographische Verteilung der Rechner

Unter der „Netztopographie“ wird die geographische bzw. räumliche Verteilung der am Netz beteiligten Rechner verstanden. Es ist eindeutig, daß das Internet seinen Schwerpunkt in den USA hat. Rund 10 Mio. Rechner entsprechend etwa 63% der Internet-Computer (Hosts) sind hier zu finden.[4] Daneben steht Westeu-

3 `Http://www.netcraft.com/survey`

4 Diese Zahl ist sicherlich überhöht, da sich hinter den früher rein amerikanischen Adressen wie „com“, „net“, „org“, etc. ein immer größerer Anteil ausländischer Hosts verbirgt. Dennoch dürften immer noch runde 55-60% der Rechner den USA zuzurechnen sein.

ropa mit etwa 3,3 Mio. Hosts (entsprechend ca. 20%) an zweiter Stelle.

Schwerpunkte

Weitere Schwerpunkte liegen in Osteuropa sowie in Ostasien. In Osteuropa sind vor allem Polen, Tschechien und Ungarn gut angebunden. In Ostasien sind Japan, Südkorea, Hongkong, Taiwan und Singapur am weitesten vorangeschritten. Afrika scheint vom Internet abgeschnitten zu sein. Einziger Lichtblick hier ist Südafrika, das mit rund 99.300 Hosts mehr Computer am Netz hat als Österreich (ca. 91.900). In Lateinamerika sind Brasilien und Mexiko die Spitzenreiter. Abbildung 3.6 zeigt die 20 Länder mit den meisten Hosts weltweit.

Über 190 Nationen

Nach der „Domain-Zählung" der „Network Wizzards" vom Juli 1997 verteilten sich die 19,5 Mio. Hosts auf rund 195 Nationen. Damit dürften mittlerweile alle Staaten der Erde zumindest einen oder mehr Rechner im Internet haben. Dennoch liegen krasse regionale Ungleichgewichte vor. Die Hosts der 20 wichtigsten Länder stellen bereits über 95% aller Hosts des Internet dar. Die übrigen 5% entfallen auf die restlichen 175 Staaten.

Abb. 3.6: Host Top-Twenty, Anteile an den Hosts weltweit, Hosts pro 1000 Einwohner

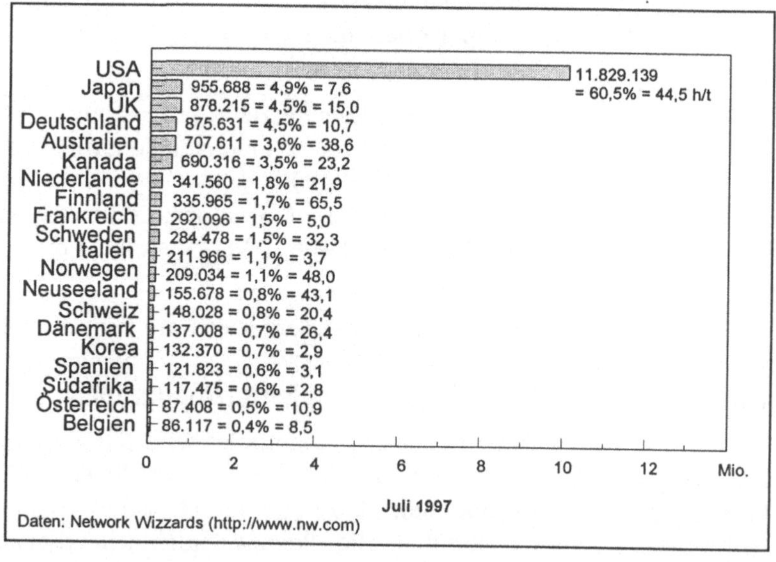

Die sechs wichtigsten Länder

Addiert man die Werte der sechs größten „Internet-Staaten" USA, Japan, Deutschland, Großbritannien, Australien und Kanada, erhält man immerhin noch rund 82% aller Internet-Rechner. Vernachlässigt man Japan als Absatzmarkt und unterstellt, daß die geographische Verteilung der Nutzer ähnlich der Verteilung der

Hosts ist, so können deutsche Unternehmen mit einem zweisprachigen (deutsch/englischen) Internet Angebot mindestens 76% der Nutzer in ihrer Muttersprache erreichen.

Besondere Stellung kleiner Länder im Netz

Ein weiterer Aspekt der Netztopographie ist die besondere Stellung kleinerer Länder im Rahmen des Internet. Diese tritt zutage, wenn man die Anzahl der Hosts eines Landes über die Bevölkerungszahl standardisiert. Die USA lagen im Juli 1997 mit fast 45 Hosts pro 1.000 Personen recht weit vorn, sie wurden aber noch von Finnland mit über 65/1.000 und Norwegen (48/1.000) und übertroffen. Auch das kleine Island weisen überdurchschnittliche Zahlen auf. Hinter den USA folgten Neuseeland (43), Australien (38), Schweden (32) und Dänemark (26) auf den Rängen fünf bis sieben. Auch Kanada, die Niederlande und die Schweiz konnten mit über 20 Hosts pro 1000 Einwohner aufwarten und belegten die Plätze acht bis elf. Erst hinter Großbritannien (15) und Österreich (11) folgt Deutschland mit ca. 10 Hosts pro 1.000 Einwohnern (Platz 14). Mit Japan (7) und Korea (3) lagen die Ostasiatischen Länder ebenso wie die europäischen Mittelmeeranrainer deutlich zurück.

Asien

Besonders Japan und Korea konnten jedoch in den letzten zwei Jahren die Zahl ihrer Hosts erheblich erhöhen. So belegt Japan mittlerweile Platz zwei der „Host Top-Twenty“ und Korea Platz 16. Interessant sind auch die Länder auf den Plätzen 20 bis 30. Erstmals konnte sich Mitte 1996 mit Brasilien (Platz 22 im Juli 1997) auch ein lateinamerikanisches Land kurzzeitig in der Top-Twenty plazieren. Rußland landete mit 81.104 Hosts auf Platz 21.

Abb. 3.7:
Hosts nach Regionen

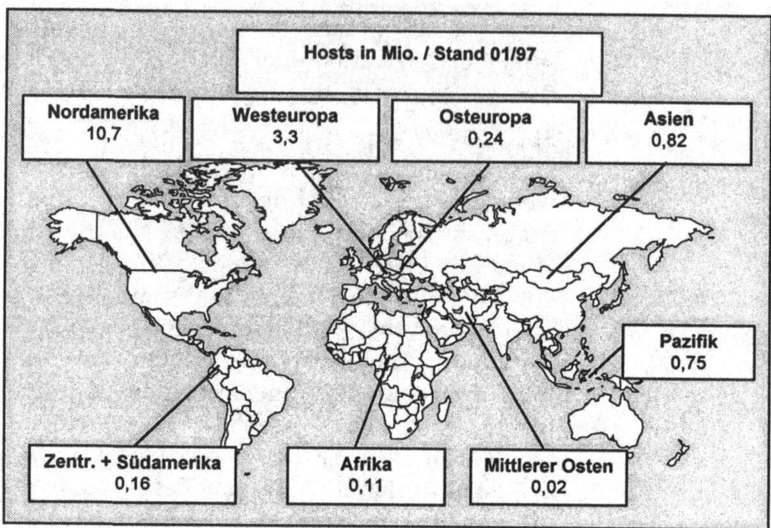

Deutliche regionale Unterschiede

Aus Abbildung 3.7 ist ersichtlich, daß die Ausstattung mit Internet-Hosts in den einzelnen Regionen sehr unterschiedlich ausfällt. Die Regionen mit den geringsten „Anteilen" am Internet, wie Lateinamerika, Afrika und Osteuropa, verbuchen zwar gegenwärtig hohe Wachstumsraten (siehe Tabelle 3.3), jedoch ohne eine reelle Chance, mit den hochindustrialisierten Regionen Nordamerika oder Westeuropa gleichzuziehen.

Tab. 3.3:
Regionaler Anschluß und Wachstum

Region	*Hosts 1/97 in Mio.*	*Hosts 7/97 in Mio.*	*Zuwachs in %*
Nordamerika	10,73	12,54	17
Westeuropa	3,32	4,15	25
Asien (inkl. J, HK, Taiw)	0,82	1,23	50
Pazifik/Ozeanien	0,75	0,98	31
Osteuropa	0,24	0,32	25
Zentral- und Südamerika	0,16	0,17	6
Afrika	0,11	0,12	9
Naher Osten	0,02	0,03	50
Total:	16,15	19,54	21

Verteilung der Netzknoten

Ein anderer Aspekt der Netztopographie ist die Anordnung und Verteilung der Netzknoten innerhalb eines bestimmten Territoriums bzw. einer Region. Wie die Verteilung der Knotenrechner und Backbones in den USA und in Europa ungefähr aussieht, verdeutlichen beispielhaft die Abbildungen 3.8 und 3.9.

US-amerikanisches Backbone

In den USA kann die regionale Verteilung am Beispiel des NSF-Net Backbone, daß die Supercomputerzentren des Landes verbindet, deutlich gemacht werden.

Abb. 3.8: US-Backbone Beispiel-darstellung

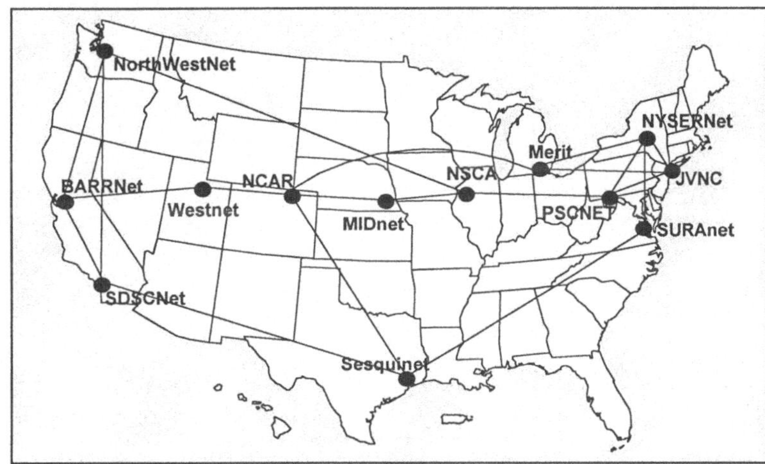

Anbindung an die USA

Die in Abbildung 3.9 beispielhaft dargestellten europäischen Netze und Knoten zeigen natürlich nicht alle zwischen den einzelnen Ländern existierenden Verbindungen und Netze auf. Viele kleinere europäische Provider sind beispielsweise über Knoten in den USA an das Internet angebunden. So kann es u.a. passieren, daß eine innerdeutsche E-Mail, abhängig von der jeweiligen Anbindung des Provider, des Senders und des Empängers der Nachricht, zweimal den Atlantik überquert, bevor sie ihr Ziel erreicht.

Dynamische Entwicklung

Besonders die dynamische Entwicklung der Nachfrage zwingt viele Provider ihre Kapazitäten und Anbindungen an das Internet ständig zu verbessern. Dadurch ergeben sich in kurzer Zeit viele Veränderungen der Verbindungen. Zusätzlich ergeben sich in dem jungen Markt der Internet-Provider auch regelmäßig Zusammenschlüsse, Kooperationen und Übernahmen vorher selbständiger Unternehmen.

Abb. 3.9: Euro-Backbone Beispieldarstellung

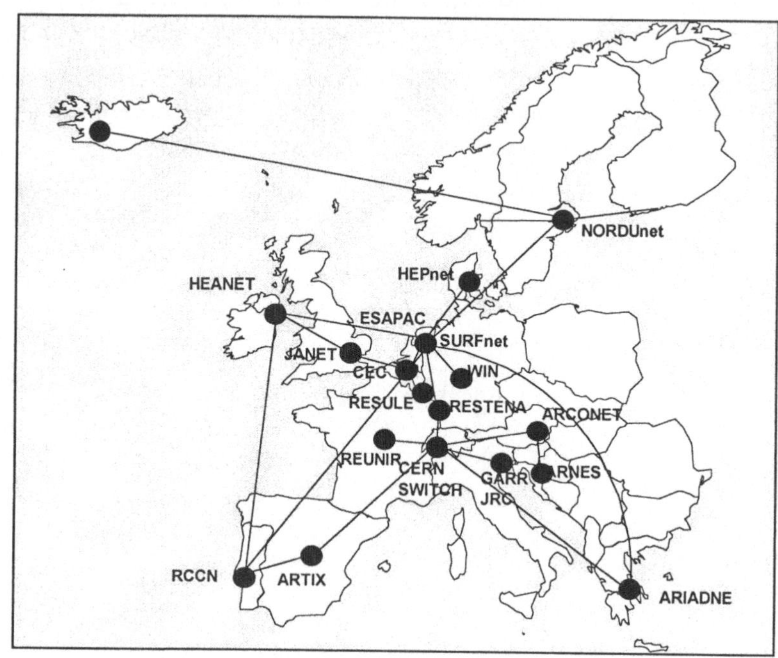

3.4 Die aktuelle Bedeutung des Internet: Zahlen zum Netz

Zahlen zur Host-Entwicklung

An dieser Stelle möchte ich Umfang und Entwicklung des Internet mit einigen Zahlen beschreiben. Dazu vertiefe ich zunächst die Daten aus Kapitel 2.5 über die Anzahl der Internet-Hosts; danach erfolgt ein kurzer Überblick über die Aufteilung der Computer nach der Organisationsart, zu der sie gehören. Damit wird auch die Frage beantwortet, wer im Internet Informationen anbietet. Anschließend folgen noch einige Daten zu den Domains sowie dem Datenverkehrsaufkommen im Netz (eine Domain ist i.d.R. eine Organisation, z.B. `http://www.bmw.de/` hinter der sich ein oder mehrere Hosts verbergen).

Generelles Zahlenproblem

Das generelle Problem bezüglich der Zahlen zum Internet liegt in der bereits erwähnten Tatsache begründet, daß es keine zentrale Verwaltung und keine allgemeingültige, eindeutige Definition des Internet gibt. Die Zahlen kommen aus unterschiedlichen Quellen und werden oftmals ohne genaue Aussagen zur Erhebung bzw. Schätzung gemacht. Die einzelnen Zahlen sollten daher vorsichtig betrachtet werden.

Wachstumsraten

Wie eingangs dargestellt, wächst das Internet mit einer enormen Geschwindigkeit. In den Spitzenzeiten seiner Ausdehnung – um das Jahr 1990 – wurden Wachstumsraten von 9% pro Monat gemessen. Seit dieser Zeit fällt die Wachstumsrate ganz allmählich und erreichte Anfang 1994 ca. 6%. Während sie zwischen Juli 1995 und Januar 1996 immer noch bei etwas über 6% pro Monat lag, bewegte sie sich zwischen Januar 1996 und Juli 1996 bei durchschnittlich 5,25%. In der zweiten Hälfte des Jahres 1996 sackte das Wachstum dann auf durchschnittlich 3,84% ab.

Abb. 3.10: Entwicklung der Hostrechner

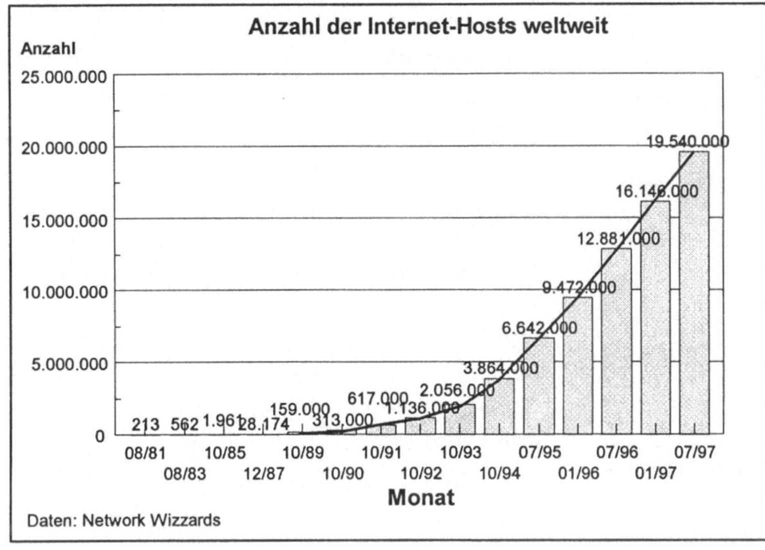

Ca. 19,5 Mio. Computer

Im Juli 1997 wurden über 19,5 Mio. Host-Computer geschätzt. Dies entspricht einer Zunahme um ca. 51,7% gegenüber den etwa 12,8 Mio. Rechnern im Juli des Vorjahres oder einem durchschnittlichen monatlichen Zuwachs von 3,53%. Abbildung 3.10 zeigt die zahlenmäßige Entwicklung der Hostrechner im Internet seit 1981. Wenn das Host-Wachstum weiter diesem Trend folgt, dürften nach meinen Berechnungen im Januar 1998 rund 22,5 Mio. Hosts angeschlossen sein.

Exponentielles Wachstum

Die Entwicklung weist auf eine exponentielle Wachstumsfunktion hin. Frühere Prognosen (Batty/Barr 1994) wiesen darauf hin, daß, wenn die Entwicklung weiter anhielte, zur Jahrtausendwende etwa 300 Mio. Hosts und bereits im März 2005 mehr Computer im Internet als Menschen auf der Erde zählen würde. Mittlerweile sind diese Zahlen jedoch überholt. Eigenen Berechnungen folgend werden zur Jahrtausendwende maximal ca. 35 Mio. Hosts am bzw. im Netz sein.

Sättigungsgrenzen

Man geht daher von einer Serie logistischer Funktionen aus, die sich kontinuierlich dem technologischen Fortschritt im Internet und den daraus resultierenden Wachstumsschüben anpassen und damit zwar die Sättigungsgrenze hinausschieben, sie aber dennoch irgendwann erreichen. So lösten etwa die Kapazitätserweiterung des NSF-Backbone (bis 1992 nationales Datenrückgrat in den USA) sowie die Entwicklung der multimediafähigen WWW-Browser-Software Wachstumsschübe aus, während Netzüberlastungen und sinkende Geschwindigkeiten sich bremsend auswirkten.

Großes Wachstumspotential

In den USA, die gegenwärtig den größten Anteil am Internet stellen, sind nach dem vollzogenen Anschluß der meisten Universitäten, Forschungsinstitute und vieler Schulen sowie fast aller größeren Unternehmen möglicherweise bereits kurzfristig erste Sättigungstendenzen aufgetreten. Gut 80% der Fortune 500 Firmen[5] sind bereits im Netz. Dem gegenüber waren im Juli 1997 rund 51% der deutschen Top 500 im Internet aktiv. Das zukünftige Wachstumspotential des Internet liegt bei den kleinen und den mittelständischen Unternehmen. Rund 87% der ca. 2,1 Mio. deutschen Firmen haben zwischen einem und neun Beschäftigten. Diese Firmen stellen damit ein großes Potential dar.

Private Server

Erwähnt werden sollte an dieser Stelle auch, daß es neben Firmen und Institutionen im Netz auch eine Reihe privater Internet-Hosts gibt. D.h., daß Privatpersonen – aus den verschiedensten Gründen – ebenfalls Server betreiben.

Welche Arten von Organisationen bieten im Internet Information an

Die Frage, wer bzw. welche Arten von Organisationen im Netz sind, läßt sich, wie die Abbildung 3.11 deutlich macht, nicht so einfach beantworten. Dies liegt daran, daß die Endungen der Computeradressen, die Aufschluß über die Organisationsart geben könnten, fast nur in den USA verwendet werden.[6] Darüber hinaus gibt es keine strikte Auslegung der Regeln für die Registrierung von Domains. Die Zahl von über 40% „Andere" in Abbildung 3.11 beinhaltet daher hauptsächlich die Anzahl der nicht-amerikanischen Hosts, die eine Länderkennung anstelle einer Organisationsendung in ihrer Adresse haben.

---

5 Top 500 Unternehmen der US-amerikanischen Wirtschaftszeitschrift Fortune.

6 Die in Abschnitt 2.6 dargestellte Umfrage von Quarterman/Carl-Mitchell versuchte, dieses Problem durch eine direkte Befragung der Host-Betreiber zu lösen.

Überhang der Kommerziellen Rechner im Netz

Zumindest in den USA hatten die kommerziellen Nutzer den Bildungssektor sowohl in der Anzahl der Hosts als auch bei den Domains bereits Mitte der neunziger Jahre weit überrundet. Regierung, Militär und andere Organisationen liegen alle deutlich unter 5%. Nach den Bildungseinrichtungen bilden die netzbezogenen Einrichtungen die drittgrößte Gruppe. Insgesamt hat sich zwischen Januar 1995 und Januar 1997 eine deutliche Verschiebung ergeben. Die Gruppe der „Sonstigen" nahm um 5,1% zu und erreichte fast 40%. Die Net-Adressen legten sogar um 6,5% zu. Hier tummeln sich mittlerweile auch kommerzielle Hosts wie z.B. `http://www. horizont.net`, der Internet-Ableger der Werbefachzeitschrift Horizont.

edu.-Adressen

Abgenommen hat dagegen der Anteil der com.- und edu.-Adressen von 27% auf 24,5% bzw. von 23,4% auf 16,4%. Das Militär legte gegenüber 1995 bei den Hosts um 0,5% zu, auch wenn der Anteil an den Domains nur verschwindend gering ist. Ähnliches gilt auch für die Regierung und andere Organisationen, deren Anteil an den Domains in keinem Verhältnis zum Anteil an den Hostrechnern steht. Diese Organisationen verfügen, also über relativ wenig Netze, die dafür aber sehr viele Hosts enthalten, während im Bereich „com." und „edu." die Netze offensichtlich kleiner ausfallen.

Abb. 3.11: Hosts nach Top-Level-Domain

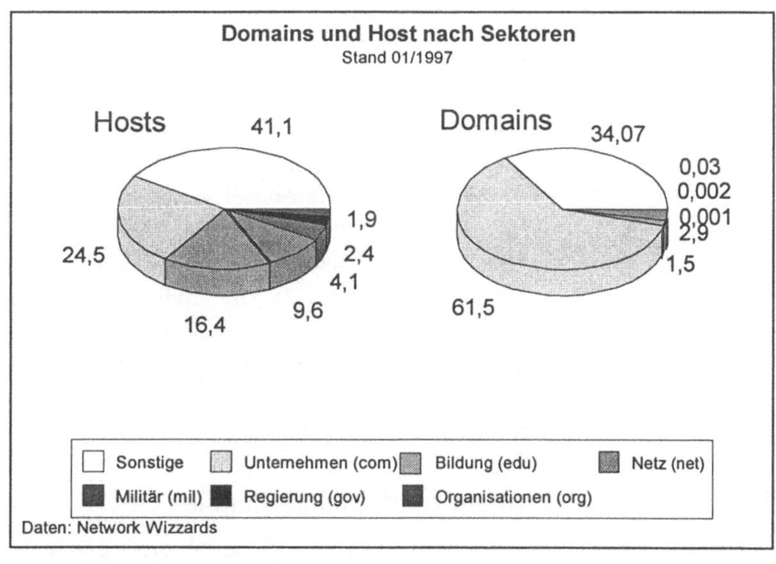

Entwicklung der Domains

Eine andere, ebenfalls stark anwachsende Zahl neben den Hosts sind die „Domains". Von 56.000 Domains im Oktober 1994 wuchs die Zahl innerhalb von neun Monaten um 114% auf über 120.000 im Juli 1995. Das entspricht einem durchschnittlichen Wachstum vom 8,8% pro Monat. Im Januar 1996 wurden bereits ca. 240.000 Domains ermittelt, was einer Verdopplung in sechs Monaten oder einer monatlichen Wachstumsrate von 12,2% entspricht. Noch einmal sechs Monate später wurden 488.000 Domains gezählt, was einen Zuwachs von über 103% ergab. Im Januar 1997 waren über 828.000 Domains registriert, was etwa 19,5 Hosts pro Domain entsprach und einen Zuwachs von ca. 69% in einem halben Jahr bedeutete. Im Juli 1997, also so nur ein halbes Jahr später, wurden 1,301 Mio. Domains im Netz gezählt.

Waren im Juli 1995 durchschnittlich noch etwa 55 Hosts pro Domain registriert, so betrug die Zahl im Januar 1996 nur noch ca. 39 und im Juli 1996 ca. 26 Hosts pro Domain. Die Tatsache, daß die Domains deutlich schneller wachsen als die Anzahl der Hosts, spricht dafür, daß verstärkt kleinere Domains an das Netz angeschlossen werden. Viele Firmen, die sich heute eine eigene Domain reservieren, betreiben nur einen einzigen Host: einen WWW-Server. Die meisten Domains (07/97) wurden unter der Top-Level-Domain „.com" mit eingetragen (764.019). Danach folgten Domains mit der Endung „.uk" (Großbritannien) mit 58.204 und „.de" mit 53.863 Domains.

Das Datenverkehrsaufkommen

Betrachtet man das Datenverkehrsaufkommen, so entfielen 1995 etwa 37% des gesamten Verkehrs auf die Nutzung von FTP (Dateiübermittlung), 38% wurden durch Gopher, das World Wide Web (siehe 6.1) und WAIS (siehe 4.1.4) verursacht und etwa 16% trug die Versendung von E-Mail zum Gesamtaufkommen bei. Die übrigen 9% entfielen auf unterschiedliche Dienste, wie den „Domain-Name-Lookup" und die Nutzung von „IRC" (Internet Relay Chat, siehe 5.1) und anderen Diensten. Der Domain-Name-Lookup ist die meist automatische Nutzung von Domain-Name-Servern zur Ermittlung der numerischen IP-Rechneradressen. Diese Zahlen haben sich seit dem weiter in Richtung des WWW verschoben, während u.a. der Anteil der FTP-Übertragungen sinkt.

3.5 Kommerzielle Online-Dienste

Kommerzielle Netze versus Internet

Neben dem Internet existieren eine ganze Reihe kommerzieller Netze, vorwiegend amerikanischen Ursprungs. Diese „Online-Dienste" stellen ihren Kunden gegen Gebühr verschiedene „Online-Angebote" (Content/Inhalte) zur Verfügung.

Technischer Unterschied

Technisch gesehen ist der wichtigste Unterschied zum Internet der zentralisierte Aufbau der Online-Dienste. Die Kunden wählen sich per Modem über lokale oder regionale Einwählknoten in den Zentralrechner, der alle Dienste und Informationen bereithält. Die großen Online-Dienste verfügen in der Regel über eine Vielzahl von Einwählknoten, meist in allen größeren Städten. Der Nutzer erreicht dadurch den Dienst zum Ortstarif.

Geschlossene Computernetze

Bedeutung des Internet für die Online-Dienste

Die Online-Dienste waren früher in der Regel geschlossene Computernetze, in denen der Nutzer zunächst nur auf das Angebot des jeweiligen Netzwerkbetreibers zugreifen konnte. Durch die ständig steigende Bedeutung des WWW und dessen große Publizität wurden jedoch immer mehr Anbieter kommerzieller Netze gezwungen, ihren Kunden zusätzlich zu den eigenen kostenpflichtigen Inhalten weitere Dienste – speziell auch die Nutzung des World Wide Web – zu ermöglichen. Es bestand für die Unternehmen die Gefahr, Kunden an andere Online-Dienste mit besserem – sprich leistungsfähigerem – Internet-Zugang oder direkt an Internet-Provider zu verlieren. Heute bieten alle kommerziellen Netzwerke auch „Gateways" zum Internet bzw. zu Teilen des Internet an. Am häufigsten wird WWW, E-Mail, News und FTP ermöglicht.

Inhaltliche Schwerpunkte

Die Online-Dienste haben unterschiedliche inhaltliche Schwerpunkte. Die drei wichtigsten Dienste CompuServe, AOL, T-Online sollen hier kurz vorgestellt werden. Die weiter unten noch vorzustellenden Dienste EuropeOnline und Microsoft Network sind keine Online-Dienste im herkömmlichen Sinne. Sie nutzen das Internet bzw. das WWW anstatt eines eigenen Netzwerks. Sie sind daher eher als z.T. kostenpflichtige Internet-Angebote zu verstehen.

CompuServe

CompuServe ist der älteste Online-Dienst der Welt. Entsprechend finden sich unter den Nutzern u.a. auch die Veteranen der Online-Technologie. Die Themen bzw. die Interessen der Nutzer sind stärker Computer und EDV geprägt als bei den anderen Diensten. Seit 1996 ist der Dienst in Deutschland überall und zum Ortstarif zu erreichen. Die Zentrale des Dienstes liegt in Columbus/Ohio.

America Online und Bertelsmann

Der weltweit größte kommerzielle Online Dienst ist z.Z. America Online (AOL). Die Bertelsmann AG ging mit dem amerikanischen Dienst (AOL) eine strategische Allianz ein und startete Ende 1995 einen gemeinsamen Online-Dienst.[7] Die Erfahrung und

---

7 `http://www.aol.com/`

das Know-How der Amerikaner sollte damit Zugang zum deutschen Markt finden. Daneben profitiert man von der Marktstellung, die Bertelsmann vor allem in den Bereichen Buch, Musik und Film – also der Inhalte („Contents") – sowie im „Club-Bereich" (Buchclubs, Kundenbetreuung usw.) hat. Im August 1997 konnte AOL in Deutschland über 400.000 Nutzer begrüßen und ist damit hinter T-Online aber noch vor CompuServe (285.000 Nutzer) die Nr. 2 unter Deutschlands Online-Diensten.

AOL Angebot

AOL orientiert sich an den Interessen der breiten Masse privater Konsumenten. Die Themen und Angebote von AOL sind in folgende Bereiche gegliedert: Computer, Entertainment (Unterhaltung), Finanzen (Finanzinformationen), Gesundheit, Kiosk (Zeitungen und Zeitschriften, International (AOL weltweit), Internet (WWW etc.), Marktplatz, Nachrichten (aktuelle Pressemeldungen), Reisen, Service (Hilfe), Sport, Treffpunkt („chatten" per IRC).

Übernahme von CompuServe durch AOL

Da AOL Anfang 1998 den Konkurrenten CompuServe übernommen hat, wird das Unternehmen weiterhin einen weltweiten Spitzenplatz einnehmen. AOL plant mit CompuServe eine Zwei-Marken-Strategie zu fahren. Danach soll CompuServe modernisiert und ausgebaut werden und weiterhin die technisch versierten, computerorientierten und geschäftlichen Nutzer ansprechen, während sich AOL weiter auf die privaten Konsumenten konzentriert.

T-Online

In Deutschland ist T-Online der am weitesten verbreitetste Dienst. „T-Online", zuvor „Datex-J", und davor „Btx" genannt, konnte seinen Durchbruch erst erzielen, nachdem ein grafischer „Btx-Decoder"[8] entwickelt und eine angepaßte Version des „Netscape Navigator" integriert wurde. Damit war die rein textorientierte Ära beendet. Abbildung 3.12 zeigt das T-Online-Titelbild. T-Online ist besonders wegen der hohen Sicherheit bei Homebanking Anwendungen und des inhaltlich wie sprachlich auf die deutschen Nutzer ausgerichteten Angebots erfolgreich. Der Dienst arbeitet dafür mit rund 3.000 Anbietern vom Börsendienst bis zum Verlagshaus zusammen. Im Vergleich zum Internet ist der Dienst für Anbieter besonders wegen der einfachen Möglichkeit der Berechnung kostenpflichtiger Inhalte (z.B. Datenbanknutzung) interessant. 1996 hat T-Online auf diese Weise

---

[8] Der offizielle Name des Darstellungsstandards, der hier zum Einsatz kommt, ist „KIT"; die alte Bezeichnung „Btx" hält sich jedoch hartnäckig.

über die Telefonrechnung der Kunden rund 100 Mio. DM von den Nutzer eingenommen und an die Anbieter weitergeleitet.

Abb. 3.12: T-Online

Neue Online-Dienste

Apples eWorld

Die Jahre 1994 und 1995 waren der Starttermin für eine Reihe weiterer kommerzieller Online-Dienste. In Italien brachte Olivetti Telemedia sein „Italia Online“ auf den Markt. Mitte 1995 entstand in England der Ableger „UK Online“. Apple Computer entwickelte sein ca. zehn Jahre altes „AppleLink“ (1994 ca. 60.000 Abonnenten) zu „eWorld“ weiter, einem Netz mit graphischer Benutzeroberfläche á la World Wide Web. Starttermin für England war im November 1994. Das weltweite Leitungsnetz dazu wurde von den Firmen Sprint und der British Telecom betrieben. Im März 1996 stellte Apple dann eWorld mangels Akzeptanz wieder ein. Weitere Online-Dienste sind Prodigy in den USA und Großbritannien sowie das IBM Global Network.

Neue Internet-Anbieter

Der Burda Verlag wollte mit den Partnern Matra-Hachette aus Frankreich und der Pearsons Group aus England ursprünglich „Europe Online“ als Internet-unabhängigen, propietären (eigenständigen) Online-Dienst an den Start schicken (Abbildung 3.13). Diese Pläne hat man jedoch mittlerweile begraben und EO als Internet-Anbieter konzipiert.[9]

---

9 http://www.europeonline.com/

Abb. 3.13:
Europe Online

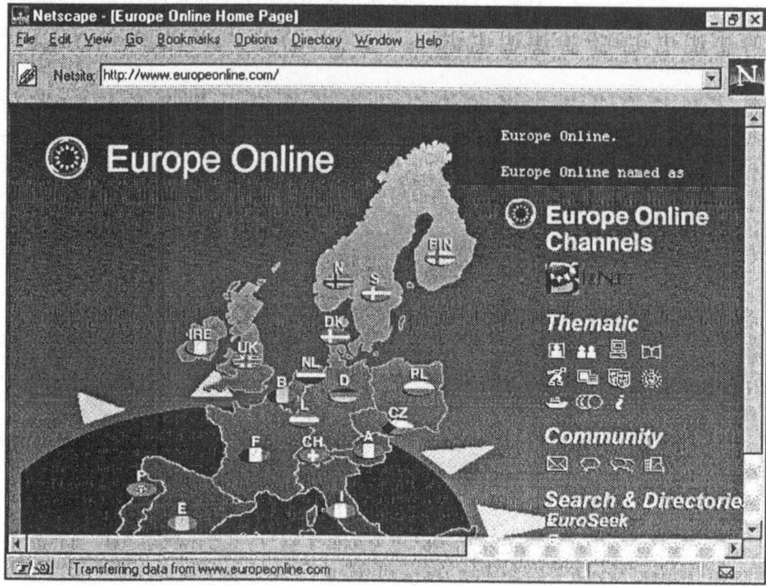

Nachdem das Unternehmen, dessen Seiten z.Z. für 15 europäische Staaten in angepaßten Versionen vorliegen, 1996 einige Probleme hatte und Konkurs anmelden mußte – die Ziele bezüglich der Nutzer und Umsatz wurden nicht erreicht – hat sich Hauptgesellschafter Burda zurückgezogen. Daß es die Seiten im Internet trotzdem noch gibt, ist dem Aufsichtsratsmitglied Candance Johnson und einigen ehemaligen EO-Mitarbeitern zu verdanken, die den Dienst (Server und Rechte) gekauft haben und ihn weiterentwickeln wollen.

Microsoft Network MSN

Nicht viel anders erging es dem Giganten Microsoft. Nachdem im neuen Betriebssystem Windows 95 die notwendigen Applikationen zur Nutzung von Online-Diensten integriert worden waren, brachte Mr. Gates sein Microsoft Network (MSN) auf den Markt (vgl. Abbildung 3.14). Das Angebot an Informationen und Dienstleistungen scheint jedoch für die Mehrheit der Nutzer im Verhältnis zum Preis recht dürftig gewesen zu sein, und die angestrebten Nutzerzahlen wurden nicht erreicht. Daraufhin entschloß man sich kurzerhand ebenfalls, den eigenen propietären Online-Dienst zu begraben und Internet-Anbieter zu werden.[10]

---

[10] `http://www.msn.com/`

Abb. 3.14:
MSN

Erwartungen nicht erfüllt

In Deutschland soll MSN im Dezember 1996 immerhin 50.000 Nutzer erreicht haben. Um diese Zahl möglichst schnell zu erhöhen, mußten die Inhalte einem breiteren Publikum gerecht werden, d.h. weg vom stark computerorientierten Themenkreisen und hin zu mehr Entertainment und mehr deutschen Inhalten. Sogar Gameshows wurden auf den insgesamt sechs Kanälen des MSN angeboten. Alle Maßnahmen inklusive der Marketingoffensive scheinen jedoch nicht recht angeschlagen zu haben, da das Angebot Anfang 1998 wieder reduziert wurde und sich MSN inhaltlich wieder mehr auf Computer bzw. EDV-Themen konzentrieren will.

Zusammenfassend läßt sich sagen, daß die Online-Dienste jeweils spezielle Vorzüge aufweisen und speziellen Interessen besser gerecht werden können als das Internet. Besonders hinsichtlich der Sicherheit, der Organisation und der Struktur der Inhalte haben die Online-Dienste Vorteile gegenüber dem Internet. Das Internet bietet dagegen vielfältigere Angebote. Durch die Integration von Internet-Diensten in das Angebot der kommerziellen Online-Dienste versuchen diese ihre Inhalte zu erweitern und neben Content-Providern auch Internet-Provider zu sein. Tabelle 3.4 gibt einen Überblick über die wichtigsten kommerziellen Online-Dienste und versucht einen Vergleich mit dem Internet.

Tab. 3.4:
Vergleich kommerzieller Netze mit dem Internet

Netz	*Verfügbarkeit*	[a] *DM / Monat*	*Nutzer in Mio.*	*Nutzer (BRD)*	*Betreiber*
America Online/AOL	USA, C, D, F, UK	ab 9,90 + 6,–/h	> 8,6 (08/97)	400.000 (08/97)	AOL/Bertelsmann
CompuServe	„global“	ab 16,– +8,–/h	5,4 (01/97)	285.000 (01/97)	H.R. Block
MSN	„global“	ab 12,– +6,-/h	1,0 (3/97)	60.000 (03/97)	Microsoft Inc.
T-Online	D, A, CH	ab 8,– +3,60/h	-	1,427 (3/97)	Deutsche Telekom
Internet	global	ab 9,90	> 60	4,4	Div. Teilnetze

[a] Kosten jew. zuzügl. Telefongebühren, teilweise inhalts- und nutzungsabhängige Zusatzkosten sowie Extrakosten für Internet-Nutzung (T-Online).

Literatur

Berres, Anita: Marketing und Vertrieb mit dem Internet, Berlin 1996.

Comer, Douglas: Internetworking with TCP/IP, Principles, Protocols, and Architecture, 2nd ed., Englewood Cliffs/NJ 1991.

Hajer, Hans; Kollbeck, Rainer: Internet : Der schnelle Start ins weltgrößte Rechnernetz, Haar bei München 1994.

Hübner, K.: T-Online, der neue Telekom-Netzdienst, Hüthig 1996.

Klems, Michael: Die Welt von CompuServe, Bonn 1996

Krol, Ed: The Whole Internet : User's Guide & Catalog, 2nd ed., 1994. Deutsche Übers.: Krol, Ed: Die Welt des Internet : Handbuch und Übersicht, Bonn 1995.

Maier, Gunther; Wildberger, Andreas: In 8 Sekunden um die Welt, 4. Aufl., Bonn 1995.

Nolden, Mathias: Der erfolgreiche Einstieg ins Internet, Frankfurt/M. 1995.

Quarterman, John S.: The Matrix: Computer Networks and Conferencing Systems Worldwide, Bedford/MA. 1990.

Ramm, Frederik: Recherchieren und Publizieren im World Wide Web, 2., neubearb. und erw. Aufl., Wiesbaden 1996.

Scheller, Martin; Boden, Klaus-Peter; Geenen, Andreas; et.al.: Internet: Werkzeuge und Dienste, Berlin, Heidelberg, New York 1994.

Wallbrecht, Dirk U; Clasen, Ralf: Internet für Marketing. Vertrieb. Kommunikation : Anbieter und Nutzer im Netz der Netze, Neuwied 1997.

4 Informationsbeschaffung

Wie in Kapitel 2 dargestellt, ist die Informationsbeschaffung eine der drei Säulen der kommerziellen Nutzung des Internet. Der Bereich der Informationsbeschaffung wird hier in zwei Ausprägungen betrachtet: Zum einen in Form der allgemeinen Beschaffung von unternehmensbezogenen Informationen, wie sie in einer Vielzahl betrieblicher Situationen notwendig ist; zum anderen in Form der Marktforschung als auf den Absatzmarkt bezogene Informationsbeschaffung.

Informationsbegriff

Zum Begriff der „Information" existiert eine große Anzahl von Definitionen. Im folgenden befassen wir uns allgemein mit der Beschaffung jeder Art von Information, die der betrieblichen Entscheidungsfindung dienlich sein kann.

4.1 Dienste zur Informationsbeschaffung

Dienste zur Informationsbeschaffung

Grundsätzlich können über alle Internet-Dienste Informationen beschafft werden. Für die professionelle, gezielte Informationsbeschaffung sind jedoch die Dienste WWW, FTP, Telnet und die News am geeignetsten. Einige speziellere Dienste, die in bestimmten Situationen im Rahmen der Informationssuche zum Einsatz kommen, sollen hier ebenfalls kurz erwähnt werden; dies sind Archie, WAIS und Gopher.

E-Mail

E-Mail läßt sich ebenfalls zur Informationsbeschaffung nutzen. Da der größte Nutzen von E-Mail jedoch im Bereich der Unternehmenskommunikation liegt, wird dieser Dienst in Kapitel 5 erläutert.

World Wide Web

Das World Wide Web spielt bei der Informationsbeschaffung heutzutage die wichtigste Rolle, da es die wichtigsten Internet-Dienste vereinigt und über Verknüpfungen einen gleichzeitigen weltweiten Zugriff auf die Datenbestände unterschiedlicher Dienste und Anbieter ermöglicht. Die Funktionsweise des WWW soll jedoch nicht an dieser Stelle, sondern in Kapitel 6 erläutert werden, da der hauptsächliche Einsatzbereich des Web im Marketing liegt. Außerdem entfällt durch die Arbeit mit dem World Wide Web nicht automatisch die Notwendigkeit sich über die anderen, zur Informationsbeschaffung dienenden Internet-Dienste und ihre Funktionsweise zu informieren, da man zwar über das Web auf sie zugreifen kann, zu ihrer Nutzung aber auch im WWW die jeweiligen Applikationen wie z.B. ein Telnet-Client-Programm nutzen muß. Abbildung 4.1 gibt eine Übersicht über den Einsatz der wichtigsten Internet-Dienste bei der Informationsbeschaffung.

Abb. 4.1: Informationsbeschaffung im Internet

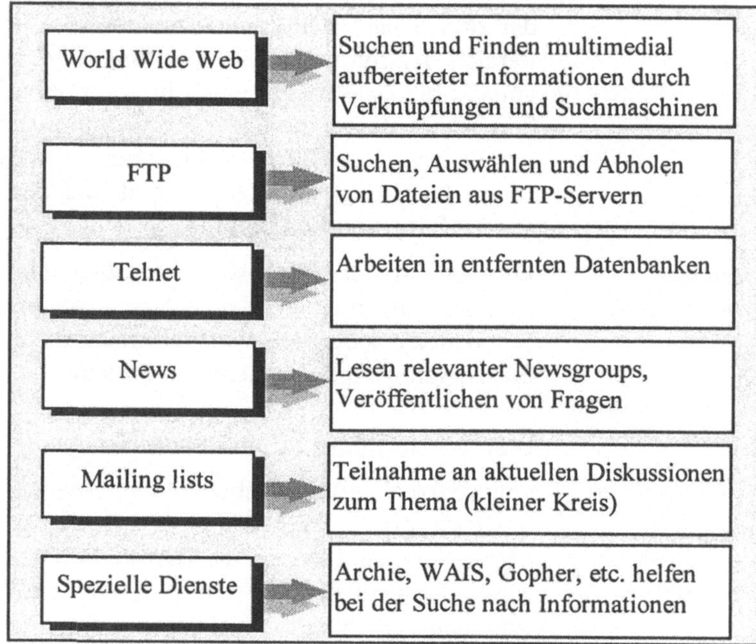

4.1.1 FTP-Dateitransfer

Dateiübertragungsprogramm und -protokoll

Das „FTP" (File Transfer Protocol) ist ein spezielles Datenübertragungsprotokoll. Viele größere Internet-Teilnehmer (z.B. Universitäten) betreiben Rechner, die als „FTP-Server" agieren, d.h. daß auf diesen Rechnern FTP-Serversoftware und Dateien für die Öffentlichkeit installiert sind, die es ermöglichen, mittels eines FTP-Client-Programms Dateien von diesem Server auf den heimischen Rechner zu transferieren und umgekehrt. Nach Schätzungen standen Anfang 1995 im Internet ca. 6000 GB (Gigabyte) an kostenlosen Programmen und Dateien auf diese Weise zur Verfügung. Abbildung 4.2 verdeutlicht die Möglichkeiten einer FTP-Sitzung.

Abb. 4.2:
FTP-Session

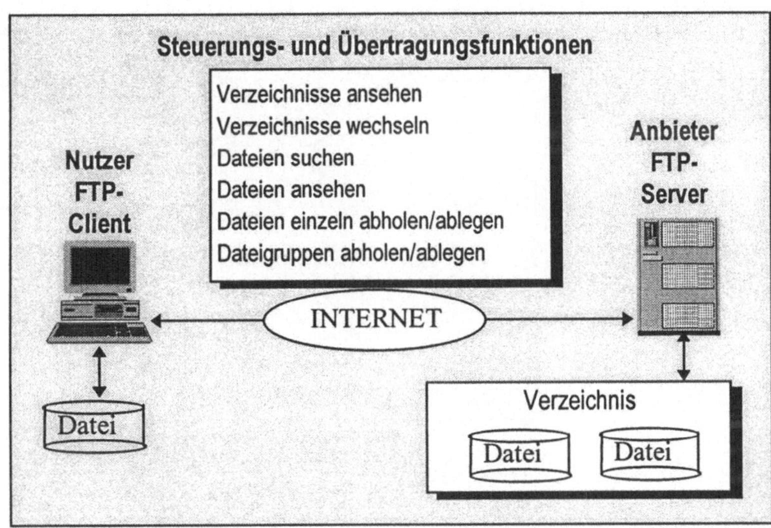

Anonymous FTP

Normalerweise benötigt man für den Zugriff auf einen fremden Rechner einen sogenannten „Benutzer-Account" auf dem fremden System und ein dazugehöriges Paßwort, d.h. man muß als Nutzer registriert sein. Da der Grundgedanke des Internet aber der globale Informationsaustausch und die Ressourcenteilung ist, stellen viele Systemadministratoren die Möglichkeit des „Anonymous FTP" zur Verfügung. In diesem Fall benötigt man keinen Benutzer-Account und kein Paßwort auf dem fremden Rechner. Man gibt als Login-Namen (der Begriff „Login" bezeichnet den Anmeldevorgang zu Beginn einer Sitzung an einem Rechner) heute meist „ftp" und als Paßwort die eigene E-Mail-Adresse ein.[1] Dieser Vorgang geschieht bei Verwendung von WWW-Browsern häufig automatisch. Daraufhin erhält man Zugang zum System und kann sich Verzeichnisse und Dateien ansehen und auf den eigenen Rechner kopieren. Abbildung 4.3 zeigt den graphischen FTP-Client WS-FTP.

1 Früher war das Wort „anonymous" als Login-Name gebräuchlich. Da sich jedoch die Nutzer bei diesem Wort häufig vertippt haben, wechselte man zum einfacheren „ftp".

Abb. 4.3:
WS-FTP

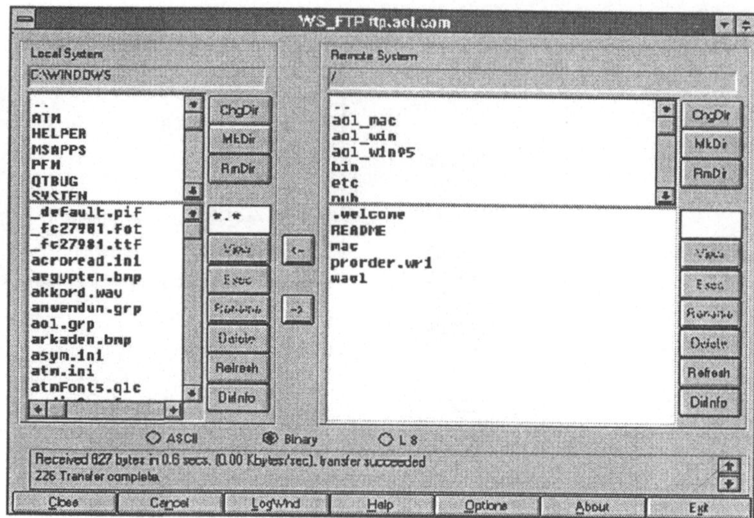

Listen mit FTP-Servern

Eine ausführliche Liste mit FTP-Servern, die Anonymous FTP erlauben, ist erhältlich von `ftp://ftp.ucsc.edu/`, Login: `ftp`, Verzeichnis: `public/ftpsites`. Eine Liste mit deutschen Anonymous-FTP-Sites kann bezogen werden von: `http://askhp.ask.uni-karlsruhe.de/ftp/ftp-liste-de.html`. Diese Listen können aufgrund der häufigen Veränderungen und des schnellen Wachstums des Internet nie vollständig sein. Sie geben aber einen guten Überblick.

4.1.2 Telnet: Die Computer-Fernbedienung

Arbeiten auf entfernten Rechnern

Ein nützlicher und besonders bei Datenbanken und Bibliotheken noch verbreiteter Dienst ist „Telnet". Dieser Dienst ermöglicht das „Remote Login" - sprich das Anmelden und Arbeiten - auf entfernten Rechnern. Dabei verhält sich der heimische Rechner oder PC wie ein Terminal des entfernten Rechners. Man nennt dies auch „Terminalemulation". Unter dem Begriff Terminal wird i.d.R. ein Bildschirm und eine Tastatur verstanden, also ein Eingabe-/Ausgabe-system ohne eigene Rechenkapazität.

Der PC wird zum Terminal

Anwendung z.B. bei Bibliothekskatalogen

Auch Telnet funktioniert nach dem Client-/Serversystem. Ist man mit dem Internet verbunden und hat eine Telnet-Clientsoftware auf seinem Rechner, kann man sich auf einen fremden Rechner anmelden (einloggen) und diesen (in dem Maße, in dem der Betreiber es vorgesehen hat) fernsteuern. Dieser Dienst wird bzw. wurde häufig angewendet, wenn Bibliotheken ihre Kataloge über das Internet öffentlich zugänglich machen. Man kann Programme starten, Dateien ansehen und z.B. eine Suchroutine in einem Bibliothekskatalog durchführen. Das Ergebnis kann als Datei auf dem fremden Rechner abgespeichert bzw. auf den eigenen Rechner transferiert werden. Die Ergebnisdatei kann man dann auf seinem eigenen Rechner weiter bearbeiten und ausdrucken.

Diese Betriebsart kann in gewisser Weise mit dem „anonymous FTP“ verglichen werden, da hier häufig keine Benutzernummer und kein Paßwort auf dem fremden Rechner notwendig ist bzw. ein Paßwort zur Verfügung gestellt wird. Abbildung 4.4 zeigt einen Telnet-Client in Aktion.

Abb. 4.4:
Telnet-Client

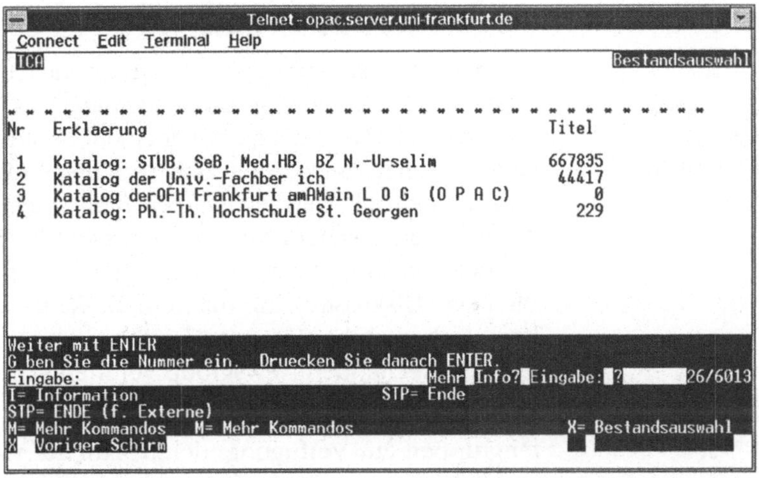

Weitere Möglichkeiten

Telnet bietet eine Reihe weiterer Möglichkeiten, die grundsätzlich in folgende Verbindungsarten untergliedert werden:

„Remote Login“: Ein Terminal, das lokal an einen Rechner angeschlossen ist, oder ein PC wird über Telnet mit einem entfernten Rechner verbunden und arbeitet dort mit dessen Betriebssystem oder einer beliebigen dortigen Applikation. Hierbei wird eine Zugangsberechtigung auf dem fremden Rechner benötigt. Das Verfahren kommt beispielsweise zur Anwendung, wenn man Programme benutzen möchte, die auf dem eigenen Rechner nicht verfügbar sind oder für die die Rechenleistung des eigenen Rechners nicht ausreicht (z.B. Remote Login in einen Supercomputer, um dort komplexe Simulationen berechnen zu lassen).

Paralleles Arbeiten auf verbundenen Rechnern

„Linking": Ein Terminal wird direkt mit einem Terminal des entfernten Rechners verbunden. Paralleles Arbeiten mit gleichen Bildschirminhalten an zwei unterschiedlichen Rechnern wird ermöglicht.

Verteiltes Rechnen

„Distributed Processing": Die auf verschiedenen Rechnern installierten Anwendungsprogramme tauschen über Telnet Daten miteinander aus. Größere Rechenaufgaben können durch ein „Team" von mehreren Computern gelöst werden.

Sinkende Bedeutung von Telnet

Da Telnet-Verbindungen i.d.R. keine modernen Benutzerschnittstellen wie Maus und Graphik unterstützen, werden die bestehenden Telnet-Angebote im Internet mehr und mehr durch benutzerfreundlichere WWW-Seiten mit Eingabeformularen ersetzt.

4.1.3 Die Schwarzen Bretter: News

News als Informationsquelle und Konferenzsystem

Bei der Informationssuche helfen auch die „USENET News" oder „News", wie sie meist genannt werden. Das Internet bietet über die News die Möglichkeit des themenorientierten Meinungs- und Neuigkeitenaustauschs auf globaler Ebene. Man spricht auch von einem elektronischen „Schwarzen Brett" oder Bulletin Board. Ein Nutzer, der an einem Thema interessiert ist, kann die Nachrichten dazu lesen und sich so sehr schnell über die aktuelle Situation bzw. Diskussion informieren. Er kann auch eigene Artikel bzw. Fragen zu bestimmten Themen verfassen und diese dann in der entsprechenden Newsgroup veröffentlichen.

Über 10.000 Newsgruppen

Es stehen eine Vielzahl von hierarchisch gegliederten Nachrichtengruppen zur Verfügung, deren Zahl auf weltweit über 10.000 geschätzt wird. Auch in Deutschland dürften z.Z. knapp 10.000 Gruppen verfügbar sein, davon ca. 2.000 in deutscher Sprache. Einige dieser Newsgroups sollen bis zu 250.000 Leser haben, andere werden nur von einer Handvoll Interessierter gelesen.[2] Solche Leserzahlen sind jedoch spekulativ, da sie nicht überprüft werden können.

Funktionsweise von News

Die einzelnen News-Artikel haben keinen zentralen Ort im Netz, an dem sie aufbewahrt werden. Trifft an einem News-Server ein neuer Artikel zu einem Thema ein, so wird er lokal gespeichert und an eine Anzahl „bekannter" anderer News-Server weitergeleitet. Auf diese Weise verbreiten sich News-Artikel sehr schnell im Netz.

---

2 Aus technischen Gründen ist es nicht möglich, die Anzahl der Leser auch nur annähernd genau zu bestimmen.

Server speichert nur die Artikel bestimmter, vom Administrator ausgewählter Gruppen, und auch diese nur für eine gewisse Zeit (typischerweise 3 bis 10 Tage), da die täglich bis zu 100 MB an neuen Artikeln hohe Anforderungen an die Speicherkapazität des Servers stellen. Die Gruppen eines Servers stellen also nicht alle insgesamt im Netz erhältlichen Gruppen dar, sondern nur die Auswahl des Server-Betreibers. Um weitere Gruppen zu lesen, muß man sich an andere News-Server wenden.

News-Reader

Um News-Artikel zu lesen, muß man mit einem geeigneten Programm (einem News-Reader) eine Verbindung zum nächsten News-Server herstellen. Abbildung 4.5 zeigt den in Netscape integrierten News-Reader.

Abb. 4.5: News mit Netscape

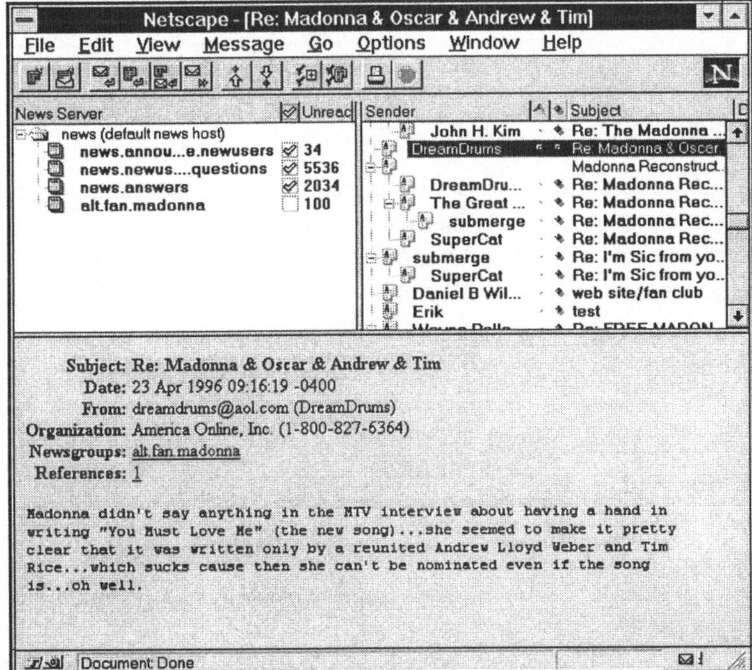

Namen und Themen der Newsgruppen

Die Themen bzw. Namen der Newsgroups sind hierarchisch aufgebaut. In der Gruppe „news.newusers.questions“ kann man z.B. die Fragen von neuen News-Nutzern und die Antworten darauf finden. Unter „rec.music.classical“ findet man Diskussionen über klassische Musik, und „sci.astro.hubble“ bietet Informationen rund um das NASA-Weltraumteleskop Hubble. Es gibt mittlerweile insgesamt acht internationale Haupthierarchien, die jeweils wiederum eine Reihe von Untergruppen haben. Tabelle 4.1 gibt einen Überblick.

Tab. 4.1: News-Hierarchien

Name	*Thematik*
comp	auf Computer und Informatik bezogene Themen
news	auf News und das USENET bezogene Diskussionen
rec	Diskussion von Hobby und Freizeitaktivitäten
sci	Wissenschaftliche Forschung und Anwendung
soc	Gesellschaftspolitische und zwischenmenschliche Themen
talk	Ein Forum für kontroverse Themen
humanities	Kunst und Kultur
misc	Alles, was nicht in die obigen sieben Kategorien paßt.

Lokale bzw. regionale Gruppen

Daneben existieren noch weitere sogenannte lokale Gruppen, wie z.B.:

de Deutschsprachige Diskussionen zu verschiedenen Themen
ka Alles mit lokalem Bezug zu Karlsruhe
bln Alles mit lokalem Bezug zu Berlin

Alternative Hierarchien

und die als „alternative Hierarchien" bezeichneten Alt-Gruppen. Die Alt-Gruppen sind leichter einzurichten und befassen sich mit spezielleren Themen, die einen kleineren Leserkreis ansprechen und oft nicht allzu ernsthaft sind. Beispiele sind „alt.fan.madonna" oder „alt.books.reviews", eine Gruppe mit Buchrezensionen.

Weitere interessante Hierarchien sind:

biz Werbung/Diskussionen rund um Gewerbe und Geschäfte
bitnet populäre BITNET-Diskussionsgruppen

Gemischte Inhalte

Wie man an den obigen Gruppeneinteilungen sehen kann, sind die Inhalte der Newsgroups sehr gemischt, d.h. sie reichen von trivialen Themen über Kochrezepte bis zum aktuellsten wissenschaftlichen Gedankenaustausch, z.B. im Bereich der Natur- und Wirtschaftswissenschaften.

Listen der Newsgruppen

Es gibt an verschiedenen Stellen im Internet Listen mit den Namen der verschiedenen Newsgruppen. Gesamtlisten erhält man von jedem News-Server oder über `ftp://ftp.sura.net` unter dem Pfad bzw. Namen `/pub/nic/interest-groups.txt`.

4.1.4 Am Rande erwähnt: Archie, WAIS und Gopher

Hilfs- und Navigationsdienste

In diesem Abschnitt sollen einige der zahlreichen Navigations- bzw. Hilfsdienste des Internet kurz erläutert werden. Wichtig und nützlich zum Auffinden von Informationsquellen und Dateien sind vor allem die Dienste „Archie" und „WAIS". Daneben soll hier auch das Navigationssystem „Gopher" und der zugehörige Hilfsdienst „Veronica" kurz erklärt werden. Ihre relative Bedeutung sinkt zwar, da sich das World Wide Web als das Standard-Navigationssystem des Internet durchgesetzt hat, dennoch existieren noch eine ganze Reihe von Gopher-Servern weltweit, die Daten bereithalten.

Archie das FTP-Dateiverzeichnis

Archie

Für die Recherche von über „Anonymous FTP" zugänglichen Daten und Dateien wurde an der McGill-Universität in Montreal/Kanada ein Programm namens „Archie" geschrieben. Archie dient zur Suche nach Dateien auf FTP-Servern.

Dateinamen

Der Archie-Nutzer kann mit einem Archie-Client auf einem Archie-Server eine Recherche durchführen, um herauszufinden, auf welchen FTP-Servern in der Welt sich die gesuchten Informationen, Programme oder Dateien befinden. Dabei kann allerdings nur nach – häufig wenig deskriptiven – Dateinamen gesucht werden und nicht nach inhaltlichen Gesichtspunkten. Als Ausgabe erhält der Nutzer ein Liste mit FTP-Servern und den entsprechenden Verzeichnisnamen, in denen die gesuchten Dateien zu finden sind (s. auch Abbildung 4.19 in Abschnitt 4.5.5).

Archie-Server

Archie-Server sind auf verschiedenen Rechnern im Internet installiert. Nach dem Prinzip der Ressourcenschonung sollen jeweils die dem Nutzer geographisch nächstliegenden Dienste genutzt werden, um nicht unnötig Netzkapazität zu beanspruchen. Für Deutschland steht z.B. ein Archie-Server an der Technischen Hochschule in Darmstadt bereit (`archie.th-darmstadt.de`). Er fragt turnusmäßig, meist einmal pro Monat, die weltweit bekannten FTP-Server ab und sichert deren Inhaltsverzeichnisse in einer Datenbank. Außerdem gleicht er seinen Datenbestand mit anderen Archie-Servern ab. Bereits 1994 waren etwa 1.200 FTP-Server mit mehr als 2,5 Mio. erhältlichen Dateien durch Archie erfaßt. Diese Zahl dürfte sich zwischenzeitlich vervielfacht haben.

Die WAIS-Datenbank

Volltextsuche in Indexdatenbanken

„WAIS" steht für „Wide Area Information System" und ermöglicht, zuvor indiziertes Informationsmaterial zu durchsuchen, quasi eine Volltextsuche in Indexdatenbanken auf der ganzen Welt. Bei der Suche nach Informationen ist es oft notwendig, eine qualifizierte Auswertung der Inhalte von Dateien vorzunehmen und nicht nur nach Verzeichnis- oder Dateinamen zu forschen, wie dies bei Archie möglich ist. WAIS durchsucht jedoch nicht die einzelnen Dateien, etwa Texte selbst (eine solche Suche würde Jahre dauern), sondern die zugehörige Indexdatenbank. Um ein Dokument über WAIS verfügbar zu machen, muß es also in einem Index aufgenommen werden, der öffentlich zugänglich gemacht werden muß. WAIS-Server ermöglichten 1996 den Zugriff auf über 500 solcher Indexdatenbanken.

Suche nach allen Dateitypen

Es sind neben Texten auch Ton-, Bild- oder Videodateien indiziert vorhanden. Für die Suche wird keine formalisierte Abfragesprache benötigt. Sie kann vielmehr in natürlicher Sprache als Volltext eingegeben werden. WAIS durchforstet dann die verschiedenen Indizes und sucht nach den eingegebenen Schlagworten oder Sätzen. Als Ergebnis wird eine sortierte Liste gefundener Quellen und Adressen inklusive einer relativen Bewertung der Qualität der Suchergebnisse ausgegeben. Die Bewertung erfolgt mit einer Punktzahl zwischen 0 und 1.000. Je höher die Punktzahl, desto besser paßt die gefundene Datei zum Suchtext. Abbildung 4.6 verdeutlicht die Funktionsweise von WAIS.

Abb. 4.6: WAIS-Funktionsweise

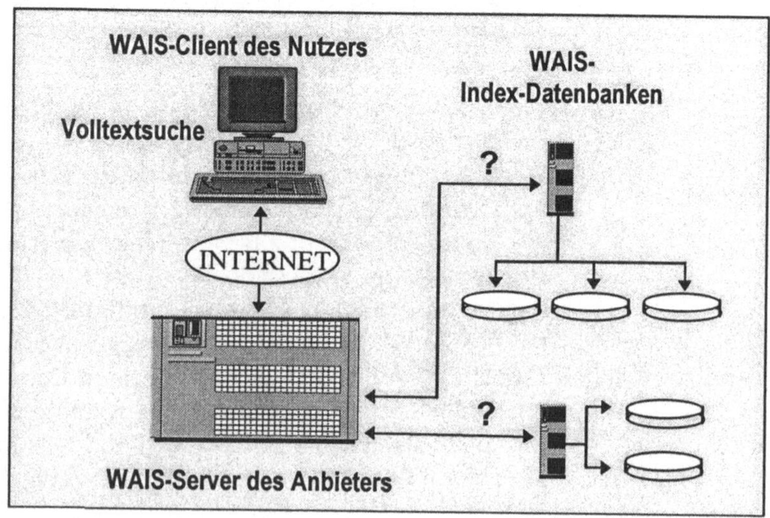

Das Navigationssystem Gopher

Menügesteuertes Internet-Navigationssystem

1991 wurde an der Universität von Minnesota das Programm „Gopher“ entwickelt. Ein Dienst, mit dem man einfach und bequem im Internet zu verschiedenen Ressourcen „reisen“ bzw. auf verschiedene Ressourcen zugreifen kann. Bei Gopher handelt es sich ebenfalls um eine Client/Server-Applikation. Dieser Dienst hat sehr schnell viele Anhänger gefunden. 1995 gab es etwa 1300 Gopher-Server im Internet. Das Programm wurde nach dem Maskottchen der Universität benannt, einer Art Erdeichhörnchen. Außerdem handelt es sich um ein Wortspiel: gopher = „to go for it“.

Funktionsweise von Gopher

Das Programm Gopher stellt die vom Systemadministrator bereitgestellten Verzeichnisse, Dateien und Ressourcen strukturiert und übersichtlich in Menüform dar. Findet man im Menü einen interessanten Eintrag, kann man ohne weitere Kenntnis der entsprechenden Adresse oder des Domain-Namens direkt darauf zugreifen, egal ob es sich um eine Datei auf dem Rechner handelt, an dem man gerade arbeitet, oder eine Ressource, die sich irgendwo im Netz befindet. Dabei kann die neue Quelle entweder über Telnet oder FTP erreichbar oder auch ein weiterer Gopher-Server sein. Damit die Ressourcen direkt angesprochen werden können, verfügt Gopher über die nötigen Programme wie Telnet oder FTP. D.h., wird eine Ressource ausgewählt, erledigt das Programm den Rest. Es sucht die Adresse und startet notwendige Hilfsprogramme, baut die Verbindung auf und übergibt dann an den Nutzer. Gopher ähnelt damit stark dem WWW und wird auch als dessen Vorläufer bezeichnet, was zwar technologisch, nicht jedoch chronologisch stimmt. Abbildung 4.7 gibt die Möglichkeiten von Gopher wieder.

Abb. 4.7: Gopher

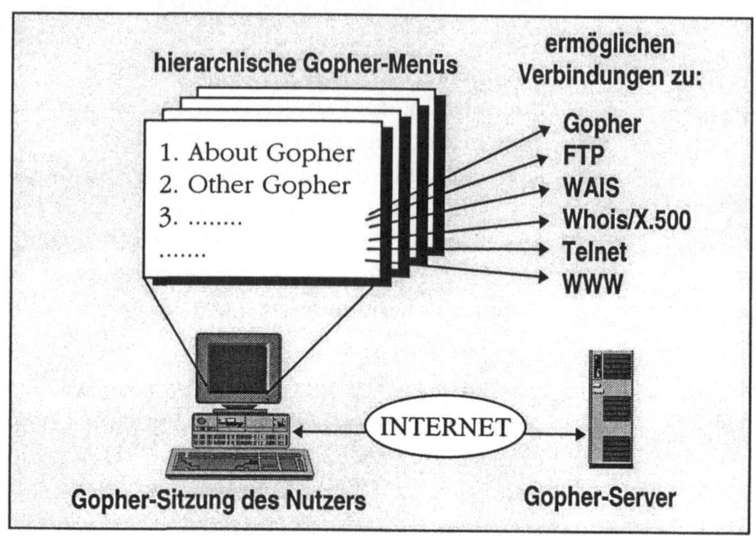

Vereinfachtes Arbeiten mit Gopher

Veronica

„Veronica" ist die Abkürzung für „Very Easy Rodent-Oriented Netwide Index to Computerized Archives", eine humoristische Anspielung auf den Gopher-Dienst, auf dem Veronica aufsetzt. Veronica indiziert die in den Menü- und Untermenüzeilen von Gopher-Servern verwendeten Wörter und stellt sie dar. So lassen sich interessante Dateien oder Verzeichnisse in einem Gopher-Server auffinden, ohne sich durch die verschiedenen Menü-Hierarchien hangeln zu müssen. Veronica bietet eine Schlagwortsuche an. Als Ergebnis präsentiert Veronica eine Liste mit Einträgen der weltweit zugänglichen Gopher-Server zum abgefragten Suchbegriff. Das Programm funktioniert ähnlich wie Archie: Während Archie das Arbeiten mit FTP-Servern erleichtert, vereinfacht Veronica den Umgang mit Gopher-Servern.

4.2 Allgemeine Informationsrecherchen im Internet

Informationserkundung und Informationsabruf

Bei der Informationsbeschaffung läßt sich die „Informationserkundung" als nicht streng zielgerichtetes Suchen von Informationen und der „Informationsabruf" als zielgerichteter Abruf von Informationen aus bekannten Informationsressourcen unterscheiden. Beide Formen der Informationsbeschaffung sind im Internet möglich. Durch seine recht unstrukturierte Natur bietet es jedoch bessere Voraussetzungen zur Informationserkundung als zum gezielten Informationsabruf. Für den betrieblichen Alltag ist sicherlich in der Regel der schnelle und gezielte Informationsabruf von Interesse. Es gibt jedoch auch Situationen – etwa bei der Ideenfindung, z.B. bei der Gewinnung von Produktideen, Konzepten oder ähnlichem – in denen die Informationserkundung sinnvoll einsetzbar ist (vgl. dazu auch Jaors-Stuhrhahn/ Löffler 1995).

Grenzen des Informationsangebots?

Das Informationsangebot des Internet ist sowohl quantitativ als auch qualitativ kaum einzugrenzen bzw. zu beschreiben. Eine Systematisierung der im Netz erhältlichen Informationen scheint angesichts der Menge und der Vielfalt unmöglich. Die Vielfalt ergibt sich aus der dezentralen Struktur und der ausgesprochenen Dynamik. Daneben spielt auch der unbeschränkte Zugang für Privatpersonen und deren vielfältige Netzangebote eine Rolle. Bei einem Wachstum von 3% pro Monat gehen weltweit täglich etwa 19.500 neue Rechner ans Netz. Ein Teil davon bietet auch Informationen an und fügt damit neue Ressourcen zu den bereits bestehenden hinzu. Ebenfalls täglich verändern sich Angebote, erlöschen oder werden an einen anderen Ort gelegt.

Dezentralität und hohe Dynamik führen zu Problemen

4.2.1 Search Engines - Suchmaschinen und Kataloge

Suchdienste als Ausweg aus der Unstrukturiertheit

Um dem Problem der mangelnden Strukturiertheit der Informationen zu begegnen, wurden eine Reihe kostenloser Suchdienste – sogenannte „Search Engines“ – an verschiedenen Stellen im Netz installiert. Ursprünglich konnte dabei zwischen reinen Suchmaschinen und hierarchisch gegliederten bzw. sortierten Katalogen bzw. Directories unterschieden werden. Mittlerweile bieten aber fast alle Kataloge auch entsprechende Suchfunktionen zum schnelleren Auffinden der gewünschten Adressen an.

Altavista

Bislang sind einige hundert solcher Suchdienste im Netz zu finden. Tabelle 4.2 gibt einen Überblick. Zu den größten und schnellsten Maschinen im Netz zählt Altavista. Die vom Computerhersteller Digital betriebene Suchmaschine zeigt eindrucksvoll und werbewirksam, was die Rechner bzw. Server von Digital leisten. Mitte 1997 waren über 31 Mio. WWW-Seiten in Altavistas' Datenbank erfaßt.

Kostenpflichtige kommerzielle Suchdienste

Neben den kostenlosen Angeboten existieren auch kommerzielle Suchdienste, die die gewünschten Informationen gegen Honorar beschaffen bzw. in denen man gegen Gebühr Netzressourcen suchen kann. Infoseek[3] ist ein solcher kommerzieller Suchdienst.

3 `http://www.infoseek.com/`

Tab. 4.2:
Suchdienste im Internet

Suchdienst	*Adresse* (http:// ...)
Aliweb	www.cs.indiana.edu/aliweb/search
Altavista	altavista.digital.com
CUI World Wide Web Catalog	cuiwww.unige.ch/cgi-bin/ w3catalog
DINO	www.dino-online.de/ bzw. www.lotse.de/
Excite	www.excits.de/
EINET Galaxy	galaxy.einet.net/about.html
Hot Bot	www.hotbot.com/
Infoseek	www.infoseek.com/
Academic Meta-Lib.	uu-gna.mit.edu:8001/cgi-bin/meta
Lycos	www.lycos.com/
LEO	www.leo.org/cgi-bin/leo-search/
Mc Kinley	www.mckinley.com/mckinley-cgi/ advsearch.html
Netguide	www.netguide.de/
North Star	comics.scs.unr.edu/7000/top.html
RBSE's URL Database	rbse.jsc.nasa.gov/eichmann/ urlseach.html
The Whole Internet Catalog	gnn-e2a.gnn.com/gnn/wic/index.html
Webcrawler	info.webcrawler.com/
Web.de	vroom.web.de/
World Wide Web Worm	www.cs.colorado.edu/home/mcbryan/ wwww.html

Funktion der Suchdienste

Viele dieser „Suchmaschinen" arbeiten im Prinzip wie eine WAIS-Datenbank. Sie durchsuchen mittels bestimmter Programme, die sich selbständig durch das Internet „hangeln" das Angebot und registrieren, indizieren bzw. verschlagworten dabei nicht nur WWW-Seiten, sondern z.T. auch die News und andere Bereiche im Netz. Zusätzlich erlauben die Engines i.d.R., daß Autoren von z.B. WWW-Seiten ihr Angebot selber registrieren, also nach ihren eigenen Vorstellungen in den Dienst eintragen können. Die gesammelten Informationen werden in der Datenbank des Suchdienstanbieters gespeichert und ermöglichen damit eine Schlagwort- oder Volltextsuche nach Informationsquellen.

Eine der ersten Suchmaschinen im Netz war Yahoo! (s. Abbildung 4.8).[4] Yahoo! verbindet die Möglichkeiten des nach Themen sortierten Katalogs mit der direkten Datenbankabfrage.

Abb. 4.8: Yahoo! Search Engine

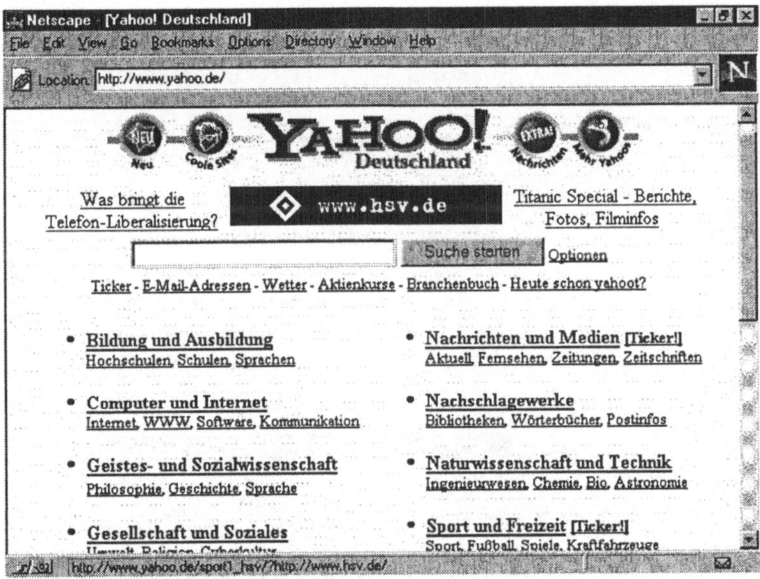

Ergebnisse

Die gefundenen Quellen werden meist nach der „Qualität" des Suchergebnisses geordnet dargestellt. WWW-Seiten, auf denen die gesuchten Wörter häufiger vorkommen, stehen entsprechend weiter oben auf der Ergebnisliste. Angezeigte Einträge sind aus dem Ergebnisfenster heraus anwählbar, führen also z.B. direkt auf die WWW-Seite. Das gilt jedoch nur, sofern die Seite noch existiert bzw. sich zwischenzeitlich die Adresse nicht geändert hat.

Einige Suchmaschinen haben sich auf bestimmte Informationen bzw. Themengebiete wie z.B. Unternehmen oder E-Mail-Adressen spezialisiert. Die Tabelle 4.3 zeigt einige dieser Maschinen auf .

4 http://www.yahoo.com/

Tab. 4.3: Beispiele spezieller Suchmaschinen

Suchdienst	*Gebiet, Adresse* (`http://...`)
Big Book	Wirtschaftsunternehmen, `www.bigbook.com/`
Big Foot	E-Mail-Adressen, `www.bigfoot.com/`
Deja News	News Goups, `www.dejanews.com/`
EcolaTechDirectory	High-Tech Firmen, `www.ecola.com/tech/`
Shareware-Com	Free- und Shareware, `www.shareware.com/`
Suche.de	deutsche E-Mail-Adressen, `www.suchen.de/`

Gleichzeitiger Zugriff

Ein gleichzeitiger Zugriff auf mehrere der angegebenen Suchdienste findet sich u.a. unter `http://cui.unie.ch/meta-index.html` (siehe Abbildung 4.9) und `http://metacrawlwer.com/` sowie in Deutschland unter `http://www.unix-ag.uni-siegen.de/ search/`. Es gibt auch „Suchmaschinen für Suchmaschinen“[5], die helfen soll, sich im Dschungel der Suchangebote zurechtzufinden.

Abb. 4.9: WWW- Search-Engines

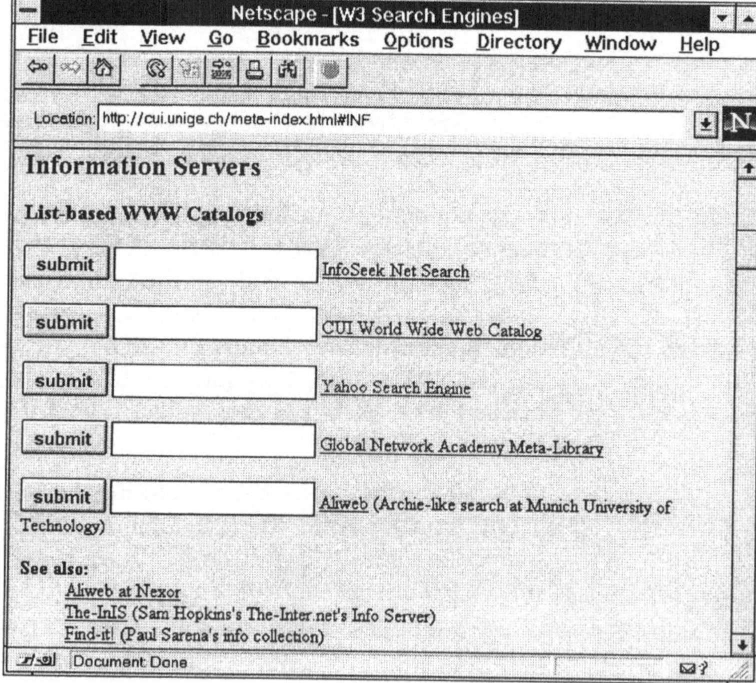

5 `http://www.search.com/`

Liste mit WWW-Servern

Eine sortierte Liste mit allen weltweit registrierten WWW-Servern findet sich unter `http://www.w3.org/hypertext/ DataSources/ WWW/Servers.html`. Leider ist jedoch nicht jeder Server im WWW auch registriert. Ein Liste registrierter deutscher Server findet sich u.a. unter: `http://www.entry.de/`. Diese Liste kann nach Bundesländern, Städten, Postleitzahlen oder Themen geordnet durchsucht werden.

4.2.2 Information im Netz

Thematische Schwerpunkte des Informationsangebots

Innerhalb des großen Informationsangebots hat sich zunächst der Bereich Datenverarbeitung bzw. Computer und Software als ein Schwerpunkt herauskristallisiert, was nicht verwundert. Weitere Themen im Netz sind z.B. Biologie, Medizin, Musik, Physik und Wirtschaft. Es lassen sich jedoch zu fast allen denkbaren Themengebieten Informationen finden. So existieren Ressourcen zu allen naturwissenschaftlichen Disziplinen, zu Patenten, Sprachen, Kulturen, allen Geisteswissenschaften, Organisationen, Unternehmen sowie deren Produkten, quasi zu allen Bereichen des Lebens. Tabelle 4.4 gibt einen alphabetischen, keinesfalls erschöpfenden Überblick über Themengebiete, zu denen sich im Internet Daten und Informationen finden lassen.

Tab. 4.4: Beispiele für Themengebiete im Internet

Anthropologie	Galerien	Luft- und Raumfahrt	Produkte
Archäologie	Gärtnerei	Magazine	Psychologie
Architektur	Geisteswissenschaft	Mathematik	Radfahren
Astronomie	Geographie	Medizin	Regierungen
Bibliotheken	Geologie	Meteorologie	Reisen
Biologie	Geschichte	Museen	Software
Chemie	Gesundheit	Musik	Sozialwissenschaften
Computer	Haustiere	Netze	Sprachen
Elektronik	Hobby/Spiele	Ökologie	Sport
Erziehung	Ingenieurwissensch.	Organisationen	Statistiken
Fernsehen	Jura	Ozeanographie	Tageszeitungen
Film	Klimatologie	Paläontologie	Unternehmen
Finanzen	Kochen	Philosophie	Werbung
Forstwirtschaft	Landwirtschaft	Physik	Wirtschaftswissenschaft
Freizeit	Literatur	Politik	Zeitschriften

Formen der Information im Internet

Die Informationen können im Internet in unterschiedlicher Form vorliegen, z.B. als Text oder als Videosequenz. Sie stammen aus den verschiedensten Quellen und sind unterschiedlich aktuell. Die Spanne reicht hier von im Minutentakt aktualisierten Börsenkursen, bis zu völlig veralteten und seit Jahren nicht mehr aktualisierten WWW-Seiten. Einige Informationen sind kostenlos; andere sind kostenpflichtig, wie etwa die Internet-Ausgabe der New York Times, der Zugang zu einer der vielen Peep shows im Netz oder der Zugriff auf professionelle Datenbanken.

Dateiformate

Im Internet trifft man auf eine Vielzahl von Dateiformaten. Im WWW sind die gängigsten u.a. HTML (Web-Seiten), PDF für formatierte Texte, GIF oder JPG für Bilder sowie MPEG oder AVI für Videos. Probleme entstehen manchmal, wenn Informationen in Datenformaten vorliegen, die ein Browser nur mit Hilfe bestimmter Plug-Ins („Helper applications"/Hilfsprogramme) darstellen kann. Dann muß sich der Nutzer zunächst das entsprechende Plug-In besorgen und installieren (siehe zu Plug-Ins auch Abschnitt 6.1).

Postscript-dateien

Ein Beispiel sind Postscript- oder PDF-Dateien, die es ermöglichen einen Text mit sämtlichen Formatierungen des Originals zu übertragen. Eine PDF-Datei bzw. eine PDF-Text sieht auf jedem Rechner genau gleich aus. Angesichts der sparsamen Formatierungsmöglichkeiten von HTML, der Seitenbeschreibungssprache des World Wide Web, ist dies häufig notwendig, um Darstellungsbeschränkungen zu umgehen (vgl. Abschnitt 6.1). Ein entsprechendes Programm zur Ansicht solcher Dateien (PDF) ist z.B. der Adobe Acrobat Reader.[6] Die Dateiformate entscheiden damit u.a. über die Schnelligkeit der Verfügbarkeit.

Verfügbarkeit von Informationen

Für die praktische Nutzung des Internet ist besonders die Unterscheidung hinsichtlich der Verfügbarkeit der Information von Bedeutung. Man kann sofort-verfügbare von später- also offline-verfügbaren und indirekt-verfügbaren Daten bzw. Informationen unterscheiden. Sofort erhältliche Informationen kann man nutzen, sobald man sie im Netz gefunden hat. Sie können angezeigt, gedruckt oder sofort weiterverarbeitet werden. Ein Beispiel ist eine WWW-Textseite oder ein News-Artikel.

Offline-Informationen

Bei offline nutzbaren Informationen kann man die Daten sofort bekommen, muß sie aber, um an die Information zu gelangen, vor der Nutzung weiter bearbeiten. Dies ist wie erwähnt u.a. der Fall bei komprimierten Dateien oder bei Postscript-Dateien.

Indirekte Information

Die indirekt verfügbaren Informationen können bei bestimmten Rechnern „bestellt" werden. Man hat jedoch keinen Einfluß darauf, ob und wann die Antworten bzw. die gewünschten Infor-

[6] `http://www.adobe.com/`

mationen kommen. Ein Beispiel hierfür sind die Anfragen, die man an einen Mail-Server stellt. Sie werden meist automatisch vom empfangenden Rechner abgearbeitet.

Tab. 4.5: Merkmale von Informationen im Internet

Kriterium	*Merkmalsausprägungen der Informationen*				
Inhalte	alle Bereiche				
Aktualisierungsfreq.	minütlich/stündlich/täglich.	wöchentlich/ monatlich	jährlich / nicht aktualisiert		
Herkunft u.a.	Regierung, Behörden	Universität, Institute	Unternehmen	Privatpersonen	
Form	Text	Grafik	Bild	Film	Ton
Verfügbar	sofort	später/offline	indirekt		
Zustand	unkomprimiert	komprimiert			
Formate	PDF	GIF	JPG	MPG	ZIP
Kosten	kostenpflichtig	kostenlos			

Quantität versus Qualität

Tabelle 4.5 stellt die verschiedenen Merkmale von Information im Internet zusammen. Anders als bei der unschlagbaren Quantität der im Internet zur Verfügung stehenden Daten muß man hinsichtlich der Qualität zum Teil Abstriche machen. Dies ist ein großer Kritikpunkt im Rahmen der betrieblichen Informationsbeschaffung über das Internet.

Komprimierte Dateien

Dateien, speziell wenn sie umfangreicher sind und zum Download bereitgestellt werden, werden oft z.B. als Zip-Datei komprimiert angeboten, um Übertragungskapazität bzw. Zeit zu sparen. Solche Dateien müssen daher nach dem „Herunterladen" erst auf dem Rechner des Nutzers mit einem entsprechenden Programm „entpackt" werden, bevor sie nutzbar sind. Ein komfortables und häufig verwendetes Programm zum packen und entpacken von Dateien ist WinZip.

Datenmüll und der Gebrauchswert von Informationen

Da jeder Teilnehmer Informationen in das Netz einspeisen kann, aber niemand deren Glaubwürdigkeit bzw. Wahrheitsgehalt oder Aktualität überprüft oder sie gar ordnet, existiert neben vielen hervorragenden Quellen auch eine Reihe von veralteten und falschen Daten im Netz. Einige sprechen in diesem Zusammenhang auch von „Datenmüll" und „Datenfriedhöfen". Dabei muß man jedoch auf der Hut sein. Vielfach wird behauptet, es fänden sich große Mengen „unnützer" Daten im Internet. Der Gebrauchswert von Informationen wird jedoch allein durch den einzelnen Verwender und dessen Interessen bestimmt, und letztere sind im Internet sehr heterogen. Die zum Teil chaotisch anmutende Vielfalt der Daten und Informationen im Internet ist nicht automatisch mit mangelnder inhaltlicher Qualität gleichzusetzen.

Nicht-Linearität

Der ungeordnete Eindruck resultiert in erster Linie aus der nicht-hierarchischen und nicht-linearen Anordnung von Informationen im Internet. Falsche oder veraltete Informationen kommen, beabsichtigt wie unbeabsichtigt, im Internet ebenso vor wie in anderen Medien – leider auch in professionellen Datenbanken, im Fernsehen oder in Büchern. Eine Untersuchung von Lescher (1995) zeigte z.B. daß auch kommerzielle Datenbankanbieter ihre Datenbanken bei weitem nicht so häufig aktualisieren, wie sie vorgeben.

Abhängigkeit der Informationsqualität von der Quelle

Die große Mehrheit der Autoren im Internet ist um „Qualität" bemüht. Wichtig für die Beurteilung der Qualität ist daher nicht nur die Frage, von wem die Informationen stammen, sondern zu welchem Zweck sie bereitgestellt werden. Die Diskussionslisten über Naturwissenschaften lassen sich nicht mit denen von Star Trek Fans vergleichen und die Informationen auf der Site des Fraunhofer Instituts in Stuttgart[7] nicht mit denen von Privatpersonen. Als schönes Beispiel sei hier auf die Fish-Cam verwiesen, die einen ständigen Blick auf einige bunte Fische im Aquarium eines WWW-„Anbieters" gewährt[8].

Stärken und Schwächen der Informationsbeschaffung im Internet

Abbildung 4.10 faßt die oben angesprochene Problematik in einem Stärken/Schwächen-Profil des Internet zusammen. Es enthält in Anlehnung an Jaros-Stuhrhahn/Löffler (1995) verschiedene Kriterien zur Beurteilung der „Qualität" von Informationen. Aus der Abbildung erkennt man, daß die Stärken des Internet bei der Informationsbeschaffung in den Bereichen „Aktualität", „Meinungsvielfalt" sowie „Forschungs- oder Praxisgehalt" liegen. Schwächen weist es dagegen auf, wenn bestimmte Informationen gezielt gesucht werden oder wenn „Korrektheit" und „Sicherheit" von Informationen wichtig sind. Es fehlt an einer zentralen Gesamtübersicht über alle im Netz verfügbaren Ressourcen, die ein gezieltes Auffinden von Informationen erheblich erleichtern würde, sowie an verbesserten Sicherheitslösungen für den Transport vertraulicher Daten.

---

7 `http://www.iao.fhg.de/`

8 `http://www2.netscape.com/fishcam/fishcam.html`

Abb. 4.10: Informationsprofil

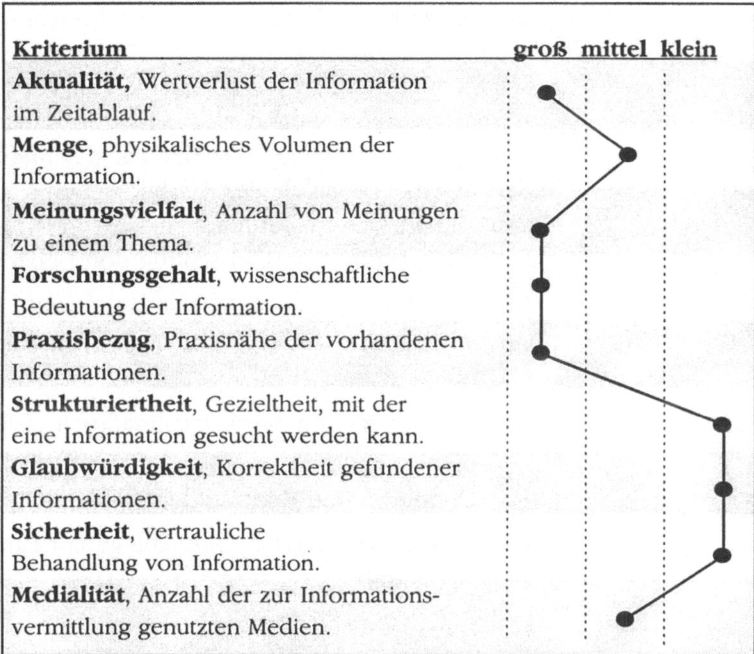

Quelle: in Anlehnung an Jaros-Sturhahn/Löffler 1995.

Geringe Übertragungsraten

Die „Medialität" und die „Menge der Information" werden derzeit noch durch die Netzinfrastruktur begrenzt, d.h. es fehlen die zur Übertragung von großen Datenvolumen nötigen Bandbreiten. Besonders Ton- und Videodokumente, die schnell mehrere Megabyte groß sind, benötigen, je nach Netzbelastung und Anschlußgeschwindigkeit, einiges an Zeit, bis sie auf dem Rechner des Nutzers abspielbar sind. Bei "Live-Übertragungen" von Audio- und/oder Videodaten ist es bislang z.B. nicht möglich, 24 Bilder pro Sekunde in voller Bildschirmgröße zu übertragen. Das Ergebnis sind kleine Videofenster mit „ruckeligen" bzw. schrittweise weitergeschalteten Bildern.[9]

4.3 Möglichkeiten der Marktforschung im Internet

Grundlage von Marketingentscheidungen bilden zumindest in größeren Unternehmen Informationen aus der Marktforschung. Wie schon erwähnt, kann die Marktforschung als ein Spezialfall

9 Für Beispiele siehe `http://connectv.2nd.net/` oder `http://www. first-tv.com/`

der Informationsbeschaffung aufgefaßt werden. Da das Internet in diesem Bereich interessante neue Möglichkeiten eröffnet, und da die Marktforschung von einiger Bedeutung für Unternehmen ist, möchte ich dem Thema an dieser Stelle einen eigenen Abschnitt widmen und die Möglichkeiten vorstellen und systematisieren. Zunächst wird die Primär- und danach die Sekundärforschung angesprochen. Der Bereich der Mediaforschung ist wiederum ein Spezialfall der Marktforschung und von einiger Bedeutung im Zusammenhang mit der Werbung im WWW (6.7). Deshalb wird die Mediaforschung dort behandelt.

Begriff der Marktforschung

Unter Marktforschung wird meist ein systematischer Prozeß der Gewinnung und Analyse von Daten für Marketingentscheidungen verstanden.

Phasen der Marktforschung

Die Marktforschung wird regelmäßig in folgende fünf Phasen eingeteilt:

- Definition und Klärung der Problems
- Design (Research Design/Anlage der Untersuchung)
- Datengewinnung
- Datenanalyse
- Dokumentation und Präsentation der Ergebnisse

Verschiedene Aspekte und Möglichkeiten des Internet wirken sich auf die einzelnen Phasen der Marktforschung aus. Besonders intensiv ist der Einfluß auf die Möglichkeiten der Datengewinnung, doch auch für die anderen Phasen ergeben sich Chancen und Veränderungen. Abbildung 4.11 gibt einen Überblick über die Möglichkeiten der Marktforschung im Internet.

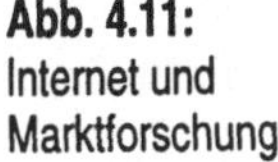

Abb. 4.11: Internet und Marktforschung

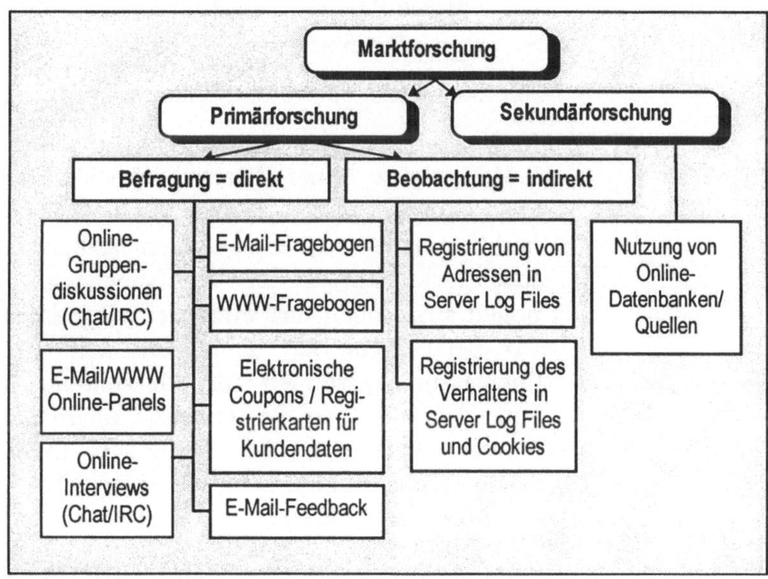

4.3.1 Primärforschung

Unter Primärforschung (field research) versteht man die Erhebung von Daten an ihrem „Entstehungsort", während die Auswertung bereits bestehender bzw. vorhandener, verdichteter Daten als Sekundärforschung (desk research) bezeichnet wird.

Neue Formen der Datenkollektion

Das Internet ermöglicht besonders neue, interaktive Formen der Datenkollektion. Es lassen sich die „direkte Datenkollektion", entsprechend der „elektronischen" Befragung und die „indirekte", vom Nutzer unbemerkte Erfassung bzw. Registrierung von Daten bezüglich seines Verhaltens unterscheiden. Letzteres entspricht damit in etwa der in der Marktforschung eingesetzten Beobachtung.

Indirekte und direkte Datengewinnung

Die „direkte" Datengewinnung ist im Internet auf folgende Weise möglich:

- durch den Versand von E-Mail-Fragebögen,
- durch die Einrichtung von Fragebögen im WWW,
- durch Einrichtung von Online-Panels (E-Mail oder WWW-Formulare),
- durch „Online-Interviews" in Chaträumen,
- durch „Online-Gruppendiskussionen" in Chaträumen,

- durch auszufüllende „elektronische Coupons“ bzw. „Registrierkarten“ auf WWW-Seiten und
- durch Feedback- bzw. Kommentarmöglichkeiten (E-Mail).

Ich möchte die einzelnen Formen hier etwas näher vorstellen.

E-Mail-Fragebogen

Im Netz können elektronische Fragebögen entworfen und an die E-Mail-Adresse einer Person oder Firma geschickt werden (Abbildung 4.12). Diese Fragebögen entsprechen inhaltlich den herkömmlichen Papierfragebögen, stellen jedoch ein elektronisches Dokument dar. Der Empfänger wird gebeten, den Fragebogen auszufüllen und entweder ausgedruckt mit der Post, per Fax, per Diskette oder direkt per E-Mail (Reply-Knopf des Mail-Client) zurückzusenden. Die Rücksendung per E-Mail ist dabei vorzuziehen, da sie die schnellste Alternative ist und die automatische Auswertung der Fragebogen ermöglicht, ohne daß die Daten erneut in einen Computer eingegeben werden müssen.

Abb. 4.12: E-Mail-Fragebogen

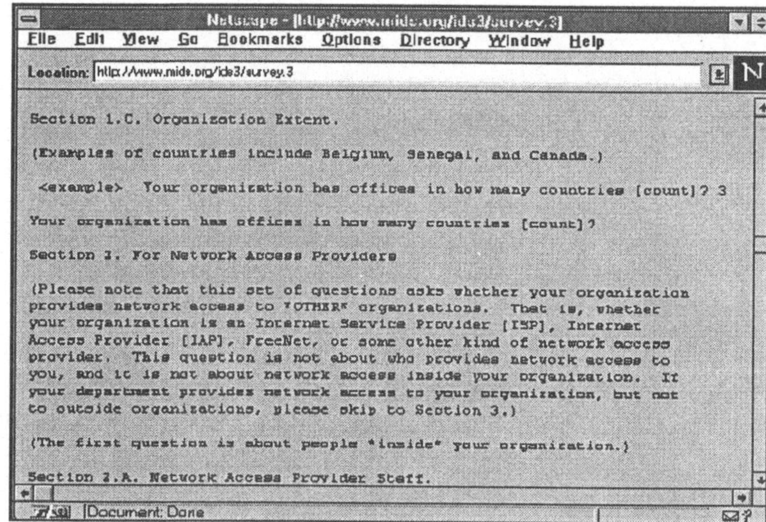

Nachteile Vorteile

E-Mail-Umfragen sind schnell, umweltschonend, flexibel, international und kostengünstig durchzuführen. Die Zustellung ist einfach und relativ sicher. Es gibt keinen Interviewereffekt[10] und die automatische, computerisierte Auswertung verringert Codierungsfehler. Die Empfänger können per E-Mail Fragen zum Verständnis oder zur Verwendung der Ergebnisse stellen. Einer

[10] Bewußte oder unbewußte Beeinflussung des Befragten durch den Interviewer bzw. seine Anwesenheit beim Ausfüllen des Fragebogens.

Studie zufolge (Metha/Sivadas 1995) soll auch die Antwortqualität bei E-Mail-Befragungen höher sein, als bei konventionellen Umfragen.

Nachteil

Als Nachteil muß die gegenwärtig noch zu geringe Verbreitung von E-Mail gewertet werden, die auch bezüglich der Repräsentativität und Validität der jeweiligen Untersuchung Probleme verursacht (zur Struktur der Nutzer siehe auch Abschnitt 6.9). Es ist z.Z. schwierig, an gute bzw. verläßliche E-Mail-Adressenlisten zu gelangen. In den USA sind bis zu 35% der Adressen solcher Listen unbrauchbar, da es sich bei den gegenwärtigen Usern offenbar um eine recht mobile Zielgruppe handelt (z.B. Studenten).

Automatisierung

Für die automatisierte Auswertung sind die Schlüsselungsanforderungen sehr hoch, es bleibt nur wenig Raum für individuelle Antworten. Auch Angst und Unwissenheit im Umgang mit der „neuen" Technologie können Hindernisse darstellen, die es zu berücksichtigen gilt. Die Layout- und Darstellungsmöglichkeiten einer E-Mail sind in der Regel beschränkt (nur ACSII-Code). Sonderzeichen oder gar Textgestaltung (z.B. fett oder veränderte Schriftgrößen) verursachen daher Probleme. Der in Netscape 3.0 integrierte Mail-Client erlaubt jedoch bereits die Einbindung von Bildern und Links in die E-Mail. Damit zeichnet sich hier mittelfristig eine Lösung ab.

Rücklaufquoten

Bezüglich der Antwortquote gehen die Meinungen auseinander. Verschiedene Studien präsentieren hier unterschiedliche Ergebnisse (siehe Literaturhinweise am Ende des Kapitels). Tendenziell scheinen E-Mail-Antwortquoten jedoch geringer auszufallen, als bei vergleichbaren schriftlichen Umfragen.

Konfigurationsprobleme

Probleme können sich auch aus den unterschiedlichen Standards und Konfigurationen der Mail-Client-Programme ergeben. Je nachdem welcher Font im Browser zur Anzeige der E-Mail ausgewählt wurde, kann sich die Ansicht des Fragebogens – z.B. bei einer Proportionalschrift – verändern. Ist die E-Mail größer als ein vom Empfänger gesetztes Limit, wird der Fragebogen möglicherweise nicht vollständig angezeigt. In solchen Fällen kann es notwendig, sein lange Fragebögen in zwei Teilen zu versenden. Auch die Zeilenbreite muß hierbei berücksichtigt werden. 70 Zeichen pro Spalte sollten nicht überschritten werden.

Sicherheitsproblem

Besonders problematisch ist die Tatsache, daß die per E-Mail zurückgeschickten, ausgefüllten Fragebogen weder völlig anonym[11] (E-Mail-Absender) noch völlig sicher sind. Sie können im Netz abgefangen bzw. kopiert werden. Andererseits kann nicht überprüft werden, wer einen Fragebogen ausgefüllt und versendet hat, selbst wenn zur E-Mail-Adresse des Absenders persönliche Daten zugeordnet werden können. Tabelle 4.7 stellt die Vor- und Nachteile einer E-Mail-Befragung einander gegenüber.

Tab. 4.7: Vor- und Nachteile einer E-Mail-Befragung

Vorteile	*Nachteile*
Schnell und einfach durchzuführen	Befragte müssen ein E-Mail-Account haben, „mangelnde Repräsentativität“
Automatisierte Auswertung möglich	Problem Adressenbasis (Falsche E-Mail-Adressen)
Kostengünstig durchführbar	Es handelt sich um eine noch sehr begrenzte Zielgruppe
Relativ sichere Zustellung des Fragebogens	Geringere Antwortbereitschaft als schriftliche Befragung
Umweltschonend, da keine Papierverschwendung	Rigide Schlüsselungserfordernisse machen klare, einfache und korrekte Anweisungen zum absoluten Muß
Flexible Antwortmöglichkeiten (Brief, Fax, E-Mail)	Fehlende Standardisierung bei den „Mail-Clients“ der Befragten kann zu Problemen führen
Keine Zeitzonenprobleme (z.B. Telefoninterviews in den USA)	Formularansichtkonfigurationen bei den Nutzern können die Größe des Fragebogens begrenzen
Keine Interviewereffekte	Unsicherheit im Umgang mit E-Mail oder Computerangst können Antwortraten und Ergebnisse beeinflussen
Keine Codierungsfehler	Nur ASCII-Zeichensatz verwendbar
Internationales Medium	Anonyme Antworten sind „nicht“ möglich (E-Mail-Absender)
Sofortiger „return“ falscher Adressen	Ausgefüllte Fragebogen können abgefangen werden

[11] Hier gibt es jedoch mit dem „Anonymizer“ mittlerweile einen Server, der der eingehenden Mail den Absender aus dem Header entfernt und sie an den Empfänger leitet.

Empfehlung

E-Mail-Fragebögen sollten nicht in Form eines Massenmailings an „ahnungslose“ Netzteilnehmer versandt werden. Zweckmäßiger ist es, die Fragebögen nur an Personen zu senden, die einen Bezug zur jeweiligen Materie haben, z.B. bei Expertenbefragungen. Andernfalls sollte man unbedingt das vorherige Einverständnis des Empfängers einholen. Auf diese Weise kann die Rücklaufquote erheblich erhöht und möglichen negativen Reaktionen vorgebeugt werden. Ebenfalls der Erhöhung der Rücklaufquote dienen Incentives wie Verlosungen sowie das Nachfassen bei unbeantworteten Fragebogen. Auch dies kann automatisiert erfolgen. Hier hat sich gezeigt, daß die Nachfaßaktion in Form einer E-Mail – aufgrund der zeitlichen Verteilung des Rücklaufs – bereits nach drei bis fünf Tagen und damit deutlich früher als bei traditionellen Umfragen einsetzen kann.

WWW-Fragebogen

Eine gute Methode zur Datenerhebung stellt auch das World Wide Web zur Verfügung. Hier können Dokumente bzw. Formulare erstellt werden, die die Beantwortung von Fragen und die anschließende, automatische Übermittlung an einen auswertenden Rechner erlauben (s. Abbildung 4.13). Zur Erläuterung komplexer Sachverhalte lassen sich auch die Multimediamöglichkeiten des WWW einsetzen; Bilder oder kleine Film- und Tonausschnitte können den Fragebogen ergänzen. Als Vorteile stellen sich auch die schnelle Auswertung und die günstige Durchführung – aufgrund der niedrigen variablen Kosten – dar. Die Filterführung auf WWW-Fragebogen gestaltet sich einfach und z.T. unsichtbar, sofern entsprechend programmiert wird.

Auswertung

Der Computer, der die ausgefüllten Fragebogen erhält, kann die Antworten gesammelt oder kontinuierlich auswerten. So kann man beispielsweise auf dem WWW-Server des „Spiegel“[12] jede Woche an einer Umfrage teilnehmen, deren Ergebnisse stündlich ausgewertet und am Orte veröffentlicht werden.

Konzepttests/ Produkttests

Auf Web-Seiten können virtuelle, noch nicht real existierende Produkte einem Publikum anspruchsvoll, z.B. in 3D und bewegbar sowie in verschiedenen Ausführungen vorgestellt und zum „Test“ angeboten werden. Solche Konzepttest lassen sich schnell und kostengünstig realisieren, da die Darstellungsmöglichkeiten des WWW die aufwendige Erzeugung von Prototypen zumindest zum Teil überflüssig machen. Liegen dann später Prototypen vor, können Produkttests ebenfalls virtuell durchgeführt werden.

12 `http://www.spiegel.de/`

Abb. 4.13: GVU WWW-Fragebogen

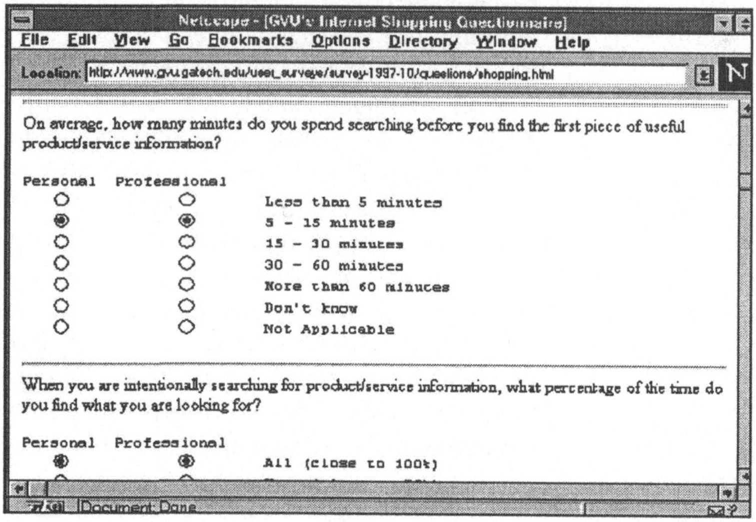

Netscape - [GVU's Internet Shopping Questionnaire]
File Edit View Go Bookmarks Options Directory Window Help
Location: http://www.gvu.gatech.edu/user_surveys/survey-1997-10/questions/shopping.html

On average, how many minutes do you spend searching before you find the first piece of useful product/service information?

Personal Professional
Less than 5 minutes
5 - 15 minutes
15 - 30 minutes
30 - 60 minutes
More than 60 minutes
Don't know
Not Applicable

When you are intentionally searching for product/service information, what percentage of the time do you find what you are looking for?

Personal Professional
All (close to 100%)

Document: Done

Nachteile

Der große Nachteil liegt in der Tatsache begründet, daß die Web-Nutzer die Seite mit der Umfrage aus eigenem Antrieb besuchen müssen. In der Praxis muß deshalb regelmäßig „Werbung“ für eine Umfrage betrieben werden, d.h. an anderer, meist hochfrequentierter Stelle des Internet werden Hinweise plaziert und Verweise auf die entsprechenden Fragebogen geschaltet. So können in bestimmten Newsgruppen Artikel zur Umfrage inklusive der Adresse des Umfragedokuments bzw. eines Links und einer Einladung erscheinen. Außerdem können auf anderen Web-Seiten, besonders in Verzeichnissen und Übersichten, Verweise installiert werden, die zum Mitmachen auffordern und per Mausklick den Nutzer zum Fragebogen „transportieren“.

Werbung für Umfragen im WWW

Mangelnde Kontrolle

Ein Problem ist die mangelnde Kontrollierbarkeit der Erhebungssituation. So können Nutzer bei Befragungen u.a. mehrfach abstimmen bzw. teilnehmen. Auch können Probanden häufig von mehr oder weniger passiven Zuschauern umgeben sein, so daß die Antworten beeinflußt sein können, mehrere Personen den Fragebogen gemeinsam ausfüllen, die Probanden für den Erhebenden unbemerkt wechseln oder vorsätzliche Falscheingaben auftreten.

Beispiele für Umfragen im Netz

Der Heise Verlag[13] hatte im Dezember 1995 auf seiner „Homepage“ einen Link zu einem eigenen Fragebogen. Nutzer, die den Fragebogen ausfüllten, nahmen an einer Verlosung von 50

13 `http://www.ix.de/`

Fachbüchern des Verlags teil. Auch die Zigarettenmarke West[14] ist mit einem Server im Internet vertreten, auf dem ein Fragebogen mit „Gewinnchance" eingerichtet wurde.

West

Die West-Homepage weist auf den West-Fragebogen hin. Es sollen Anregungen für verbesserte Informationsangebote des Servers gegeben werden. Um die Nutzer zum Mitmachen zu motivieren, wird unter den Teilnehmern ein Gewinn verlost. Der Fragebogen enthält verschiedene Felder, in die freier Text geschrieben werden kann (Abbildung 4.14).

Abb. 4.14: Eingabefelder der West-Umfrage

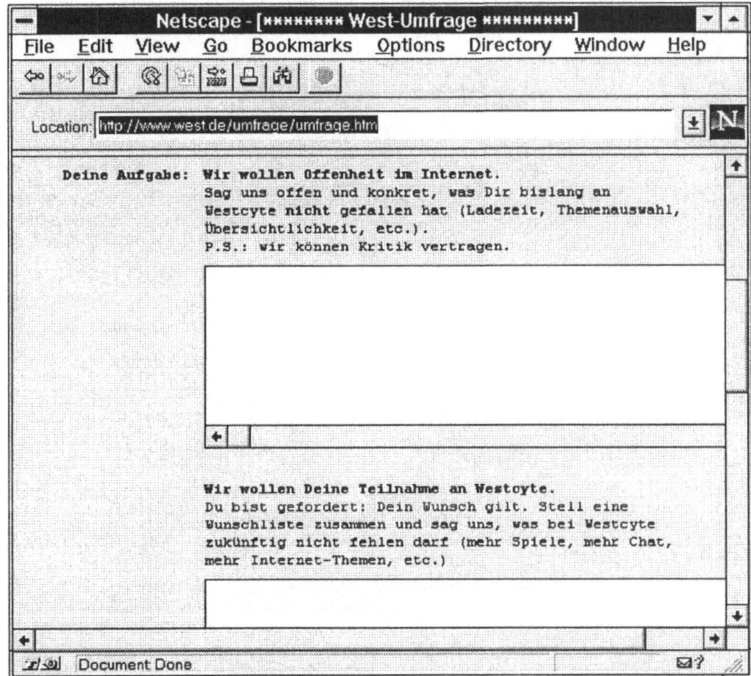

Database-Marketing

Am Ende des Fragebogens sollen die Teilnehmer ihren Namen und ihre Adresse eingeben, was u.a. für die Benachrichtigung des Gewinners wichtig ist, jedoch gleichzeitig eine Anzahl von „Kundenadressen" ergibt. Die Adressen können für das Database- Marketing genutzt werden. So können beispielsweise die registrierten Adressen bei besonderen Aktionen oder Angeboten eine E-Mail mit entsprechenden Hinweisen erhalten (Abbildung 4.15). Einschränkend ist zu sagen, daß es sich bei der Generie-

14 http://www.west.de/

rung von Adressen nicht um Marktforschung im engeren Sinne handelt.

Voraussetzungen

Voraussetzung hierfür ist jedoch, daß die Nutzer dem zustimmen und ihnen nicht, wie im Fall der West-Umfrage, die Anonymität der Umfrage zugesichert und die Weiterverwendung der Daten ausgeschlossen wird.

Regelmäßig, d.h. meist halbjährlich, finden größere Umfragen an folgenden „Orten" im Netz statt:

- `http://www.w3b.de/`
- `http://www.cc.gatech.edu/gvu/user_survey/`

Abb.: 4.15: Adreßfeld und Absendemöglichkeit

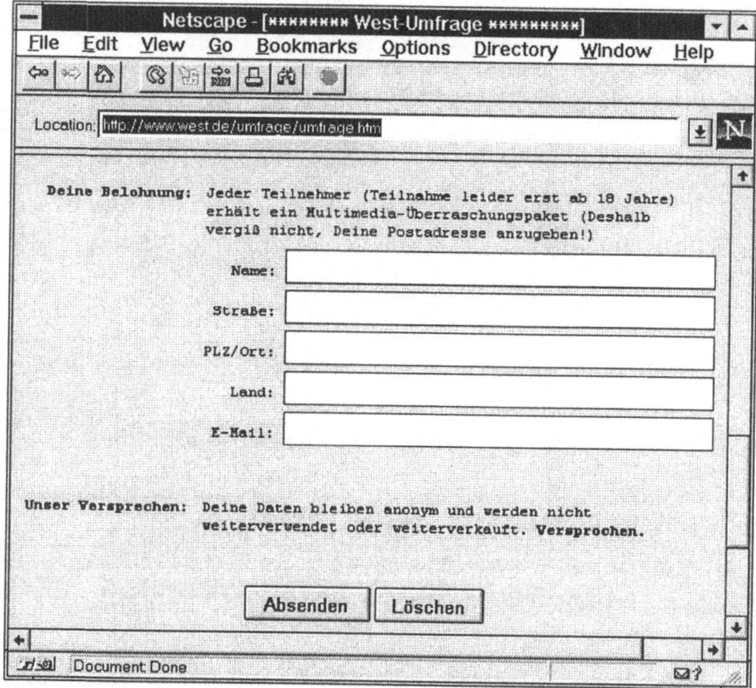

Datensammlung über Coupons und Registrierkarten

Als weitere Möglichkeit der „direkten" Datensammlung können elektronische Coupons oder Abonnementangebote bzw. elektronische Registrier- oder Kommentarkarten entweder an E-Mail-Adressen geschickt oder auf einer WWW-Seite plaziert werden.

Hot Wired

Will man z.B. „HotWired", ein sehr populäres amerikanisches WWW-Magazin, lesen, so muß man eine „elektronische Registrierkarte" in Form eines WWW-Formulars ausfüllen. Das Lesen der Zeitung ist zwar kostenlos, um aber an die Seiten zu kommen, müssen zunächst eine spezielle Registriernummer und ein selbstgewähltes Paßwort eingegeben werden. Die Nummer erhält der Leser erst nach der Registrierung per E-Mail zugeschickt, so daß man die korrekte E-Mail-Adresse angeben muß, um in den Genuß des Magazins zu kommen. HotWired verfügt z.Z. über mehr als 580.000 registrierte Leser und hat damit gute Argumente etwa bei der Festlegung von Anzeigenpreisen für Banner-Ads (Bandenwerbung auf WWW-Seiten).

Leseranalysen

Neben der Sammlung von Kunden- bzw. Leseradressen, die dann auch für „Cross- und Upselling-Strategien" sowie für das erwähnte Database-Marketing verwendet werden können, ermöglicht der Einsatz von Registrierkarten und Kommentarfeldern auch kleinere Befragungen. So wird bei „HotWired" u.a. gefragt, auf welchem Wege man vom Magazin erfahren hat, wie alt man ist, welchen Beruf man ausübt und welche Modemgeschwindigkeit genutzt wird.[15] Der Verlag erhält damit eine Leseranalyse seiner Online-Ausgabe, die für Inserenten ein nützlichen Service darstellt.

Abschreckende Wirkung

So praktisch dieses Verfahren für den Anbieter auch sein mag, es darf nicht übersehen werden, daß es für den Nutzer eine erhebliche Einbuße an Bedienungskomfort bedeutet: Man stelle sich vor, er müßte für jeden Seitenanbieter seine persönliche Nummer bereithalten! Überdies verlangsamen solche Paßwortmethoden die Datenübertragung. Es ist weiter zu vermuten, daß viele der im Datenschutzbereich äußerst sensiblen Netzbenutzer von der Nutzung eines derartigen Angebots Abstand nehmen, wenn sie kein wirklich starkes Interesse an der dargebotenen Information haben.

Gruppendiskussionen im Netz

Gruppendiskussionen, wie sie des öfteren in der Marktforschung eingesetzt werden, lassen sich im Internet mit dem „Internet Relay Chat" durchführen (siehe dazu auch Abschnitt 5.1). Man kann einen „Interview-Kanal" eröffnen und versuchen, diskussionswillige Internet-Nutzer zum Mitmachen zu animieren. Da jedoch keine Möglichkeit zur Beobachtung des Verhaltens der Teilnehmer gegeben ist, gehen bei „Online-Gruppendiskussionen" bestimmte, wichtige Auswertungsmöglichkeiten (Mimik, Gestik, Spontaneität) der „klassischen" Gruppendiskussion verloren; die Antworten erfolgen überlegter bzw. bewußter. Es könnten auch Mailinglisten für solche Gruppendiskussionen genutzt werden. Die Antworten erfolgen jedoch mit einer noch

---

15 `http://www.hotwired.com/`

größeren Verzögerung, womit sich dann die Spontaneität des Antwortens noch stärker reduziert.

Online-Interviews

Auch Online-Interviews, ähnlich einem Telefoninterview, sind denkbar. Dies kann zum einen auf UNIX-Rechner mit dem Programm Talk erfolgen, zum anderen kann dies mittels der Internet-Telefon-Software geschehen. Die angesprochenen Probleme dieser Online-Kommunikationsformen (siehe 5.1) lassen jedoch derzeit einen professionellen Einsatz nicht sinnvoll erscheinen.

Online-Panels

Unter einem Panel versteht man regelmäßige Befragung einer zuvor ausgewählten Gruppe. Es gibt Verbraucher- aber auch Handelspanels. Da viele Haushalte bereits über einen PC verfügen, muß zur Einrichtung eines Online-Haushaltspanels in der Regel nur ein Modem und die entsprechende Software zur Verfügung gestellt werden. Für Handelspanels dürfte die Situation ähnlich aussehen.

Beispiele für Online-Panels

Vorreiter bei den Online-Panels ist das Marktforschungsinstitut Nielsen[16] in den USA. Auch in Deutschland existieren bereits Online-Panels. So startete im Juli 1996 die Zeitschrift PC-Welt ihr Online-Anzeigentestpanel, parallel zum schriftlich durchgeführten Panel. Seit Oktober 1996 wird es ausschließlich online durchgeführt, da es sowohl bezüglich der Praktikabilität als auch bezüglich der Ergebnisse unproblematisch verlief.

Die Einrichtung eines Online-Panels erlaubt eine bessere Kontrolle und die Erhebung valider demographischer Daten. Auch bei Online-Panels kann jedoch nicht sichergestellt werden, das die Daten vom jeweils korrekten Panelteilnehmer stammen bzw. eingegeben werden. Auch die Ausgabe von Paßwörtern an den Panelteilnehmer kann dies nicht verhindern, da sie weitergegeben werden können.

Indirekte Datensammlung durch Registrierung von Nutzerverhalten und Adressen

Anders als bei den Methoden der direkten Datenerhebung erfolgt die indirekte Erfassung von Daten ohne ein vorheriges, explizites Einverständnis der Nutzer. Bei der indirekten, verdeckten Datengewinnung werden neben den Computer- oder E-Mail-Adressen auch Nutzungsgewohnheiten und Verweildauern während des Besuchs einer WWW-Seite gespeichert und ausgewertet. Es läßt sich damit nachvollziehen, welche Elemente einer WWW-Seite den Betrachter besonders angesprochen haben bzw. welche uninteressant für ihn waren.

---

16 `http://www.nielsen.com/`

Cookies

Zusätzlich gibt es bei einigen Servern bzw. Browsern, wie Netscape die Möglichkeit sogenannter „Cookies". Mit Netscape wird eine Datei namens Cookie.txt auf der Festplatte des Nutzers installiert. Besucht er einen Server, der mit dieser Funktion ausgestattet ist, so legt der Server – sofern man diese Funktion am Browser nicht deaktiviert hat – „Besuchsdaten" in dieser Datei ab. Bei einem erneuten Besuch kann der Server die Datei abfragen und u.a. erkennen, ob und wann der Nutzer bereits den Server besucht hat.

Analyse der Nutzer anhand der gewonnenen Daten

In einem weiteren Schritt können die gewonnenen Nutzungsdaten dazu dienen, bei einem erneuten Besuch des Nutzers speziell auf dessen Bedürfnisse zugeschnittene Informationen bereitzustellen. Allerdings ist es nicht in allen Fällen möglich, sicher festzustellen, wer „am anderen Ende der Leitung" gerade vor dem Screen sitzt – ein und dieselbe Computeradresse bedeutet nicht notwendigerweise, daß man den gleichen Nutzer zu Gast hat. Diese Verfahren können auch mit anderen Servern, etwa bei Telnet- oder FTP-Sitzungen, genutzt werden.

Server Log Files

Der Server speichert die vom Benutzer durchgeführten Aktionen bzw. den Verlauf der Sitzung in einer Datei, dem „Server Log File", wo sie dann für eine Auswertung zu statistischen Zwecken, aber eben auch zur Nutzungsanalyse bereitstehen. Solche Software für personalisierte WWW-Seiten bietet u.a. die Firma BroadVision Inc. an.[17]

Beispiel Versandhandel

Besucht der Nutzer beispielsweise die Web-Seite eines Versandhandels und blättert intensiv in den Seiten mit modischen Damenblusen, so kann bei einem späteren erneuten Besuch des Nutzers auf dem Server ein Hinweis auf ein besonderes Angebot aus eben diesem Warenbereich erfolgen.

Werbewirkungsanalyse

Damit befindet man sich bereits bei der Verwertung der aus der Datenanalyse gewonnenen Informationen. Die Server bzw. spezielle Auswertungsprogramme erledigen einen Teil der Wirkungsanalyse. Auch wenn die Aussagekraft aufgrund der mangelnden Zuordnung der Probanden nicht hoch ist, so lassen sich doch gute Aussagen für die Optimierung der Web-Seiten erzielen.

Präsentation der Ergebnisse

Bei der Dokumentation von Studien ergibt sich im Internet die Möglichkeit, Untersuchungsergebnisse schnell und günstig im WWW zu veröffentlichen oder sie z.B. als schnelles Vorabinfo

[17] http://www.broadvision.com/

per E-Mail an den Auftraggeber zu leiten. Weiterhin können Ergebnisse auf diese Weise schnell diskutiert werden.

Feedback für Umfrageteilnehmer

Den Befragten kann als Incentive ein allgemeines oder auch ein individuelles Feedback über die Ergebnisse der Umfrage gegeben werden. Bei der in Kapitel 2 vorgestellten W3B-Umfrage erhielten die Teilnehmer beispielsweise ein individuelles Paßwort, mit dem sie nach Auswertung der Fragebogen eine persönliche Analyse ihrer Antworten im Vergleich zu denen anderer Nutzer abrufen konnten. Dies motiviert die Befragten u.U. zur Teilnahme an weiteren Befragungen. Für Unternehmen wird ein solches Feedback nicht einfach sein, da die gewonnenen Daten für sie oft nur so lange einen Wettbewerbsvorteil darstellen, solange sie der Konkurrenz nicht bekannt sind.

Persönliche Auswertung

Definition, Design und Analyse

Natürlich müssen auch bei der Problemdefinition, dem Forschungsdesign und der Datenanalyse im Rahmen einer im Internet durchgeführten Untersuchung die Besonderheiten des Mediums berücksichtigt werden. So kann durch eine WWW-Umfrage z.B. kein echtes „zufälliges" Sample im Sinne einer uneingeschränkten Zufallsauswahl gewonnen werden, da man einen Selbstauswahleffekt der Befragten erhält.

Besonderheiten des Mediums

Sample Bias

Bei einer E-Mail-Umfrage ist zwar theoretisch eine zufällige Auswahl der Befragten möglich, jedoch ist anzunehmen, daß die Befragten aufgrund der Tatsache, daß sie alle über E-Mail und entsprechendes Computerwissen verfügen, bezüglich einiger Kriterien nicht repräsentativ z. B. für die Gesamtbevölkerung eines Landes sind. Diese systematisch auftretenden Fehler (Biases) müssen beim Research Design und der späteren Datenanalyse berücksichtigt werden.

Rücklaufquoten

Bei E-Mail-Umfragen existieren aufgrund der Neuheit der Umfragemethode nur wenig Erfahrungen bezüglich der Rücklaufquote. Die Rücklaufquote eines E-Mail-Fragebogens scheint jedoch im Bereich zwischen 10% und 20% zu liegen und ist damit im Vergleich zu einer schriftlichen Befragung tendenziell niedriger. Es muß also eine entsprechend größere Anzahl von Personen elektronisch angeschrieben werden, um die gleiche Anzahl auswertbarer Fragebögen zu erhalten. Zu diesem Umstand trägt auch die zunehmende Verbreitung von E-Mail-Befragungen bei, die vermutlich eine gewisse Umfragemüdigkeit erzeugt.

Validität

Die Validität, d.h. die Gültigkeit von Umfragen im Internet bzw. generell von Online-Befragungen scheint mit Problemen behaftet zu sein. Einer Studie zufolge unterscheidet sich die Gruppe der

Personen, die einen Online-Fragebogen ausfüllen und zurückschicken, deutlich von der Grundgesamtheit der „Onliner". So wichen sie hinsichtlich Alter, Schulbildung, beruflicher Situation sowie des Nutzungsverhaltens vom Rest der Onliner ab. Außerdem wird die Validität von folgenden Einflußfaktoren betroffen: mehrdeutige oder unkorrekte Darstellung des Befragungsobjektes und die Art der Fragestellung. Beide Fehlerquellen lassen sich jedoch durch Pretests minimieren.

Reliabilität

Die Reliabilität, d.h. die Exaktheit der Messung (Reproduzierbarkeit der Werte bei einer Wiederholungsmessung) leidet möglicherweise durch Bedienungsschwierigkeiten oder absichtliche Falscheingaben. Konsistenzprüfungen können hier zum Teil Abhilfe schaffen.

Survey Software

Fertige Software zur Fragebogenerstellung, Durchführung und Auswertung von Umfragen im Netz ist bereits erhältlich. Ein Beispiel hierfür ist Survey Pro der Firma Appian Software[18] oder die Software der Interse Corporation[19].

4.3.2 Sekundärforschung

Informationsbeschaffung für Sekundärforschung

Die Nutzungsmöglichkeiten des Internet für die Marktforschung berühren neben der Primärforschung auch die Sekundärforschung. Bei der Sekundärforschung, oft auch als Desk Research bezeichnet, wird vorhandenes Datenmaterial, welches nicht für die konkret vorliegende Fragestellung erhoben wurde, aufbereitet und untersucht. Neben den zuvor geschilderten Anwendungen bei der Datenerhebung sind eine Vielzahl von Quellen zur Sekundärforschung im Internet erhältlich. Hier kommen die bereits in Abschnitt 4.2 beschrieben Möglichkeiten des Internet zur Informationsbeschaffung zum Tragen. Einige Beispiele für Quellen zur Sekundärforschung werden im folgenden in Tabelle 4.8 aufgelistet.

Vor- und Nachteile der Sekundärforschung im Internet

Die Vorteile der Sekundärforschung sind, daß sie kostengünstiger und schneller ist als die Primärforschung. Nachteilig ist möglicherweise mangelnde Aktualität der Daten, da diese ja in der Regel für andere bzw. allgemeine Zwecke erhoben wurden. Auch die Aussagefähigkeit bzw. Qualität der Daten kann, abhängig vom ursprünglichen Zweck der Erhebung, Probleme bereiten.

---

18 `http://www.apian.com/`

19 `http://www.interse.com/`

Tab. 4.8: Beispiele für Quellen zur Sekundärforschung

Bank of Ireland (Länderberichte)	http://www.treasury.boi.ie/country.htm
Economic Bulletin Board (Berichte/ Daten aus US- Finanz-, Handelsministerien u.a.)	telnet://ebb.stat-usa.gov/
CIA World Factbook (Daten und Karten zu allen Staaten der Erde)	http://www.odci.gov/cia/publications/ 95fact/index.html
Data General Archive for Financial Data (Informationen zu ca. 310 Börsen)	ftp://dg-rtp.dg.com/pub/misc.invest/
Deutsch Bank Research (u.a. Branchenberichte)	http.//www.deutsche-bank/dbr/
Deutsche Firmen im Internet	http://www.brainlink.com/~accelcom/ dfirmen.html
DIW-Berin (DIW-Wochenberichte)	http://www.diw-berlin.de
ECHO (European Commission Host Organisation) ca. 20 EU Datenbanken	http://www.echo.lu auch: telnet://echo@echo.lu
Econ Data (US-Wirtschaftsdaten)	gopher://info.umd.edu:901/11/inforM/ EdRes/Topic/Economics/EconData
Edgar (Geschäftsberichte von über 3.000 Firmen, 15.000 geplant)	http://www.edgar-online.com/
Europäische Wirtschaftsdaten (150.000 europäische Firmen)	http://www.europages.com/
Financial Times	http://www.ft.com/
German Social Science Infrastructure Service (GESIS) SOLIS/FORIS Datenbetand	http://www.social-science-gesis.de
Die Welt Kurzbilanzen der 500 größten Firmen in Deutschland	http://www.welt.de/extra/500_1997/500_suche.html
LABSTAT Daten/Berichte des US Bureau of Labour Statistics	ftp://stats.bls.gov/
The Luxembourg Income Study (LIS), (Haushaltsumfragen für über 20 Länder)	http: lissy.ceps.lu/index.htm Kontakt: eplisjr@luxcepll.bitnet kostenpflichtig
MCC National Data Service (Censusdaten, UK-Haushaltspanels, IMF-Daten, u.a.)	Kontakt: info@mcc.ac. uk kostenpflichtig
UNCOVER (Schlagwortsuche in mehr als 17.000 Zeitschriften-Titeln)	http://www.carl.org/uncover/uchome.html
The United Nations (Datenbanken der UNCTAD, FAO, UNDP, u.a.)	http://www.un.org/
Wall Street Journal	http://www.wsj.com/
World Bank Public Information Center (Daten/Berichte der Weltbank)	http://www.worldbank.org/
Yello Pages (US-Firmen)	http://www.telephonebook.com/

Aktualität und Kosten

Für die Sekundärforschung im Internet gilt, daß sich besonders deren Vorteile verstärken. Die Online-Erhältlichkeit bzw. -Verfügbarkeit von Daten beschleunigt die Sekundärforschung und macht sie kostengünstiger. Bezüglich der Aktualität können Online-Daten theoretisch schneller veröffentlicht werden und damit aktueller sein. Dies ist jedoch nicht zwangsläufig so. Auch bezüglich der Tauglichkeit bzw. Qualität der Daten für den Forschungszweck kann wie auch in der traditionellen Sekundärforschung nur von Fall zu Fall entschieden werden.

4.4 Weitere betriebliche Einsatzgebiete

Beispiele und Grenzen

Die Informationsbeschaffung und -nutzung durch die verschiedenen betrieblichen Funktionsbereiche ist vielfältig und nicht nur auf die Marktforschung beschränkt. Einige Anwendungsbeispiele aber auch Grenzen sollen hier aufgezeigt werden.

Informationsbedarfe

Generell besteht in jeder Abteilung eines Unternehmens ein wie auch immer gearteter Informationsbedarf, der aus den jeweiligen speziellen Situationen und Bedürfnissen Tätigkeiten resultiert. Die Personalabteilung muß bezüglich des Personalmarktes, in Fragen des Personalrechts und anderer Entwicklungen informiert sein. Die Organisationsentwicklung sucht Informationen über neueste Business Reengineering Strategien oder Beratungsunternehmen. In der Produktion sehen sich Ingenieure nach neuen mechanisch-physikalischen oder chemisch-biologischen Prozeßtechnologien und anderen Entwicklungen um.

Specialinterest-groups

In der Regel gibt es gegenwärtig für fast alle diese Spezialbedürfnisse Fachzeitschriften, die jedoch aufgrund des begrenzten Interessentenkreises und der daraus resultierenden geringen Auflage recht teuer sind. Das Internet hat sehr schnell sehr viele dieser „Specialinterest-Zeitschriften“ angezogen, da es ein überaus effizientes Medium der Informationsverbreitung darstellt. Online-Publishing heißt das Zauberwort. Speziell in den USA werden einige dieser Zeitschriften bereits nur noch online vertrieben. Überhaupt ist das Netz ein Ort der „Specialinterestgruppen“, seien diese Interessen nun beruflicher oder privater Natur.

Nachschlagewerke

Auch die Publikation von Nachschlagewerken in, gedruckter Form ist rückläufig. Dafür steigt der Anteil der elektronischen Medien an. Speziell CD-ROMs verzeichnen hier aufgrund der weitaus geringeren Produktionskosten, der verbesserten Funktionalität und der steigenden Verbreitung von CD-ROM-Laufwerken gegenwärtig große Zuwächse. Erste Nachschlagewerke wie Britannica Online oder Meyers Lexikon sind ebenfalls bereits online. Tabelle 4.9 nennt Namen und Adressen einiger nützlicher Nachschlagewerke im Internet.

Nutzung von Diskussionsforen

Von Wert können in der Forschung z.B. die „ernsthaften" Diskussionsforen der News sein, da sich hier Wissenschaftler verschiedener Fachdisziplinen auf hohem Niveau austauschen können. Die News sind ein Paradebeispiel für Specialinterestgruppen. Problematisch kann dagegen der „unachtsame Gebrauch" dieser Foren werden, wenn beispielsweise Wissenschaftler oder professionelle Informationsbeschaffer Fragen diskutieren, die zu eindeutige Rückschlüsse auf die Forschungstätigkeiten des Unternehmens zulassen.

Tab. 4.9: Nachschlagewerke im Internet

Name	*Adresse*
Britannica Online	www.eb.com/eb.html
Deutsche Gesetze	http://sunsite.informatik.rwth-aachen.de/Knowledge/germlaws/index.html
Duden	www.duden.bifab.de/home.html
Meyers Lexikon	hyperg.tu-graz.ac.at/
Postleitzahlen	www.uniu-frankfurt.de/plz/plzrequest. html
Telefonvorwahlverzeichnis	www.chemie.fu-berlin.de/diverse/doc/int_tel.html
Telefonauskunft	www.teleauskunft.de/
The Webster Dictionary	winnie.math.tu-berlin.de/~schlicke/webster.html
Who is Who	www.ictp.trieste.it/Canessa/ hoiswho.html
Woll-Wirtschaftslexikon	www.woll.de/

Forschungsabteilungen können außerdem kostenpflichtige, professionelle Datenbanken kostengünstig über das Internet erreichen. Beispiele hierfür sind STN, Orbit[20], Data-Star oder Dialog.[21] Dabei stellen die Anbieter jedoch nicht immer ihr gesamtes Repertoire an Datenbanken für den Zugriff über das Netz zur Verfügung.

20 telnet://orbit.com/

21 telnet://dialog.com/

Beschaffung und Finanzmärkte

Der Unternehmensbereich Beschaffung kann Preisdaten international vergleichen, Lieferanten finden und Anfragen an Produzenten leiten. Die Markttransparenz und die hohe Reaktionsgeschwindigkeit sind gerade hier große Vorteile. Der Bereich Finanzen kann über das Internet kostengünstig oder kostenlos relevante und aktuelle Finanz- und Börseninformationen[22] beziehen und mittlerweile auch online Wertpapiergeschäfte abwickeln. So stellen etwa J. P. Morgan[23], Dow Jones oder Dun & Bradstreet[24] (siehe Abbildung 4.16) über das Internet Informationen zur Verfügung.

Abb. 4.16: Dun & Bradstreet

Broker wie Consors ermöglichen komplette Transaktionen. Viele Firmen aus dem Bereich Banken/Finanzierung haben „Ticker" in ihre Seiten integriert, die fortlaufend die neuesten Kurse anzeigen. Einige „Finanzadressen" zeigt Tabelle 4.10.

Internet als Ideenlieferant

Das Netz stellt sich auch als interessanter „Ideenlieferant" dar. Ähnlich einem gigantischen Brainstorming enthält das Internet Ideen und Gedanken von Millionen Menschen zu den unterschiedlichsten Themen und Problemstellungen. Ergiebig dürften

[22] z.B. http://www.teleserv.co.uk/stock/

[23] http://www.jpmorgan.com/

[24] http://www.dbisna.com/

hier besonders die News und die Mailinglisten aber auch das WWW sein, die in Kapitel 5 und 6 noch vorgestellt werden. Aus den Fragen und Problemen, die in solchen Diskussionen aufgeworfen werden, lassen sich Ansatzpunkte für neue Problemlösungen und damit für neue Produkte gewinnen.

Tab. 4.10: Finanzadressen im Internet (Auswahl)

Name	*Adresse(http://...)*
Bloomberg	www.bloomberg.com/
Business Channel	www.businesschannel.de/
Börse Live	www.boersenkurse.de/
Börsen Kurs Datenbank	www.hamburg.netsurf.de/~adrian.schwegler/boerse
Consors	www.consors.de/
CyberFinance	www.cyber.finance.com/
Finanzen Online	www.finanzen.de/
Fonds	www.fonds.de/
Geldwirtschaft	www.wiso.gwdg.de/ifbg/ifbgheim.html
Stockmasters	www.stockmaster.com/
Stuttgarter Aktien Club	www.sac.de/
VWD	www.vwd.de/

Daten für die Umwelt- und Konkurrenzanalyse

Auch als Informationsressource für die „Umwelt- und Konkurrenzanalyse" etwa im Rahmen des strategischen Controlling oder des strategischen Marketing Managements kann das Netz dienen. Informationen zur wirtschaftlichen, politischen und gesellschaftlichen Entwicklung vieler Länder sind erhältlich. Die Welt stellt z.B. Kurzübersichten der 500 wichtigsten deutschen Unternehmen über das Netz zur Verfügung.[25]

Firmenprofile

Es gibt bereits kostenlose Datenbanken, die aktuelle und interessante Firmenprofile von hunderten von Firmen liefern. Viele Firmen veröffentlichen außerdem ihre Geschäftsberichte zusätzlich zur gedruckten Version im Internet. Die DB-Research der Deutschen Bank macht im Internet u.a. Branchenberichte und -analysen zugänglich. In den USA sind neben dem Weißen Haus fast 300 andere Regierungsbehörden im Netz, u.a. das Handelsministerium, das „Census-Office" und die CIA mit ihrem „World

25 http://www.welt.de/extra/

Factbook".[26] Auch hier sind die Informationen in der Regel kostenlos.

Außenwirtschaft

Für Unternehmen, die international tätig sind oder international expandieren wollen, sind Informationen über ausländische Märkte von Bedeutung. Eine gute Anlaufstelle sind dabei in der Regel die jeweiligen Industrie- und Handelskammern in den betreffenden Ländern. Unter `http://www.worldchambers.org/` findet sich eine Liste internationaler Kammern und Verbände. Auch Für Kontakte im Bereich „Außenwirtschaft" gibt es neben den zahlreichen internationalen Quellen auch eine neue, deutsche Online-Zeitschrift unter `http://www.localglobal.de/`.

Gesetze im Internet

Interessant sind auch Informationen aus dem Bereich Gesetzgebung und Rechtsprechung . Hierzu finden sich im Netz ebenfalls viele sehr nützliche Quellen. So können Informationen einschließlich Reden, Programme etc. zu allen Parteien gefunden sowie Kontakte zu Abgeordneten geknüpft werden. Der Bundesgerichtshof ist ebenso vertreten, wie mehrere Sammlungen deutscher Gesetzestexte. In Deutschland zeichnet sich ein deutlicher Trend ab, wonach langfristig alle relevanten Bundes- und Landesbehörden und z.T. auch kommunale Einrichtungen sich mit Informationen und teilweise auch Dienstleistungsangeboten im Netz präsentieren. Erste Anfänge sind dazu schon gemacht (vergleiche auch Kapitel 5).

Beschränkungen der Informationsmöglichkeiten

Die Informationsmöglichkeiten via Internet unterliegen jedoch auch Grenzen. Es finden sich zur Zeit nur ca. eine halbe Million Unternehmen weltweit im Internet, und nicht jedes Unternehmen stellt aktuelle und relevante Informationen zur Verfügung. Es sind also nicht immer alle benötigten Informationen etwa zu Konkurrenten sofort im Netz zu finden, schon gar nicht, wenn man etwa an den mittelständischen Maschinenbau oder ähnlich strukturierte Branchen denkt.

Statistik im Internet

Bei den volkswirtschaftlichen Statistiken existiert speziell für Nordamerika ein großes, frei zugängliches Potential. Für andere Regionen oder Märkte sind dagegen zur Zeit nur Teile der vorhandenen Daten und Statistiken über das Netz erhältlich. Mittlerweile halten auch das Statistische Bundesamt[27] sowie die Statistischen Landesämter[28] im Internet kostenlos Daten bereit,

---

[26] `http://odci.gov/cia/publication/pubs.html`

[27] `http://www.statistik-bund.de/`

[28] z.B.: `http://www.lds.nrw.de/`

wenn auch nur für einige ausgewählte Bereiche. Im August 1996 registrierte man bereits über 1.000 Abrufe von Informationsseiten pro Tag. In nächster Zeit sollen auch Zugänge zu STATIS-BUND, der statistischen Datenbank geschaffen werden, die Zugriff etwa auf Wirtschaftsindikatoren und Metadaten aus den über 1,1 Mio. Zeitreihen gewähren (Abbildung 4.17).

Abb. 4.17: Home Page des Statistischen Bundesamtes

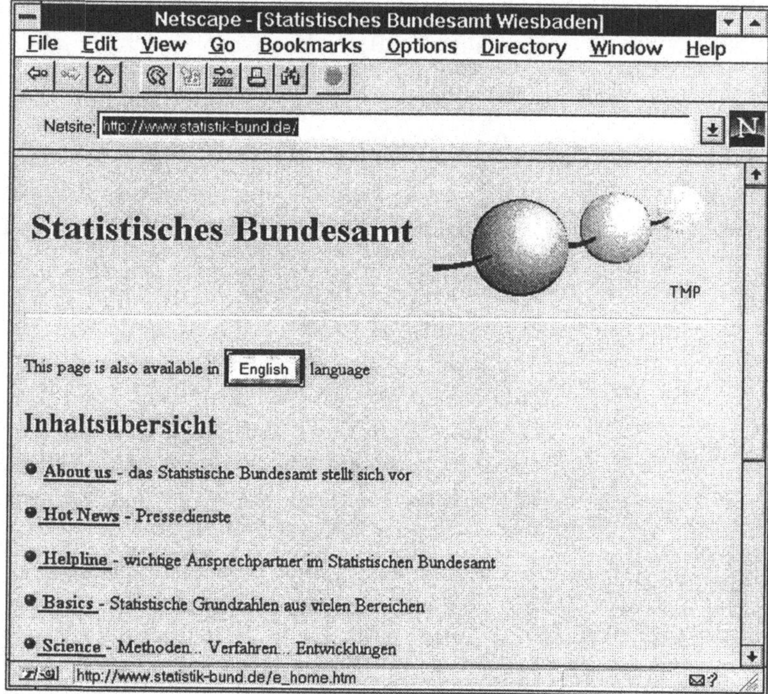

4.5 Wie vorgehen bei der Informationssuche?

Nach dieser Übersicht möchte ich in Form einer schrittweisen Anleitung einige Tips zum effektiven Suchen im WWW präsentieren und diese mit einigen praktischen Beispielen untermauern.

4.5.1 Suchen nach Information mit lokalem Bezug

Wenn Sie nach einer „lokalen" Information suchen (zum Beispiel Unterkunftsmöglichkeiten in einer Stadt, Kontaktadresse einer Universität, lokales Verkehrssystem...), versuchen Sie es am besten über eine Liste aller WWW-Server.[29] Machen Sie einen Server im gesuchten Ort oder seiner Nähe ausfindig und durchblättern Sie dessen Seiten – meist ist darunter auch eine Seite mit Informationen zum Ort selbst oder ein Link zu entsprechenden Stellen.

Virtual Tourist

Ein weiterer Ansatzpunkt für die Suche nach Informationen mit lokalem Bezug ist der „Virtual Tourist", ein verteiltes System, das Fremdenverkehrsinformationen bis hinunter auf die Stadtebene enthält.[30]

4.5.2 Suchen mit Themenschwerpunkt

Wenn Sie nach Informationen zu einem bestimmten Thema suchen, zu dem vermutlich viele Menschen oder Firmen etwas beizutragen haben, sind Sie mit den erwähnten Suchdiensten (vgl. Abb. 4.8) gut bedient. Exemplarisch seien hier noch einmal der Suchdienst „Altavista"[31] der Firma Digital und „Lycos"[32], ein inzwischen selbständiges Projekt der Carnegie Mellon University, genannt.

Sprache

Wichtig für die Suche ist, daß Sie die richtige Übersetzung treffen. Wenn sie ein bestimmtes deutsches Wort einfach auf gut Glück anhand des Wörterbuchs übersetzen, kann es passieren, daß in dem Kontext, den Sie meinen, im Englischen ein ganz anderes Wort gebräuchlich ist. Ein nach Schlüsselworten indiziertes Datenbanksystem kommt mit solchen etwas unpassenden Worten meist zurecht, aber ein Suchdienst, dem nur die Worte vorliegen, die die Autoren im Text selbst gebraucht haben, nicht.

News

Sollten Sie im WWW selbst keinen Erfolg haben, bleiben immer noch die News: Stellen Sie anhand der Liste aller Newsgroups (kann mit dem WWW-Browser vom News-Server geladen werden) fest, ob es eine Gruppe gibt, die in etwa dem gesuchten Thema entspricht. Lesen Sie die Artikel dort, wenn möglich, für eine oder zwei Wochen; in vielen Gruppen wird regelmäßig ein „Frequently Asked Questions"-Dokument (FAQ) veröffentlicht, das Ihnen eventuell weiterhilft. Wenn das allein nichts bringt,

---

29 `http://www.chemie.fu-berlin.de/outerspace/www-german.html`, *international.:* `http://www.w3.org/hypertext/DataSources/WWW/Servers.html`

30 `http://www.vtourist.com/`

31 `http://altavista.digital.com/`

32 `http://www.lycos.com/`

fragen Sie die Netzgemeinde eben in einem eigenen News-Artikel um Rat.

4.5.3 Suchen nach Informationen aus der Forschung

Wie bei der Suche nach Themenschwerpunkten können Sie hier natürlich die WWW-Suchdienste oder die News in Anspruch nehmen. Da aber Wissenschaft eher von Organisationen als von Privatleuten betrieben wird, sind die Chancen groß, eine Institution zu finden, die auf dem betreffenden Fachgebiet tätig ist. Das kann eine spezielle Forschungseinrichtung sein oder einfach eine Universität mit einer passenden Fakultät.

Liste aller WWW-Server

Wenn Sie einige in Frage kommende Institutionen kennen, sollten Sie auf jeden Fall anhand der Liste aller WWW-Server (die man ja bei allen Browsern auch nach einem Stichwort durchsuchen kann[33]) feststellen, ob eine davon einen eigenen WWW-Server betreibt. Dann rufen Sie die Startseite dieses Servers ab und finden dort sicherlich Informationen über die Tätigkeitsfelder der Organisation, vielleicht auch mit Verweisen auf andere, themenverwandte WWW-Quellen oder Ansprechpartner.

4.5.4 Suchen nach Software

Wenn Sie auf der Suche nach Software für Ihren Rechner sind, ist das WWW nicht unbedingt das richtige. Verwenden Sie statt dessen FTP. Natürlich können Sie FTP-Server auch mit Ihrem WWW-Browser ansprechen.

Archie und ASK-SINA

Im Vorfeld können Sie „Archie" oder den WWW-Suchdienst ASK-SINA[34] (hat sich auf deutsche Quellen konzentriert) verwenden, um herauszufinden, wo sich die gesuchte Datei findet. Wenn Sie noch keine Informationen über den Namen der gesuchten Software haben, ist es ratsam, sich mit einer Themensuche zunächst einen Überblick über die verfügbaren Programme zu verschaffen. Z.B. kann die Suche nach den Stichworten „CAD" und „Software" einige Programmrezensionen ausspucken, aus denen man dann die Namen der Programme entnehmen kann.

4.5.5 Beispiele

Vorweg sei bemerkt, daß die Bedeutung des WWW als Informationslieferant inzwischen so groß ist, daß man zu fast jeder Frage

33 Im Netscape Navigator z.B. mit der Find-Funktion

34 `http://www.ask.uni-karlsruhe.de/SINA/WWW_SINA`

mit einem der großen WWW-Suchdienste irgendeine Antwort finden kann. In diesen Beispielen führe ich bewußt einige andere Wege vor.

Investitionen in der Slowakei

Beispiel 1: Investitionen in der Slowakei

Angenommen, Ihr Unternehmen erwägt eine größere Investition in einem osteuropäischen Transformationsland – nehmen wir die Slowakische Republik – und Sie möchten nun diesbezüglich bedeutsame Informationen, wie z.B. Pro-Kopf-Einkommen, Höhe der Arbeitslosigkeit, Religion, Kultur, Sprache, Regierungsform, Steuergesetze, und ähnliches zusammentragen.

Ansatzpunkte

Mögliche Ansatzpunkte für eine Suche nach geeigneten Informationen sind in diesem Fall:

Liste der WWW-Server

Die Liste der WWW-Server nach slowakischen Servern durchsuchen und die gefundenen Server „abklappern“ (vgl. Abbildung 4.18); hierbei findet man am ehesten die großen Institutionen, und es ist zu erwarten, daß man Verweise auf alle bedeutsamen Informationen antrifft. Viele Server werden über ein englischsprachiges Angebot verfügen.

Abb. 4.18: Liste slowakischer WWW-Server

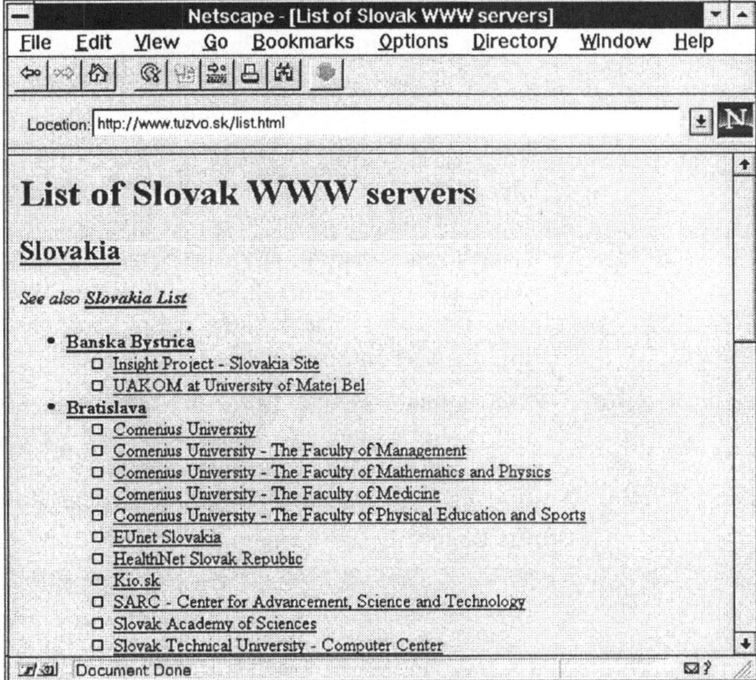

WWW-Suchdienst

Einen WWW-Suchdienst nach „Slovakia“ oder „Slovak Republic“ befragen (die überlegte Auswahl der Suchbegriffe ist wichtig; „Slowakei“ wäre weit weniger erfolgversprechend). Hier wird man im Zweifel Tausende von Dokumenten finden, darunter z.B. auch Reiseberichte von Privatpersonen, in denen „Slovakia“ nur am Rande vorkommt. Eventuell kann man zusätzliche Einschränkungen der Anfrage („Economy“, „Investment“) vornehmen.

Liste der verfügbaren Newsgroups

Die Liste der verfügbaren Newsgroups nach „Slovakia“ oder „Slowakei“ durchsuchen. Hierbei werden Sie bei einem gut ausgestatteten News-Server auf „soc.culture.czecho-slovak“ und „bit.listserv. slovak-l“ treffen (letztgenannte ist eine Listserv-Mailingliste, die komfortabel über News-Server abgerufen werden kann). In den Newsgroups findet man am ehesten Kontakt zu Einzelpersonen und könnte so auch Kontakte über das Internet hinaus knüpfen („Kann jemand einen Rechtsanwalt in ... empfehlen?“).

Beispiel 2: Suche nach einem bestimmten Programm

Suche nach einem bestimmten Programm

Für einen OS/2-Rechner, der bereits an das Internet angeschlossen ist, suchen Sie das Programm „nslookup“, mit dem man die Informationen aus DNS-Servern abfragen kann. In einer Zeitschrift haben Sie gelesen, daß dieses Programm „unter dem Namen `nslook16.zip` auf gutsortierten FTP-Servern erhältlich“ sei.

Archie

Hier bietet sich die Benutzung von „Archie“ an, um herauszufinden, auf welchem FTP-Server sie das Programm bekommen. Zwar könnte man auch versuchen, den Namen „nslookup“ oder „nslook16.zip“ in einen der zahlreichen WWW-Suchdienste einzuspeisen, aber man erhielte dabei vermutlich eine große Menge unpassender Informationen.

Archie-Suchbefehle

Eine genaue Beschreibung der Archie-Suchbefehle ist übrigens mit „help“ erhältlich. Außerdem gibt es spezielle Archie-Programme, die man auf dem eigenen Rechner installieren kann und die statt der Eingabe von Befehlsworten übersichtliche Menüs bieten. Diese Programme stellen dann nur noch für die eigentliche Anfrage eine kurze Verbindung zum Archie-Server her.

Abbildung 4.19 zeigt eine Archie-Sitzung, die die gesuchte Information liefert (die Benutzereingaben dabei sind der Login-Name „archie" und der Suchbefehl „prog nslook16.zip").

Abb. 4.19: Archie-Sitzung

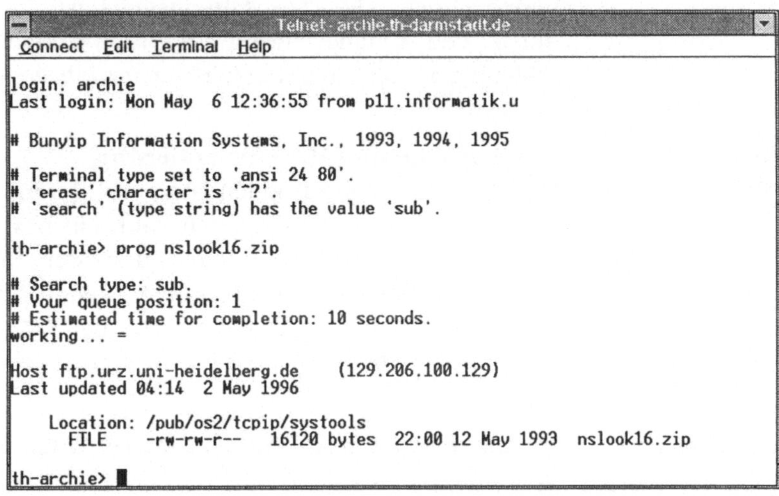

4.6 Potentiale für Wettbewerbsvorteile

Welche positiven Beiträge die Informationsmöglichkeiten des Internet in letzter Konsequenz für den Betrieb leisten können, möchte ich hier noch einmal verallgemeinernd aufzeigen.

Forschung

Kostensenkung und Beschleunigung der Forschung

Der Aspekt der Kostensenkung und Beschleunigung von Forschungsprojekten gehört zu den Gründen, denen das Internet seine Entstehung und Entwicklung verdankt. Forschung & Entwicklung als informationsintensiver Bereich profitiert neben den Kommunikationsmöglichkeiten (siehe Kapitel 5) besonders von der schnellen und globalen Informationsbeschaffung. Informationsbeschaffung im Netz führt nicht nur zur Beschleunigung von Teilprozessen im Rahmen der F&E-Aktivitäten von Unternehmen, sondern es reduziert auch die Informationsbeschaffungskosten, besonders, wenn ohnehin bereits entsprechende Infrastruktur wie vernetzte PCs vorhanden ist.

Transaktionskosten

Reduktion von Informations- und Transaktionskosten

Auch für die übrigen Abteilungen und Funktionen des Unternehmens können sich Einsparungspotentiale ergeben, sofern diese Informationsbedarfe von relevanter Größe aufweisen. So können z.B. die mit der Beschaffung von Einsatzstoffen verbundenen Transaktionskosten durch den Einsatz des Netzes zur Online-Informationsbeschaffung reduziert werden.

Transaktionsprozesse

Beschleunigung von Informations- und Transaktionsprozessen
Wie aus den beiden vorhergehenden Punkten deutlich wurde, können sich die beschaffungsseitigen Transaktionsprozesse durch den Online-Zugang zu Informationen insgesamt beschleunigen. Dies gilt ebenfalls für marktbezogene Transaktionsprozesse.

Marktorientierung

Kundennähe und Marktorientierung
Die Gewinnung von Kundendaten und -informationen durch direkte Kontakte mit den Kunden kann ein besseres und ungefiltertes Verständnis des Marktes und der Kundenbedürfnisse schaffen, als dies durch z.B. durch externe Marktforschung geleistet werden könnte. Damit werden neue Möglichkeiten zu einer stärkeren Marktorientierung eröffnet (siehe auch Abschnitt 6.2).

Umweltanalyse

Strategische Umwelt- und Konkurrenzanalyse
Über die punktuelle Betrachtung z.B. der Konkurrenz hinaus ermöglicht das Internet durch seine Aktualität etwa mittels der News oder der Mailinggruppen ein kostengünstiges, qualitatives Frühwarnsystem im Sinne des „Environmental Scanning". Über ein solches System lassen sich Entwicklungen in den verschiedensten betrieblich relevanten Bereichen verfolgen.

Innovationen

Produktinnovationen
Dieser Punkt bezieht sich auf die Ideenvielfalt der Internet-Nutzer sowie auf deren Offenheit etwa bei der Diskussion von Fragen und Problemen. Durch die „Anonymität" im Netz fallen negative Äußerungen leichter, Beschwerden gehen leichter und eventuell auch aggressiver über die Lippen als im direkten persönlichen Gespräch. Ausgangspunkt für Verbesserungen an bestehenden Produkten oder für die Schaffung neuer Produkte ist u.a. die Kenntnis von Problemen und möglichen Lösungen. Diese können, das wird am Beispiel Software deutlich, in bestimmten Fällen auch vom Kunden selbst kommen.

In Abbildung 4.20 sind die Nutzenpotentiale der Informationsbeschaffung für Unternehmen zusammen getragen.

Ersatz bestimmter Quellen

Zusammenfassend läßt sich folgendes festhalten: Einige der traditionellen Informationsquellen kann das Netz bereits ersetzen, da es z.T. aktueller, günstiger und schneller ist. Daneben bietet es viele Funktionen, die die Informationssuche erleichtern. Zeitungs- und Zeitschriftenarchive – wie beispielsweise bestimmte

Ausgaben des „Spiegel“ oder anderer Magazine – lassen sich online nach Schlagworten durchsuchen.

Abb. 4.20: Potentiale der Online-Informationsbeschaffung

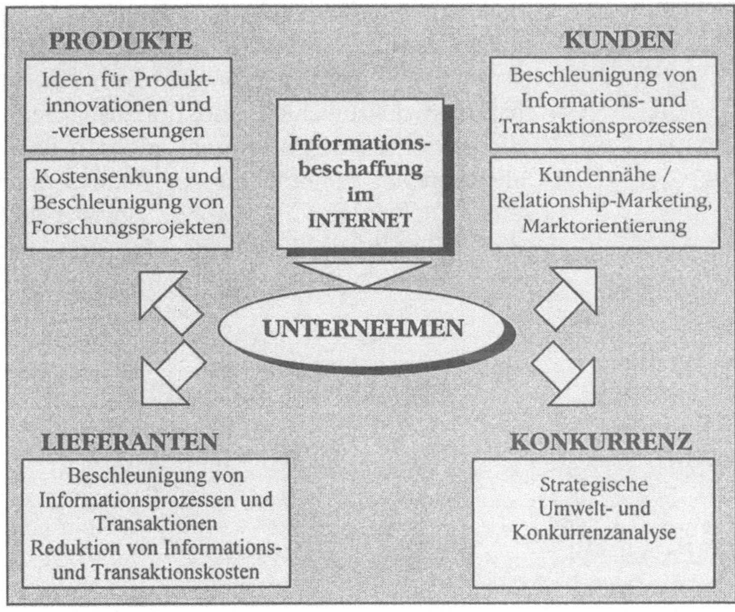

Internet als ergänzende Informationsquelle

Zum heutigen Zeitpunkt ist der Informationsbedarf von Unternehmen jedoch nicht allein über das Netz zu befriedigen. Die Informationsbeschaffung über das Internet wird daher bei bestimmten Fragestellungen mittelfristig „nur“ ergänzend zu den bestehenden Quellen genutzt werden. Dies wird sich voraussichtlich in wenigen Jahren ändern, da ständig weitere „traditionelle“ Informationsquellen, und sei es die Telefonauskunft[35], im Netz verfügbar werden.

Datenbestand wächst weiterhin, jedoch unstrukturiert

Auch zukünftig wird das Internet jedoch nicht von einer zentralen Organisation „regiert“ werden. Das bedeutet auch, daß die dezentrale und zuweilen unübersichtliche Struktur des Netzes erhalten bleiben wird. Es wird keine Gesamtübersicht über das Internet und all seine Ressourcen geben. Der Einsatz des Internet als Informationsinstrument im Unternehmen leidet darunter jedoch weniger als unter dem angesprochenen Qualitätsproblem der Informationen.

35 http://www.teleauskunft1188.de/

Professionelle Informationsauswahl und -bewertung

Während die Suchmaschinen immer leistungsfähiger und zahlreicher werden, wird das Qualitätsniveau der Datenbestände voraussichtlich auch weiterhin unterschiedlich ausfallen. Die Informationen werden auch in Zukunft nicht auf Echtheit und Aktualität geprüft werden, so daß es dem jeweiligen Nutzer überlassen bleibt, zwischen brauchbaren und unbrauchbaren Informationen auszuwählen und notfalls Daten zu überprüfen. Die Informationssuche im Internet erfordert damit neben einer guten Suchstrategie, Kenntnissen des Internet, seiner Ressourcen und seiner Dienste vor allem einer gewisse Professionalität bei der Informationsauswahl und der Informationsbewertung, um die gewonnenen Daten richtig einordnen zu können.

Literatur

Franke, T: Gezielt suchen im Internet, Düsseldorf 1995.

Gilster, P.: Suchen und Finden im Internet, München 1995.

Hase, H.: Als Anhalter durchs Internet: Mit dem PC auf Inforeise, Hannover, 1995.

Hüttner, M.: Grundzüge der Marktforschung, 5. Aufl., München 1997.

Jaros-Sturhahn, A.; Löffler, P.: Das Internet als Werkzeug zur Deckung des betrieblichen Informationsbedarfs, *in:* IM Information-Management, 10. Jg., Heft 1, 1995, S. 6-13.

Kaiser, A.: Möglichkeiten der Integration von Internet in die betriebliche Informationswirtschaft, *in:* Journal für Betriebswirtschaft, 45. Jg., Heft 2, 1995, S. 95-104.

Klau, P.; Klau, M.: Das Internet-Adreßbuch, Bonn 1995,

Lescher, J.F.: Online Marketing Research, 1995.

Metha, R.; Sivadas, E.: Comparing response rates and response content in mail versus electronic mail, *in:* Journal of the Market Research Society, 37,1995, pp. 429-439.

Naether, F.-T.: Goldene Zeiten für Marktforschung: Marktforschung im Cyberspace, *in:* Absatzwirtschaft, o. Jg., Heft 12, 1995, S. 62-66.

Naether, F.-T.: Marktforschung im Cyberspace: Chancen und Grenzen, *in:* Planung und Analyse, H. 2, 1996, S. 28-33.

Oppermann, M.: E-Mail Surveys– Potentials and Pitfalls, in: Marketing Research, No. 3, 1995, pp. 29-33.

Paustian, G.: Using Gopher, QUE, 1995.

Pfaffenberger, B.: The USENET Book, Bonn 1995.

Ramm, F.: Das World Wide Web, Recherchieren und Publizieren im WWW, 2., neubearb. und erw. Aufl.,Wiesbaden 1996.

Schmitz, M.: Information-Broking und -Retrieval, München 1996.

Schuldt, B.A.; Totten, J.W.: Electronic Mail Vs. Mail Survey Response Rates, *in:* Marketing Research, Vol. 6, 1994, No. 1, S. 36-39.

United Nations (Hrsg.): The Internet: An Introductory Guide for United Nations Organizations, Genf 1994.

5 Unternehmenskommunikation und Internet

Der Begriff „Kommunikation“ wird häufig als „Austausch von Informationen zwischen Sendern und Empfängern“ definiert. Dabei kann Kommunikation in diesem Kontext nicht nur zwischen Menschen, sondern auch zwischen Mensch und Maschine sowie zwischen Maschinen auftreten. So können Computer – mit Hilfe kleiner Programme, sogenannter „Scripts“ – automatisiert im Internet Informationen beschaffen, also kommunizieren.

Unterscheidung in interne und externe Kommunikation

Bei der Unternehmenskommunikation können nach dem Empfänger einer Nachricht zwei Arten, die „interne“ und die „externe“ Kommunikation, unterschieden werden. Unter „interner Kommunikation“ wird hier der Informationsaustausch zwischen den Mitgliedern einer Organisation, unabhängig von ihrer räumlichen Anordnung, verstanden. „Externe Kommunikation“ umfaßt den Empfang von externen Nachrichten bzw. die Übermittlung von Information aus dem Unternehmen an Außenstehende. Beide Möglichkeiten sollen hier dargestellt werden. Bevor dies jedoch geschieht, möchte ich die wichtigsten Dienste und Möglichkeiten der Kommunikation im Internet vorstellen.

5.1 Kommunikationsorientierte Dienste

Grundsätzlich Eignung aller Dienste zur Kommunikation

Grundsätzlich findet bei allen Internet-Diensten Kommunikation im Sinne des Informationsaustauschs statt. Daher lassen sich theoretisch alle Dienste auf die eine oder andere Weise zur Kommunikation nutzen. An dieser Stelle sollen jedoch nur die speziell für die Kommunikation entwickelten Dienste näher erläutert werden, sofern sie nicht schon im vorangegangenen Kapitel 4 ihren Platz hatten.

Die speziell für Kommunikationszwecke geeigneten Dienste umfassen vor allem die folgenden:

- E-Mail und Mailinglists,
- WWW und News,
- Talk und IRC (Internet Relay Chat),
- Internet-Videokonferenz und Internet-Telefon.

Neuere Entwicklungen

E-Mail, News, Talk und IRC sind die Kommunikationsdienste schlechthin, in einigen Betrieben werden aber mittlerweile auch WWW-Server z.B. für die Kommunikation via Formular oder Pinnwand verwendet. Daneben wurde Software für Internet-Videokonferenzen und Internet-Telefonie entwickelt, die hier ebenfalls kurz vorgestellt werden soll. Angesprochen werden muß auch die für manche Firmen interessante Möglichkeit, von Providern bereitgestellte virtuelle private Netzwerke (VPN) auf Basis des TCP/IP zu nutzen.

Online- versus Offline-Kommunikation

Nach der zeitlichen Parallelität bzw. dem Synchronismus der Kommunikation kann zwischen „Online-" und „Offline-Kommunikation" unterschieden werden. Unter Online-Kommunikation sollen hier nur die Dienste oder Kommunikationsmöglichkeiten gefaßt werden, die „synchron", also zeitgleiche, sogenannte „Echtzeitkommunikation" ermöglichen. E-Mail und News als „asynchrone" Kommunikationsmedien erlauben nur die zeitversetzte, eben Offline-Kommunikation zwischen zwei oder mehreren Personen.

Realtime Technologie?

Technisch gesehen findet auch bei den hier als Online-Kommunikation bezeichneten Diensten keine wirkliche Echtzeitkommunikation statt. Die zeitlichen Verzögerungen sind jedoch so gering, daß sie nicht mehr auffallen.

Zeichenorientierte Kommunikation

Bei den Diensten „Talk" und „Chat" bzw. „IRC" (Internet Relay Chat) handelt es sich um zeichenorientierte Kommunikation. Die Teilnehmer können die eingetippten Mitteilungen lesen und sofort „online" beantworten. Auch Videokonferenzen und Internet-Telefon sind der Online-Kommunikation zuzuordnen. Sie stellen jedoch sprach bzw. bildorientierte Kommunikation dar, auch wenn einige Programme „Whiteboarding", also das Austauschen und die gemeinsame Online-Bearbeitung von Dokumenten ermöglichen. Tabelle 5.1 zeigt die Kommunikationsdienste des Internet auf, die nachfolgend erläutert werden sollen.

Tab. 5.1: Kommunikationsdienste

		zeitlich		
		synchron		*asynchron*
Anzahl Personen	*bilateral*	Internet-Telefonie	Talk	E-Mail
	multilat.	Video-konferenz	IRC	News

Quelle: Erweitert in Anlehnung an Wetzstein, 1995.

5.1.1 E-Mail und Mailinglisten

Ziel der Entwicklung von E-Mail („elektronische Post") war es, Nachrichten schnell und kostengünstig in Computernetzen zu befördern. Es gibt rund um den Globus über 30 Netze anderer Protokolle, zu denen „E-Mail-Gateways" aus dem Internet bestehen. E-Mail ist der am weitesten verbreitete Dienst des Internet.

Die E-Mail-Adresse

Um weltweit automatisiert Post zustellen zu können, muß jeder Nutzer eine weltweit einmalige „E-Mail-Adresse" besitzen. Diese „Anschrift" wird in die Kopfzeile einer E-Mail eingetragen und dient den befördernden Computern als Wegweiser. Sie besteht aus zwei Teilen, dem Namen des Empfängers und, getrennt durch das „At"-Zeichen „@", der Adresse des empfangenden Computers, bei dem der Empfänger sein „E-Mail-Account", also sein Postfach, hat. Dabei kann der Name auch ein Synonym, ein Kürzel oder ähnliches sein. Ein Beispiel für eine E-Mail-Adresse ist: `lampe@uni-bremen.de`.

Mail-Server

Die E-Mail-Adresse eines Nutzers funktioniert dabei ähnlich einem Briefkasten oder einem Postfach. Dieser Briefkasten existiert in Dateiform auf einem Computer, der „Mail-Server" genannt wird. Vom PC zu Hause oder von einem PC oder Terminal irgendwo auf der Welt kann man unter Verwendung eines Paßwortes auf die eingegangenen Nachrichten zugreifen, sie lesen, speichern, drucken oder löschen und natürlich selbst Post versenden.

Abb. 5.1: Funktionsprinzip von E-Mail

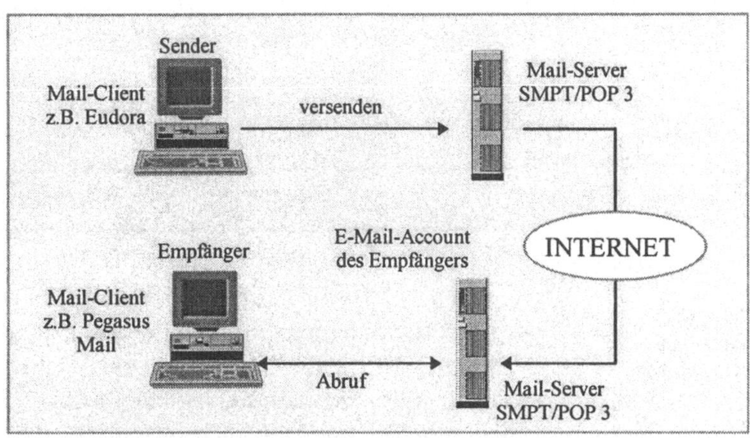

Vorteile von E-Mail

Die Vorteile von E-Mail gegenüber der Briefpost liegen in der Geschwindigkeit, in der bequemen Versendung bzw. Zustellung vom Schreibtisch aus und im Preis. Eine E-Mail kann sowohl online wie auch offline geschrieben und dann später versendet werden. Sie kann zu jeder Tages- und Nachtzeit aufgegeben und empfangen werden. Abbildung 5.1 gibt einen Einblick in die Funktionsweise von E-Mail.

Geschwindigkeit

Eine versandte Nachricht landet meist nach wenigen Sekunden oder Minuten im elektronischen Briefkasten des Empfängers, egal, wo sich dieser auf der Welt befindet. Es kann jedoch auch einige Stunden dauern, speziell wenn der Mail-Server des Providers oder ein anderer Server auf dem Weg zum Ziel die empfangene Mail nicht sofort weiterleitet, sondern z.B. nur alle paar Stunden in Aktion tritt. Ist der PC des Empfängers in Betrieb und der dort befindliche Mail-Client so konfiguriert, daß er in regelmäßigen Abständen beim seinem Mail-Server nach eingegangener E-Mail fragt, erhält der Empfänger beim Eintreffen der Mail auf seinem System eine entsprechende Nachricht. Abbildung 5.2 zeigt den Mail-Client Eudora.

Abb. 5.2: E-Mail-Programm Eudora

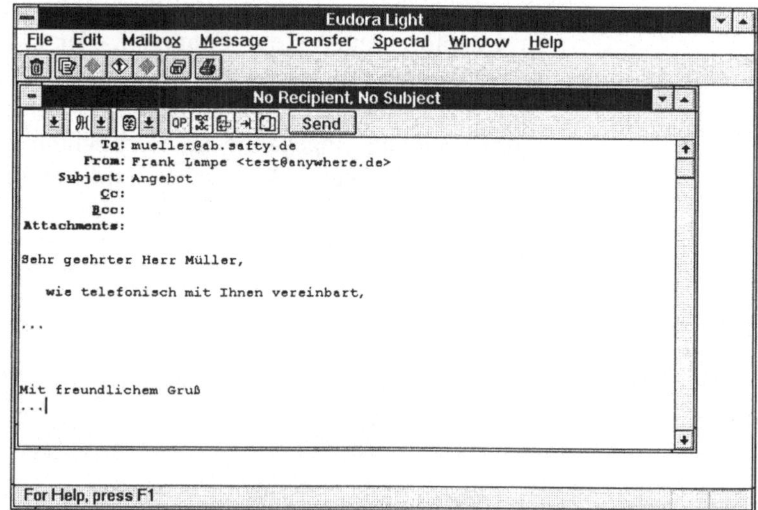

Vorteile von E-Mail bei der Kommunikation

Der Aufwand für die Erstellung und den Versand einer E-Mail ist geringer als für einen Brief. Intensiver Gedankenaustausch über bestimmte Probleme verursacht bei Verwendung von E-Mail deutlich geringere Kosten als die normale Briefpost. Der Vergleich zum Telefon lohnt sich besonders, wenn es sich um Ferngespräche handelt. Hier kann E-Mail die größten Einsparungspotentiale eröffnen. Auch Telefonnotizen oder die Eingabe von per Fax übermittelten Daten in den Computer entfallen. Graphiken und ähnliches werden der Mail in Dateiform als Anhang beigefügt – müssen dafür jedoch in digitaler Form vorliegen. Da heutzutage ohnehin der größte Teil der anfallenden Korrespondenz mit Textverarbeitungssystemen erstellt wird, ergeben sich hier wenig Probleme.

Geringe Kosten

An Kosten fallen bei privater E-Mail-Nutzung meist nur die Telefongebühren zum Einwählpunkt an. Je nachdem, was für einen Zugang man hat, können vom Anbieter des Zugangs auch weitere Gebühren (z.B. volumenorientiert, d.h. abhängig von der versandten Datenmenge) erhoben werden (siehe dazu auch Kapitel 7). Wenn ein Firmennetz ohnehin an das Internet angeschlossen ist, entstehen für E-Mail keine zusätzlichen Kosten. Tabelle 5.2 stellt die vier Kommunikationsmedien E-Mail, Telefon, Fax und Briefpost einander gegenüber und bewertet ihre Vor- und Nachteile anhand einiger Kriterien.

Tab. 5.2: Vergleich der Kommunikationsmedien

Kriterium	*E-Mail*	*Telefon*	*Fax*	*Briefpost*
Kosten	gering	mittel	mittel	hoch
Geschwindigkeit	mittel	hoch	hoch	niedrig
Sicherheit gegen „Abhören“	gering	mittel	mittel	hoch
Synchronismus	nein	ja	nein	nein
Formalität der Kommunikation	mittel	eher gering	abhängig von Partnern	abhängig von Partnern
Zuverlässigkeit des Erreichens	mittel	gering	mittel bis hoch	hoch
Konferenzmöglichkeit	nur asynchron	kleine Gruppe	nein	nein
Medialität	hoch	gering	mittel	mittel

Quelle: Erweitert in Anlehnung an Krol 1994.

Bewertung von E-Mail

Wichtige Vergleichskriterien sind die Geschwindigkeit, die Sicherheit und die Zuverlässigkeit des Kommunikationsmediums. Aus Tabelle 5.2 wird deutlich, daß E-Mail im Vergleich mit den herkömmlichen Medien hier nur durchschnittlich abschneidet. Die Geschwindigkeit ist geringer als beim Telefon und auch die Sicherheit ist, sofern man kein Verschlüsselungsprogramm wie z.B. PGP (Pretty Good Privacy) benutzt, eher gering einzustufen. Nachrichten können auf dem Weg vom Sender zum Empfänger oft an mehreren Stellen im Netz abgefangen bzw. kopiert werden. Auch um die Zuverlässigkeit steht es nicht besonders gut. Zum einen kann E-Mail unterwegs verloren gehen, etwa wenn Datenpuffer überlaufen, zum andern weiß man nicht, wann bzw. ob der Empfänger seine Mail ließt. Einzig die verhältnismäßig niedrigen Kosten und die Medialität, also die Anzahl der zur Informationsübermittlung nutzbaren Medien, zeichnen E-Mail aus.

Funktion von Mail-Clients

Ein Mail-Client verfügt in der Regel über verschiedene Ordner, in die er bzw. der Nutzer die E-Mails ablegen kann. In Abbildung 5.3 sieht man die drei standardmäßig vorhandenen Ordner (Folder) des im Netscape Navigator enthaltenen Mail-Programms („Inbox" für eingegangene, „Sent" für versendete und „Trash" für zu löschende Mails). Bei Bedarf können entsprechend weitere „Folder" angelegt werden.

Abb. 5.3: Empfangene Mail im Netscape Navigator

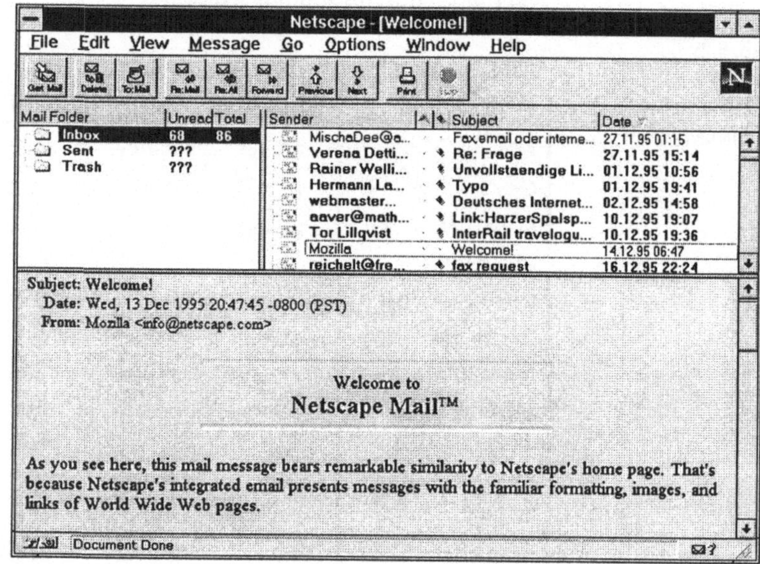

Mail-Automation und Filter

Komfortabler und mit umfangreicheren Funktionen ausgestattet sind die reinen E-Mail-Clients, wie z.B. Eudora oder Pegasus Mail. Sie verfügen u.a. über Filter, die automatisch die Sortierung der eingehenden Mail in bestehende Ordner, das selbständige Versenden standardisierter Antworten oder die automatische Weiterleitung von Nachrichten übernehmen können. Nachstehend einige E-Mail-Client samt Bezugsadressen:

- AK-Mail, `http://www.akamilcom/akm3d.html`
- Eudora Professionell, `http://www.eiudora.de/`

- Outlook Express, `http://www.micosoft.com/`
- Pegasus Mail, `http://www.pegasus.usa.com/`
- Post Me, `http://www.pop-siegen.de/public/ postme/`

E-Mail-Header

Bezüglich des Versendens von E-Mail ähneln sich die Clients, da der Aufbau einer Mail aus technischen Gründen bzw. protokollbedingt bei allen E-Mails gleich ist. Der E-Mail vorangestellt ist der „Header". In die Kopfzeile „Mail to:" wird die E-Mail-Adresse des Empfängers eingetragen; es folgt ein „Cc:", (Carbon Copy, englisch für Durchschlag). Hier können weitere Empfänger eingetragen werden, die dann automatisch eine Kopie der Mail erhalten. „Subject:" entspricht der Betreffzeile, ermöglicht also die Angabe von Hinweisen, worum es in der Mail geht. „Attachment" nennt sich die Funktion, mit der es möglich wird, jegliche Art von Dateien z.B. WinWord- Dokumente als Anhang zu versenden. Darunter beginnt der Textteil der Nachricht, der individuell gestaltet werden kann (vgl. Abbildung 5.4).

Abb. 5.4: Mail mit dem Netscape Navigator versenden

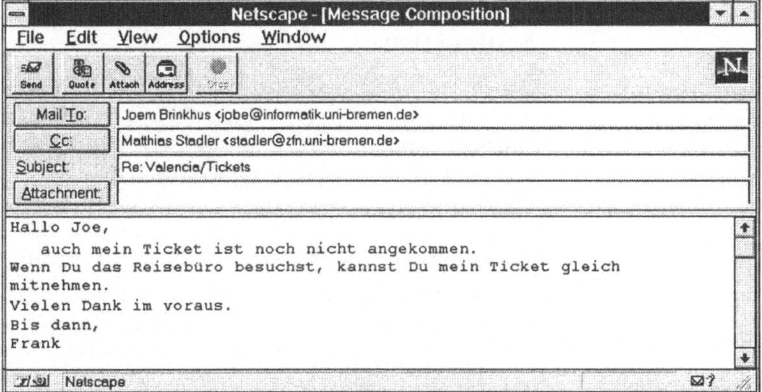

Mailroboter

Verschiedene Netzdienste können über sog. „Mailroboter" genutzt werden. So kann man etwa eine per E-Mail formulierte Datenbankabfrage an ein Mailroboterprogramm schicken und bekommt etwas später die Antwort ebenfalls per E-Mail in seinen elektronischen Briefkasten zugestellt. Über diesen „Umweg" lassen sich z.B. Archie, WAIS, Gopher und andere Dienste nutzen. Dieses System erlaubt auch Nutzern anderer Netze, Ressourcen des Internet per E-Mail zu verwenden. Abbildung 5.5 faßt die Möglichkeiten, die E-Mail bietet, zusammen.

Abb.: 5.5: E-Mail-Funktionen

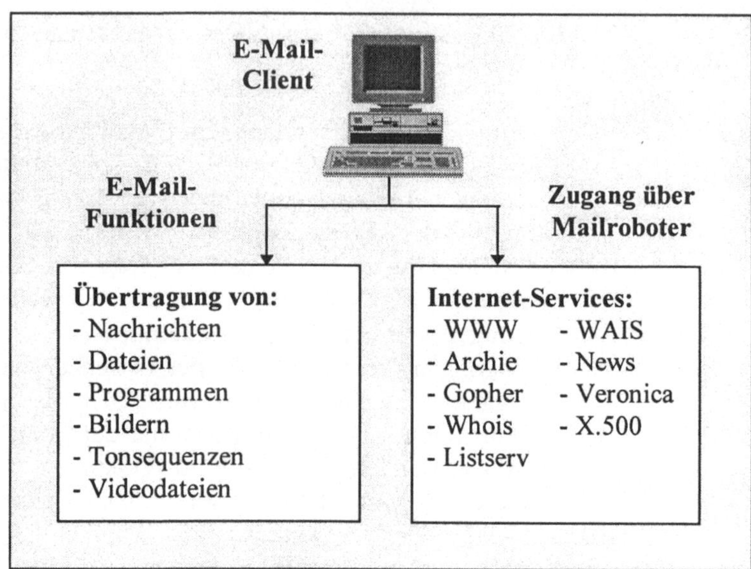

Mailing lists

Mail an viele Personen gleichzeitig versenden

Um E-Mail regelmäßig an eine größere Anzahl Personen zu versenden und nicht jedesmal Hunderte von Adressen eingeben zu müssen, entstanden Mailinglisten. Diese Mailinglisten werden oft zu Diskussionen genutzt, daher werden sie auch „Discussion lists" genannt.

Praktisch jeder kann eine Mailingliste eröffnen, in die sich jeder, der an der Diskussion teilnehmen will und die Diskussionsbeiträge in Form von E-Mail erhalten möchte, eintragen kann. Dieses Eintragen bezeichnet man auch als „abonnieren". Will ein Teilnehmer einen Diskussionsbeitrag an alle anderen Teilnehmer senden, schickt er seine E-Mail nur einmal an die Adresse der Mailingliste; das Programm übernimmt die Versendung an alle eingetragenen Teilnehmer. Ein verbreitetes Programm, das diese Funktion übernimmt, ist das im BITNET entstandene „Listserv". Andere Programme dieser Art sind „Mailserv", „Majordomo" oder „Almanac".

Bedeutung der Diskussionslisten

Bedeutung für die kommerzielle Nutzung des Internet erlangen die Diskussionslisten durch die Tatsache, daß sie in der Regel von Menschen gelesen werden, die an den speziellen Themen interessiert sind. Sie eignen sich daher, z.B. im Rahmen der Informationsbeschaffung, für Fragen von Spezialisten an Spezialisten. An einer Liste über Hochenergie-Physik nehmen z.B. etwa

2.000 Wissenschaftler weltweit teil. Sie veröffentlichen hier Ideen und Gedanken oder auch kleine Abstracts von Aufsätzen vor deren Veröffentlichung in anderen Medien. Es gibt über 100 Diskussionsgruppen allein für Bibliothekare und professionelle „Informationsbeschaffer". Unter den „Listen" sind auch spezielle Gruppen, in denen Problemfragen plaziert werden können. Meist finden sich in kurzer Zeit Menschen, die die Fragen beantworten können, ohne daß man es mit einer großen und anonymen Öffentlichkeit wie in den „News" zu tun hat. Eine Liste von frei zugänglichen Mailing-Lists finden Sie im WWW unter: `http://www.neosoft.com/internet/paml`.

Moderierte und unmoderierte Listen

Man kann moderierte und unmoderierte „Listen" unterscheiden. Bei moderierten Listen gehen die Nachrichten zunächst an einen Moderator, meist der Begründer einer Diskussionsliste. Der Moderator kann bestimmte (z.B. unpassende oder unhöfliche) Beiträge aussortieren, ähnlich der redaktionellen Behandlung von Leserbriefen in einer Tageszeitung. Im letzteren Fall werden alle Nachrichten automatisch – und damit unzensiert – an alle Teilnehmer weitergeleitet.

5.1.2 Talk und Internet Relay Chat (IRC)

Vier-Augen-Gespräche mit Talk

Das Programm Talk ermöglicht Vier-Augen-Gespräche via Rechner, ähnlich einem getippten Telefongespräch. Einfache Kommandos ermöglichen den Aufbau einer Verbindung zwischen zwei Personen, die beide gerade online – sprich an einem (UNIX-) Rechner angemeldet – sind. Talk teilt dann den Bildschirm beider Teilnehmer in eine obere und eine untere Hälfte und ordnet jeder Person eine Hälfte zu.

„CB-Funk" mit IRC

IRC ermöglicht schriftliche „Gruppengespräche" ähnlich einer Telefonkonferenz mit mehreren Teilnehmern. Beim Internet Relay Chat handelt es sich um ein System, das Online-Kommunikation mit vielen Teilnehmern erlaubt, indem es eine Vielzahl von Kanälen einrichtet, auf denen jeweils Gruppen von Teilnehmern miteinander „sprechen". Es gibt Gruppen die sich über bestimmte Themen auslassen, häufig wird jedoch über „Gott und die Welt" gesprochen. Am Tag kommen so im Internet mehrere tausend Verbindungen zustande. Es kann beliebig viele IRC-Kanäle und eine beliebige Anzahl von Personen pro Kanal oder besser pro Gesprächsthema geben. Dieser Dienst wird daher gern mit dem CB-Funk verglichen.

Chat-rooms

Eine Reihe von kommerziellen Web-Sites, wie z.B. die von einigen Zeitschriften (u.a. Focus, Spiegel), bieten die sogenannten

Chaträume als Zusatznutzen für die Besucher Homepage an. Viele Besucher kommen nur wegen des Chats auf die Web-Site. Abbildung 5.6 stellt einen solchen Chat-room vor.

Abb. 5.6: Chat-room

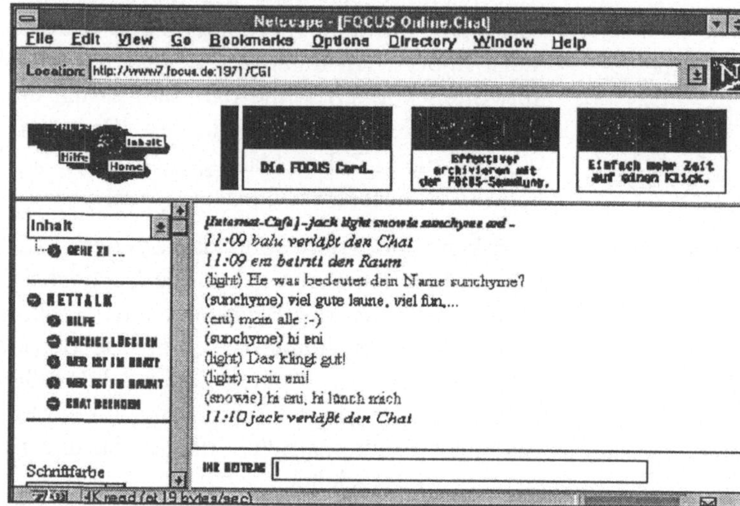

5.1.3 Videokonferenzen und Telefonieren im Internet

„CU-seeMe", das Bildtelefon

Zu den interessantesten und sicherlich faszinierendsten Entwicklungen im Bereich der Online-Kommunikation auf dem Internet gehören die Programme, die Videokonferenzen oder Telefonieren im Netz ermöglichen. Zu den ersten dieser Programme zählen z.B. „CU-seeMe" der Cornell University und „Iphone" der Firma Vocaltec[1] sowie „DigiPhone".

„CU-seeMe" ermöglicht die Übertragung von „Bewegtbild" und „Ton" in Echtzeit, d.h. Bildschirmtelefon oder Videokonferenz via Internet. Die Teilnehmer müssen eine Videokamera, ein Headset (Kopfhörer + Mikrofoneinheit) bzw. Lautsprecher und Mikrofon sowie eine Soundkarte oder eine spezielle Schnittstellenkarte besitzen. Die „normalen" Modem-Übertragungsgeschwindigkeiten sind noch etwas langsam. Die für fließende Bilder notwendige Rate von 24 Frames/sec. wird mit 28.8er Modems nicht erreicht, so daß häufig der Eindruck einzelner Standbilder, die weitergeschaltet werden, entsteht. Verfügt man über schnellere Anschlüsse, erhält man fließende Bilder. Das

[1] http://www.vocaltec.com/

Programm „CU-seeMe" ist über `ftp://gated. cornell.edu/pub/video` erhältlich.

Iphone: Telefonieren im Netz

„Iphone" ermöglicht die „Echtzeit-Sprachübertragung" im Netz. Derzeit funktioniert dieses System jedoch nur, wenn der andere Partner ebenfalls gerade „online" ist und dasselbe Programm bzw. System benutzt. Ein spontaner Anruf ohne vorherige Absprache ist somit nicht möglich. Besonders die unterschiedlichen, nicht kompatiblen Softwaresysteme blockieren den verstärkten Einsatz dieser Technologien. In den USA gibt es Bestrebungen, einen einheitlichen Internet-Telefon-Standard zu etablieren, was einen großen Entwicklungsschub für diese Technologie bedeuten würde. Telefonsoftware ist an verschiedenen Stellen im Netz sowohl kostenpflichtig als auch kostenlos bzw. als Shareware (gegen einen geringen Betrag) erhältlich. Die folgende Tabelle 5.3 stellt 10 Angebote vor.

Tab. 5.3: Internet-Telefon-Software (Auswahl)

Produkt	*Bezugsadresse (http://...)*	*Preis*
Cyberphone	www.voxware.com/	39,00
Digiphone	www.planeteers.com/	59,95
Freetel	www.freetel.inter.net/	sharew.
Internet Global Phone	www.winsite.com/pc/win3/	sharew.
Internet Phone	www.intel.com/iawb/	/
Iphone	www.vocaltec.com/	49,95
NetPhone	www.emagic.com/	59,00
Speak Freely	www.fourmilabd.ch/netfone/	sharew.
WebPhone	www.netspeak.com/	49,95
WebTalk (2er Liznez)	www.quarterdeck.com/	79,95

Probleme der neuen Techniken

Beide Technologien, Videokonferenz und Telefonie, stellen, wie alle „Echtzeittechnologien", für das Netz als Ganzes eine starke Belastung dar. Da die erzeugten Datenströme kontinuierlich in das Netz eingespeist werden, können Datenpuffer eines Routers (vgl. 7.3.3) auf dem Weg vom Sender zum Empfänger durch diese Anwendungen zum Überlaufen gebracht werden. Eigene und/oder fremde Datenpakete können somit verloren gehen.

Zukunft der Internet-Telefonie

In Zukunft könnte sich bezüglich Internet-Telefonie einiges ändern. Walbrecht (1997) berichtet von einem US-amerikanischen Projekt namens „Free World Dialup Global Server Network", welches es ermöglichen soll, aus dem Internet heraus normale Telefonanschlüsse anzurufen. Man baut z.B. eine Ortsverbindung zu seinem lokalen Internet-Provider auf, nutzt ein Internet-Telefon auf seinem PC bis nach Los Angeles und wechselt dort in das lokale Telefonnetz, um dort das Telefon klingeln zu lassen.

5.2 Die Interne Kommunikation

Firmeninterner Informationsaustausch

Das Internet bzw. einige Dienste des Internet lassen sich leicht in die firmeninterne Kommunikation integrieren. Dabei kann die Kommunikation hausintern, regional, national oder international stattfinden. Die in Unternehmen vorhandenen LANs, die in physischer Form z.B. als Ethernet (eine bestimmte Netzwerktechnologie) vorliegen, können an das Internet angebunden werden. Werden in den Unternehmen auf vorhandenen oder neu zu schaffenden Computernetzen hausintern, also ohne Verbindung zum Internet, die Internet Protokolle (TCP/IP + z.B. SMPT) zur Kommunikation verwendet, spricht man vom bereits in Kapitel 2 erwähnten Intranet.

5.2.1 Anwendungen

Überregionaler Einsatz, mit regionalen Einschränkungen

Unternehmen mit Niederlassungen an verschiedenen Standorten innerhalb eines Landes oder in verschiedenen Staaten auf verschiedenen Kontinenten können das Internet zum Informations- und Datenaustausch nutzen. Einschränkungen bezüglich der Möglichkeiten und der Leistungsfähigkeit ergeben sich jedoch in Ländern oder Kontinenten mit mangelnder Telekommunikationsinfrastruktur, wie etwa Afrika.[2]

Einsatz von FTP und Telnet

Grundsätzlich kann auch über Anwendungen wie Telnet oder FTP (Dateiübermittlung) kommuniziert werden. Diese Dienste lassen sich im Rahmen der Unternehmenskommunikation jedoch nur recht umständlich nutzen. So können Nachrichten z.B. auf einem FTP-Server abgelegt werden, und der Empfänger wird veranlaßt, sich die entsprechenden Dateien abzuholen. Dieses Verfahren eignet sich besonders für größere „unhandlichere" Dateien wie z.B. Datenbestände in Archiven, deren graphische Aufbereitung als HTTP-Dokument für einen WWW-Server sich

2 Zur Internet-Anbindung einzelner Regionen siehe auch Abschnitt 3.2. In einem Großprojekt planen US-amerikanische Telefongesellschaften z.Z. ein leistungsstarkes Telefonkabel rund um Afrika zu verlegen, um auf diese Weise eine entsprechende Telekommunikationsinfrastruktur zu entwickeln und im jungen Markt präsent zu sein.

nicht lohnt. Es handelt sich dabei auch häufig um Dateien, die von anderen Programmen genutzt oder bearbeitet werden. Auch komplette Software wird so übertragen.

Videokonferenzen

Die gegenwärtig wichtigsten Dienste für die betriebliche Internet-Kommunikation sind jedoch E-Mail, WWW und News. Daneben lassen sich die in Abschnitt 5.1. angesprochenen Online-Kommunikationsmöglichkeiten IRC und Talk für Computerkonferenzen einsetzen. Mit Programmen, wie dem vorgestellten CU-SeeMe, werden zukünftig auch bildunterstützte Konferenzen möglich. Das Internet stellt dann eine Konkurrenz zu den herkömmlichen auf angemieteten Leitungen dar. Wie verschiedene Studien zeigen, scheinen in deutschen Unternehmen Videokonferenzen bislang nicht sehr verbreitet zu sein. Ein Umstand, der sich durch das Internet sicher verändern wird.

Einsatzbeispiele
Wichtige Dienste

Videokonferenzen

Per E-Mail kann heute alles, was digitalisierbar ist, schnell, kostengünstig und parallel versandt werden. Es kann die normale Hauspost oder auch das gesamte Berichtswesen über diesen Dienst abgewickelt werden. Der Einsatz kann z.B. im Beteiligungscontrolling, bei der Steuerung der Außendienstmitarbeiter, bei der Steuerung nationaler oder internationaler Niederlassungen und Tochtergesellschaften sowie bei der Steuerung und Koordination verschiedener Produktionsstandorte erfolgen. Gerade im internationalen Einsatz kann hier Zeit und Geld gespart werden. „Telefonrückstaus" bei nicht erreichten Teilnehmern sowie Sprach- und Zeitzonenprobleme entfallen.

Kostensenkungspotentiale

Verschiedene Autoren haben versucht, die Kostensenkungspotentiale in diesem Bereich zu quantifizieren. Besonders wichtig ist dabei die Tatsache, daß man beim Telefonieren den Gesprächspartner häufig nicht sofort erreicht, sondern erst beim zweiten oder dritten Mal. Hier spart E-Mail bis zu drei Viertel der Zeit für ein Telefonat. Wichtig ist auch der andere Ansatz bei der Gebührenberechnung. Während Fax und Telefon je nach Zeitdauer und Entfernung Gebühren verschlingen, entstehen beim Versand von E-Mails – bei vorhandenem Internet-Anschluß – keine bzw. nur sehr geringe Kosten. Auch der Angerufene spart Zeit. Er muß seine Tätigkeit nicht unterbrechen und wird nicht aus seinem Arbeitsrhythmus gebracht.

Nachteile von E-Mail

Verschwiegen werden darf allerdings nicht, daß sich, anders als im Telefongespräch, per E-Mail Rückfragen eben nicht sofort im Gespräch klären lassen, sondern der Versendung einer weiteren E-Mail bedürfen. Da E-Mails jedoch in Sekunden um die Welt gehen, kann die Beantwortung von Rückfragen ebenfalls mit hoher Geschwindigkeit erfolgen – sofern der Gesprächspartner seine E-Mail sofort liest und beantwortet. Eine entsprechende interne Regelung muß daher sicherstellen, daß eingehende Mails entweder automatisch regelmäßig angezeigt werden, oder das die Mitarbeiter die Verpflichtung haben, in regelmäßigen Abständen ihre „Briefkästen“ zu überprüfen und E-Mails sofort zu beantworten. Eine solche Regelung kann z.B. die Verpflichtung beinhalten, jede E-Mail innerhalb von 24 Stunden zu beantworten.

Kritik an E-Mail und Daten-Gau

Einer Studie der Electronic Messaging Association (EMA) zufolge, sollen im Jahr 2000 rund 108 Mio. Menschen auf der Welt einen E-Mail-Anschluß besitzen. Gleichzeitig steigt die Anzahl der pro Person versendeten E-Mails deutlich an. In den USA wird vereinzelt schon von einer E-Mail-Explosion gesprochen. Bis zu 180 eingehende E-Mails am Tag erfordern einiges an Zeit zum Sortieren, Lesen und Beantworten. Die Firma Novell ermittelte in einer Befragung von E-Mail-Nutzern in Unternehmen in Großbritannien, daß ca. 6% der Befragten mehr als eine Stunde täglich für die Beantwortung ihrer E-Mail aufwenden. In einer Gallup-Umfrage[3] unter 1000 US-Managern fühlten sich rund 71% von ihrer Mail überfordert. Demnach kann die Tatsache, daß E-Mail sehr einfach und günstig zu versenden ist, zu einer deutlich erhöhten Zahl von Nachrichten führen. Ob die Menge an Informationsinput dabei in gleichem Umfang steigt, kann bezweifelt werden. Letztlich kann diese Entwicklung, wenn sie nicht durch entsprechende innerbetriebliche Regeln und Vereinbarungen gebremst wird, zu einer sinkenden Kommunikationseffizienz führen.

Beispiel Außendienststeuerung

Verschiedene Firmen ermöglichen schon heute ihren Außendienstmitarbeitern, Aufträge und Anfragen elektronisch über Modem an die Zentrale zu senden, so z.B. die Firma Würth in Künzelsau. Die Firma Würth vertreibt u.a. Werkstatt- und Montagebedarf. Eine größere Anzahl von Außendienstmitarbeitern besucht dazu regelmäßig die Kunden. Wieder zu Hause, geben die Mitarbeiter die tagsüber gesammelten Aufträge in den von der Firma bereitgestellten PC ein und wählen sich dann per Modem in den Firmenrechner in Künzelsau. Dieser nimmt die Aufträge entgegen und bearbeitet sie weiter. Die Aufträge kommen so in kürzester Zeit zur Auslieferung. Diese Vorgänge können leicht auch über das Internet, d.h. sowohl per E-Mail als auch per WWW-Server abgewickelt werden.

[3] `http://www.gallup.com/`

Interner WWW-Einsatz

Präsentationen

Das WWW bietet im internen Einsatz besondere Möglichkeiten der Gestaltung und Animation, die z.B. automatisierte Präsentationen inklusive aufgezeichneter Ansprachen in Ton und Bild beinhalten können. Zahlenmäßige Entwicklungen können als animierte Diagramme z.B. mittels kleiner Java Appletts (kleine Programme vgl. 6.1) erstellt werden. So können Mitarbeiter rund um den Globus, unabhängig von Zeitzonen, entweder eine identische oder eine auf ihre jeweiligen Besonderheiten zugeschnittene Präsentation abrufen. Rückfragen können per E-Mail versendet werden.

Mitarbeiterzeitung

Mitarbeiterzeitungen können deutlich aufgewertet werden. Interviews live und in Farbe lockern die Textbeiträge auf und unterstützen das interne Marketing. Beispiele hierfür finden sich u.a. bei Hewlett-Packard und Asea Brown Boveri, die ihren Mitarbeitern auf hausinternen Servern Mitteilungen und die Mitarbeiterzeitung präsentieren. Das ausgiebige Lesen solcher internen Angebote während der Arbeitszeit, dürfte sich jedoch nachteilig auf die Produktivität auswirken.

Interner Datenbankzugang

Ein weiteres Aufgabenfeld des internen WWW-Servers ist die Bereitstellung einer universellen Schnittstelle bzw. eines Datenbankzugangs für die Mitarbeiter. Über das Intranet bzw. interne WWW-Server können alle im Betrieb vorhandenen Datenbanken mit einer einheitlichen, leicht verständlichen Benutzeroberfläche versehen und zugänglich gemacht werden. Besonders in großen Betrieben müssen Daten dann nicht mehr umständlich bei verschiedenen Stellen angefordert werden.

Informationstransparenz durch Kommunikation

Durch die einfache interne Kommunikation und die Zugriffsmöglichkeit auf fast alle betrieblichen Informationen, bieten sich Chancen für ein verbessertes Informationsmanagement und eine erhöhte Informationstransparenz. Wichtig ist jedoch, daß die Informationen in elektronischer Form vorliegen müssen.

Voraussetzungen

Die Schaffung von Informationstransparenz hängt jedoch entscheidend davon ab, welche Direktiven hinsichtlich der Bereitstellung und Nutzung der Informationen im Unternehmen von der Geschäftsleitung vorgegeben werden. Die entscheidenden Fragen sind hierbei: Wer muß, kann oder darf wann welche Informationen intern „veröffentlichen“ und wer erhält Zugriffsberechtigungen zu welchen Informationen? Je nachdem, wie diese Fragen beantwortet werden, können bestehende Informationsstrukturen aufgebrochen oder verfestigt werden.

News / Schwarze Bretter

Hausinterne Mitteilungen lassen sich auch in Form von News gezielt und schnell an die Mitarbeiter mit „Computeranschluß" verteilen. Auch die Firmen- oder Mitarbeiterzeitung oder interne Stellenausschreibungen lassen sich, besonders wenn sie eher textorientiert sind, per News realisieren bzw. publizieren. Vielfach ist jedoch ein WWW-Server die bessere und einfachere Alternative. Mittels der sogenannten „Forms" lassen sich auch Schwarze Bretter auf einem WWW-Server „nachbilden".

Organisatorische Informationen

Besonders in großen Organisationen könne Unternehmenshandbücher, Telefon- und Adressenlisten oder Projektbeschreibungen per WWW-Server kostengünstig und tagesaktuell allgemein zugänglich gemacht werden. Die Aktualisierung und Verteilung solcher Daten, wie z.B. hausinterner Telefonbücher ist in der herkömmlichen Weise oft teuer. Zusätzlich läßt die Aktualität dabei oft zu wünschen übrig.

Weiterbildung

Ein besonders in den USA stark auf dem Vormarsch befindlicher Bereich der internen Internet-Nutzung ist die interne Weiterbildung. Das Stichwort hierbei heißt Computer Based Training (CBT). So wird das Internet bzw. das WWW dort von vielen Firmen zur multimedialen Aus- und Weiterbildung sowie Produktschulung genutzt. Die Mitarbeiter müssen ihren Arbeitsplatz nicht mehr verlassen und können selbst entscheiden, wann sie sich mit welchen Inhalten des Aus- oder Weiterbildungsprogramms auseinandersetzen wollen. Selbstverständlich sind auch automatisierte Prüfungen der Lerninhalte möglich.

Auch externe Weiterbildungsinstitutionen, wie das Berufliche Fortbildungszentrum der Bayerischen Arbeitgeberverbände e.V.[4], bieten bereits Online-Kurse an. Vorteile der internen Online-Fortbildung für Betriebe sind u.a. verringerte Kosten der Mitarbeiterfreistellung, Verringerung von Reisekosten und Spesen, Verringerung der Raumkosten sowie keine organisatorischen Ablaufprobleme. Abbildung 5.7 gibt einen Überblick über einige der verschiedene Anwendungsmöglichkeiten bei der internen Kommunikation via Internet.

---

4 http://cornelia bfz.de/

Abb. 5.7: Beispiele für die interne Kommunikation

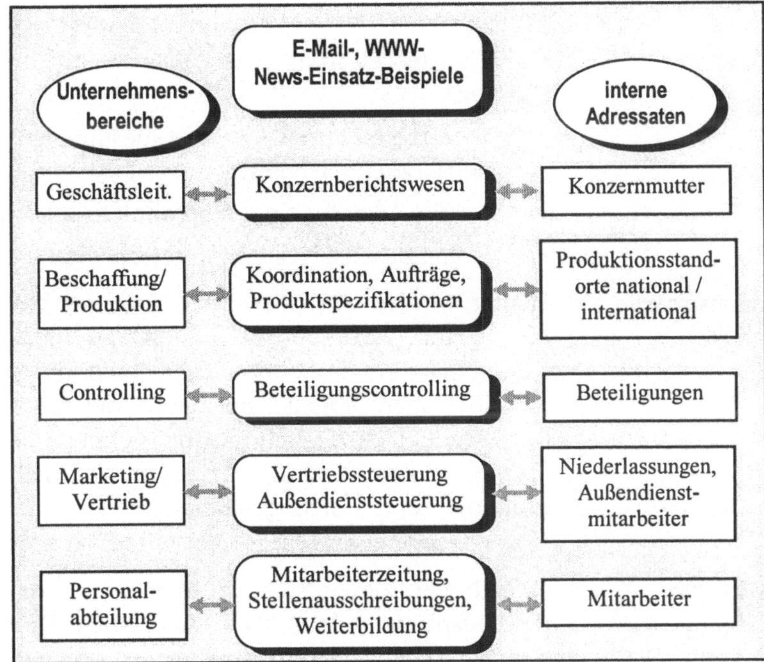

Die Voraussetzung zur Nutzung solcher Möglichkeiten sind jedoch entsprechend vernetzte Computerarbeitsplätze. Herkömmliche Industriearbeitsplätze sind daher nicht direkt durch die elektronische Mitarbeiterzeitung zu erreichen. Eine Lösung können hier z.B. in den Pausenräumen aufgestellte Multimediaterminals sein. Ähnlich den Touristeninformationsterminals auf Flughäfen oder den Besucherinformationsterminals in großen und/oder verstreut liegenden Gebäuden können per Tastatur oder per Touchscreen (berührungsempfindlicher Bildschirm) Informationen (Lagepläne, Ansprechpartner, Wegbeschreibungen etc.) abgefragt werden.

5.2.2 Exkurs: Telearbeit

Telearbeit und virtuelle Unternehmen

Ein mit der internen Unternehmenskommunikation eng verbundener Bereich ist die Kommunikation mit entfernt arbeitenden Mitarbeitern. In den letzten Jahren hat sich hier eine Reihe von Konzepten zur Telearbeit entwickelt. Von Telearbeit spricht man, wenn ein Arbeitnehmer z.B. einen bestimmten Zeitbetrag in der Woche seine Aufgaben bzw. einen Teil davon per Computer zu Hause erledigt.

Arten von Telearbeit

Es werden Telearbeit (vernetzte Arbeit), Telemanagement (vernetzte Führung) und Teleservice (vernetzte Leistung) unterschieden. Nach den Orten, an denen gearbeitet wird, können:

- On-site-Telearbeit (z.B. Leistungsabrechnungen auf Baustellen),
- Telearbeitszentren (z.B. in bestimmten Regionen mit Arbeitskräfteüberschuß),
- mobile Telearbeit per Notebook und Handy sowie
- Home-based Telearbeit unterschieden werden.

Organisation von Telearbeit

Häufig werden ein oder zwei Tage pro Woche im Büro verbracht, um „auf dem Laufenden" zu bleiben und informelle Kommunikation zu ermöglichen (alternierende Telearbeit). Es gibt aber auch Modelle, bei denen die Arbeitnehmer kein Büro bzw. keinen Schreibtisch im Unternehmen mehr haben. Sind alle Mitarbeiter eines Teams oder eines Unternehmens nur noch per Computer und durch gelegentliche Treffen verbunden, spricht man von virtuellen Teams oder virtuellen Unternehmen.

Raumkosten

Telearbeiter können sich, wie Beispiel aus der Praxis zeigen, Büroarbeitsplätze teilen, etwa durch den Einsatz austauschbarer mobiler Untertischcontainer, die es ermöglichen, Arbeitsplätze mehrfach zu belegen. Auch die Zeit in der Büros genutzt werden, läßt sich in bestimmten Fällen ausdehnen, so ist es denkbar, daß Telearbeiter Büroräume im Mehrschichtbetrieb auch nachts nutzen können. Durch Telearbeit lassen sich entsprechend Raumkosten verringern.

Nachholbedarf bei Telearbeit in Deutschland

In Deutschland gibt es bereits erste Modelle der Telearbeit – geschätzte 150.000 Telearbeitsplätze sind bereits realisiert – wenn auch die USA (rund 6,5 Mio.) und Großbritannien (ca. 600.000) auf diesem Feld eine Vorreiterrolle einnehmen. In den USA nimmt die Zahl der Telearbeitsplätze im öffentlichen Sektor schneller zu als im privaten. Sicherlich werden sich nicht alle Büroarbeitsabläufe in Form von Telearbeit realisieren lassen, dennoch ist das Potential groß. Bis zu vier Millionen Arbeitsplätze in Deutschland könnten langfristig Telearbeitsplätze werden.

Einschränkungen

5.3 Die externe Kommunikation

Unter „externer Kommunikation" werden im folgenden alle Kontakte zu „Nicht-Organisationsmitgliedern" erfaßt. Die externe Unternehmenskommunikation läuft nach dem gleichen Schema und mit ähnlichen Möglichkeiten ab wie die interne Unternehmenskommunikation. Die Empfänger sind diesmal nicht innerhalb der eigenen, sondern in fremden Unternehmen und Organisationen zu finden. Die Kommunikation mit Kunden wird hier nicht unter die externe Kommunikation gefaßt, sondern dem Marketing (Kapitel 6) zugeordnet.

Standardinformationen automatisieren

Neben den zuvor beschriebenen Anwendungen E-Mail und News lassen sich bei der externen Kommunikation auch andere Internet-Dienste sinnvoll nutzen bzw. anbieten. So kann ein Unternehmen je nach der Art der Kommunikation z.B. auch Informationsangebote auf Telnet-, FTP-, Gopher- oder WWW-Servern bereithalten und so die „Mensch-Maschine-Kommunikation" unterstützen. Dies kann speziell dann nützlich sein, wenn immer wiederkehrende Standardinformationen abgefragt werden, für die keine „Mensch-zu-Mensch-Kommunikation" erforderlich ist. Telnet, FTP, Gopher und das WWW erfüllen damit gleichzeitig Informations- und Kommunikationsfunktionen.

IBM-Umfrage zur Internet-Nutzung

Eine 1994 in den USA durchgeführte Umfrage unter 1.287 Angestellten der Firma IBM ergab, daß 35% der Befragten das Netz für die Kommunikation mit Kollegen nutzten (E-Mail). 26% nutzten es für den Kundenkontakt, 19% für Schulungs- und Konferenzzwecke und 5% für die Kommunikation mit Regierung und Behörden. 1993 verschickte der Konzern rund 600.000 E-Mails. Diese Zahl hat sich mittlerweile vervielfacht. Siemens-Nixdorf versendete 1997 ca. 500.000 E-Mails pro Monat mit einem Volumen von 10,5 Gigabyte.

SNI

Telefax im Internet

Eine Erweiterung der Möglichkeiten der externen Kommunikation über das Internet entsteht durch die Versendung von E-Mails bzw. Dateien als Fax. Im Computer erzeugte Texte können mit entsprechender Software im Internet versandt werden und gelangen über Fax-Gateways an gewöhnliche Telefaxmaschinen im Telefonnetz. Einen kostenlosen (!) Fax-Service innerhalb Deutschlands bietet die Firma Tobit an.[5]

5.3.1 Öffentliche Stellen im Netz

Adressaten der externen Kommunikation

Als Adressaten der externen Kommunikation kommen generell alle Interessengruppen rund um das Unternehmen in Frage. Da das Internet zur Zeit noch nicht ausreichend weit verbreitet ist, bestehen in verschiedenen Bereich jedoch noch deutliche Einschränkungen.

---

5 `http://www.hpcs.de/`

Beispiel Behörden in Singapur

Die Möglichkeiten sollten jedoch nicht unterschätzt werden. So plant etwa Singapur, einen Großteil seiner Bürokratie an das Internet anzuschließen und z.B. Bauanträge in elektronischer Form zur Verfügung zu stellen. Die Anträge sollen dann elektronisch ausgefüllt und per E-Mail an die Behördenadresse gesandt werden können, wo ein Computer den Antrag automatisch prüft und zur Genehmigung vorschlägt oder ablehnt. Ähnliche Pläne werden in Japan verwirklicht. Es ist damit zu rechnen, daß über kurz oder lang auch in Europa und Deutschland solche Systeme, z.B. bei Steuererklärungen oder im Bereich der Krankenkassen, zum Einsatz kommen. Dies würde vor allem kleineren Unternehmen zugute kommen.

Abb. 5.8: Homepage des Auswärtigen Amts

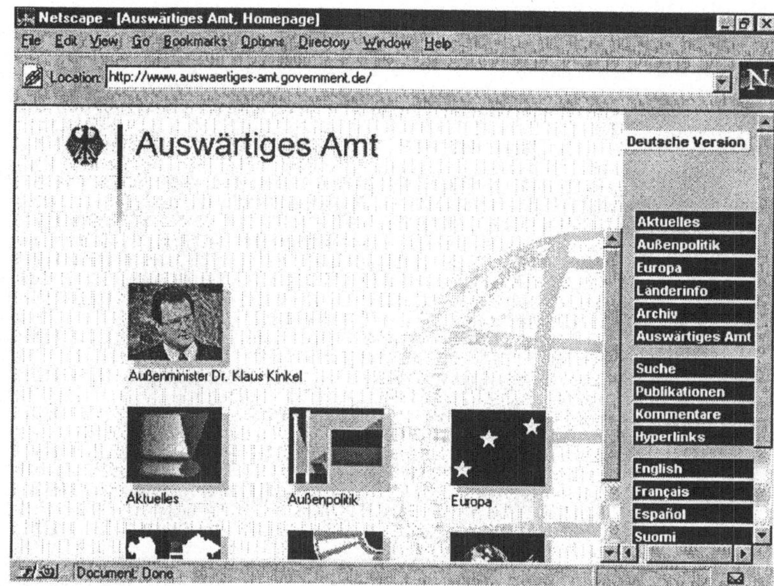

Deutsche Ministerien und Behörden im Internet

Wie in anderen Ländern sind auch in Deutschland Regierung und Ministerien sowie Behörden im Internet vertreten. Neben dem Auswärtigen Amt (Abbildung 5.8), welches u.a. Informationen für Auslandsreisende bereithält, ist z.B. auch das Bundesministerium für Bildung, Wissenschaft, Forschung und Technologie (BMBF, Abbildung 5.9) sowie das Bundesministerium für Ernährung, Landwirtschaft und Forsten (BML) im Internet erreichbar:

- `http://www.bundesregierung.de/`
- `http://www.auswaertiges-amt.government.de/`
- `http://www.zadi.de/BML/`

- http://www.bmbf.de/

Abb. 5.9: Home Page des BMBF

Beispiele für Behörden im Internet sind:

- Physikalisch-Technische Bundesanstalt (http://www.ptb.de/)
- Bundesamt für Sicherheit in der Informationstechnik (http://www.cert.dfn.de/)
- Bundesanstalt für Materialforschung und -prüfung (http://trappist.kb.bam-berlin.de/)
- Arbeitsamt (http://www.arbeitsamt.de/)

Auch auf der Ebene von Ländern und Kommunen kommt einiges in Bewegung. Wirtschaftsförderungsgesellschaften stellen z.B. die lokalen und regionalen Förderungsmöglichkeiten vor und bieten Kontaktadressen der Ansprechpartner an.

Liste der Regierungsstellen im Netz

Eine gute, regelmäßig aktualisierte Liste der in Deutschland erreichbaren Ministerien und Behörden findet sich im WWW unter http://www.laum.uni-hannover.de/iln/bibliotheken/bundesamter.html.

5.3.2 Finanzdienstleister

Finanzierung und Kapitalanlage

Besonders interessant ist das Internet als Kommunikationsmedium schon heute im Bereich Finanzierung und Kapitalanlage. Diese Branche weist ohnehin eine hohe Informations- und Kommunikationstechnologiedichte auf. Neben den Direktbanken, die ihren Kunden Online-Banking zusätzlich zum Telefonbanking anbieten, finden sich hier auch einige Sparkassen mit ihren Angeboten.

Banken im Internet

In Japan haben Banken bereits Automatensysteme im Einsatz, die – in einem bestimmten Rahmen – automatisiert Kredite vergeben. Die Antragsprüfung, Entscheidung und Auszahlung ist komplett automatisiert. Solche Systeme können mittelfristig dem Homebanking weitere Impulse verleihen. Kontostand und Depotinformationen, Daueraufträge, Überweisungen sowie Wertpapiergeschäfte können bereits von Kunden verschiedener Banken und Broker im Internet elektronisch erledigt werden. Tabelle 5.4 listet einige, auf dem deutschen Markt aktive Banken auf, die im Internet vertreten sind.

Tab. 5.4: Banken im Internet

Bank	*Adresse (http://...)*
Bank 24	www.bank24.de/
Commerzbank	www.commerzbank.de/
Deutsche Bank	www.deutsche-bank.de/
Direkt-Anlage-Bank	www.diraba.de/
Dresdner Bank	www.dresdner-bank.de/
Postbank	www.postbank.de/
Sparkasse Dortmund	www.stadtsparkasse-dortmund.de/
SpardaBank Hamburg	www.sparda-hh.de/
Santander Direkt Bank	www.santander.de/
Vereinsbank	www.vereinsbank.de/

Wirtschaftsauskünfte: Creditreform u.a. im Internet

Eine Reihe von Gesellschaften aus dem Finanzsektor, wie etwa Dun & Bradstreet, haben Internet-Zugänge und stellen, wie erwähnt, auch Informationen zur Verfügung. Die große deutsche Wirtschaftsauskunft Creditreform stellt neben allgemeinen Informationen zum Unternehmen und zur Bonitätsprüfung seinen Mitgliedern die elektronische Auskunftsbestellung zur Verfügung.[6] Die Auskunft selbst gelangt dann auf dem üblichen, sicheren Postweg an den Kunden (Abbildung 5.10).

Abb. 5.10: Creditrefom-Auskunftsseite

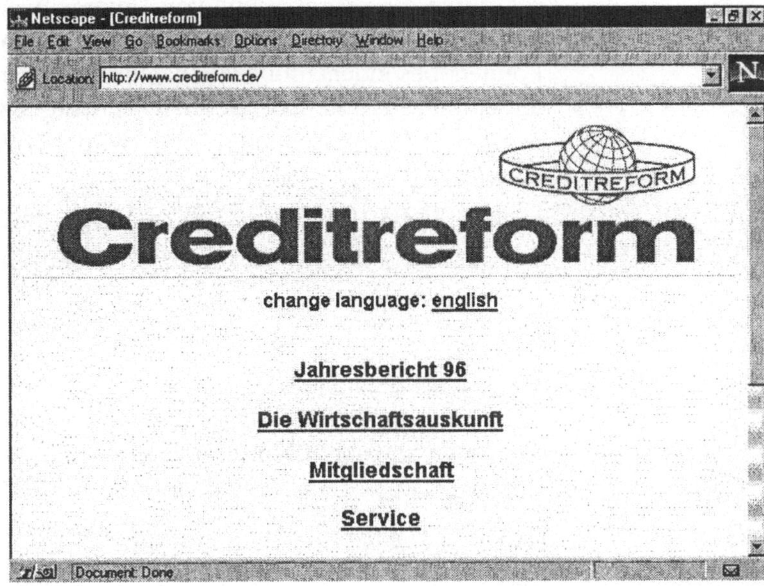

Auf der Homepage können auch der Jahresbericht begutachtet und neue Mitgliedschaften initiiert werden. Diejenigen Unternehmen, die bereits Mitglieder sind, können den Service nutzen und online Informationen anfordern.

Versicherungsdienstleistungen

Neben den Banken und Wirtschaftsauskünften lassen sich auch standardisierte Versicherungsdienstleistungen online verkaufen. Dennoch sind die Möglichkeiten auf den Web-Sites der wenigen deutschen Versicherer im Netz bislang eher dürftig. Tabelle 5.5 stellt einige Adressen vor.

Tab. 5.5: Versicherungen im Netz

Versicherung	*Adresse (http://...)*
Allianz	www.allianz.de/
Colonia	www.colonia-online.de/
Hamburg-Mannheimer	www.hamburg-mannheimer.de/
Provinzial	www.provinzial.de/
R+V Versicherung	www.ruv.de/

6 http://www.creditreform.de/

5.3.3 Publizieren unternehmenseigener Informationen

Geschäftsberichte im Internet

Unternehmen können im Internet nicht nur aktiv mit Behörden, Banken und Versicherungen kommunizieren, sondern auch passiv, durch die Bereitstellung von Unternehmensinformationen im WWW mit ihrer Umwelt kommunizieren. Im Bereich Finanzen können besonders publikationspflichtige Unternehmen das Internet nutzen und z.B. Geschäftsberichte oder aktuelle Unternehmensdaten präsentieren. Dies wird beispielsweise von den Firmen:

- BMW AG (`http://www.bmw.de/`) (vgl. Abbildung 5.11)
- Leica AG (`http://bodan.net/leica/index.html`)
- Hoechst AG (`http://www.hoechst.com/`)

praktiziert.

Anleger-Service

Aktiengesellschaften können für ihre Aktionäre bzw. Kapitalanleger spezielle Informationen über das Unternehmen allgemein, die Aktienkursentwicklung sowie weitere Serviceangebote bereitstellen. Auch Daimler-Benz tut dies im WWW.

Bewerberinformationen im Internet

Neben der Finanzabteilung wendet sich auch der Personalbereich an Unternehmensexterne. Unternehmen können mit potentiellen bzw. zukünftigen Mitarbeitern kommunizieren. Die Personalabteilung kann im Internet Stellenauschreibungen und Anforderungsprofile ablegen. In die Stelleninserate in Tageszeitungen können Hinweise auf zusätzliche Informationsquellen aufgenommen werden. Bewerber können sich ohne weiteren Aufwand der Personalabteilung schnell und günstig Informationen, die aus Platzgründen nicht in Inseraten Platz finden, besorgen und auswerten. Der Einsatz von E-Mail für eine erste Kontaktaufnahme und zur Beantwortung von Fragen vor einer schriftlichen Bewerbung bietet sich an.

Beispiele

Die Firma CSC Plönzke AG gibt z.B. bei Stellenangeboten in der FAZ in ihrer Firmenadresse auch die WWW-Adresse an und stellt dort allgemeine Unternehmensinformationen für potentielle Bewerber bereit.[7] Die Merck KGaA und andere Firmen veröffentlichen auf Ihren Servern auch die Stellenangebote selbst.[8] Besonders Hardware-, Software- und Multimediafirmen veröffentlichen seit längerem ihren Personalbedarf im Netz, da sich hier die entsprechenden Zielgruppen gut erreichen lassen. Die Online-Bewerbung und das zeit- und kostensparende Online-Bewer-

---

7 `http://www.cscploenzke.de/`

8 `http://www.merck.de/`

bungsgespräch in Form der Videokonferenz, z.B. für Vorauswahlen, werden nicht lange auf sich warten lassen.

Abb. 5.11: BMW-Geschäftsbericht im Netz

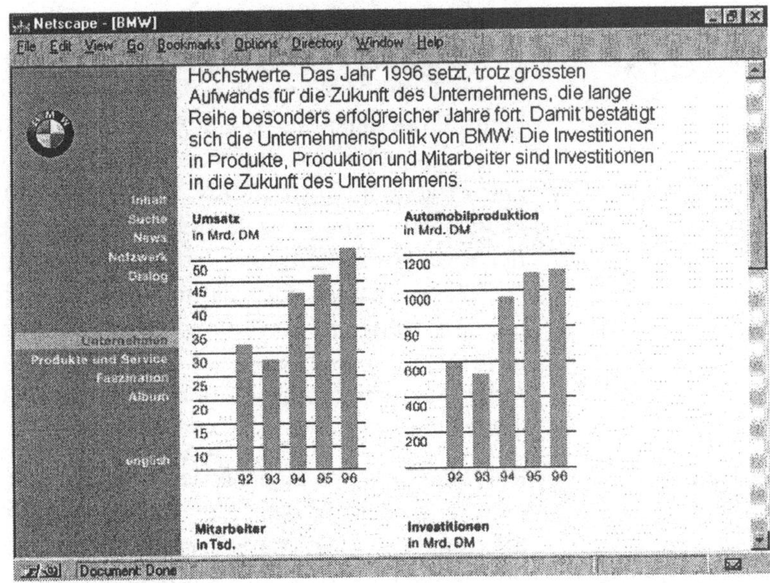

Jobs im Internet

Die Zeitung „Die Zeit" verschickt seit März 1996 Kurzinformationen zu individuell zusammengestellten Stellenanzeigen der jeweiligen Freitagsausgabe per E-Mail im Internet.[9] In den News gibt es außerdem eigene Newsgroups zum Thema „Jobs", in denen Stellenanzeigen publiziert werden. Wie bereits erwähnt, ist auch das Arbeitsamt im Internet. Ein Liste mit über 200 Links zu Jobangeboten hält auch der Server der Zeitschrift Focus[10] bereit.

Beschaffung / Purchasing Web-Sites

Auch der Einkauf profitiert vom Internet. Wie das Kompetenzzentrum „Informationstechnik im Einkauf" der TU-Freiberg ermittelte, kann das Netz in allen Phasen der Beschaffung (z.B. Identifikation und Auswahl von Lieferanten) eingesetzt werden. In den USA und Japan werden bereits Procurement Web-Sites eingesetzt, auf denen Unternehmen ihre betriebliche Bedarfe als Ausschreibungen im Netz veröffentlichen. Begriffe wie „Web-Purchasing" und „Direct Procurement" via Internet sind die Schlagworte in diesem Bereich.

9 `http://www.zeit.de/`

10 `http://www.focus.de/`

Unternehmens-kooperationen via Internet

Unternehmenskooperationen – etwa zur Zusammenarbeit im F&E-Bereich, zwischen Zulieferern und der Produktion oder zwischen Hersteller und Handel – erfordern einen mitunter beträchtlichen Koordinations- und Abstimmungsaufwand. Heute wird dieser neben persönlichen Treffen meist per Telefon und Fax erledigt. Die Verwendung des Internet als Kommunikationskanal kann hier Zeit und Geld sparen, da die Informationen beim Empfänger als Datei vorliegen und sofort im Computer weiterbearbeitet werden können. Ein Beispiel ist hier der Nutzfahrzeugbauer MAN. MAN konstruiert und fertigt die Fahrzeugchassis. Eine Vielzahl deutscher und internationaler Karosseriebauer konstruiert und fertigt funktionsspezifische Aufbauten für diese Chassis. Die dafür notwendigen Konstruktionszeichnungen, früher in Form von Blaupausen, liegen heute in Dateiform für CAD/CAM Systeme (Computer Aided Design/Computer Aided Manufacturing) vor und werden zum Großteil elektronisch übermittelt.

Virtuelle Teams

Die Mitarbeiter verschiedener Forschungsteams können außerdem z.B. per Telnet oder per Videokonferenz und „Whiteboarding" simultan am selben Problem arbeiten – sogar am selben Rechner – obwohl sie an völlig verschiedenen geographischen Orten auf der Welt tätig sind.

Kooperation zwischen Hersteller und Handel

Hersteller und Handel beschleunigen ihre Reaktionszeiten und automatisieren Routineprozesse, wie z.B. regelmäßig wiederkehrende Bestellungen; „Data sharing" und „Application sharing" sind hier die Schlagworte. Im Rahmen des in den USA entstandenen ECR-Konzepts (Efficient Consumer Response), der verstärkten Koordination und Zusammenarbeit zwischen Hersteller und Handel, gewinnen diese Formen des elektronischen Datenaustausches an Bedeutung.

Öffentlichkeits-arbeit im Netz

Für die allgemeine Öffentlichkeit kann die Public Relations-Abteilung Firmeninformationen beispielsweise über den Umweltschutz, Messen oder besondere Events im Unternehmen auf dem WWW-Server bereitstellen oder per E-Mail gezielt verteilen.

Corporate Publishing

Das Corporate Publishing erlebt neben dem verstärkten Gang von Firmenzeitschriften an die Kioske gegenwärtig einen Trend zur elektronischen Publikation. Dabei liegt das Potential jedoch mittelfristig eher auf dem Business-to-Business Bereich, da, je nach Branche, die Erreichbarkeit konventioneller Zielgruppen im Internet, oft noch nicht zufriedenstellend ist. So wird bislang auch nicht mit einer Verringerung der Printausgaben in diesem

Bereich gerechnet. Dies ergab eine Umfrage unter Firmen, die eine Firmenzeitschrift herausgeben.

CI im WWW

Auch in der elektronischen Publikation kann und muß die Corporate Identity (CI) „transportiert" werden. Die Daimler Benz AG etwa stellt den gesamten Konzern in einheitlichem Design vor und bietet Verzweigungen zu den Servern einzelner Konzernbereiche, wie der Mercedes-Benz AG, an. Der Konzern präsentiert aber auch Umweltschutzdaten und vieles andere mehr (s. Abbildung 5.12).[11]

Abb. 5.12: Daimler-Benz Home Page (Januar 1998)

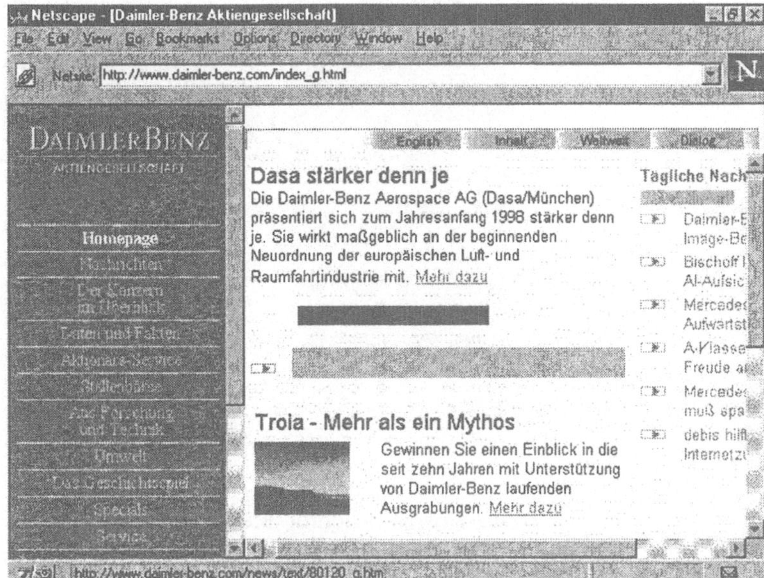

Per Mausklick gelangt man von der Homepage in die einzelnen Konzernbereiche und kann sich dort ausführlich informieren. Neben Produktinformationen findet man dort u.a. (Stand Januar 1998):

- Wirtschaftsnachrichten / Presseerklärungen des Konzerns,
- den Konzerngeschäftsbericht,
- Dateien und Dokumente zum Konzern,
- einen Aktionärsservice,
- eine Stellenbörse,
- Informationen zu Forschung und Technik,

11 http://www.daimler-benz.com/

- Interessantes außerhalb und innerhalb des WWW, wie z.B. Ausstellungen,
- einen Online-Bestellservice für Firmenbroschüren und Informationsmaterial und
- Möglichkeiten, Fragen zu stellen bzw. ein Feedback zu geben.

Abb. 5.13: Mercedes-Benz-Seite im Konzern

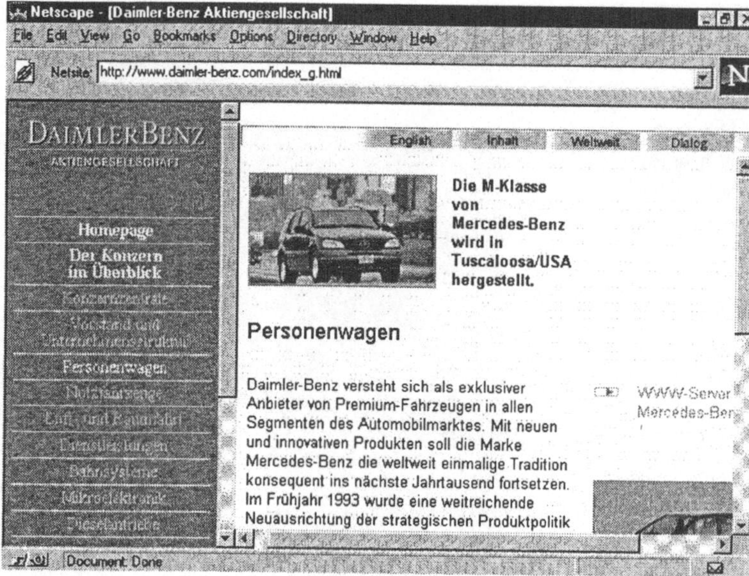

Die Konzerntochter Mercedes-Benz stellt seit dem 1. Mai 1996 u.a. die neuen Fahrzeugmodelle auf einem eigenen Server vor. Der Bereich Personenwagen ist jedoch auch in der Konzerndarstellung zu finden (Abbildung 5.13).

Konfigurator

Bei der Fahrzeugpräsentation wird, wie von fast allen Automobilherstellern, ein sogenannter Konfigurator angeboten, der es ermöglicht, sich sein individuelles „Traumauto" zusammenzubauen. Außerdem wird eine Gebrauchtwagenlisten bereitgestellt, in der sich bundesweit Fahrzeuge finden lassen. Für Monteure interessant ist auch die online zugängliche Ersatzteilliste.

Umweltbericht

Mit dem zunehmenden Interesse der Öffentlichkeit am Umweltverhalten von Unternehmen, gewinnt auch der Umweltbericht bzw. die Darstellung der Umweltschutzbemühungen des Unternehmens an Bedeutung. Der Umweltbericht gehört zum Standard größerer Unternehmenspräsentationen im Netz (vgl. Abbildung 5.14).

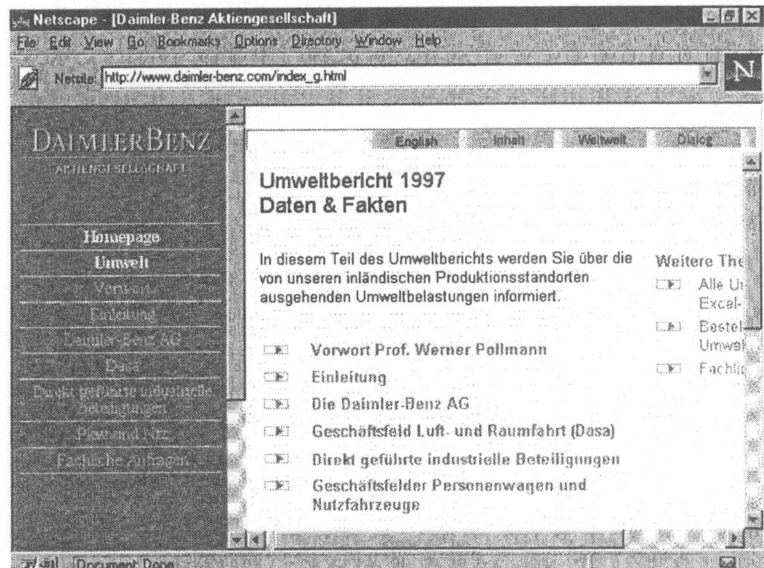

Abb. 5.14: Daimler-Benz-Umweltbericht

Umwelt- und Verbraucherschutzinformationen

Neben Umweltschutzinformationen bietet die Firma Henkel auf ihrem Server auch Verbraucherschutzdaten an.[12] Die Volkswagen AG stellt neben einem Presseservice mit Informationen zu aktuellen Entwicklungen bei VW auch Informationen über aktuelle Messen und Events, an denen das Unternehmen teilnimmt, zur Verfügung.[13]

Virtuelle private Netze über das Internet

Eine interessante Möglichkeit der internen Kommunikation stellen auch „Virtual Private Networks" (VPN) – mittlerweile auch als Extranets bezeichnet – dar (siehe auch Kapitel 2). Provider, wie die Firma EUnet, bieten Firmen die globale Nutzung des Internet in Form geschlossener Benutzergruppen an. Damit können Internet-Dienste, wie der Informationsaustausch in Form von Texten, Bilder oder Videos, realisiert und verwendet werden. Es erfolgt jedoch kein unberechtigter Zugriff von außen auf das Firmennetz, was die entsprechende Sicherheit, die für die interne Versendung sensibler Daten notwendig ist, garantiert. Die Softwareschmiede SAP AG kann sich über solche VPNs in die Rechner ihrer Kunden „einklinken" und neue Software installieren bzw. Fehlerdiagnosen und Korrekturen vornehmen.

12 `http://henkel.germany.net/index.htm`

13 `http://www.vw.iplus.com/`

Abbildung 5.15 gibt einen zusammenfassenden Überblick über die Möglichkeiten des Internet im Rahmen der externen Kommunikation.

Abb. 5.15: Externe Unternehmenskommunikation

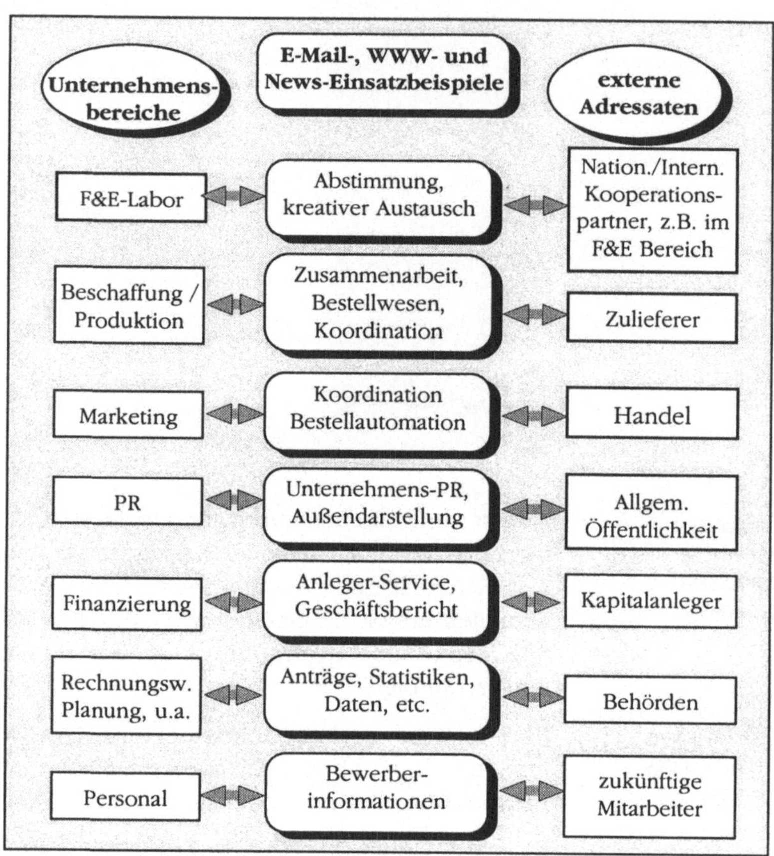

5.4 Potentiale für Wettbewerbsvorteile

Wie bei der Informationsbeschaffung ergeben sich auch aus den aufgezeigten betrieblichen Kommunikationsmöglichkeiten des Internet weitergehende Nutzenpotentiale, die hier zusammenfassend aufgezeigt werden sollen. Für die interne Kommunikation lassen sich folgende Potentiale ausmachen:

Senkung der Kommunikationskosten

Verringerte Kommunikationskosten

Sei es im Bereich Hauspost, Mitarbeiterzeitung, Präsentationen oder Berichtswesen, das intern genutzte Internet bzw. Intranet senkt die Kommunikationskosten u.a. durch verringerte Porto-,

Telefon- und Reisekosten sowie durch Einsparungen für Botenpersonal.

Schnellere Kommunikationsprozesse

Beschleunigter Informationsfluß
Durch die hohe Geschwindigkeit mit der hausintern oder weltweit Nachrichten zugestellt werden, kann sich der Informationsaustausch bzw. die Informationsübermittlung erheblich beschleunigen und damit Zeit sparen. Dies kann u.a. Diskussions- und Entscheidungsprozesse beschleunigen.

Informationstransparenz

Informationstransparenz
Durch die einfache Unternehmenskommunikation zwischen Menschen und Maschinen bzw. die schnelle Zugriffsmöglichkeit auf viele bzw. alle Informationen bieten sich Chancen für ein verbessertes Informationsmanagement, mit der Konsequenz einer erhöhten Informationstransparenz.

Business Reengineering

Reorganisationspotentiale
Durch die Möglichkeit, über die verschiedenen Internet-Dienste Geschäftsprozesse im Haus oder weltweit zu steuern und zu kontrollieren, kann sich die Chance für Umstrukturierungen im Sinne des Business Reengineering ergeben. Einige der vielen Schlagworte in diesem Zusammenhang sind sicherlich die Begriffe „Telearbeit" und „virtuelle Unternehmen" oder „virtuelle Teams".

Im Rahmen der externen Kommunikation sind folgende Potentiale zu beachten:

Beziehungsmarketing

Beziehungsmarketing
Da in diesem Kapitel nicht die Kommunikationsbeziehungen zu Kunden untersucht wurden, sind mit Beziehungsmarketing in diesem Fall die Beziehungen des Unternehmens zu den sogenannten Anspruchsgruppen rund um das Unternehmen gemeint. Abhängig von der individuellen Position und Situation des Unternehmens müssen möglicherweise Lieferanten, Aktionäre, etc. intensiv umworben werden. Das Ziel ist in der Regel eine längerfristige, partnerschaftliche Beziehung. Die Beziehungen zu Lieferanten wie zu Abnehmern können sich intensivieren.

Kostensenkungspotentiale

Kostensenkungspotentiale
Auch die externe Unternehmenskommunikation via Internet beinhaltet Kostensenkungspotentiale durch Einsparungsmöglichkeiten in den Bereichen Papier-, Druck-, Porto-, Verpackungs- und Reisekosten. Damit verringern sich in allen Bereichen die Kommunikationskosten.

Beschleunigte Reaktionszeiten

Reaktionszeiten

Die Zeitersparnis im Informationsaustausch bzw. durch die elektronische Informationsübermittlung kann die Reaktions- und Antwortzeiten in der Kommunikation mit Externen erheblich beschleunigen. Dies kann besonders bei zeitkritischen Kunden Vorteile bieten und Entscheidungsprozesse beschleunigen.

Die Abbildung 5.16 faßt alle potentiell möglichen Nutzenkomponenten noch einmal zusammen.

Abb. 5.16: Nutzenpotentiale der Kommunikation

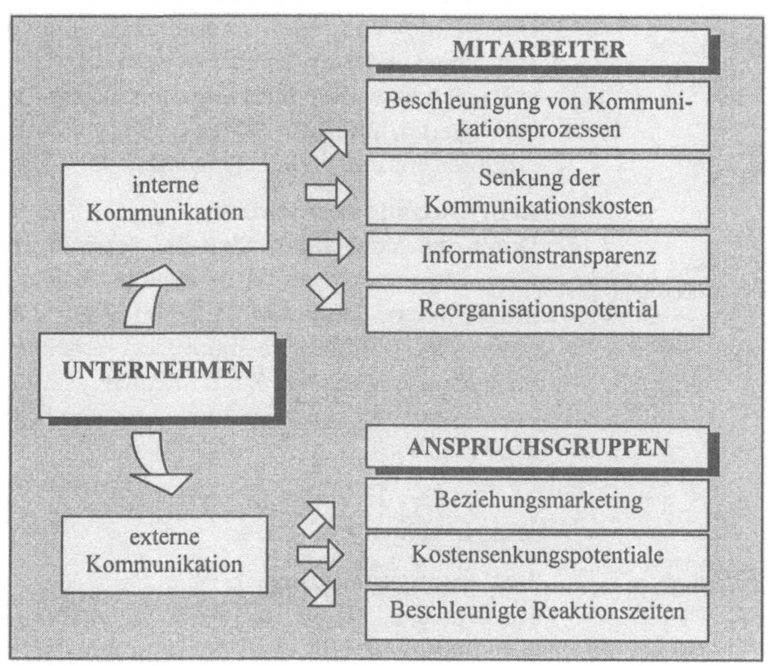

Grenzen

Trotz der umfangreichen Möglichkeiten, interne und externe Adressaten mit elektronischen Kommunikationsmedien, wie E-Mail und WWW, zu erreichen, zeigen sich auch eine Reihe von Grenzen der „neuen“ Medien. Die Kommunikation per Internet kann damit z.Z. kein bestehendes Kommunikationsmedium völlig ersetzen.

Verbreitung

Auch ist gegenwärtig die Verbreitung von E-Mail und WWW besonders in Deutschland noch nicht ausreichend, um im Rahmen der externen Unternehmenskommunikation von großer Bedeutung zu sein. Dies wird sich mittel bis langfristig ändern.

E-Mail Overflow

Bei der internen wie auch externen Unternehmenskommunikation wurde bereits auf die mögliche Flut von E-Mails und den dadurch verursachten Anstieg des Arbeitsaufwandes bzw. der sinkenden Nachrichteneffizienz hingewiesen. Informationstransparenz und effizientes Informationsmanagement oder Information Overload durch Kommunikation? Beides ist möglich.

Einsparungen

Der Anstieg der per Internet erreichbaren öffentlichen Stellen und Unternehmen eröffnet mittelfristig Einsparpotentiale im Bereich Telefongebühren und Porto, welche die Menge der bislang geführten Telefonate und der versendeten Briefe reduzieren wird. Die Vielzahl der Zwei- und Dreizeiler, der Memos und Rundschreiben kann und wird zukünftig papier- und kostensparend elektronisch versendet werden. Mittelfristig dürften daher in Unternehmen z.B. die Boten für die Hauspost reduziert werden. Auch die Versendung von Telefaxen dürfte langfristig, angesichts der Kosten- und Effizienzvorteile von E-Mail, ebenfalls zurückgehen.

Verträge und Dokumente

In bestimmten Fällen, etwa bei Verträgen, wird man aus Sicherheitsgründen auch weiterhin auf eine unterschriebene Papierversion setzen. Dokumente wie Frachtpapiere müssen bislang noch im Original vorliegen. Auch wenn es EU-Projekte zur elektronischen Regelung dieser Abläufe gibt, sind nicht alle Papiere digitalisierbar, und nicht alle Bilder, Graphiken und Zeichnungen liegen in digitalen Formaten vor.

Telefonate und persönliche Unterredungen

Telefonate, die nicht zur Klärung dringender Fragen geführt werden, lassen sich per E-Mail gut erledigen. Wird die Antwort jedoch dringend benötigt oder sind Rückfragen zu erwarten, wird man auch weiterhin zum Telefon greifen. Gleiches gilt, wenn es auf die persönliche Interaktion der Gesprächsteilnehmer ankommt, etwa bei Verhandlungen über Mengen und Preise oder ähnliches. Eine E-Mail ist immer wesentlich unpersönlicher und inflexibler als ein Telefonat. Die Möglichkeit beispielsweise der Interpretation der gesprochenen Worte anhand des Tonfalls entfällt. Noch gravierender wirkt sich dies im Vergleich zur persönlichen Unterredung aus, wo auch Mimik und Gestik zur Interpretation des Gesagten bzw. des Gemeinten herangezogen werden.

Internet-Telefon und Videokonferenz

Mittelfristig dürften hier besonders die Technologien zur Internet-Telefonie und zur Videokonferenz Abhilfe schaffen, besonders wenn es gelingt, einen einheitlichen Standard für diese Dienste zu entwickeln.

Literatur

Berres, Anita: Marketing und Vertrieb mit dem Internet, Berlin 1996.

Emery, Vince: Internet im Unternehmen, Heidelberg 1996.

Gertz, Winfried: Telearbeit erfordert Eingriffe in die Organisationsformen, in: Computerwoche, Heft 1, 1997, S. 34-35.

Glines, S. Tanner, M.: Using Internet Relay Chat, New York 1995.

Krol, Ed: Die Welt des Internet: Handbuch und Übersicht, Bonn 1995.

Kubicek, Herbert (Hrsg.): Jahrbuch Telekommunikation und Gesellschaft, Bd. 3: Multimedia sucht Anwender, Heidelberg 1995.

Lamb, L.; Peek, J.: Alles über E-Mail, Bonn 1995.

Maier, Gunther; Wildberger, Andreas: In 8 Sekunden um die Welt, Kommunikation über das Internet, 4. Aufl., Bonn 1995.

Wallbrecht, Dirk, Clasen, Ralf: Internet für Marketing. Vertrieb. Kommunikation, Neuwied 1997.

Weidner, Klaus; Schneider, Stefanie: Internet im Unternehmen: Weltweit Telefonieren zum Ortstarif, *in:* Computerwoche, 22. Jg., Heft 15, 1995, S. 42.

Sieber, Pascal: Die Internet-Unterstützung Virtueller Unternehmen, Arbeitsbericht Nr. 81, Universität Bern, Inst. f. Wirtschaftsinformatik, 1996.

6 Marketing im Internet

Zum Begriff „Marketing" existieren eine Vielzahl von Definitionen unterschiedlichster Ausrichtung. In der Betriebswirtschaftslehre hat sich dabei ein duales Verständnis von Marketing etabliert. Danach ist Marketing sowohl ein Leitbild des Managements als auch eine gleichberechtigte Unternehmensfunktion (Meffert 1998).

Marketing als Strategie

Marketing als Leitbild bedeutet, strategisch gesehen, eine Konzeption der Unternehmensführung, bei der im Sinne einer intensiven Kundenorientierung der gesamte Betrieb auf die Märkte bzw. die Kunden ausgerichtet wird (Bindlingmaier 1971).

Marketing als Funktion

Daneben wird Marketing, ausgehend von den Aufgaben des Absatzbereiches, als Unternehmensfunktion verstanden. Je nach Betrieb fallen der Marketingfunktion unterschiedliche Aufgabenschwerpunkte zu. In der Praxis ist die Marketingabteilung häufig für die Planung, Durchführung und Kontrolle von Werbung bzw. von Werbemaßmahmen zuständig.

Operative Marketingaspekte

Unter stärkerer Einbeziehung operativer Aspekte definiert die American Marketing Association (AMA) „Marketing" bzw. „Marketing-Management" als den Planungs- und Durchführungsprozeß der Konzipierung, Preisfindung, Förderung und Verbreitung von Ideen, Waren und Dienstleistungen, um Austauschprozesse zur Zufriedenheit individueller und organisationeller Ziele herbeizuführen.

Marketingziele und -strategien

Diese Definition trägt auch dem Aspekt Rechnung, daß zur Gewährleistung eines zielorientierten Handelns der Einsatz von Marketinginstrumenten geplant und dazu Marketingziele und Marketingstrategien festgelegt werden (Becker 1995). In diesem Kapitel soll daher das Marketingzielsystem hinsichtlich der Einordnung des Internet untersucht werden. Danach werden das Verhältnis des Internet zu traditionellen Marketingstrategien sowie mögliche Auswirkungen auf die Instrumente des Marketing-Mix dargestellt und analysiert.

Marketing-politiken

Die große Anzahl absatzpolitischer Instrumente wird meist in vier Gruppen, die vier P's des Marketing, untergliedert:

- Produktpolitik
- Preispolitik
- Kommunikationspolitik
- Distributionspolitik

Marketing-Mix

Innerhalb dieser Marketingpolitiken wird über den Einsatz und die Intensität einzelner Marketingmaßnahmen entschieden. Sie bilden Teilmixe des „Marketing-Mix", der die Summe aller Einzelentscheidungen über den Einsatz von Marketinginstrumenten darstellt. Im Rahmen der vier Politiken lassen sich weitere Unterkategorien bilden und Instrumente identifizieren (Hüttner/Pingel/Schwarting 1994 und Meffert 1998). Abbildung 6.1 gibt einen Überblick.

Abb. 6.1: Kategorien von Marketinginstrumenten

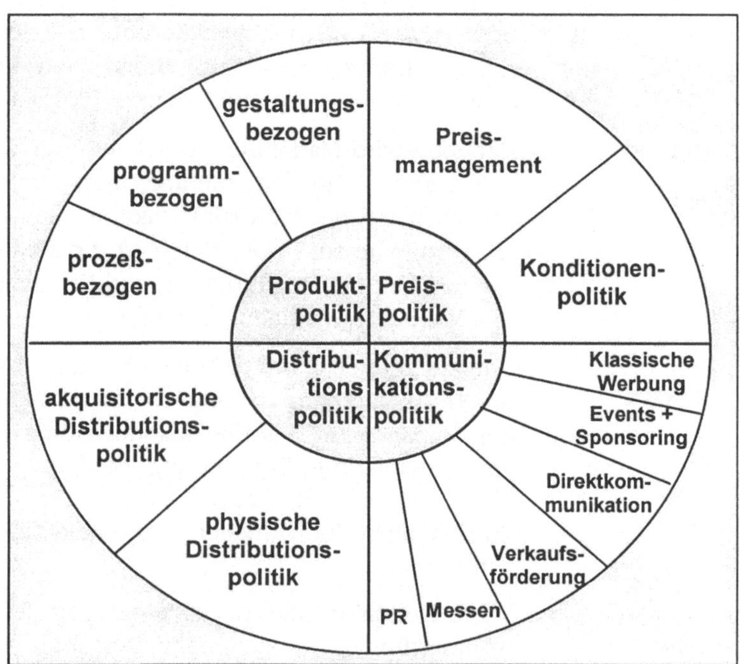

Bedeutung von Dienstleistungen

Da Dienstleistungen in allen entwickelten Nationen von größter Bedeutung sind und sich das Internet für Werbung und Verkauf einer Vielzahl von Dienstleistungen eignet, soll diesem Bereich ein eigener Abschnitt (6.9) eingeräumt werden.

Innovative Technologien und Marketing

Im Prinzip sind sämtliche Marketingteilbereiche (siehe Abbildung 6.1) Einsatzfelder für innovative Technologien. Die Ursache hierfür liegt in der informations- und kommunikationsorientierten Aufgabe des Marketing (Hermanns/Flegel 1992). Um die vom Marketing geforderte Ausrichtung auf den Markt bzw. die Kundennähe zu erzielen, bedarf es der gegenseitigen Information und Kommunikation.

Wirkungsrichtungen neuer Technologien

Bei den Auswirkungen neuer, innovativer Technologien auf das Marketing können im allgemeinen drei Wirkungsrichtungen unterschieden werden (Hermanns/Flegel 1992):

- Unterstützung von konventionellen Marketingfunktionen,
- Substitution von konventionellen Marketingfunktionen,
- Generierung von innovativen Marketingfunktionen.

Übernahme von Marketingfunktionen durch das Internet

In bestimmten Marketingbereichen und in bestimmten Branchen, wie z.B. Versandhandel, Software oder Touristik, ergeben sich Veränderungen im Sinne der Ergänzung bisheriger Instrumente. Dies bedeutet in der Regel eine Unterstützung der jeweiligen Marketingfunktion durch das Internet. Besonders deutlich wird dies in den Bereichen Kommunikation und Distribution: Das Internet unterstützt nicht nur den Kommunikationsprozeß, indem es bestimmte Zielgruppen erschließt und die Kommunikation schneller und direkter gestaltet, es schafft auch neue Möglichkeiten etwa hinsichtlich der direkten Bestellung bzw. Lieferung.

Substitution

Inwieweit es einmal wirklich Marketingfunktionen gänzlich übernehmen kann, ist nur im Zusammenhang mit der jeweiligen Branche bzw. dem jeweiligen Produkt eindeutig zu beantworten.

Innovation

Je nach Definition kann man das Internet auch als Generator einer neuen Marketingfunktion betrachten, sofern man Online-Marketing als eine neue Funktion bzw. ein neues, eigenständiges Aufgabenfeld des Marketing betrachtet.

Online-Marketing

Online-Marketing wird hier verstanden als die Planung, Realisierung, Koordination und Kontrolle aller auf aktuelle und potentielle Märkte in Computernetzen ausgerichteten Unternehmensaktivitäten.

Marketing im World Wide Web

Für das Marketing im Internet ist – wie erwähnt – das World Wide Web aufgrund seiner Ton- und Bildfähigkeiten besonders prädestiniert. Es eignet sich, wie im folgenden Abschnitt 6.1 noch zu zeigen ist, in besonderem Maße, die Informations- und Kommunikationsaufgaben des Marketing zu unterstützen. Im weiteren Verlauf des Kapitels wird daher in erster Linie auf das Marketing im WWW abgestellt. Das WWW stellt quasi die Standardumgebung des Marketing im Internet dar. Dies bedeutet jedoch nicht, daß sich die anderen Internet-Dienste nicht im Marketing einsetzen lassen.

Weiteres Vorgehen

Dem Abschnitt über Marketingziele (6.2) folgt, wie erwähnt, eine Betrachtung der Auswirkungen des Internet auf traditionelle Marketingstrategien (6.3). Den Schwerpunkt des Kapitels bildet jedoch die Betrachtung und Erläuterung des Einsatzes der verschiedenen Marketingpolitiken und -instrumente (Abschnitte 6.4 bis 6.8). Der Werbung im WWW ist dabei – aufgrund der Bedeutung des Themas – ein eigener Abschnitt (6.7) gewidmet. Darüber hinaus werden in diesem Abschnitt auch die Entwicklungen der gegenwärtig stark diskutierten Mediaforschung im WWW dargestellt. Danach erfolgt die Untersuchung des Internet hinsichtlich der Nutzungsmöglichkeiten für den Vertrieb von Dienstleistungen (6.9).

6.1 Das World Wide Web

Der aktuellste und auch interessanteste Dienst, der zugleich auch über das größte „kommerzielle Potential“ verfügt, ist das „World Wide Web“, auch „WWW“, „Web“ oder „W3“ genannt. Es wurde von Wissenschaftlern des CERN, dem Europäischen Laboratorium für Teilchenphysik in Genf entwickelt.

W3 Consortium

Informationen zu allen Fragen rund um das WWW sind u.a. erhältlich vom World Wide Web Consortium (Abbildung 6.2), einem Zusammenschluß von WWW-Anbietern bzw. Unternehmen. Das Consortium fördert die Verbreitung des WWW und stellt neben Antworten auf die FAQs (Frequently Asked Questions), also die häufig gestellten Fragen, auch die Referenzen der WWW-Protokolle zur Verfügung.

Abb. 6.2:
W3 Consortium

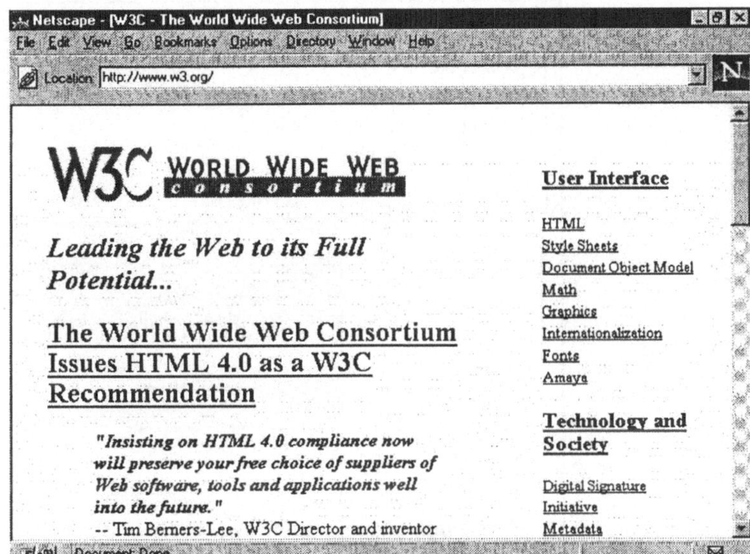

6.1.1 Funktionsweise

Navigations-system auf Hypertextbasis

Ähnlich dem Dienst „Gopher" ist auch das WWW ein Navigations- und Recherchesystem und verwaltet Ressourcen des Internet auf eigenen Servern, die auf der Basis der Client/Server-Struktur arbeiten. Die Besonderheit des Systems liegt jedoch darin, daß die Informationen – anders als bei Gopher – nicht zeichenorientiert in der Form von Menüs, sondern als sogenannte Hypertext-Dokumente dargestellt werden.

Hypertext-Funktionsweise

Beim Hypertext befinden sich auf der Bildschirmseite bzw. im Text farblich markierte oder unterstrichene Wörter, Zeilen oder Buttons (Knöpfe), hinter denen sich Verweise – sogenannte „Links" – zu anderen Dokumenten verbergen. Ein Mausklick darauf genügt, um vom aktuellen in ein anderes, neues Dokument zu „reisen". Dabei kann das neue Dokument auf demselben WWW-Server liegen oder auf einem Rechner am anderen Ende der Welt.

Verweise auf andere Webseiten

Ein Hyperlink ähnelt praktisch einem Querverweis in einem Lexikon oder den Fußnoten in einem Buch bzw. einer wissenschaftlichen Arbeit. Anstatt jedoch eine dort angegebene Quelle erst besorgen zu müssen bzw. nachzublättern, „klickt" man sich einfach an die entsprechende Stelle.

Abb. 6.3: Funktionsweise des World Wide Web

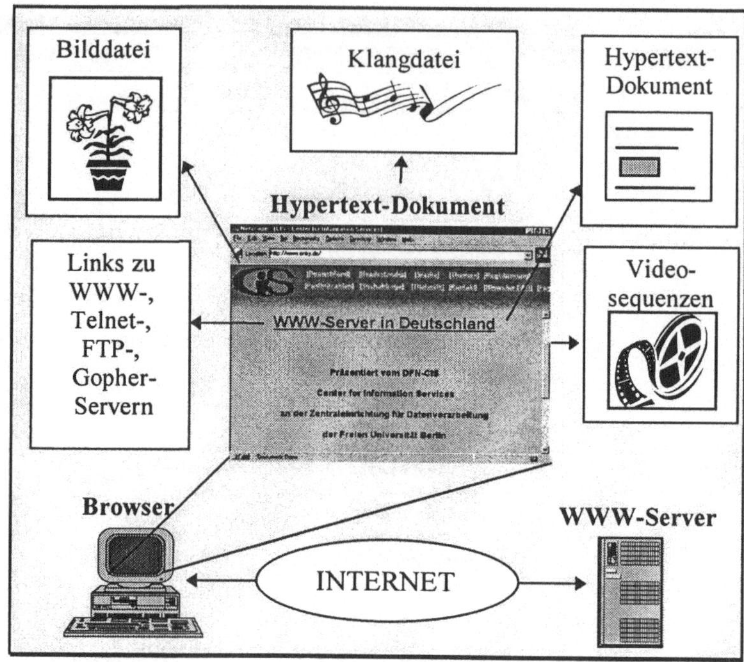

Vernetzung

Die Hyperlinks weisen auf den zentralen Aspekt des WWW, nämlich die Vernetzung, hin: Ein Dokument ist in der Regel erst dann sinnvoll und nützlich, wenn es erstens eine Reihe Verbindungen zu bzw. Hinweise auf andere Dokumente enthält und zweitens, wenn möglichst viele andere Dokumente „Links" zu diesem Dokument bzw. zu dieser „Webseite" aufweisen. Damit ist das Dokument dann bei Bedarf auch verfügbar. Diesen Verknüpfungen bzw. dem entstehenden weltweiten „Gewebe" verdankt das World Wide Web seinen Namen. Webseiten können auch direkt angewählt werden, sofern man die jeweilige Rechneradresse und den Pfad (Verzeichnis- und Dateiname des Dokuments) kennt.

Links zu anderen Diensten

Es muß sich bei einem „Link" nicht zwangsläufig um einen Verweis auf einen WWW-Server handeln Es können genausogut Telnet-, FTP- oder Gopher-Server direkt aus dem WWW-Dokument heraus erreicht werden. Im „WWW-Browser", also dem Client-Programm des Nutzers (siehe Abschnitt 3.1.3), sind die notwendigen Programme (z.B. Telnet-Client, FTP-Client, etc.) zur Anwendung der anderen Internet-Dienste meist bereits integriert. Andernfalls muß man sich diese Client-Programme besorgen und sie installieren, damit der Browser sie bei einem entsprechenden Verweis automatisch aufrufen kann.

URL (Uniform Resource Locator)

Damit im WWW bzw. im Internet auch Verbindungen zu anderen Diensten möglich werden, wird ein spezielles Adressierungssystem verwendet, die URLs (Uniform Resource Locator). Sie bestehen aus einem Rechner- bzw. Server-Namen und (optional) dem Pfad, unter dem ein bestimmtes Dokument auf diesem Rechner zu finden ist. Beispiele für solche URLs sind :

Beispielsadressen

- `http://www.w3.org/hypertext/Datasources/`
- `gopher://yaleinfo.yale.edu/`
- `ftp://ftp.nic.merit.edu/`
- `telnet://weel.sf.ca.us/`

6.1.2 HTTP und HTML

HTTP, HTML und XML

Um die Einbindung unterschiedlichster Dateiarten zu ermöglichen, verwendet das WWW ein spezielles Protokoll, das HTTP (Hypertext Transfer Protocol). Die Dokumente werden in einer Seitenbeschreibungssprache verfaßt, die Formatierungsbefehle, sogenannte „Tags“ im Text enthält. Diese Sprache heißt HTML (Hypertext Markup Language), gegenwärtig noch in der Version 4.0. Informationen über HTML 4.0 wie auch zur Diskussion um den Nachfolger, die XML (Extended Markup Language) sind vom erwähnten WWW Consortium zu erhalten. XML wird durch zusätzliche „Tags“ die Darstellungsmöglichkeiten im WWW noch weiter ausbauen bzw. verbessern (siehe auch Abschnitt 6.1.3).

HTML-Editoren

Die Erstellung von HTML-Seiten ist auf unterschiedliche Weise möglich. Man kann z.B. mit einem einfachen Texteditor die HTML-Tags in vorhandenen Text einfügen und diesen dann als HTML-Datei abspeichern. Es ist auch möglich, mit speziellen Konvertierungsprogrammen, z.B. aus einer vorhandenen WinWord Datei, ein HTML-Dokument zu machen. Am effektivsten und komfortabelsten ist jedoch die Erstellung von WWW-Seiten mit einem speziellen HTML-Editor Programm, wie z.B. dem in den Netscape Communicator integrierten „Composer“, „WebEdit“ oder „HomeSite“. Letzteres gehört zu den besten Shareware Programmen seiner Art. Diese Programme stellen alle wichtigen Tags zur Gestaltung von WWW-Seiten bereit und erleichtern die Arbeit u.a. durch die Automatisierung von Routineprozessen enorm.

WebEdit

Abbildung 6.4 zeigt das Programm WebEdit bei der Arbeit. Man erkennt, daß hinter der Darstellung einer WWW-Seite eine Reihe von Formatierungsbefehlen stecken, die u.a. die Einbindung einer Graphik und die Gestaltung des Bildhintergrundes regeln.

Abb. 6.4: WebEdit

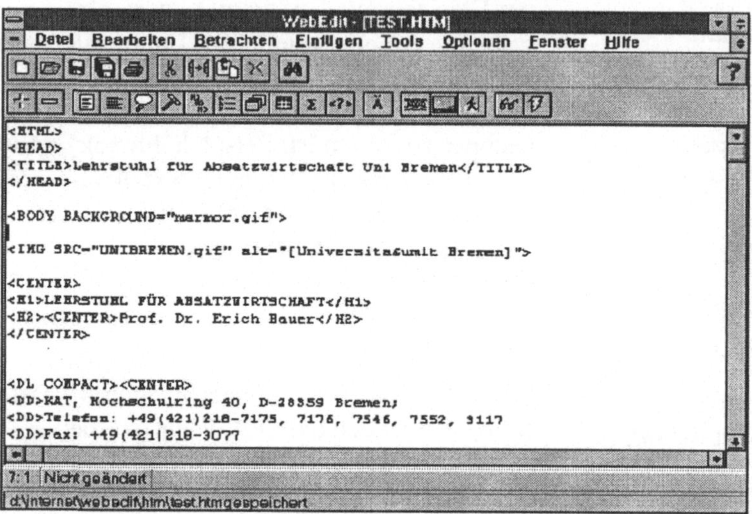

WWW und Terminalemulation

Obwohl heute fast ausschließlich graphische Browser zur Anwendung kommen, sind Graphiken und Mausbedienung zunächst keine Selbstverständlichkeit gewesen. Die ersten Web-Browser waren zeilenorientierte Clients (vgl. auch Abschnitt 3.1.3). Sauber erstellte WWW-Dokumente können beispielsweise auch auf reinen Textbildschirmen angezeigt werden. Die Auswahl von Hyperlinks erfolgt dann durch Cursortasten oder die Eingabe von Auswahlnummern. WWW-Dokumente können sogar Blinden automatisch vorgelesen werden.

6.1.3 Layoutmöglichkeiten, Multimedia und Dateiformate

HTML-Tags

Die Hypertext-Dokumente können neben reinem „ASCII-Text" auch verschiedene Formatierungsbefehle, die sogenannten „Tags" enthalten. (ASCII ist ein Standardverfahren zur Darstellung von Zeichen; der Begriff wird in der Computerwelt allerdings oft im Sinn von „unformatierter Text" eingesetzt.) Tags ermöglichen so, anders als die bisher vorgestellten Dienste, unterschiedliche Hervorhebungsarten (z.B. fett, kursiv), Schrift- und Hintergrundfarben und Schriftgrößen. Aufzählungen bzw. Listen und Tabellen sind weitere Möglichkeiten, die ein ansprechendes Layout der darzustellenden Information ermöglichen.

Beschränkungen

Dennoch lassen sich mit den existierenden Tags längst nicht alle z.B. aus dem Desk Top Publishing bekannten Möglichkeiten realisieren. Dies liegt u.a. auch daran, daß die Darstellung des Dokuments durch den Browser des Nutzer beeinflußt wird. Zum einen interpretieren verschiedene Browsertypen dieselbe Seite unterschiedlich und stellen sie daher auch unterschiedlich dar. Zum anderen kann der Nutzer die Darstellung der Seiten durch verschiedene Einstellungen am Browser (z.B. Darstellung von Bilder, Hintergründen und Schriftfarben) verändern.

Bilder, Videoclips und Klangdateien

Das wichtigste an HTML – neben den Formatierungsmöglichkeiten – aber ist die Möglichkeit der Einbindung von Bild-, Ton- und Videodateien in die Dokumente. WWW-Dokumente bzw. Seiten können inklusive der im Text eingebetteten Bildern, Animationen, Videos etc. betrachtet werden. Wenn eine Soundkarte vorhanden ist, kann eine Seite auch mit Musik oder Sprache unterlegt werden (siehe Abbildung 6.3). Die in die HTML-Seite eingebundenen Dateien besitzen jeweils bestimmte Dateiformate (vergleiche auch Abschnitt 4.2.2). Tabelle 6.1 gibt einen Überblick und erläutert die wichtigsten Dateiformate.

Tab. 6.1: Wichtige Dateiformate in HTML-Seiten

Text		
PDF Portable Document Format, Adobe Acrobat		
Bilder		
GIF Graphics Interchange Format (256 Farben)	JPG/JPEG Joint Photographic Experts Group, (16,7 Mio. Farben)	
Video		
QTV Quicktime Video	MPG/MPEG Motion Picture Experts Group	AVI Video for Windows
Audio		
WAV	AIFF	AU

VRML

Eine Besonderheit stellt VRML 2.0 (Virtual Reality Modeling Language) dar. VRML ist ein Standard zur Beschreibung dreidimensionaler Räume. Verfügt der Nutzer über ein entsprechendes Plug-In, kann er sich den dreidimensionalen Raum auf seinem Bildschirm nicht nur ansehen, sondern sich auch in ihm und durch ihn hindurch bewegen. VRML-Anwendungen können u.a. im Bereich Architektur genutzt werden, um z.B. realistische Innenansichten von geplanten Gebäuden zu ermöglichen. Wird die virtuelle Welt mit Interaktivität ausgestattet, dann kann sie auf die Aktionen des Nutzers reagieren und sich verändern.

Multimedia

Das HTTP ermöglicht die Übertragung dieser eingebundenen Dateien. Der Browser des Nutzers stellt sie, sofern er mit dem jeweiligen Dateityp vertraut ist dar. Das W3 ermöglicht damit, wie das Fernsehen, die Integration mehrerer Medien (Text, Bild, Bewegtbild, Sprache etc.) in einem System und ist damit ein multimediales Medium. Im Gegensatz etwa zur CD-Rom, welche Multimedia „offline" bietet, erlaubt das WWW Multimedia „online" und erweitert damit die Interaktionsmöglichkeiten des Nutzers.

6.1.4 Plug-Ins

Mit Plug-Ins, zusätzlichen kleinen Programmen, sogenannten „Hilfsapplikationen", lassen sich besondere Dateiformate, auf die der Browser nicht ausgelegt ist bzw. die er nicht versteht, verarbeiten (vgl. Abschnitt 4.2.2). Beispiele hierfür sind z.B. Videoclips, Klangdateien und ähnliches.

Installation von Plug-Ins

Um diese Dateien anzeigen zu können, startet der Browser die zuvor installierten Plug-Ins und übergibt die Darstellung an diese Programme. Damit der Browser dies tun kann, muß der Nutzer vorher festlegen, was der Browser machen soll, wenn er auf eine entsprechende „unbekannte" Datei trifft. Der Browser kann die Datei entweder anzeigen, speichern, den Nutzer fragen, was zu tun ist oder eine passende Anwendung starten. Für letzteres muß der Nutzer jedoch dem Browser einmal mitteilen, in welchem Verzeichnis er die zur jeweiligen Datei gehörende Applikation findet.

Netscape Liste

Netscape stellt auf seiner Homepage eine stets aktuelle Liste mit Beschreibungen und Links zu den für den Browser erhältlichen Plug-Ins bereit. Dabei werden vier Kategorien unterschieden: 3D und Animation, Audio/Video, Bildbetrachter und Business & Werkzeuge.

Radio und TV im WWW

Im Zusammenhang mit den Plug-Ins sind auch Möglichkeiten von WebRadio und WebTV zu erwähnen. Software, wie die von Realaudio-Software oder Vivoactive, ermöglicht die kontinuierliche Übertragung von Audio- und Videodaten im Netz und schafft damit u.a. eine Basis für Online-Radio und Online-TV. Auch wenn die Auflösung, die Bildgröße und die Geschwindigkeit der Bilder noch nicht überzeugend sind, so ist dennoch der Grundstein für eine revolutionäre Entwicklung gelegt. Nachdem die Anwendungen entwickelt sind, fehlt zur Nutzung nur noch die entsprechende Übertragungsgeschwindigkeit. In Deutschland wurde bereits darauf hingewiesen, daß Fernsehen im Internet gebührenpflichtig ist, sprich auch hierfür bittet die GEZ zur Kasse.

Tabelle 6.2 zeigt eine kleine Auswahl erhältlicher Plug-Ins mit den entsprechenden Quellen.

Tab. 6.2: Plug-Ins

Application	*Adresse*
Adobe Acrobat Reader, Anzeige von PDF-Dateien	`ftp.adobe.com/pub/adobe/Applications/`
Ghostscript, Anzeige von Postscriptdateien	`ftp.rz.uni-sb.de/pub/Info systems/WWW/Cello/gswin.zip`
Point Cast, Push Channel	`www.pointcast.com/`
QuickTime for Windows, Abspielen von QuickTime Animationen, Musik, VR	`ftp.uni-stuttgart.de/pub/systems/pc/win3-cica/desktop/qtw11.zip`
RealAudio, Wiedergabe von Audiosendungen	`www.realaudio.com/`
Schockwave Animationen, Bilder, Sound	`www.macromedia.com/`
SecureWeb Documents, Elektronische Signatur	`www.terisa.com/`
Telnet, Nutzung des Dienstes Telnet	`ftp.uni-stuttgart.de/pub/systems/pc/win3-cica/winsock/ewan105.zip`
Vivoactive Player, Video	`www.vivo.com/`
Web Theater Client, Video	`www.vxtreme.com/`
WinZip, Dateien komprimieren und dekomprimieren	`www.winzip.com/`

6.1.5 Java und JavaScript

Animierte Webseiten mit Java

Zu den neueren Entwicklungen rund um das Web zählen auch die vom Computerhersteller und Softwareentwickler Sun Microsystems entwickelte, C++-ähnliche, objektorientierte Programmiersprache Java, die die Erstellung vielseitiger Angebote im WWW ermöglicht. Java-Programme sind auf unterschiedlichen Hardwareplattformen lauffähig, da sie anstelle hardwarespezifischer Programme einen sogenannten Bytecode verwenden.

Funktionsweise

Mit Java können automatisch kleine Programme sogenannte „Java Appletts" vom jeweils angewählten Server mit der HTML-Seite auf den heimischen Rechner geladen und dort gestartet werden. Das Besondere dabei ist, daß diese Programme rechner- und betriebssystemunabhängig sind, also ein und dasselbe Programm auf jedem Computer funktioniert. Dies stellt einen großen Vorteil, aber auch Risiken dar.

Vor- und Nachteile

Auf der einen Seite können problemlos sehr nützliche Anwendungen realisiert werden. So kann dem Server viel Rechenarbeit erspart bleiben, wenn er nicht mehr die dreidimensionale Ansicht eines Gebäudes berechnen muß. Statt dessen übernimmt dies ein kleines Java-Programm, welches mitsamt den dafür notwendigen Grunddaten an den Rechner des Nutzers übermittelt wird. Auf der anderen Seite können „Cracker" (vgl. 8.3) Java nutzen, um mit HTML-Seiten Programme auf den Rechner des Nutzers zu laden, die dann dort Informationen ausspionieren oder vernichten können. Zum Schutz davor, kann der Nutzer in der Regel in seinem Browser die Nutzung von Java deaktivieren. Ihm entgehen damit die Vorzüge aber auch die Risiken dieser Technologie. Abbildung 6.5 zeigt die Java-Homepage der Firma Sun.

Möglichkeiten von Java

Java wird auch vom Netscape Navigator sowie einer Anzahl anderer Browser unterstützt und ist bereits als ein neuer Standard der Programmierung im Web zu betrachten. U.a. können animierte Graphiken, wie z.B. Laufbandschriften oder sich bewegende Objekte, in Webseiten eingebaut werden. Sogar Tabellenkalkulations- oder Präsentationsgraphikprogramme sind auf diesem Weg bedarfsgerecht aus dem Netz erhältlich. Java könnte damit langfristig eine Revolution im Softwarebereich eingeläutet haben, da es zukünftig zur Nutzung eines Programms nicht mehr notwendig ist, dieses zu besitzen und auf dem Rechner zu installieren.

JavaScript

JavaScript ist eine einfache Programmiersprache, die im Netscape Browser integriert ist. Mit Java-Script können kleine Applikationen (z.B. Laufschriften am unteren Bildschirmrand) in HTML-Seiten integriert werden. Die Funktionalität ist jedoch eingeschränkt, da JavaScript nur von Netscape Browsern verstanden wird. Andere Browser zeigen häufig eine Reihe kryptisch aussehender Zeichen, wenn sie auf ein entsprechendes Script treffen.

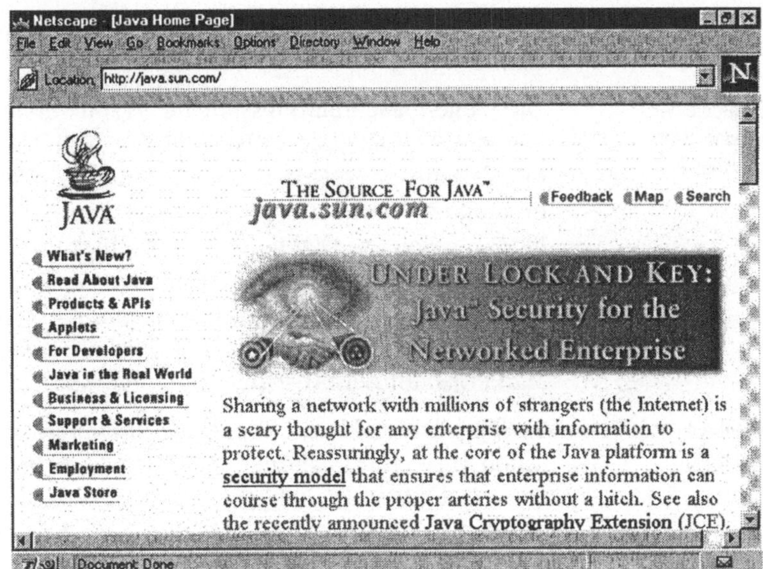

Abb. 6.5: Java Home Page

NC

Im einem entfernten Zusammenhang mit Java steht auch der NC, der Netz oder Network Computer. Dieser relativ billige Computer soll ohne große Festplatte und mit weniger Leistung ausgestattet, Programme nur bei Bedarf aus dem Netz laden. Er ist speziell für den Internet-Einsatz konzipiert und nutzt anstelle eigener Ressourcen die des Netzes. Ob sich dieses Konzept jedoch durchsetzt, ist fraglich. Immerhin verliert der PC seine Fähigkeit, auch losgelöst vom Netz zu arbeiten. Ebenso müssen Abrechnungsmöglichkeiten, für die vorübergehende Nutzung von aus dem Netz heruntergeladener Software geschaffen werden.

6.1.6 Formulare und Datenbankanbindung

Webseiten präsentieren auf vielfältigste Weise Informationen. Da die Informationsbedürfnisse der Nutzer individuell unterschiedlich sein können, werden im Grunde für jeden Nutzer unterschiedliche Webseiten gebraucht. Dazu müßte der Anbieter jedoch wissen, welche Daten den einzelnen Nutzer interessieren. Dies kann der Nutzer z.B. per E-Mail mitteilen.

E-Mail

E-Mail stellt in diesem Fall jedoch eine recht umständliche und verhältnismäßig langsame Form der Kontaktaufnahme dar, besonders, wenn sehr viele Nutzer gleichzeitig unterschiedliche Informationen benötigen. Die Beantwortung von E-Mail läßt sich zwar automatisieren, dies stellt jedoch relativ hohe Anforderungen an das Einhalten gewisser Regeln durch den Verfasser der E-

Mail. Eine effizientere Methode stellen sogenannte Formulare dar.

Eingabefelder, Auswahllisten und Knöpfe

Die Seitenbeschreibungssprache HTML erlaubt es auf WWW-Seiten Eingabefelder, Auswahllisten und Knöpfe zu plazieren, mit denen der Nutzer z.B. seine Anfrage bzw. Angaben zu den benötigten Informationen mitteilen kann. Betätigt er nach der Eingabe seiner Daten den „Abschicken-Knopf", sendet der Browser diese Informationen an den Server, der wiederum die gewünschten Daten bereitstellen kann. Ein Beispiel für solche Eingabeformulare und -felder wurde bereits im Rahmen der Marktforschung in Abschnitt 4.3 vorgestellt.

Datenbank-anbindung

Verfügt der Anbieter über eine umfangreiche Sammlung von Daten bzw. Informationen, wird er diese in der Regel in Form einer Datenbank verwalten. Wenn er diese Daten öffentlich zugänglich machen möchte, z.B. für seine Kunden oder aber auch nur für seine Mitarbeiter, kann er die Datenbank, je nach Zweck frei oder paßwortgeschützt, an das Internet anbinden. Um den Zugriff zu automatisieren, kann der Anbieter WWW-Formulare benutzen. Zusätzlich wird jedoch ein Programm benötigt, welches die Abfrage des Nutzers in eine für die Datenbank verständliche Sprache umwandelt. Umgekehrt muß das Anfrageergebnis in eine für den Browser des Nutzers lesbare HTML-Seite verwandelt werden.

CGI-Standard und dynamische Seiten

Programme zur Datenbankanbindung werden häufig in den Sprachen Perl und C++ sowie Java erstellt. Sie richten sich nach dem CGI-Standard (Common Gateway Interface). Für fast alle gängigen Datenbanken sind mittlerweile kommerzielle Lösungen zur Anbindung an das Web erhältlich. Die kanadische Firma Everywhere Inc. bot bereits 1995 die erste Version ihres Programms „Tango" an. Das Entwicklungspaket ermöglicht es, große Datenbanken ohne großen Programmieraufwand an das Internet anzubinden. Visuelle Programmierhilfen und Wizards (Assistenten) erleichtern die Bedienung und erlauben die einfache Gestaltung von Suchformularen, Ergebnisseiten und CGI-Skripten.

Vorteile für Anbieter und Nachfrager

Die Anbindung von Datenbanken an das Internet schafft für den Anbieter wie für den Nutzer große Vorteile. Die vom Programm erstellten HTML-Seiten entstehen dynamisch, je nach Bedarf des Nutzers. Der Nutzer bekommt über den schnellen und automatisierten Zugriff auf die für ihn relevanten bzw. interessanten Daten den Anreiz geboten, das WWW-Angebot intensiv zu nutzen. Er muß sich nicht durch umständliche Hierarchien hangeln, um an die für ihn interessanten Daten zu gelangen. Für den Anbieter verringert sich der Aufwand zur Erstellung „neuer“ bzw. „aktueller“ Webseiten auf ein Minimum. Lediglich die Datenbank muß gepflegt werden.

6.2 Marketingziele und das Internet

Ziele sind eine Grundvoraussetzung der Unternehmens- und Marketingplanung. Große Unternehmen zeichnen sich häufig durch ein komplexes System von Zielen aus, an denen sich sowohl die Mitarbeiter als auch Strategien und einzelne Maßnahmen orientieren können bzw. müssen (Abbildung 6.6). Strategien dienen der Erreichung von Zielen. Ziele spielen daher bei der Formulierung, Bewertung und Auswahl alternativer Strategien eine große Rolle.

In diesem Abschnitt sollen Einflüsse des Internet auf bestehende Unternehmensziele und Entscheidungssituationen deutlich gemacht werden. Welche Ziele mit dem Internet-Engagement verbunden sein können bzw. anzustreben sind, wird in Kapitel 7 untersucht.

Übergeordnete und Handlungsziele

Generell ist zwischen übergeordneten Zielen und Handlungszielen zu unterscheiden. Die übergeordneten Ziele sind grundlegende Richtlinien oder Prämissen und nehmen damit u.a. Einfluß auf die Auswahl und Gestaltung unternehmerischer Strategien, an denen sich wiederum die konkreten Handlungsziele orientieren.

Besonders in kleineren und mittleren Unternehmen bleibt neben der Tagesroutine oft zuwenig Zeit, um sich über Ziele und Strategien Gedanken zu machen. Das führt in der Konsequenz zu reaktivem, planlosem Vorgehen und verhindert vorausschauendes Handeln.

Auswirkungen

Abhängig von der Branche und der Art bzw. dem Typ der Unternehmung kann sich auf allen Ebenen der Zielpyramide eine Wechselwirkung mit dem Internet ergeben. Das bedeutet, daß das Internet den jeweiligen Zielen sowohl förderlich als auch hinderlich sein kann, also sowohl Chancen als auch Risiken birgt. Mögliche Auswirkungen sollen im folgenden skizziert werden. Darüber hinaus ist zu klären, welche Ziele durch eine Präsenz im Internet angestrebt werden können.

Business Mission

Der Unternehmenszweck oder im englischen die Business Mission charakterisiert das Produkt, die Leistung bzw. den Beitrag, den ein Unternehmen im Rahmen der Volkswirtschaft erbringt bzw. erbringen soll. Die Frage „Was ist unser Geschäft heute?“

führt zur strategischen Frage „Was kann oder soll unser Geschäft morgen sein?".

Neues Geschäftsfeld Internet?

Das Internet stellt sich, wie in Kapitel 2 Abschnitt 2 bereits diskutiert, für eine ganze Reihe von Branchen und Unternehmen als ein potentielles neues Geschäftsfeld dar. Das betrifft in erster Linie die IT-nahen Branchen[1], aber nicht nur. Neben Datenbankanbietern sind es auch die Film- und Fernsehindustrie, Finanzdienstleister, die Musikindustrie, Touristikunternehmen, Verlage, der Versandhandel sowie Unternehmen aus der Unterhaltungselektronik, die sich im Internet engagieren.

Abb. 6.6: Zielpyramide im Unternehmen

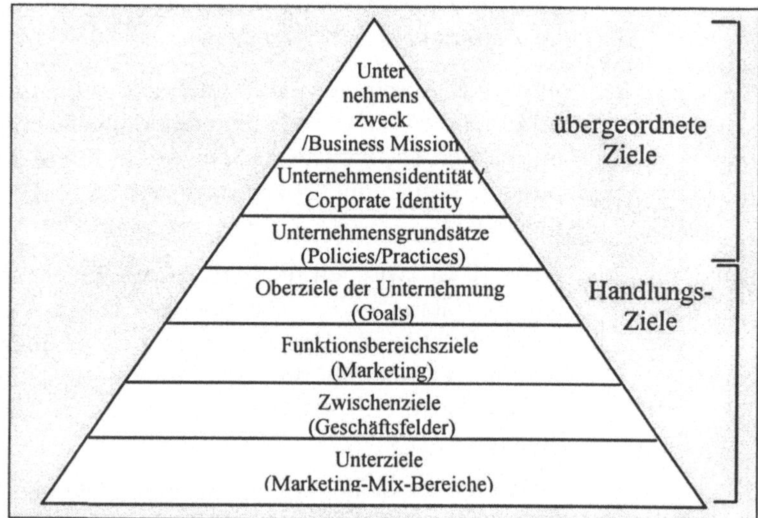

Quelle: Meffert 1998.

Unterhaltungselektronik

Im Bereich Unterhaltungselektronik sind u.a. Produzenten von Hifi-, Fernseh- und Videotechnik und Produzenten von Videospielen mit der Frage konfrontiert, inwieweit und wo sie, um Chancen zu wahren, in den neuen Markt einsteigen müssen. Allianzen in diesen Bereichen zeigen das rege Interesse dieser Branchen an den neuen Märkten (vgl. auch Kapitel 2).

Corporate Identity

Die Unternehmensidentität oder die Corporate Identity (CI) drückt sich im Erscheinungsbild, dem Verhalten und der Kommunikation einer Unternehmung aus. Die Corporate Identity und das Image einer Firma stimmen, auch wenn dies das Ziel ist, nicht immer überein. Zunächst muß geprüft werden, inwieweit

---

1 IT = Informations- und Telekommunikationsindustrie

sich die CI mit dem Image des Internet verbinden läßt und welche Auswirkungen bzw. Wechselwirkungen dadurch entstehen können. Werden Marketingziele im oder mit dem Internet realisiert, so muß dies in Übereinstimmung mit der CI erfolgen, sofern keine Veränderung oder Anpassung des eigenen Image geplant bzw. beabsichtigt ist.

Business Policies

Die Unternehmensgrundsätze (auch Business Policies oder Practices) bezeichnen Verfahrens- und Vorgehensweisen bzw. Praktiken gegenüber Kunden, Lieferanten, Mitarbeitern etc., die aus dem Unternehmenszweck und der Identität des Unternehmens heraus entstehen und das Handeln prägen. Sie sind damit nur schwer greifbar.

Denkbar ist z.B., daß die „Umgangsformen" bzw. das Geschäftsgebaren eines Unternehmens durch den Einsatz des Internet verändert werden. Wurde bislang alles per Brief schriftlich erledigt, stellt der Einsatz von E-Mail und WWW den Übergang zur elektronischen Anbahnung, Abwicklung und Dokumentation von Geschäften dar.

Goals

Oberziele der Unternehmung (Goals) sind quantitative und qualitative Richtgrößen, die angestrebt werden. Sie beziehen sich auf die Marktstellung (z.B. Umsatz, Marktanteil), auf die Rentabilität, auf die Qualität, auf die Finanzwirtschaft (z.B. Liquidität) auf die Mitarbeiter (z.B. Arbeitszufriedenheit) und die Gesellschaft (z.B. Einfluß, Prestige).

Wirkungen

Eine Analyse aller möglichen Ziele hinsichtlich der Auswirkungen des Internet würde hier den Rahmen sprengen. Es sollen daher nur beispielhaft einige Oberziele betrachtet werden. Umsatzziele von Unternehmen können durch das Internet je nach Konkurrenzsituation gefördert oder behindert werden. Schafft es ein Unternehmen, im Internet eine für die Nutzer attraktive Homepage aufzubauen und dort für den Kunden nützliche Informationen anzubieten bzw. Produkte zu verkaufen, fördert dies sicherlich den Umsatz. Vorausgesetzt, daß es sich um neue Kunden handelt, also keine Verlagerung aus anderen Distributionskanälen stattfindet. Besonders kleine und mittelständische Unternehmen können auf diese Weise z.B. regionale Nachfragebeschränkungen durchbrechen. Andererseits dringen auf diese Weise mögliche Konkurrenten mit günstigen Angeboten in die eigenen angestammten Regionen ein.

Marketingziele

Funktionsbereichsziele (z.B. Marketingziele) sind die Ziele, die den einzelnen Unternehmensfunktionen zugeordnet werden können. Einige der z.B. zu den Goals gehörenden Oberziele können ebenfalls funktionsspezifische Ziele sein, etwa Liquidität im Finanzbereich oder Produktqualität in der Produktion.

Ökonomische und psychographische Marketingziele

Für den Marketingbereich werden in der Regel ökonomische und psychographische Marketingziele unterschieden. Deckungsbeitrag oder Marktanteil sind meßbare Zielgrößen ökonomischer Natur. Schwieriger erfaßbar sind die nicht direkt zu beobachtenden psychographischen Zielgrößen wie z.B. die Veränderung des Images einer Marke oder eines Produktes.

Geschäftsfeldziele

Zwischenziele (Geschäftsfelder) beziehen sich auf die Ziele strategischer Geschäftseinheiten bzw. -felder. Die für die Gesamtunternehmung bzw. einen Konzern geltenden Oberziele bzw. Vorgaben sind für die einzelnen Geschäftsfelder entsprechend ihrer speziellen Situation zu modifizieren.

Anpassungsbedarf

Je nach Geschäfts- oder Tätigkeitsbereich profitieren bestimmte Unternehmen stärker vom Internet als andere. Kommunikations- oder informationsintensive Dienstleistungen etwa werden durch das Internet stärker begünstigt als Stahlproduzenten. Für andere Geschäftsfelder stellt das Internet langfristig möglicherweise eine Bedrohung dar. Die Ziele solcher Geschäftsbereiche müssen daher den durch das Internet entstehenden neuen Marktgegebenheiten angepaßt werden. Darüber hinaus kann das Internet für viele Unternehmen zu einem neuen Geschäftsfeld werden (vgl. Kapitel 2).

Marketing-Mix-Bereiche

Unterziele der Marketing-Mix-Bereiche sind z.B. Kommunikations- oder Distributionsziele, etwa das Erreichen einer 70%igen Markenbekanntheit oder eine Erhöhung des Distributionsgrades eines Produkts. Es gibt in jedem Teilbereich des Marketing-Mix eine große Zahl möglicher Ziele. Diese können hier nicht alle aufgezählt werden.

Kommunikations- und Distributionsziele

Besonders für die Kommunikations- und die Distributionspolitik jedoch, erweist sich das Internet in vielen Fällen als nützlich im Sinne der Zielerreichung. So erhöht eine Internet-Präsenz mit Verkaufsmöglichkeit den Distributionsgrad eines Produktes. News und Web-Präsenzen fördern darüber hinaus in bestimmten Zielgruppen den Bekanntheitsgrad von Unternehmen, Produkten oder Marken.

Negative Wirkungen

Es gibt jedoch auch negative Wirkungen, wie das Beispiel der regionalen Preisdifferenzierung deutlich macht. Da das Internet die weltweite Markttransparenz fördert, werden regional differenzierte Preise für Händler oder Kunden schnell auffallen und zu entsprechendem Unmut bei denen führen, die höhere Preise zahlen. Es werden folglich „Graue Märkte" durch das Internet gefördert, nicht nur durch die Preistransparenz, sondern auch durch die Möglichkeit des internationalen Verkaufs, etwa durch Händler verschiedener Regionen.

6.3 Marketingstrategien und das Internet

Strategiebegriff

Unter betriebswirtschaftlichen Strategien versteht man meist mittel- bis langfristig wirkende Grundsatzentscheidungen. Marketingstrategien steuern den Einsatz von Ressourcen und Instrumenten im Rahmen des Marketing und legen, orientiert an den Unternehmenszielen, Handlungsfelder, -richtungen und -spielräume fest (Nieschlag/Dichtl/Hörschgen 1995). Stellt der Absatzbereich den Engpaßbereich des Unternehmens dar, kommt dem Absatz eine Schlüsselposition im Unternehmen zu und die Marketingstrategien werden zu Unternehmens- bzw. Geschäftsbereichsstrategien.

Arten von Marketingstrategien

Es gibt eine Anzahl von Marketingstrategien, die unterschiedlich systematisiert werden können. Sie werden nach Becker (1993) nach der Wahl der Produkt-Markt-Kombination, nach der Art der Marktbeeinflussung, nach dem Grad der Marktbearbeitung sowie nach dem Grad der räumlichen Marktausdehnung unterschieden werden. Danach gibt es „Marktfeldstrategien", „Marktstimulierungsstrategien", „Marktparzellierungsstrategien" und „Marktarealstrategien". Abbildung 6.7 illustriert diese Systematisierung.

Im folgenden werde ich auf neun der genannten Marketingstrategien eingehen, um für diese zu klären, inwieweit das Netz bei der Verfolgung einzelner Strategien eingesetzt werden kann. Die Marktarealstrategien werden hier als eine zusammenhängende Auswahlentscheidung betrachtet und nachfolgend nicht weiter unterteilt.

Abb. 6.7: Marketingstrategien nach Becker

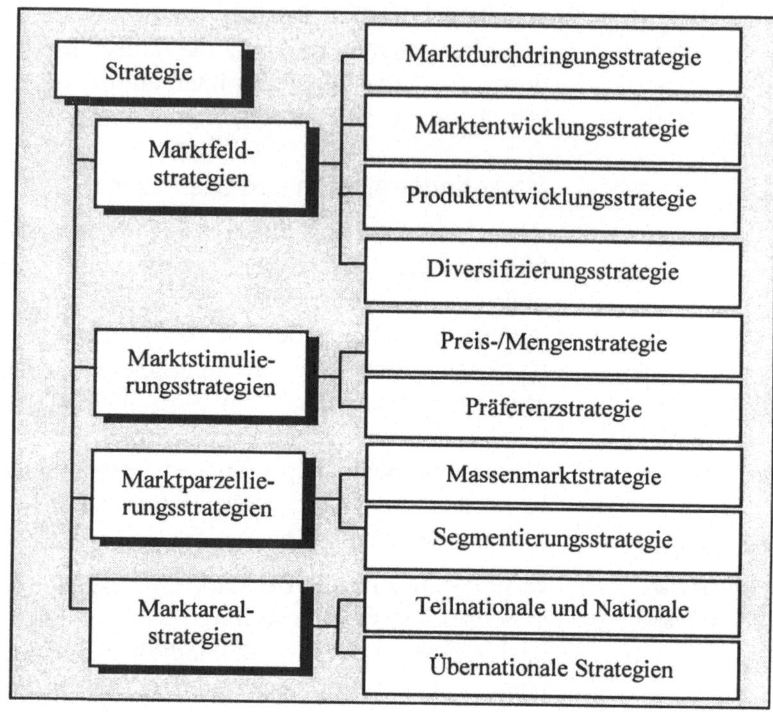

Marktdurchdringungsstrategie

Internet als Werbemedium

Die „Marktdurchdringungsstrategie" ist eine der vier „Ansoffschen" (Ansoff 1966) Marktfeldstrategien. Dabei soll auf gegenwärtig bearbeiteten Märkten mit gegenwärtig vorhandenen Produkten der Umsatz oder der Marktanteil gesteigert werden. Dazu können bisherige Nicht-Verwender zu Kunden gemacht, Kunden der Konkurrenz abgeworben oder ein Mehrbedarf bisheriger Kunden erzeugt werden.

Das Internet kann im Rahmen der Marktdurchdringungsstrategie in erster Linie als Werbemedium eingesetzt werden, um beispielsweise neue Kunden anzusprechen, die auf herkömmlichen Kanälen nur schwer erreichbar sind (wie etwa Computerfreaks). Daneben können „Konkurrenzkunden" durch überzeugende Kommunikationsarbeit im Internet abgeworben werden.

Marktentwicklungsstrategie

Erweiterung von Produktfunktionen

Durch neue Kunden und/oder neue Verwendungszwecke sollen für vorhandene Produkte neue Märkte gefunden bzw. geöffnet werden, um „Wachstum" zu erzielen. Dafür können z.B. Produktfunktionen erweitert werden. Dies geschieht etwa bei den professionellen Online-Datenbankanbietern wie Data-Star, Dialog, Orbit oder STN/FIZ, die durch Einrichtung eines Internet-Zugangs alten und neuen Kunden die Möglichkeit geben, die jeweiligen Dienstleistungen günstiger zu nutzen.

Neue Verwendungsmöglichkeiten

Neue Produktfunktionen werden auch bei verschiedenen „Online-Zeitungen" und Informationsdiensten, wie z.B. „Pathfinder", sichtbar.[2] Abonnenten können angeben, zu welchen Themenbereichen sie Informationen wünschen und zu welchen nicht. Pathfinder stellt die Informationen aus verschiedenen Publikationen des Time-Verlages (Times, Vibes, Sports Illustrated u.a.) zusammen. Damit wird dem Leser quasi eine „Zeitung" nach seinen persönlichen Wünschen präsentiert, der Leserkreis wird erweitert und eine zusätzliche Verwendungsmöglichkeit des journalistischen Materials geschaffen.

Servicefunktionen

Die Möglichkeit der Schaffung zusätzlicher Produktfunktionen besteht in erster Linie für digitalisierbare Produkte und Dienstleistungen; es können aber auch zusätzliche Features, z.B. die Fernwartung bzw. Fehlerdiagnose für Investitionsgüter wie Maschinen und ähnliches, über das Internet abgewickelt werden. Damit wird das zum Produkt gehörende Servicespektrum erweitert (s. Abschnitt 6.4).

Produktentwicklungsstrategie

Generierung von Innovationen

Bei dieser Strategie werden für bereits bearbeitete Märkte neue Produkte geschaffen. Das Internet kann u.a. bei der Generierung von Innovationen als „Ideen- und Informationslieferant" eingesetzt werden, etwa in der Forschung und Entwicklung (vgl. Kapitel 4). Außerdem kann das Produkt in Verbindung mit dem Internet selbst eine Innovation oder eine „Quasi-Innovation" sein. Ein Beispiel hierfür sind die sogenannten „Cyber-Cafés", in denen man neben dem Kaffeetrinken gegen Gebühr im Internet „surfen" kann.

Diversifikationsstrategie

Informationsbedarf

Der Versuch, Wachstum durch neue Produkte auf neuen Märkten zu erzielen, wird als Diversifikationsstrategie bezeichnet. Dies ist die letzte der vier Marktfeldstrategien. Um neue Produkte für neue Märkte zu entwickeln, werden Informationen über bislang nicht bearbeitete Märkte benötigt. Hier bietet sich die Marktforschung im Internet an.

---

2 http://www.pathfinder.com/

Kooperationen Akquisitionen

Vielfach erfordert die Diversifikation jedoch horizontale, vertikale oder diagonale Unternehmenskooperationen (Sell 1994) oder Akquisitionen bzw. den Erwerb von Beteiligungen. Dazu können im Internet Kooperationspartner gesucht und Kontakte geknüpft werden. Speziell in den USA, aber auch an anderen Orten stehen hierfür einige Server bereit. Ferner können die Kommunikationsmöglichkeiten des Internet bei der Durchführung von Kooperationen oder der Steuerung und Kontrolle von Beteiligungen eingesetzt werden. (Vgl. auch Kapitel 5).

Vermittlung von Geschäftskontakten

Es existieren mittlerweile eine Reihe von seriösen Firmen und Organisationen, die sich auf die Vermittlung von Geschäftskontakten spezialisiert haben, so z.B.:

- Trade Match in England (`http://www.tradematch.co.uk/`),
- Trade Zone in den USA (`http://www.tradezone.com/`),
- Small Business Exporters Association (`http://www.freetrader.com/titlepage.html`),
- Washington Trade Center (`http://www.eskimo.com/~bwest/`),
- Asian Pacific Business and Marketing Resources (`gopher://hoshi.cic.sfu.ca/11/dlam/business/forum/`),
- I-TRADE (`http://www.i-trade.com/`). Die Nachfolgerin von Trade Point USA stellt u.a. zusammen mit der UNCTAD Verbindungen zu regionalen, elektronischen Exportadreßbüchern bereit.

Präferenzstrategie

Die Präferenzstrategie ist eine der beiden Marktstimulierungsstrategien. Dabei soll die Kundenbindung durch den Aufbau von Präferenzen (Vorlieben) beim Kunden bzw. durch die Erzeugung eines besonderen „Markenimage" erfolgen. Dies ermöglicht häufig die Erzielung höherer Preise, ist jedoch in der Regel mit großem und teurem Werbeaufwand verbunden.

Markenimage

Das Internet eignet sich gut für den Aufbau und die Unterstützung eines Markenimage in bestimmten Zielgruppen. Es kann als Transportmedium für Imagewerbung in Form von Bildern oder Filmen genutzt werden, d.h. „emotionale Werte" oder ein bestimmtes „Lebensgefühl" können transportiert werden.

Keine Einschränkungen der Werbung

Anders als im Fernsehen oder im Radio kann zu jeder Uhrzeit weltweit für sämtliche Produkte geworben werden, einschließlich Alkohol, Pharmazeutika und Zigaretten. Ein Beispiel ist die

Homepage der Zigaretten Marke West[3] (siehe Abbildung 6.8). Außerdem genießen Firmen im Internet zur Zeit noch den Ruf, modern und innovationsfreudig zu sein. Einschränkungen im Bereich der Werbung ergeben sich jedoch aus der noch zu erläuternden Zielgruppenbeschränkung des Internet.

Abb. 6.8: Werbeseite der Zigarettenmarke „West"

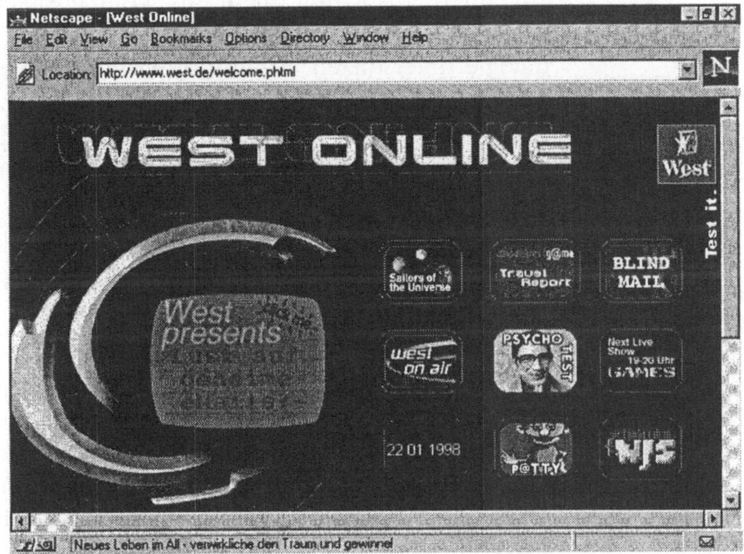

Preis/Mengenstrategie

Kostenwirkung des Internet

Die Kundenbindung wird bei der Preis/Mengenstrategie fast ausschließlich durch niedrige Preise erzielt. Die Preis/Mengenstrategie ist damit in gewisser Weise eine besonders konkurrenzorientierte Strategie. Ein niedriger Preis ist immer mit den Preisen der Konkurrenzunternehmen und -produkte zu vergleichen.

Preiswirkungen

Für solche „Niedrigpreisstrategien" eignet sich das Internet abhängig vom jeweiligen Produkt und der jeweiligen Situation mal mehr und mal weniger. Zum einen kosten „Online-Minuten" den normalen privaten Nutzer Telefongebühren und verteuern damit den Preis einer Ware oder einer Dienstleistung. So ist etwa das „Online-Lesen" einer Zeitung um einiges teurer als der Preis des gedruckten Exemplars (siehe Abschnitt 6.5). Andererseits gibt es Beispiele von sogenannten „Online-Stores", die, da sie keine Kosten für Ladenlokale und entsprechendes Personal haben, ihre

3 `http:// www.west.de/`

Ware, wie z.B. „Levi's Jeans" oder Software, sehr günstig anbieten können (siehe Abschnitt 6.8).

Kostenwirkungen

Weiterhin können in bestimmten Fällen durch das Internet auch bei den Telekommunikationskosten signifikante Einsparungen erzielt werden. Diese können die notwendigen Aufwendungen zur Internet-Nutzung mehr als kompensieren. Damit können Kostensenkungspotentiale eröffnet werden, die die Niedrigpreisstrategie unterstützen. Aufgrund der hohen internationalen Transparenz im Netz scheint es insgesamt jedoch bedenklich, beispielsweise einen Preiskampf im Internet führen zu wollen. (Siehe zu den „Kostensenkungspotentialen" des Internet auch Abschnitt 6.5.)

Massenmarktstrategie

Internet ist kein echter Massenmarkt

Die undifferenzierte Bearbeitung des gesamten Marktes wird als „Massenmarktstrategie" bezeichnet. Sie stellt das Gegenstück zur noch anzusprechenden Marktsegmentierung dar. Das Internet stellt zwar angesichts der Nutzerzahlen einen „Massenmarkt" dar; die Nutzer verteilen sich jedoch über verschiedene Kontinente, Kulturen und Sprachen. Auf Länderebene ist in großen Bevölkerungsteilen noch kein Internet-Anschluß vorhanden (siehe Abschnitt 3.3). Wie die Nutzer-Analysen im Kapitel 2 darüber hinaus bereits zeigten, sind z.B. Frauen extrem unterrepräsentiert. Auch Kinder, ältere Menschen und Menschen mit niedrigem Bildungsniveau sind nur gering im Netz vertreten.

Das Netz selbst stellt also zur Zeit bereits eine starke Segmentierung bzw. ein eigenes Segment und keinen „echten" Massenmarkt dar. Auch mittelfristig wird das Internet – abhängig natürlich vom jeweiligen Produkt – aller Wahrscheinlichkeit nach Schwierigkeiten haben, zu einem „echten" Massenmarkt für Unternehmen zu werden.

Segmentierungsstrategie

Gegenwärtig eigenständiges Marktsegment

Hierunter versteht man die Auswahl und Bearbeitung bzw. Ansprache eines oder mehrerer homogener Teilmärkte. Das Internet ist zur Zeit noch relativ homogen in bezug auf die Zusammensetzung der Nutzer. Gegenwärtig herrschen immer noch männliche Computerprofessionals, Wissenschaftler und Studenten vor. Damit bildet es – wie angedeutet – bereits ein eigenes Segment. Zwischen 60% und 80% der Nutzer sind US-Amerikaner. Gleichzeitig ist es international und multikulturell. Es kann damit sein, daß Unternehmen mit einer Segmentierungsstrategie feststellen, daß ihre spezielle Zielgruppe nicht bzw. nicht ausreichend im Internet vertreten ist. Das Internet kann in diesem Fall nur als Informationsinstrument und zur Unternehmenskommuniaktion, nicht jedoch für die Marktkommunikation genutzt werden.

Segmentierung durch Inhalte

Ausgehend vom derzeitigen Wachstum des Netzes und den Nutzerzahlen scheint es für die anderen Unternehmen sinnvoll, die Internet-Nutzer weiter zu segmentieren, um Streuverluste zu vermeiden und effektiver zu kommunizieren. So ergibt sich z.B., abhängig vom angebotenen Inhalt einer Webseite, automatisch ein gewisser Segmentierungseffekt, den Firmen nutzen und steuern können.

Zielgruppengerichtete Ansprache

Werbung kann im Internet gezielt dort plaziert werden, wo sich potentielle Nutzergruppen aufhalten. Es existieren mit E-Mail, den News und den Mailinglisten Möglichkeiten zur differenzierten Zielgruppenerfassung (z.B. durch die News-Themen) und zur direkten Ansprache. Durch die Registrierung von Nutzungsverhalten kann die Werbung auf Nutzertypen oder sogar individuell auf einzelne Kunden zugeschnitten werden (siehe auch Abschnitt 4.3). Die traditionellen Zielgruppenbilder lassen sich jedoch nicht immer ohne weiteres auf das Netz übertragen. Bestimmte Zielgruppen entziehen sich dem Zugriff per Internet oder ändern möglicherweise ihr Verhalten im Netz. Aufschlüsse hierüber geben Mediaanalysen, die auch für Internet-Angebote durchgeführt werden (siehe Abschnitt 6.7).

Marktarealstrategien

Internationalität des Mediums

Die Wahl der räumlichen bzw. geographischen Marktausdehnung wird als Marktarealstrategie bezeichnet. Man kann teilnationale, nationale und internationale Strategien unterscheiden. Gemeinhin ist das Internet nicht an Staatsgrenzen oder Grenzen kultureller oder sprachlicher Art gebunden. Dies stimmt jedoch nur bedingt: Im August 1994 gab es z.B. zehn Staaten (z.B. Kroatien, China, Vietnam) mit sogenannter „Route Filtering Policy" im Internet. Dabei wurde der Zugang zu bestimmten Teilen des NSFNET bzw. internationalen Netzteilen durch nationale oder NSFNET-Router verhindert. Darüber hinaus kann die Sprache etwa bei kyrillischen oder anderen Schriftzeichen zum Problem werden – auch wenn hierfür teilweise speziell angepaßte Browser zur Verfügung stehen.

Lokale, regionale und überregionale Unternehmen

Es besteht generell für Unternehmen immer die Möglichkeit, entweder nur lokal, national oder multinational zu agieren. Die „Online-Pizza-Services" im Netz sind der Beweis. Sie liefern ihre Pizza nur in der jeweiligen Region bzw. in einigen Stadtvierteln aus. Die sprachliche Beschränkung kann in bestimmten Fällen ebenfalls zur Eingrenzung von Zielmärkten genutzt werden. Aber selbst mit einem deutschsprachigen Web-Angebot erreicht man auch Österreicher und Schweizer. Um rein national zu werben bzw. zu verkaufen, müssen entsprechende Beschränkungen des Angebots aufgebaut werden. Die großen Konzerne dagegen, wie etwa „Global Player" Sony, agieren in der Regel multinational und bewerben ihre Produkte weltweit. Zu den geographischen Einschränkungen siehe Abschnitt 3.3.

Internationaler Absatz kleiner und mittlerer Firmen

Der Schritt zur internationalen Marktbearbeitung wird durch das Internet speziell auch für kleine und mittlere Firmen interessanter. Die Informationsmöglichkeiten des Netzes können zur Knüpfung ausländischer Geschäftskontakte genutzt werden. Die Kommunikationsmöglichkeiten beschleunigen, vereinfachen und verbilligen den Kontakt zu ausländischen Partnern, Niederlassungen oder Tochtergesellschaften und ermöglichen es auch kleinen Firmen, globale Kommunikationsnetze zu nutzen.

Abb. 6.9: Buchladen J.F.Lehmanns

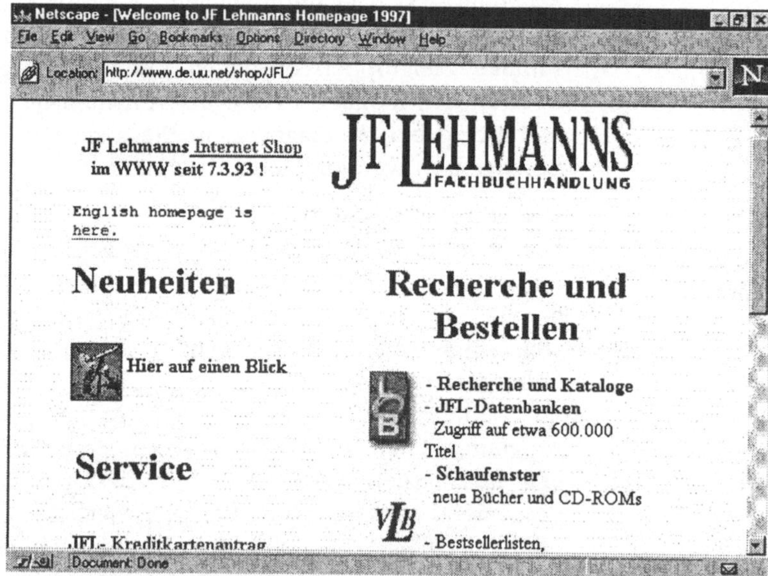

Beispiel Buchladen

Das Marketing im Internet gibt kleinen Firmen darüber hinaus die Möglichkeit, weltweit ihr Angebot zu präsentieren und Umsätze zu erzielen. Ein Beispiel hierfür ist der Buchladen J.F.Lehmanns in Berlin (siehe Abbildung 6.9), der u.a. Buchkataloge zu den Themen Informatik, Medizin und Ökologie im Internet bereithält und elektronische Bestellungen ermöglicht.

Aufträge gehen u.a. aus ganz Europa sowie Nord- und Südamerika ein.[4]

Multinationale Unternehmen im Netz

Die „Globalisierung“ im Sinne der weltweit einheitlichen Zielgruppenansprache bzw. der Standardisierung der Marketinginstrumente wird durch das Internet erleichtert. Sony Electronics Inc. stellt beispielsweise Produktinformationen in englischer Sprache und mit Dollarpreisen versehen ins Netz.[5] Ein Server mit einer „Homepage“ reicht aus, um in der ganzen Welt identisch aufzutreten.

Differenzierung

Andererseits ist es jedoch einfach, nationale Eigenheiten durch sprachlich oder kulturell speziell angepaßte Firmeninformationen bzw. Werbung zu berücksichtigen, wenn man in einzelnen Ländern unterschiedlich auftreten möchte. Dem Nutzer werden dann auf einem Server verschiedene nationale „Seiten“ zur Auswahl bereitgestellt, oder er wird zu anderen Servern „geschickt“. Viele WWW-Angebote liegen daher zwei- oder mehrsprachig vor, meist in der Landessprache des Anbieters und auf Englisch. So weist Sony Inc., USA, etwa auf seine japanische Homepage in Tokio hin. Insgesamt stehen in rund zehn Ländern WWW-Server der Firma Sony und ergänzen damit das weltweite Angebot (Abbildung 6.10).

Abb. 6.10: Sony-Homepage

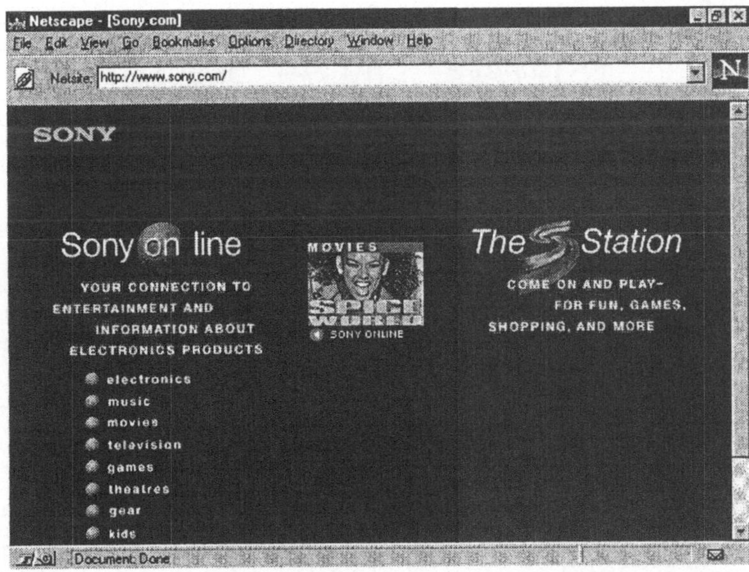

4 `http://www.Germany.eu.net/shop/JFL`

5 `http://www.sony.com/`

Andere Firmen haben alle unterschiedlichen internationalen Angebote auf einem Server gebündelt. Die Internet-Präsenz läßt sich so zentral und einheitlich verwalten. Die Webseiten haben entsprechende „Wahlschalter“ für die Umstellung auf andere Sprachen. Es bietet sich für deutsche Unternehmen, die häufig europaweit exportieren, an, ihre Seiten nicht nur in Englisch, sondern in weiteren europäischen Sprachen, entsprechend den bearbeiteten Märkten, bereitzuhalten.

Weitere Strategien

Neben dem von Becker aufgestellten Strategieraster gibt es noch weitere Ansätze, die z.T. noch nicht erwähnte strategische Fragen aufführen. Meffert (1994) systematisiert die Strategiedimensionen des Marketing wie in Tabelle 6.3 dargestellt. Da die meisten der Strategien bereits im vorhergehenden Abschnitt untersucht wurden, soll nur kurz auf die bei Becker nicht betrachteten strategischen Entscheidungen eingegangen werden.

Instrumentalpolitiken

Meffert führt auch die Entscheidung über den Einsatz der Marketinginstrumente als strategische Entscheidungsdimension auf. Dieser Sichtweise wird hier nicht gefolgt. Zwar haben verschiedenen Marketingmaßnahmen – etwa im Bereich der Distributionspolitik – strategischen Charakter, jedoch überwiegt in der Regel die operative Einsatzdimension der Marketinginstrumente.

Tab. 6.3: Strategien nach Meffert

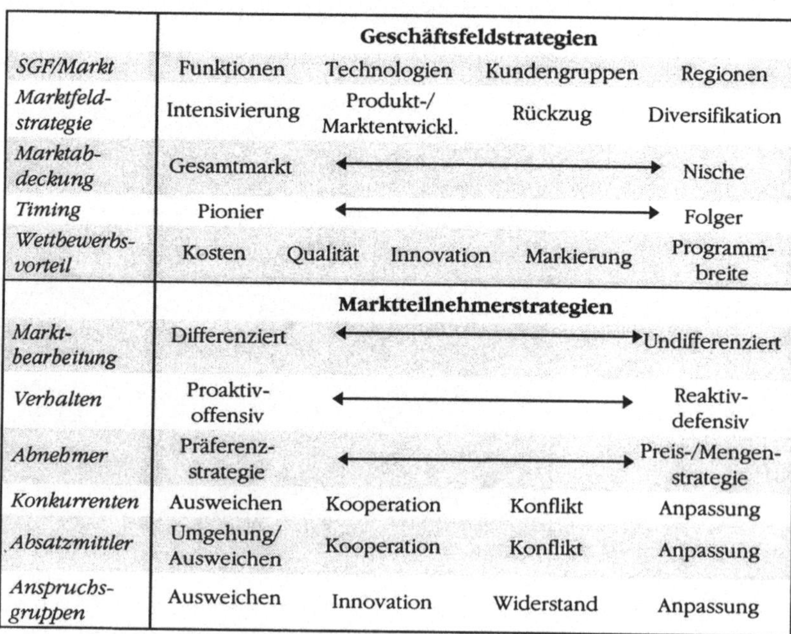

	Geschäftsfeldstrategien				
SGF/Markt	Funktionen	Technologien	Kundengruppen	Regionen	
Marktfeld-strategie	Intensivierung	Produkt-/ Marktentwickl.	Rückzug	Diversifikation	
Marktab-deckung	Gesamtmarkt	⟵	⟶	Nische	
Timing	Pionier	⟵	⟶	Folger	
Wettbewerbs-vorteil	Kosten	Qualität	Innovation	Markierung	Programm-breite
	Marktteilnehmerstrategien				
Markt-bearbeitung	Differenziert	⟵	⟶	Undifferenziert	
Verhalten	Proaktiv-offensiv	⟵	⟶	Reaktiv-defensiv	
Abnehmer	Präferenz-strategie	⟵	⟶	Preis-/Mengen-strategie	
Konkurrenten	Ausweichen	Kooperation	Konflikt	Anpassung	
Absatzmittler	Umgehung/ Ausweichen	Kooperation	Konflikt	Anpassung	
Anspruchs-gruppen	Ausweichen	Innovation	Widerstand	Anpassung	

Quelle: in Anlehnung an Meffert, 1994.

Konsequenzen für das Internet-Marketing

Besonders die Bereiche Timingstrategie, Wettbewerbsvorteile, Konkurrenzorientierung und absatzmittlergerichtetes Verhalten sollen hier auf mögliche Auswirkungen des Internet hin untersucht

Timingstrategie

Die Timingstrategie erfaßt verschiedenen Bereiche und Inhalte. So muß ein Unternehmen den Markteintrittszeitpunkt bestimmen. Dies wiederum kann hinsichtlich eines bestimmten Produktes, hinsichtlich einer bestimmten Branche oder hinsichtlich der geographischer Märkte von großem Interesse sein. Daraus ergibt sich, ob ein Unternehmen in einem Markt, einer Branche oder bei einem Produkt Pionier oder Folger ist.

Wettbewerbsvorteile

Spätestens seit Porter ist die Erlangung von Wettbewerbsvorteilen zum zentralen Interesse von Unternehmen geworden. Tabelle 6.3 zeigt Ansatzpunkte für Wettbewerbsvorteile auf. Die wichtigsten sind die Kosten, Qualität, Innovationen, Marken und die Programmgestaltung.

Ansatzpunkte

Auf die Kostenwirkungen des Internet soll an dieser Stelle nicht eingegangen werden (vgl. dazu 6.5.2). Auch auf die Möglichkeit der Werbung für Marken sowie auf Innovationen, wie z.B. Internet-Cafés, und das Netz als Ideenlieferant wurde bereits verwiesen. Es bleiben die Bereiche Qualität und Programmgestaltung. In beiden Fällen kann das Internet Lösungen bieten.

Qualität

Qualität kann unternehmensintern und -extern beurteilt werden. Auf die Marktforschung zur Messung der Produktqualität als Ausgangspunkt für Qualitätsverbesserungen ist in Abschnitt 4.3 hingewiesen worden. Außerdem kann das Internet genutzt werden, um durch Erweiterung und Ergänzung bestehender Produktfunktionen, etwa im Bereich Wartung und Reparatur neue Qualitäten zu schaffen.

Produktprogramm

Die Gestaltung des Produktprogramms bzw. des Sortiments im Handel führt zur Spezialisierung oder Generalisierung des Angebots. Beides kann abhängig von der jeweiligen Situation ein Vorteil oder ein Nachteil sein. Das Internet ermöglicht Spezialisten mit einem sehr kleinen Programm einen großen Kundenkreis zu finden. Anderseits können Generalisten in virtuellen Läden riesige Sortimente zusammenstellen und anbieten, ohne diese lagermäßig bevorraten zu müssen. Der Handel kann die Modelle oder Varianten, die umsatzschwach sind, in das Programm aufnehmen, da keine zusätzlichen Kosten dafür in Kauf genommen werden müssen. Tausende Artikel können mit Bildern und

Beschreibung in Datenbanken gespeichert werden (vgl. Abschnitt 6.1).

Konkurrenzorientierung

Das grundsätzliche Verhalten gegenüber der Konkurrenz wird als Konkurrenzorientierung bezeichnet. Die Möglichkeiten reichen von Ausweichen über Anpassung bis hin zu Konfliktstrategien. Besondere Einsatzmöglichkeiten des Internet in einer Konflikt- oder Anpassungsstrategie lassen sich nicht erkennen.

Ausweichen

Unter bestimmten Voraussetzungen kann das Internet als alternativer Absatzkanal genutzt werden. Bestimmte Produkte, für die z.B. aus Konkurrenzgründen kein ausreichender Regalplatz vorhanden ist, können im Internet direkt verkauft werden. Man weicht damit einem Kampf um Zugang zu Distributionskanälen aus.

Kooperation

Zur Lösung bestimmter Probleme werden vereinzelt auch begrenzte Kooperationen mit Konkurrenzunternehmen genutzt. Hier lassen sich die in Abschnitt 5.3 erwähnten externen Kommunikationsmöglichkeiten des Internet einsetzen.

Absatzmittler

Absatzmittlergerichtetes Verhalten beschreibt die Verhaltensweise von Herstellern gegenüber dem Handel i.w.S. Auch hier ist von Ausweichen über Anpassung und Kooperation bis zur Konfliktstrategie alles möglich. Das Internet selbst birgt Konfliktpotential, nämlich dann, wenn Hersteller versuchen am Handel vorbei, Produkte über das Internet zu verkaufen. Das Netz kann jedoch auch intensiv für die Kooperation zwischen beiden Parteien genutzt werden. Besonders im Zusammenhang mit dem gegenwärtig diskutierten Konzept des Efficient Consumer Respose (ECR) gewinnt die informatorische und kommunikative Verzahnung von Handel und Hersteller an Bedeutung.

Zusammenfassend läßt sich festhalten, daß das Internet an vielen Stellen in die gängigen Marketingstrategien integrierbar ist. Besonders im Rahmen der Internationalisierung sowie der Globalisierung läßt sich das Netz gut einsetzen. Das Internet stellt zudem ein eigenes Marktsegment dar, welches mit der weiteren Ausdehnung des Netzes kontinuierlich größer, aber auch inhomogener wird. (Zu den Eigenschaften dieses Segments siehe auch die Studien über die Internet-Nutzer im Abschnitt 2.6).

6.4 Der Einfluß des Internet auf die Produktpolitik

Gegenstand der Produktpolitik

Die „Produktpolitik“ umfaßt alle Entscheidungstatbestände, die sich auf die marktgerechte Gestaltung aller vom Unternehmen im Absatzmarkt angebotenen Leistungen beziehen (Meffert 1998).

Als Produkte werden hier zunächst Waren aber auch Dienstleistungen verstanden. Zu den Dienstleistungen siehe auch Abschnitt 6.9.

Dreiteilung der Produktpolitik

Unter dem Begriff „Produktpolitik" wird meist eine Reihe von Teilpolitiken bzw. Instrumenten zusammengefaßt. Die wichtigsten darunter sind die Produktgestaltung, die Sortiments- bzw. Programmpolitik, die Verpackungspolitik und die Kundendienstpolitik sowie die Markenpolitik. Zur Systematisierung soll die folgende Einteilung dienen (Hüttner/Pingel/Schwarting 1994):

- gestaltungsbezogene Produktpolitik,
- prozeßbezogene Produktpolitik,
- programmbezogene Produktpolitik.

Erweitertes Produktkonzept

Es wird hier von einem erweiterten Produktkonzept ausgegangen, welches mehr Entscheidungstatbestände umfaßt als die bloße Funktion und das Aussehen des Produktes. So wird auch die Verpackungspolitik und die Kundendienstpolitik hier in die gestaltungsorientierte Produktpolitik integriert. Ebenso wird mit der Markenpolitik und dem Beschwerdemanagement verfahren, die in diesem Sinne ebenfalls zu gestaltende Produktbestandteile darstellen. Abbildung 6.11 verdeutlicht die Instrumente der Produktpolitik innerhalb der drei Kategorien.

Abb. 6.11: Instrumente der Produktpolitik

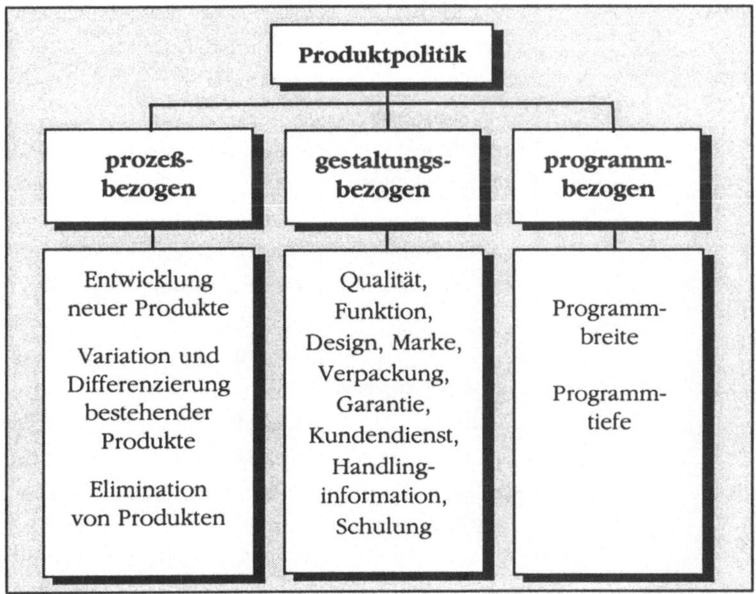

Bedürfnisstruktur

Im Netz werden Produkte zur Befriedigung der unterschiedlichsten Bedürfnisse angeboten. Physiologische Bedürfnisse werden genauso wie Sicherheit, Prestige, Wertschätzung, soziale Bedürfnisse oder Selbstverwirklichung angesprochen. So wird im Internet jede Art von Produkten von Nahrungsmitteln und Kleidung über Schmuck und Wohnungen bis hin zu Kontakten, Gesprächen, Therapien und Sex angeboten.

Sektoren, Branchen und Produkttypen im Netz

Aussagen hinsichtlich der Produktpolitik im Internet bzw. den Auswirkungen des Internet auf die Produktpolitik, die sich an den Unterscheidungen in Sektoren, Branchen oder Produkttypen festmachen ließen, sind nur schwer zu verallgemeinern.

Sowohl in der Industrie als auch im Dienstleistungsbereich und in der Landwirtschaft läßt sich das Netz zur Vermarktung von Produkten einsetzen. Es gibt grundsätzlich keinen Sektor bzw. keine Branche, deren Produkte sich nicht für eine Präsenz im Internet eignen würden. Tabelle 6.4 gibt einen Überblick und zeigt Beispiele auf. Damit sind jedoch noch keine Aussagen über Auswirkungen des Internet auf die Entscheidungen von Unternehmen hinsichtlich ihrer Produktpolitik getroffen.

Tab. 6.4: Beispiele für Sektoren und Branchen im Internet

Angebotstyp	*Branche*	*Beispiele*
Investitionsgüter		
Anlagen	Elektronik, Chemie	Siemens, Höchst, Thyssen
Systeme	Computer, Software	IBM, Microsoft
Produkte	Hardware	Hewlett-Packard
Konsumgüter		
Langlebige Gebrauchsgüter	Automobile	BMW, Mercedes Benz, Volvo, Honda, VW, GM
Kurzlebige Gebrauchsgüter	Bekleidung Unterhaltungselektr.	Levi's, Reebok, Adidas Grundig, Sony
Verbrauchsgüter	Nahrungsmittel	Coca Cola, Del Monte
	Kosmetik	Beiersdorf,
	Pharma	Merck, GlaxoWellcome
Dienstleistungen		
Handel	Handelsketten	Karstadt, Mediamarkt
	Versandhandel	Quelle, Otto, Neckermann
sonstige Dienstleistungen	Finanzdienstleister Versicherungen Verkehr, Touristik	Bank 24, Vereinsbank Allianz, Colonia, Lufthansa, Bahn ,Club Med

Quelle: in Anlehnung an Fantapié-Altobelli/Hoffmann, 1996.

Konsum- und Investitionsgüter im Netz

Es können im Internet sowohl Konsumgüter, wie z.B. Valensina Orangensaft, als auch Investitionsgüter, wie z.B. Metallrohre bzw. Röhren (Thyssen AG), oder Chemikalien beworben und verkauft werden. Da Software ebenfalls ein Investitionsgut sein kann, kann sogar der Transport solcher Investitionsgüter im Netz erfolgen.

Übergewicht der Dienstleistungen

Gegenwärtig ergibt sich ein deutliches Übergewicht der Dienstleistungen im Internet. Was u.a. mit der großen Bedeutung dieses Sektors in der realen Welt zu tun haben dürfte. Investitionsgüterhersteller können zwar häufig großen Nutzen aus dem Internet ziehen, sind aber bislang eher unterdurchschnittlich vertreten. Dies gilt auch dann, wenn man berücksichtigt, daß es zahlenmäßig weniger Investitionsgüterhersteller als Dienstleister gibt. Ein Grund könnte sein, daß Investitionsgüter generell weniger bzw. bislang mit n anderen kommunikationspolitischen Mitteln beworben werden, als etwa Dienstleistungen oder Konsumgüter.

Unterschiedliche Bedeutung der Marketinginstrumente

Für Investitionsgüter spielen Messen, Prospekte und der persönliche Verkauf eine große Rolle. Dabei scheint das Internet gerade für die häufig beratungsintensiven Investitionsgüter aufgrund seiner Möglichkeiten der Informationsvermittlung und Produktpräsentation besonders geeignet zu sein. Das Internet kann wie ein dauerhafter Messestand genutzt werden. Prospekte und Kataloge können in der Online-Version Zusatznutzen bieten, wie Suchfunktionen und Beratung durch intelligente „Softwareagenten" etc.

Computerindustrie

Obwohl viele Firmen als potentielle Investitionsgüterkäufer im Netz aktiv sind, ist die Business-to-Business-Werbung bzw. der Verkauf von Investitionsgütern im Netz bislang hauptsächlich die Domäne der Computer- und Softwarehersteller. Langfristig gehen die Prognosen verschiedener amerikanischer Marktforschungsunternehmen jedoch davon aus, daß das Marktvolumen im Business-to-Business Bereich ein Vielfaches des Volumens des Online-Verkaufs von Konsumgütern betragen wird.

Unterscheidung: digitalisierbar/ nicht-digitalisierbar

Bevor auf die einzelnen Teilbereiche der Produktpolitik und die Bedeutung des Internet für sie eingegangen werden kann, muß noch zwischen „digitalisierbaren" und „nicht-digitalisierbaren" Produkten unterschieden werden. Abbildung 6.12 verdeutlicht dies anhand einiger Beispiele.

Bedeutung der Informationsprodukte

Das Internet hat auf die Produktpolitik nicht digitalisierbarer Produkte einen ungleich geringeren bzw. anderen Einfluß als auf digitalisierbare Waren und Dienstleistungen. Nicht digitalisierbare Produkte lassen Angebot und Werbung sowie den Verkauf über das Netz zu, nicht aber den physischen Transport bzw. die prompte Leistungserbringung im Netz.

Abb. 6.12: Produkte im Internet

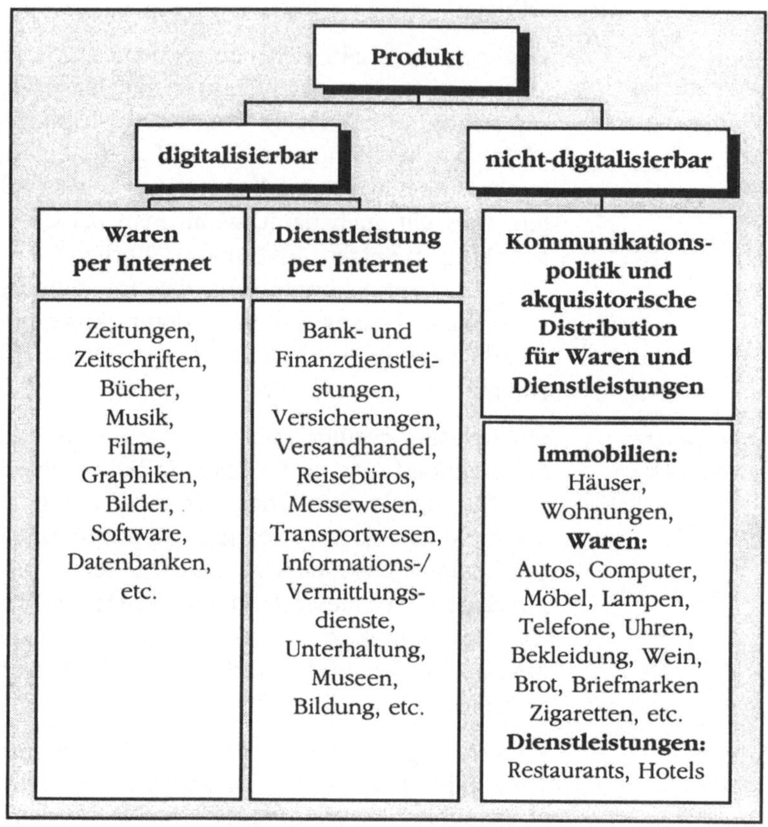

Informations-produkte

Digitalisierbare Produkte werden auch als Informationsprodukte bezeichnet. Man Informationsprodukte als die „eigentlichen" „Internet-Produkte" bezeichnen. Sie versprechen den größten kommerziellen Erfolg. Tabelle 6.5 zeigt Beispiele für die Informationsorientiertheit bestimmter Produkte und Dienstleistungen. Die produktpolitischen Auswirkungen des Internet betreffen hauptsächlich diese Produkttypen.

Tab. 6.5: Beispiele für die Informations-orientiertheit

	Produkte	*Produktbegleitende Dienstleistungen*	*Dienstleistungen*
Sachleistungs-/ Objektorientiert	Geschirrspüler	Installation/ Wartung	Kfz-Reparatur
Informations-orientiert	Bücher	Schulung	Börseninformationsdienst

Nachfolgend sollen die in Abbildung 6.12 aufgezeigten Kategorien der produktpolitischen Entscheidungstatbestände und die damit verbundenen Instrumente auf mögliche Einflüsse des Internet untersucht werden.

6.4.1 Die prozeßbezogene Produktpolitik

Innovation, Variation und Eliminierung

Die „prozeßbezogene Produktpolitik" umfaßt die grundlegenden Entscheidungen über die Entwicklung und Produktion neuer Waren (und Dienstleistungen) (Produktinnovation), die Veränderung bzw. Anpassung des Produkts an veränderte Bedingungen (Produktvariation bzw. -differenzierung) sowie die Eliminierung des Produkts.

Einflüsse auf Produkte

Das Netz kann auf verschiedene Produkte unterschiedliche Einflüsse ausüben. Es lassen sich für alle drei bzw. vier Bereiche der prozeßbezogenen Produktpolitik – also Innovation, Variation bzw. Differenzierung und Elimination – Produkte (und Dienstleistungen) finden, bei denen die entsprechenden Entscheidungen durch das Internet beeinflußt wurden oder werden. D.h. es werden durch das Internet neue Produkte geschaffen, bestehende Produkte verändert oder angepaßt und zukünftig möglicherweise einige Produkte durch das Internet vom Markt verdrängt.

Neue Produkte und Dienstleistungen durch das Internet

Innovation?

Wann ist ein neues Produkt eine Innovation? Es ist nicht leicht, eine eindeutige Abgrenzung zwischen „echten" Innovationen und „Quasi-Innovationen" vorzunehmen. Ist der PC eine echte Innovation oder nur die Weiterentwicklung bzw. die Verkleinerung von Großrechnern?

Neu für wen?

Ansatzpunkte für die Beurteilung von Innovation liefern folgende Fragen:

- Für wen ist das Produkt neu? (für das Unternehmen, für die Branche, für den Kunden, für die Kunden eines speziellen Segmentes oder eines geographischen Marktes?) und

- Welchen Neuheitsgrad weist das Produkt auf? (sehr innovativ, teilweise neu?).

Quasi-Innovationen weisen einen entsprechend geringeren Innovationsgrad auf als echte Innovationen wie „Weltneuheiten". Produkte, die auf einem Markt veraltet sind, können in einem anderen Markt immer noch Innovationen darstellen.

Neue Produkte und Dienstleistungen

Das Netz selbst kann als eine Innovation angesehen werden. Obwohl es im wissenschaftlichen Bereich schon alltäglich war, stellte es Anfang der neunziger Jahre besonders für private Kunden eine echte Neuheit dar. Gegenüber den traditionellen Netzwerklösungen stellt sich das Internet durch seine TCP/IP Basiertheit und die damit verbundene neue Funktionalität auch technisch als Innovation dar.

Provider

Internet-Provider, die kommerziell Netze betreiben, stellen eine neue Kategorie von Dienstleistungsunternehmen dar. Ihr Produkt bzw. ihre Leistung ist die Anbindung von Privaten und Organisationen an das Netz. Gleiches gilt für die Betreiber von Online-Diensten, die darüber hinaus jedoch auch noch Inhalte präsentieren (Content Provider). Im Rahmen des Internet sind auch die bereits in Kapitel 4 erwähnten Internet-Suchdienste entstanden. Informationsdienste, wie die „Yahoo Search Engine", finanzieren sich durch Werbung auf ihren Seiten, sind also kommerzielle Unternehmen. Sie ähneln in gewisser Weise den Datenbankanbietern, die dem Nutzer ebenfalls das Auffinden von Informationen ermöglichen.

Hard- und Software rund um das Netz

Internet-Software, wie etwa der Browser „Netscape Navigator", stellt eine weitere neue Produktgruppe dar, die durch das Internet entstanden ist. Für die private Nutzung ist diese Software, wie eben die Browser und ähnliche Clients, zwar oft kostenlos, nicht aber für Unternehmen. Darüber hinaus bietet z.B. die Firma Netscape auch die kommerzielle Software zum Betrieb von WWW-Servern an.

Hardware

Hardware ist für den Betrieb von Netzwerken ebenfalls notwendig. Hier ist eine Reihe innovativer Unternehmen mit neuen Produkten entstanden. Auch die Computerhersteller haben mit dem Internet- oder Netz-Computer (NC) den Versuch unternommen, ein neues Produkt im Markt zu plazieren – auch wenn man über den Innovationsgrad streiten kann.

Beratungsunternehmen

Im Umfeld des Internet sind außerdem viele Internet-Agenturen entstanden, die Internet-Werbung bzw. -Beratung und -Service bei der Nutzung des Internet und dem Betrieb von TCP/IP-

Netzen anbieten. Damit hat sich ein ganzer Zweig von neuen Dienstleistungen entwickelt.

Innovationsrichtung

Zusammenfassend kann als Hauptinnovationsrichtung die Innovation im Rahmen und entlang der Internet-Wertschöpfungskette, wie sie bereits in Kapitel 2 aufgezeigt wurde, identifiziert werden. Quasi-Innovationen können sich aber auch durch die Erweiterung oder Anpassung bestehender Produkte an die Möglichkeiten und Erfordernisse des Internet ergeben. Damit kann auch die im folgenden zu untersuchende Produktvariation und -differenzierung innovativen Charakter haben. Die Abgrenzung der fällt mangels eindeutiger Kriterien meist nicht leicht.

Veränderte Produkte durch das Internet

Variation und Differenzierung

Grundsätzlich wird zwischen der Variation und der Differenzierung von Produkten unterschieden. Die Variation stellt eine Veränderung des ursprünglichen Produktes dar. Das Produkt in der alten Form wird nicht mehr vertrieben, an seine Stelle tritt das neue, in der Regel verbesserte Produkt. Die Differenzierung dagegen beinhaltet die Einführung weiterer bzw. neuer Varianten des Produktes, die zusätzlich zum Ausgangsprodukt vertrieben werden. Während mit der Variation das Produkt jung bzw. aktuell gehalten werden soll, zielt die Differenzierung auf die Erschließung weiterer bzw. neuer Kundenkreise durch Anpassung des Produktes an deren spezielle Bedürfnisse.

Ansatzpunkte

Ansatzpunkte für Variation und Differenzierung sind die Elemente, aus denen sich das Produkt zusammensetzt. Man unterscheidet neben der eigentlichen Produktfunktion, z.B. tragbarer Fernseher, die ästhetischen Eigenschaften (Design, Form, Farbe, etc.), die physikalischen und funktionalen Eigenschaften (Technik, Material, Qualität, etc.), symbolische Eigenschaften (Marke, Image, etc.) sowie die mit dem Produkt verbundenen Dienstleistungen (Kundendienst, Garantie, etc.). In diesen Bereichen können sich auch die Auswirkungen des Internet niederschlagen und Veränderungen ermöglichen.

Neue Funktionalität bei Büchern, Zeitschriften und Zeitungen

Elektronische Zeitungen und Magazine sind Beispiele für die Differenzierung vorhandener Produkte, die durch das Internet an neue Bedingungen und Möglichkeiten und damit auch an Zielgruppen angepaßt wurden. In der Regel erscheint das ursprüngliche Produkt, z.B. die Zeitschrift der Spiegel (Abbildung 6.13) oder Focus, weiterhin in der realen Welt. Die funktionalen als auch die ästhetischen Eigenschaften des Ausgangsproduktes werden im Netz verändert.

Rückkopplung

Darüber hinaus ergibt sich auch eine Rückkopplung zwischen dem neuen Online-Produkt und dem alten realen. So sind Internet-Design und -Graphik, ausgehend von den Darstellungsformen und dem Layout im Internet, in der realen Welt in Mode gekommen. Man „zitiert" Auswahlmenüs und Buttons mittlerweile nicht mehr nur in Computerzeitschriften, sondern in fast allen Printmedien.

Abb. 6.13: Spiegel-Online

Merkmale virtueller Zeitschriften

Gegenüber den gedruckten Versionen sind die virtuellen Versionen nicht nur aktueller (sie erscheinen häufig vor der gedruckten Ausgabe) und weltweit erhältlich, sondern sie sind auch interaktiv. Die wöchentliche Meinungsumfrage des „Spiegel" zu aktuellen Themen wurde bereits in Kapitel 4 erwähnt. Die Autoren der einzelnen Artikel sind teilweise für ein „Feedback" bzw. Leserbriefe erreichbar[6] und Leser können sich in Chat-rooms untereinander austauschen. Ein weiteres Merkmal ist die nichtlineare Präsentation von Information (Werner/Stephan 1996). Durch die weltweite Verknüpfung der Informationen per Hyperlink ist der Leser nicht mehr gezwungen die Information linear (nacheinander) in der vom Autor bestimmten Reihenfolge zu konsumieren. Er kann sich Rand- oder Zusatzinformationen besorgen, auf die entweder der Autor selbst Verweise eingerichtet

6 http://www.spiegel.de/

hat, oder er kann z.B. im WWW über eine Suchmaschine andere Dokumente zum Thema aufspüren.

Nachschlagewerke

Enzyklopädien, Wörterbücher und Lexika im Internet verfügen über Hypertext-Querverweise und ermöglichen die automatische Schlagwortsuche sowie animierte Erklärungen.[7] Gegenüber der Printversion weisen sie damit eine deutlich verbesserte Funktionalität auf. Die Grenze zur Innovation wird in diesen Fällen oft fließend.

Kommerzielle Nutzung

Diese bislang im Netz vertretenen Bücher oder Printmedien allgemein stellen meist kein kommerzielles Produkt im Sinne eines Angebots an Kunden dar. Sie sind in Ermangelung der Zahlungsbereitschaft großer Nutzerkreise auf die Finanzierung über Werbung angewiesen, werden gesponsert oder stellen freiwillige „wohltätige" Spenden einzelner oder bestimmter Organisationen dar. Die kommerzielle Konkurrenz zu herkömmlichen Printmedien, wie Büchern oder Lexika, lauert daher weniger in Online-Medien als in Offline-Medien wie der CD-ROM. Online-Medien sind immer dann im Vorteile, wenn es um tages- oder wochenaktuelle Informationen geht.

Informationsdienstleister

Ebenfalls differenzierte Produkte stellen die Online-Informations- und -Vermittlungsdienste dar. Gemeint sind hier z.B. interaktive Fahrplan- oder Terminauskünfte, Mitfahr- oder Mitwohnzentralen,[8] Job-Börsen,[9] Makler, Immobilienbörsen usw. Auch hier existiert in der Regel das reale Angebot neben dem zusätzlichen virtuellen Produkt bzw. der Dienstleistung. Durch die Möglichkeit der Integration von Suchfunktionen, Softwareagenten und der multimedialer Darstellung können auch in diesen Fällen neue Funktionen angeboten werden, die die Qualität und den Nutzungskomfort gegenüber der traditionellen Dienstleistung wesentlich erhöhen bzw. verbessern.

Museen

Museen, wie der Louvre in Paris oder das Metropolitan Museum of Modern Art in New York u.a., machen ihre Dienstleistung (Ausstellungen) im Internet zugänglich. Auch wenn das Ziel dieser Aktivitäten letztlich der Gewinn zahlender Besucher ist – sprich Werbung, erhalten Museen und Galerien in der virtuellen Welt neue bzw. zusätzliche Funktionen. Bilder können z.B. für

7 `http://hyperg.tu-graz.ac.at/`

8 `http://www.sektor.de/`

9 `http://www.dv-job.de/`

den privaten Gebrauch gespeichert, nachbearbeitet, vergrößert und ausgedruckt werden.

Verlust von Eigenschaften

Virtuelle Ausstellungen büßen allerdings auch Qualitäten bzw. Funktionen ein. Eine Plastik ist bislang meist nur zweidimensional zu betrachten. Erst wenn eine entsprechende Ausstellung z.B. in VRML (siehe Abschnitt 6.1) programmiert wird, läßt sich die dreidimensionale Erfahrung zumindest teilweise wieder herstellen. Was bleibt ist jedoch der Verlust der Authentizität und Originalität. Selbst wenn virtuelle Welten sozusagen „gefühlsecht“ werden, was bislang recht aufwendige Verfahren und Technologien voraussetzt, wird im Kopf des Nutzers das Bewußtsein bleiben, mit einer virtuellen Kopie vorlieb nehmen zu müssen.

Beispiel Federal Express Service

Transportunternehmen, wie z.B. Federal Express und der United Parcel Service, ermöglichen Ihren Kunden über das Internet den Zugriff auf die aktuellen Transport- und Aufenthaltsdaten ihrer Sendungen.[10] Kunden können so feststellen, auf welchem Teilstück der Wegstrecke sich Ihr Paket gerade befindet, oder ob es bereits erfolgreich zugestellt wurde.

Kundendienst für Maschinen

Hersteller von Maschinen und Anlagen bieten im Internet neben Betriebsanleitungen, Installations- und Wartungstips, Reparaturanleitungen und Schulungen auch die Bestellung von Ersatzteilen online an. Sie haben damit die Möglichkeit genutzt, Ihre Produkte mit Zusatznutzen für den Kunden auszustatten. So ist das Internet als Anlaufstelle für den Service suchenden Kunden an 365 Tagen rund um die Uhr geöffnet.

Internationaler Kundendienst und Wartung

Erste Hilfe für den Kunden kann z.B. in Form multimedial aufbereiteter Fehlerbehebungsprozeduren für sämtliche Standardfehler, die dem technischen Kundendienst bekannt sind, erfolgen. Durch entsprechende Reparaturanleitungen für einfache, aber häufig vorkommende Reparaturen, z.B. beim Austausch von Verschleißteilen, können Mechaniker in Kenia oder Thailand vor Ort Instandsetzungen ausführen, ohne durch den Hersteller kostenintensiv geschult werden zu müssen. Dies ist besonders für Maschinen und Anlagen interessant, bei denen ein internationaler Preiswettkampf das Geschäft erschwert oder die Kunden sich teure Schulungen nicht leisten können.

Zusammenfassung

Zusammenfassend wird deutlich, daß besonders Informationsprodukte und Produkte mit einem hohem informationsbasierten

---

[10] `http://www.fedex.com/`

Dienstleistungsanteil sowie reine informationsbasierte Dienstleistungen von den technologischen Entwicklungen und Auswirkungen des Internet betroffen sind. Zukünftig werden sich die angedeuteten Möglichkeiten vor allem durch verbesserte Infrastrukturen durchsetzen und Wettbewerbsvorteile ermöglichen.

Elimination von Produkten oder Dienstleistungen

Gründe für Produkteliminierung

Die Eliminierung von Produkten wird z.B. notwendig, wenn diese längerfristig negative Deckungsbeiträge erzielen und mit ihrer Produktion keine weiteren Vorteile (z.B. Image-, Prestige-, Verbund- oder Programmbreitenvorteile) für das Unternehmen verbunden sind. Dies kommt u.a. dann vor, wenn Substitutionsprodukte auf den Markt drängen und die Nachfrage umlenken. So verdrängten CD-Player binnen kurzer Zeit die Plattenspieler.

Internet und Online-Dienste

Das Internet hätte auch die bestehenden Online-Dienste vom Markt verdrängen können. Diese haben sich jedoch das Internet zunutze gemacht und sich selbst als Zugangsprovider positioniert bzw. über den Zugang zum Netz dessen Inhalte als zusätzlichen Content für die eigenen Nutzer erschlossen. Auf diese Weise hat auch die Internet-Euphorie in den Medien zum Wachstum der Online-Dienste beigetragen. Internet und Online-Dienste erweisen sich damit quasi als komplementäre Produkte.

Zukunft der Verlagsbranche

Bislang sind nur sehr wenige Produkte oder Dienstleistungen gänzlich durch das Internet verdrängt worden. Dennoch stellt das Internet langfristig ein gewisses Bedrohungspotential für bestimmte Branchen dar. Anfangs stellten sich zwar viele Unternehmen in der Verlagsbranche die Frage nach dem Überleben der Printmedien; diese Frage scheint jedoch mittlerweile eindeutig entschärft und beantwortet: Zumindest mittelfristig werden sich, wie zuvor erläutert, keine gravierenden Verschiebungen ergeben. So lange die technologischen Bedingungen für den Online-Konsum von Information sich nicht essentiell verbessern (Geschwindigkeit/Bandbreite, Kosten, etc.) haben die Verlage vom Internet nichts zu befürchten.

Gedruckte Informationsdienste

In bestimmten Bereichen des Verlagswesens sind die Auswirkungen des Internet aber dennoch deutlich spürbar. So ist etwa in den USA das Marktvolumen für gedruckte Informationsdienste drastisch gefallen. Der Gebrauch von Netzquellen steigt dagegen weiter deutlich an.

Kannibalisierung Britannica Online

Nach Erscheinen von „Britannica Online", der elektronischen Ausgabe der „Encyclopedia Britannica" ist die Nachfrage nach der gedruckten Version fast völlig zum Erliegen gekommen.[11] Damit ist jedoch nicht das Produkt eliminiert, sondern im Grunde nur eine Differenzierung des Angebots vorgenommen worden, die – beabsichtigt oder unbeabsichtigt – zu einer Kannibalisierung geführt hat.

Specialinterest-Zeitschriften im Netz

In den USA erscheinen einige Specialinterest-Zeitschriften und Magazine aus dem Bereichen Jura und Medizin jetzt nur noch im Internet. Dies ist aufgrund des verhältnismäßig geringen Leserkreises und der guten Anbindung der Leserschaft günstiger, als es die jeweiligen Printausgaben zuvor waren. Auch lokale Kleinanzeigenblätter haben teilweise auf den Online-Zug gesetzt und nutzen die Vorteile, die das Medium, z.B. über Suchfunktionen, ihren Lesern bietet.

Reisebüros

Auch für Reisebüros könnte das Internet langfristig zur Bedrohung werden. Schon jetzt kann man sich im Internet in virtuellen Reisebüros über Urlaubsziele, Hotels und Reisearrangements informieren, Zimmer besichtigen und diese auch buchen. Bei Flugtickets kann man z.T. sogar den genauen Sitzplatz und die Reihe selbst aussuchen.

Aktualität von Angeboten

Besonders bei Last Minute Reisen, also wenn es auf die Aktualität der Angebote ankommt, bietet sich das Internet als all Zeit erreichbares Informationsmedium an. Hier werden sicherlich die bislang verwendeten automatischen Telefonansagen und vielleicht auch Call Center verstärkte Konkurrenz durch Angebote aus dem Internet bekommen. Der Kunde kann im Internet außerdem, anders als im Reisebüro oder bei telefonischen Anfragen, einfach und unverbindlich Preise vergleichen; seine Anonymität bleibt gewahrt.

Chancen

Für Unternehmen bieten sich dadurch aber auch Chancen. Dem Reisebüro wird zumindest für bestimmte Kundengruppen die Beratungstätigkeit abgenommen. Auch die Quote der „erfolglosen" Beratungen wird dadurch gesenkt, und Standardgeschäfte, wie der Ticketverkauf, können vollständig automatisiert werden. Es bleibt mehr Zeit für die individuelle Beratung wichtiger Kunden, die auf den persönlichen Kontakt nicht verzichten wollen.

---

[11] http://www.eb.com/eb.html

6.4.2 Die gestaltungsbezogene Produktpolitik

Qualität/ Funktion/Design

Die zentralen Instrumente der gestaltungsorientierten Produktpolitik sind, wie bereits erwähnt, die Grundfunktion, die ästhetischen Eigenschaften, die physikalischen und funktionalen Eigenschaften, symbolische Eigenschaften, Value Added Services. Sie sind damit auch die Ansatzpunkte der Gestaltung von Produkten.

Marktforschung

Für die Gestaltung von Produkten ist die Marktforschung von Bedeutung. Die Funktionen und das Aussehen eines Produktes als Bestandteil seiner Gesamtqualität müssen auf die Bedürfnisse und Wünsche der Kunden zugeschnitten sein. Hier bietet das Internet etwa über produkt- oder firmenbezogene Mailinglisten und Diskussionsforen die Möglichkeit der direkten Einflußnahme vorhandener und potentieller Kunden auf die zukünftige Produktentwicklung bzw. -gestaltung.

Kunden- und Konkurrenzorientierung

Ebenso können Informationen von Nutzern der Konkurrenzprodukte (z.B. in den Diskussionsforen und in den Mailinglisten der Konkurrenz) dazu dienen, Aufschlüsse über die Vor- und Nachteile eines Produkts aus der Sicht der Anwender zu erhalten. Das Internet ermöglicht auf diese Weise die Kundennähe bzw. Kundenorientierung, die durch das Marketing angestrebt wird.

Produkttest im Internet

Den Kunden können auch „Produktproben" zum Test angeboten werden, mit der Bitte, gefundene Fehler und Probleme an den Hersteller zu melden. Dieses Verfahren wird besonders häufig von Softwareproduzenten angewendet, findet sich aber auch bei Verlagen, die Leseproben anbieten und um Stellungnahmen dazu bitten. Bei der Softwareproduktion werden auf diese Weise Fehlerquellen schnell entdeckt und ausgemerzt. Das Internet dient damit auch als Testmarkt.

Neue technische Möglichkeiten

Daß Produkte durch das Netz zu ihren alten Qualitäten neue hinzugewinnen, wurde bereits angesprochen. Dies liegt sowohl an der immateriellen Struktur der Internet-Produkte als auch an den technologischen Möglichkeiten, die sich im Netz bieten.

Seh- und Hörgewohnheiten der Internet-Nutzer

Die Funktionalität ist ein zentrales Merkmal von Produkten, welches sich, wie in Abschnitt 6.4.1 gezeigt, durch das Internet verändern kann bzw. bei verschiedenen Produkten neu gestaltet werden muß, um entweder der Konkurrenz zuvorzukommen oder ihr in der Erweiterung von Funktionen nachzueilen. Die produktbegleitenden Dienstleistungen, die besonders bei Investitionsgütern eine gewichtige Rolle spielen, sind hier hervorzuheben.

Produktdesign und Verpackungslayout

Das Produktdesign und das Verpackungslayout kann an die Möglichkeiten und die Sehgewohnheiten des Netzes bzw. seiner Nutzer angepaßt werden. Auf die Verpackung von Produkten sollte die E-Mail- und die WWW-Adresse gedruckt werden, um über das Netz weitere Informationen bzw. Produkte vorzustellen.

Trend: Web-Design

Der Transfer von Gestaltungsmerkmalen von Webseiten in die Printmedien wurde bereits erläutert. Ebenso können graphische Elemente an Produkten, wie z.B. Schalterbeschriftungen bei Maschinen, derartig modernisiert werden. Verfügen Produkte gar über Displays, kann eventuell sogar die Benutzerschnittstelle auf Basis eines WWW-Browsers oder in einer daran angelehnten Form realisiert werden. Die einfache Handhabung und Bedienbarkeit sowie die schnelle Erlernbarkeit des Umgangs mit graphischen, selbsterklärenden Benutzeroberflächen, stellen Vorteile gegenüber dem herkömmlichen Design von Benutzerschnittstellen dar.

Kommunikativer Kundendienst

Einfluß übt das Internet auch auf die Kundendienst- bzw. die Servicepolitik aus. Über das Internet kann „kommunikativer Kundendienst" in bestimmten Fällen direkt und günstig Probleme einzelner Kunden lösen. Probleme, Fragen und Rückmeldungen von Kunden, z.B. in News-Gruppen, in denen sich die Nutzer über ihre Produkterfahrungen austauschen können, tragen zur Entlastung des Kundendienstes ebenso bei wie Listen mit häufig gestellten Fragen, den FAQs (Frequently Asked Questions) und den dazugehörigen Antworten.

Nutzer-Foren

Nutzergruppen in den News oder im WWW können von den Firmen selbst oder von Privatpersonen initiiert und/oder moderiert werden. So können Mitarbeiter des Vertriebs oder Kundendienstes an den Diskussionen aktiv teilnehmen und Fragen beantworten oder selbst Fragen zu Erfahrungen der Nutzer stellen. Die Antworten – positive wie negative – stehen dann allen Kunden im Netz zur Verfügung. Computerfirmen und Softwareproduzenten entlasten auf diese Weise ihre telefonischen „Hotlines".

After Sales Service

Das Internet stellt somit auch neue Möglichkeiten des „After-Sales-Service" bzw. „After-Sales-Marketing" bereit. Diese können auch im Rahmen des „Beschwerdemanagements" sowie bei der Gebrauchsinformation und der Schulung von Nutzern eingesetzt werden. Per Netz können z.B. immer die neusten Bedienungsanleitungen in allen Sprachen angeboten werden. Produktschulungen lassen sich gut über das Netz durchführen. Sie sind zeitlich und inhaltlich flexibel und gestatten die Einflußnahme des Schülers auf die zu behandelnden Themen.

Marken

Die Marke ist auch im Internet von großer Bedeutung. Sie fungiert in gewisser Weise als Orientierungshilfe bei der Auswahl der unzähligen Angebote im Netz. Das Image bzw. die Bekanntheit einer Marke kann im Internet übernommen werden. Der Coca-Cola-Server ist ein gutes Beispiel hierfür.[12] Bekannte Namen und Marken heben sich von der Vielzahl kleiner, unbekannter Firmen ab, die sich im Netz tummeln und um die Gunst der Besucher buhlen. Umgekehrt fördert die Internet-Präsenz ein modernes, technologieorientiertes Image. Marken, die Werte wie Naturverbundenheit oder Natürlichkeit auf sich vereinigen, haben entsprechend eine weniger gute, weil technologieorientierte Werbeplattform im Internet. (Dennoch findet sich beispielsweise auch die Firma Birkenstock im WWW. [13])

6.4.3 Die programmbezogene Produktpolitik

Absatzprogramm und Handelssortiment

Unter der „programmbezogenen Produktpolitik" wird die Entscheidung über das Absatzprogramm bzw. im Falle des Handels über das Angebotssortiment verstanden. Man unterscheidet zwischen der „Tiefe" und der „Breite" eines Sortiments. Ein breites Programm umfaßt viele Produktlinien bzw. Produktarten. Die Tiefe des Angebots bestimmt die Anzahl einzelner Produkte oder Varianten innerhalb einer Produktart. Neben diesen mehr strategischen Entscheidungen, die auch Bedeutung für die Marktabdeckungsstrategie der Unternehmung hat, ergibt sich die eher operative Aufgabe der Ausgestaltung der einzelnen Produktlinien.

Programmbreite und -tiefe

Hersteller vs. Handel

Die Auswirkungen des Internet auf die Programm- und Sortimentspolitik zu beurteilen, fällt nicht leicht. Zum einen übt das Internet keinen oder nur sehr indirekten Einfluß auf die Programmpolitik der meisten Unternehmen aus – mit Ausnahme von Hardware- und Softwareherstellern. Auf der Seite des Handels andererseits können „Online-Stores", die materielle Waren im Internet in Form des Versandhandels anbieten, ihr Angebotssortiment unbegrenzt ausdehnen, da im Grunde keine vergrößerte Ladenfläche und bei entsprechend moderner Logistik auch keine Lagerhaltung notwendig ist.

Datenbanken, dynamisches Produktangebot

Aus der Aufnahmefähigkeit des Konsumenten ergibt sich einerseits eine gewisse Beschränkung des Angebotssortiments im Netz, andererseits können Produkte in automatisch durchsuchba-

[12] `http://www.cocacola.com/`

[13] `http://www.footwise.com/`

ren Katalogen bzw. Datenbanken angeboten werden, die ein fast unbegrenztes Angebot enthalten können. Die Firma GE Plastics bietet im Netz z.B. auf über 1.500 Seiten Informationen über ihre Produkte an. Über Datenbanken erzeugte dynamische Seiten (vgl. Abschnitt 6.1) ermöglichen die Präsentation eines größeren Produktprogramms im Netz. Das Internet ist daher sowohl von Spezialisten mit einem schmalen, jedoch sehr tief gegliedertem Sortiment als auch von Generalisten mit breitgefächertem Angebot einsetzbar.

6.5 Preispolitik im Internet: Was zu bedenken ist

Inhalt der Preispolitik

Die Preispolitik umfaßt vor allem die Maßnahmen und Entscheidungen, die notwendig sind, um Preise zu bestimmen und am Markt durchzusetzen. Andere Autoren nennen diesen Instrumentenbereich auch Preismanagement, Entgelt- oder Kontrahierungspolitik (Abbildung 6.14).

Abb. 6.14: Preispolitik und Internet

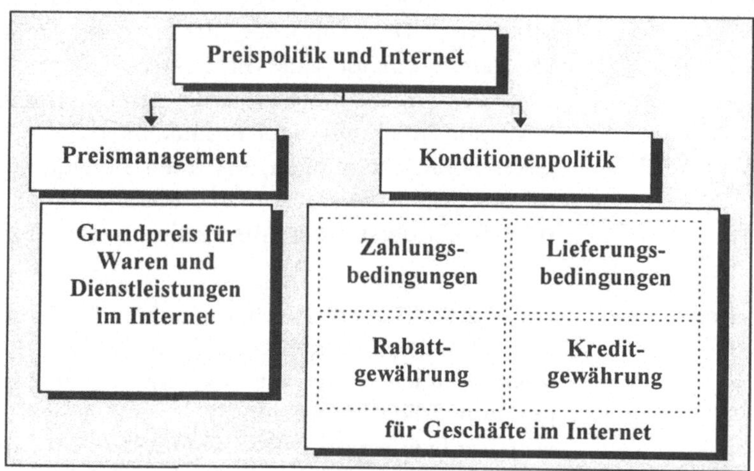

Die Bestimmung des Angebotspreises wird im folgenden als „Preismanagement" bezeichnet. Die Festlegung von Zahlungs- und Lieferungsbedingungen sowie die Gewährung von Rabatten und die Gewährung oder Vermittlung von Krediten wird als „Konditionenpolitik" bezeichnet. Abbildung 6.14 zeigt die vorgenommene Einteilung. Die Auswirkungen des Internet auf die Preispolitik sollen entsprechend der vorgenommenen Zweiteilung untersucht werden.

Preis der Internet-Nutzung

Das Preismanagement hat in diesem Kontext aber noch einen anderen Aspekt, nämlich die Frage nach dem Preis für die Nutzung des Internet. So ist eine lebhafte Diskussion über die Notwendigkeit nutzungsbezogener Preise für Internet-Anschlüsse von Universitäten und anderen Großnutzern entbrannt. Die bislang erhobenen pauschalen Nutzungsgebühren haben bei den meist nicht direkt belasteten Endnutzern eine gewisse „Free-Rider-Mentalität" entstehen lassen. Die Kosten sind nicht nutzungsorientiert.

Kostenloses Internet?

Bislang müssen die Nutzer des Internet zwar für den Zugang zum Netz, nicht jedoch für die Dienste selbst bezahlen. Die Tatsache, daß viele der früheren Nutzer, z.B. in den Universitäten und Forschungslabors, nicht oder nicht direkt mit den dennoch entstehenden Kosten des Zugangs und des Betriebs belastet wurden, ließ zeitweilig bei Teilen der Nutzerschaft den Irrglauben entstehen, die Nutzung des Internet sei generell kostenlos bzw. sie habe kostenlos zu sein oder besser, sie müsse staatlich finanziert werden.

Nutzungsbasierte Abrechnung

Kapazitätsengpässe im Bereich der Netzinfrastruktur, wie sie in den achtziger Jahren bereits auftraten, sollen nach Meinung der Befürworter durch die nutzungsbasierte Abrechnung verhindert werden. Die Lösung der langfristigen Finanzierung des Internet und seiner Dienste stellt ein nicht zu unterschätzendes Problem dar. Dies wurde auch auf dem Internet World Kongreß im Mai 1997 in Berlin im Rahmen der Diskussion um das IPNG (Next Generation Internet Protokoll) deutlich. Diese Problematik möchte ich hier jedoch nicht weiter vertiefen.

6.5.1 Preismanagement im Internet

Ermittlung des Grundpreises von Waren

Unter „Preismanagement" wird hier die Ermittlung des „Grundpreises" einer Ware oder Dienstleistung, die über das Internet verkauft werden soll, verstanden.

Auswirkung des Internet auf Produktpreise

Das Internet kann die Preise von Waren und Dienstleitungen verbilligen oder verteuern, je nachdem, wie es eingesetzt wird und um welche Art von Produkten es sich handelt. Generell wird die Preisfindung für Produkte vor allem beeinflußt von

- der Nachfrage,
- den Kosten,
- den Preisen der Konkurrenz,
- dem Nutzen, den das Produkt stiftet.

Nachfrage-orientierte Preise

Im Rahmen der nachfrage- oder kundenorientierten Preisbildung wird meist vom Konzept der Preis-Absatz-Funktion ausgegangen. Die Preis-Absatz-Funktionen stellen eine Beziehung zwischen dem Preis und der absetzbaren Menge des Produktes her. Sie fallen für unterschiedliche Produkte und Marktformen (Anzahl der Konkurrenten bzw. Nachfrager) bzw. Marktsituationen unterschiedlich aus. Alle Anbieter müssen jedoch die Kosten, die dem Kunden durch die Internet-Nutzung entstehen können, mit in ihre Preisüberlegungen einbeziehen. Diese sorgen für eine veränderte Position auf der Preis-Absatz-Kurve.

Zusätzliche Produktkosten

Der Produktpreis erhöht sich für den Kunden rechnerisch zunächst um die Providerkosten, sofern beim Kunden volumen- oder zeitorientierte Tarife zur Anwendung kommen. Dies betrifft sowohl die Suchphase bzw. Auswahl von Produkten als auch den Bestellvorgang und die Lieferung über das Netz. Zusätzlich fallen für alle Phasen die Telefongebühren an. Kann die Ware oder Dienstleistung nicht über das Netz geliefert werden, entstehen Transport- und Verpackungskosten bzw. Portokosten. Folgende zusätzlichen Kosten entstehen beim Verkauf über das Netz:

Beispielsrechnung

Produktverkaufspreis
+ Anteilige Providerkosten, z.B. bei zeit- oder volumenorientierten Tarifen für Auswahl, Bestellung, (Lieferung)
+ Telefongebühren für die Auswahl und den Bestellvorgang
+ Telefongebühren für die Lieferung digitalisierter Produkte bzw. Porto und Verpackung bei nicht-digitalisierbaren Produkten

---

= Endpreis für den Kunden im Netz

Internationale Geschäfte

Bei internationalen Geschäften erhöht sich der Kaufpreis noch um eventuelle Zölle und Steuern. Kauft man z.B. per Netz in den USA vier CDs zum Preis von je 10,49$, kommen zum Warenwert von 41,96$ neben ca. 12,50$ Shipping/Handling/Insurance (je nach Versender Versand-, Verpackungs- und Versicherungskosten.) noch 3% „Euro-Zoll" sowie 15% „Einfuhrumsatzsteuer". Im konkreten Fall kommen 18,82 DM (Dollarkurs 1,78), also ca. 4,70 DM pro CD hinzu. Der ursprüngliche CD-Preis erhöht sich durch die Versandkosten sowie Zoll und Steuer von ca. 18,70 DM auf 29,00 DM. Der Preis erhöht sich damit auf einen, mit dem hiesigen Preisgefüge vergleichbaren oder sogar höheren Wert. Ausschlaggebend für den Kauf kann in diesem Fall u.a. sein, daß es das Produkt bzw. die CD auf dem heimischen Markt nicht bzw. noch nicht erhältlich ist.

Preisdifferenzierung

Aus dem obigen Beispiel wird gleichzeitig ersichtlich, daß nicht nur internationale Preisdifferenzierungen - abhängig vom Warenwert und der Höhe jeweiligen Transportkosten – unter Umständen unterlaufen werden können, sondern daß auch eine zeitliche oder räumliche Differenzierung von Produkten erschwert wird.

Wirkung von Preisen

Preise haben neben diesen ökonomischen auch verschiedene psychologische Wirkungen. Niedrige Preise werden z.B. häufig mit geringerer Qualität assoziiert. Wird ein Qualitätsimage angestrebt, können niedrige Preise unter Umständen schädlich sein. Solche Wirkungen müssen bei der kunden- oder nachfrageorientierten Preisbildung berücksichtigt werden.

Kostenorientierte Preisbestimmung

Abhängig von der jeweiligen Marktsituation können bzw. müssen Preise kostenorientiert festgelegt werden. Für das Marketing ist der Preis ein flexibles, kurzfristig und dynamisch einsetzbares Instrument von großer Wirkung. Dabei bilden, kurzfristig betrachtet, die variablen Kosten die Preisuntergrenze. Langfristig müssen natürlich auch die fixen Kosten durch den Preis gedeckt sein.

Preiskalkulation

Zur kostenorientierten Ermittlung des Preises werden verschiedene Kalkulationsmethoden angewandt. Dabei werden meist die variablen Kosten des Produkts und die geschlüsselten fixen Kosten addiert. Hierauf werden Zuschläge für Gewinn und Wagnis, etc. kalkuliert. Das Internet kann sich dabei auf verschiedene Kostenblöcke positiv bzw. negativ auswirken.

Kostenblöcke

Bei der Bestimmung der Auswirkung des Internet auf die Kostensituation von Unternehmen sind vor allem das Internet als Werbemedium, als Absatzkanal sowie als Transportweg interessant. Dabei spielen die folgenden Kriterien eine zentrale Rolle:

- Handelt es sich um ein digitales oder nicht-digitales Produkt?
- Erfolgt der Internet-Einsatz zusätzlich oder als Ersatz herkömmlicher Methoden/Wege?

Beispiele

Besonders für Informationsprodukte können sich jedoch noch weitere kostenwirksame Möglichkeiten durch das Internet ergeben, etwa in der Produktion. An dieser Stelle möchte ich exemplarisch einige Bedingungen für die Nutzung möglicher Kostensenkungspotentiale des Internet skizzieren, um den Einfluß des Netzes auf die Kostensituation von Unternehmen zu verdeutlichen.

Vervielfältigung, keine Verpackung

Zu den gravierendsten Einflüssen des Internet zählen die möglichen Effekte im Bereich der digitalisierbaren Produkte. Bei der

Herstellung bzw. der Vervielfältigung digitaler Produkte fallen keine Materialkosten an. Für Software werden schon gegenwärtig keine Disketten oder CD-ROMs mehr benötigt. Auch die Handbücher werden, immer auf dem neuesten Stand, im Internet verfügbar gemacht. Im Bedarfsfall werden nur die jeweils benötigten Seiten heruntergeladen. Auch auf die Verpackung wird verzichtet. Das Einsparpotential ist – abhängig vom Warentyp und der benötigten Verpackung – relativ hoch: Gleichzeitig wird Ressourcenschonung und aktiver Umweltschutz ermöglicht. Dies gilt theoretisch auch für andere Informationsprodukte. Wie die folgenden Beispiele zeigen, bestehen jedoch bislang noch einige Hürden zur Realisierung dieser Vorteile.

6.5.2 Exkurs: Mögliche Kostenwirkungen

Chancen und Probleme

Beim Vertrieb über das Netz könnten zukünftig Papierkosten für Bücher und Zeitschriften oder Preßkosten für Musik-CDs und Videofilme entfallen. Allerdings müßte der Kunde z.B. die Zeitung oder ein Buch am Bildschirm lesen oder selbst ausdrucken, was gegenwärtig, nicht nur aus Zeit- und Kostengründen, nicht gut vorstellbar ist. Bücher und Zeitungen sind transportabel und können in der Küche, im Zug oder auf der Toilette gelesen werden. Nicht jeder besitzt einen Laptop. Auch der Ausdruck ist keine sinnvolle Lösung; er muß z.B. in einem Ordner zusammengehalten werden. Die Papier-, Druck- und Arbeitskosten würden außerdem nur an anderer Stelle, nämlich beim Kunden, entstehen.

CDs und Videos

Musik und Videos könnten in ähnlicher Weise per wiederbeschreibbarer CD bzw. CD-I vom Rechner des Kunden in den CD-Spieler gelangen. Entsprechende Geräte sind bereits im Einsatz. Doch das Verfahren ist bislang zeitraubend und mehr als umständlich. Die Bequemlichkeit des Online-Shopping würde durch die Online-Lieferung – zumindest zum gegenwärtigen Zeitpunkt – bei fast allen Produkten ad absurdum geführt werden.

Einsparung bei der Auftragsbearbeitung

Kostenvorteile durch die automatisierte Auftragsbearbeitung sind für viele Firmen interessant. Der amerikanische Computerversender American Computer Group hat gegenüber schriftlichen oder telefonischen Bestellvorgängen für elektronische Bestellungen eine Reduzierung der Auftragsbearbeitungskosten von bislang ca. US$ 15,– auf US$ 4,– pro Auftrag errechnet. Auch die deutschen Versender Quelle und Otto bieten Online-Bestellungen an und reduzieren so z.B. bei Sammelbestellern den Aufwand der Eingabe der schriftlichen Bestellungen in die EDV beträchtlich. Zusätzlich erfolgt eine Beschleunigung der Bestellvorgänge.

Auslieferung von Produkten über das Internet

Bei der Auslieferung digitalisierter Produkte über das Internet fallen, wie erwähnt, keine Verpackungskosten an. Keine zusätzlichen bzw. nur geringe Transportkosten entstehen auf Seiten des Verkäufers. Ist im Unternehmen ein Internet-Server vorhanden und an das Netz angebunden, entstehen neben den Fixkosten der Internet-Nutzung praktisch keine weiteren variablen Kosten für die Versendung von digitalisierten Produkten (siehe zu den Kosten der Internet-Nutzung auch Kapitel 7).

Kannibalisierung der Nachfrage

Die Kosten für den herkömmlichen Transportweg entfallen jedoch nur dann völlig, wenn das Internet als vollständiger Ersatz für den regulären Transport bzw. Absatzweg genutzt werden kann. Da es den meisten Unternehmen nicht möglich sein wird, auf den traditionellen Absatz- und Transportkanal zu verzichten, reduzieren sich die Absatz- und Transportkosten nur für den über das Netz abgesetzten Teil der Produktion. Damit können sich eventuell die Kosten für den Transport der übrigen Produkte erhöhen, wenn etwa Mengenabschläge nicht mehr erzielt werden können. Dies tritt besonders dann ein, wenn die Nachfrage im Netz zu Lasten der Nachfrage in der realen Welt erfolgt. Die Investitionen für den Betrieb eines „Bestell- und Lieferservers“ müssen sich also entweder durch die im Netz zusätzlich abzusetzenden Produkte oder durch die Einsparungen gegenüber den sonst üblichen Vertriebskosten amortisieren.

Einsparung bei nicht-digitalen Gütern

Bei nicht-digitalisierbaren Gütern und Dienstleistungen sind durch das Internet keine Einsparungen im Bereich der Transportkosten möglich; dafür kann das Netz jedoch als günstige Werbefläche und als zusätzlicher Absatzkanal genutzt werden (vgl. Abschnitt 6.7 und 6.8.). Auch hier dürften jedoch die wenigsten Unternehmen auf ihre sonstige Werbung verzichten können, so daß sich die Werbung im Internet als zusätzliche Ausgaben oder Budgetverschiebungen darstellt. Ausgenommen sind hier nicht einmal die Firmen, die nur im Netz existieren und kein „reales“ Gegenstück haben. Selbst für solche Firmen kann es notwendig und sinnvoll sein, außerhalb des Netzes Werbung zu betreiben.

Senkung der Kommunikationskosten

In allen Unternehmen können die Kommunikationskosten sowohl intern als auch im Rahmen der externen Kommunikation (gemeint ist hier nicht die werbliche Kommunikation) gesenkt und die Kosten der Informationsbeschaffung reduziert werden. Dies gilt auch für Investitionsgüterproduzenten. Sie können zwar das Netz zu Absatz- und Werbezwecken nutzen, jedoch verhindern die Besonderheiten ihrer Produkte im Regelfall die Nutzung des Internet als Transportmedium. Informationsbeschaffung und Kommunikation bilden hier gegenwärtig noch eine bessere Grundlage für die Erwartungen bezüglich des Return on Investment als Werbung und Verkauf.

Exkurs Ende

Konkurrenz-orientierte Preisfindung

Auch die Preise der Konkurrenz innerhalb und außerhalb des Internet sind bei der Preisfestlegung zu berücksichtigen. Für die Unternehmen, die über das Internet Produkte verkaufen, können sich, wie auf anderen Märkten auch, unterschiedliche Marktformen ergeben.

Markformen

Markttransparenz

Je nach Produkt bzw. Branche können Unternehmen vom Monopol bis zum Polypol mit allen Markttypen konfrontiert werden. Die Informationstechnologie schafft jedoch im Vergleich zu anderen Märkten ein transparenteres Marktgeschehen. Es ist möglich, sehr schnell einen guten Marktüberblick zu erhalten und bei vergleichbaren Produkten gezielt nach den günstigsten Angeboten Ausschau zu halten. Kunden müssen nicht mehr verschiedene Geschäfte aufsuchen, sondern erhalten innerhalb von Minuten die Preise der möglichen Anbieter.

Probleme

Es gibt hinsichtlich des Preisvergleichs im Netz jedoch qualitative und quantitative Probleme. Momentan ist die Anzahl von Unternehmen im Netz noch zu gering. Nicht jeder Hersteller bzw. Einzelhändler bringt seine Produkte ins Netz, und auch US-Firmen liefern oft nicht weltweit. Darüber hinaus zeichnen z.B. in Deutschland bisher nur wenige Unternehmen ihre Warenangebote mit Preisen aus, in der Regel nur die, die auch per Netz verkaufen wollen. Für eine Reihe von Produkten wird man daher derzeit noch keine bzw. nur amerikanische Preise finden.

Regionale Preisdifferenzierung

Probleme ergeben sich, wie zuvor angedeutet, für Unternehmen, die mit regional differenzierten Preisen, also mit unterschiedlichen Preisen auf unterschiedlichen Märkten arbeiten. Dies ist z.B. für Automobilhersteller typisch. Der, wenn auch nicht immer einfache, Kauf eines Volkswagen z.B. in Dänemark lohnt sich, da es aufgrund unterschiedlicher Steuersätze und unterschiedlicher Kaufkraft in Deutschland und Dänemark erhebliche Preisunterschiede zwischen gibt. Da die regionalen Preisunterschiede beim Angebot im Internet transparent werden würden, können solche Unternehmen entsprechend keine Preisangaben im Netz machen.

Comparison Shopping und persönliche Agenten

Unter dem Stichwort „Comparison Shopping" wurden sogenannte „persönliche Agenten" entwickelt. Dabei handelt es sich um Programme, die – vom Nutzer instruiert – automatisch im Netz Waren, Händler und Preise ausfindig machen und auch in der Lage sind, diese selbständig einzukaufen bzw. zu bestellen.

Informationsagenten

Ähnlich funktionieren auch personalisierte Agenten von Webseitenanbietern, die Informationen zu bestimmten Themen sammeln, aufbereiten und zur Verfügung stellen. Im Stern-Online[14] kann man z.B. seinen/seine Lieblingsschauspieler angeben und erhält eine E-Mail, wenn im Fernsehen Filme mit diesem Darsteller zu sehen sind.

6.5.3 Konditionenpolitik im Internet

Inhalt der Konditionenpolitik

Die Konditionenpolitik gliedert sich in vier Bestandteile:

- die Zahlungsbedingungen,
- die Lieferbedingungen,
- die Rabattgewährung,
- die Kreditgewährung.

Keine Auswirkungen auf Rabatte und Kreditierung

Das Internet wirkt sich dabei in erster Linie auf die Zahlungs- und Lieferbedingungen aus. Die Möglichkeiten der Rabattgewährung sowie der Vergabe von Krediten werden im Grunde nicht verändert. Die Gewährung von Krediten erfolgt in Deutschland bislang noch nicht automatisiert im Internet. Das Signaturgesetz stellt jedoch bereits einen Schritt in diese Richtung dar. So sind z.B. Teilzahlungsgeschäfte im Netz durchaus denkbar. Die Rabatt- und Kreditgewährung sollen hier nicht näher erläutert werden.

Zahlungsbedingungen

Unter dem Begriff „Zahlungsbedingungen" versteht man das „wie" und „wann" einer Zahlung. Man spricht von der Zahlungsweise, den Zahlungsfristen sowie der Zahlungsabwicklung.

[14] http://www.stern-online.de

Zahlung innerhalb oder außerhalb des Netzes

Für Geschäfte im Internet sind grundsätzlich zwei Wege der Zahlung möglich. Zum einen kann die Zahlung extern – sprich außerhalb des Internet – erfolgen. Dies ist der sicherste, aber auch der umständlichste Weg. Es stehen dann alle bekannten Zahlungsmöglichkeiten zur Verfügung. Zum anderen kann die Zahlung im Internet selbst erfolgen. Im engeren Sinne sind damit die „elektronischen Zahlungsmittel“ gemeint, die sich gegenwärtig in der Erprobungsphase befinden. Einige werden auch schon von verschiedenen Unternehmen genutzt und Banken führen größere Feldversuche durch. Im weiteren Sinne kann auch die Zahlung per Kreditkarte als Zahlung im Netz betrachtet werden, da auf den Kunden keine weiteren Aktivitäten außerhalb des Internet zukommen. Abbildung 6.15 zeigt die Zahlungsmöglichkeiten bei Geschäften im Internet im Überblick.

Elektronische Zahlungsmittel

Bei der Zahlung außerhalb des Netzes erhält der Kunde z.B. eine Rechnung oder es werden im WWW die entsprechenden Zahlungshinweise z.B. die Bankverbindung des Verkäufers genannt und der Kunde bezahlt außerhalb des Netzes. Da es sich bei der Zahlung außerhalb des Internet um die allseits bekannten Möglichkeiten handelt, sollen diese hier nicht vertieft werden. Eingehen möchte ich jedoch auf die Konzepte der Zahlung im Internet selbst.

Abb. 6.15: Zahlungsmöglichkeiten

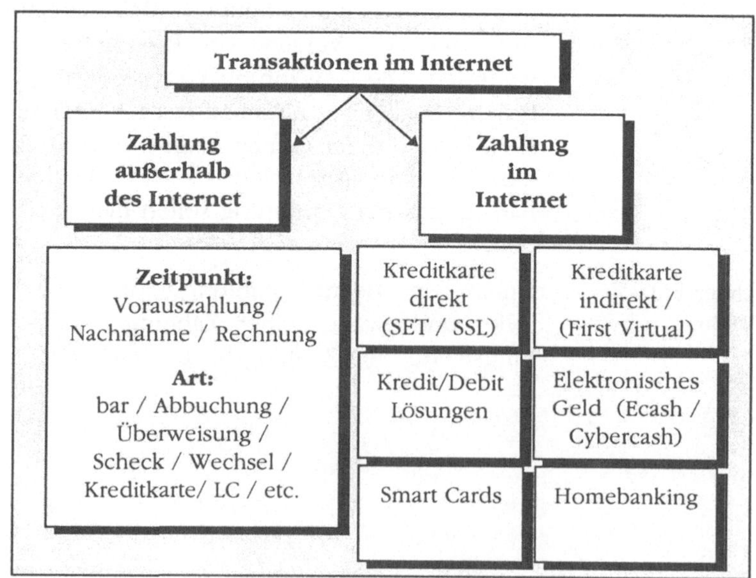

Zahlung mit Kreditkarte versus Einzugsermächtigung

Die Zahlung per Kreditkarte gleicht im Grunde der Einzugsermächtigung für ein Konto. Die Einzugsermächtigung selbst eignet sich jedoch für die im Netz häufig internationalen Transaktionen (u.a. wegen der teilweise benötigten Unterschrift und der hohen Bankgebühren) weniger. Gerade im internationalen Zahlungsverkehr können z.B. bei Überweisungen schnell Bankgebühren entstehen, die den Wert der gekauften Ware übersteigen.

Nachweisproblem

Das Problem der Zahlung per Kreditkarte ist die Schwierigkeit, den unrechtmäßigen Gebrauch von Kreditkarteninformationen gegenüber der Kartenfirma nachzuweisen. In der Regel haftet in solchen Fällen nämlich der Kunde.

Einzugsermächtigung Deutschland

Für deutsche Verkäufer eignet sich die Einzugsermächtigung jedoch durchaus. Ein Beispiel dafür ist die ABC Online-Buchhandlung[15]. Hier gibt der Kunde seine Bankverbindung an und kann so bequem während des Kaufvorgangs und doch außerhalb des Netzes zahlen. Unrechtmäßige Abbuchungen lassen sich generell innerhalb von sechs Wochen stornieren – das bedeutet Sicherheit für den Kunden, die Vertrauen schafft, jedoch auch eine gewisse Unsicherheit für den Lieferanten.

Vorteile der Kreditkarte

Bei der Kreditkartenzahlung braucht der Käufer nur den Namen des Karteninhabers, die Kartennummer sowie die Gültigkeitsdauer der Kreditkarte anzugeben und diese Informationen an den Verkäufer zu schicken. Dieser rechnet dann über die Kreditkartenfirma ab. Die Zahlung per Kreditkarte stellt damit einen einfachen und bequemen Weg der Zahlung dar.

Problem der Kreditkartenzahlung

Gegen die Zahlung per Kreditkarte spricht die mangelnde Sicherheit beim Datentransfer im Netz (siehe zur Datensicherheit auch Abschnitt 8.1). So können die Kreditkarteninformationen des Kunden im Netz relativ einfach „abgehört" werden und in die falschen Hände geraten. Das Risiko, daß die Karteninformationen abgefangen werden, dürfte jedoch in etwa so groß oder klein sein, wie das Risiko, daß die Kreditkarteninformationen, z.B. in einem Restaurant oder Geschäft kopiert und mißbraucht werden. Allerdings entsteht im Falle eines Falles, wie erwähnt, ein Beweisproblem für den Karteninhaber, da dieser nur schwer beweisen kann, nicht mit der Karte eingekauft zu haben.

SET / SSL

Die Zahlung per Kreditkarte stellt gegenwärtig die am häufigsten angebotene Zahlungsweise im Netz dar. Für die Übertragung der sensiblen Daten werden oft Server verwendet, die die Verschlüs-

15 `http://www.telebuch.de/`

selung der Daten durch ein Kodierungsprotokoll erlauben. Doch einheitliche Kryptographieprotokolle mit hoher Sicherheit haben sich noch nicht durchgesetzt. Ein erster Standard ist mit dem SSL-Protokoll, dem Secure Sockets Layer von Netscape, eingeführt worden. Mit IBM, Visa und MasterCard als Initiatoren hat aber auch SET (Secure Electronic Transaction) größte Chancen, sich international als Standard durchzusetzen, zumal er auch von Europay und American Express akzeptiert worden ist.

Smart Cards

Smart Cards sind eine weitere Möglichkeit. Ähnlich einer wiederaufladbaren Telefonkarte eignet sie sich besonders für die Zahlung kleinerer Beträge. Es existieren bereits spezielle Einschübe, mit denen Smart Cards im Diskettenlaufwerk gelesen werden können. Andere Lösungen sehen einen speziellen Kartenleser am PC des Nutzers vor. Dieser ist für deutlich unter 100,– DM erhältlich.

Homebanking

HBCI

Beim Homebanking wird ein Kauf- oder Bestellvorgang zwar nicht mit der eigentlichen Zahlung verbunden, aber dennoch hat der Kunde die Möglichkeit z.B. eine Rechnung per Überweisung im Netz zu bezahlen. Höchste Sicherheitsanforderungen werden auch an das Homebanking gestellt. Die Spitzenorganisationen der deutschen Banken haben diese im HBCI-Standard Version 2.0 (Homebanking Computer Interface) definiert. Leider ist dieser Standard, mit dem neben Einzel- und Sammelüberweisungen, Lastschriften, Daueraufträge, Kontostandsabfrage, Festgeld, Scheckbestellung und ähnliche Routinetransaktionen definiert sind, nur eine nationale Regelung, verabschiedetet vom Zentralen Kreditausschuß (ZAK) des Bundesverbandes deutscher Banken e.V.

Wells Fargo

Die zweitgrößte kalifornische Bank „Wells Fargo“[16] ermöglichte als erste „Homebanking“ über das Internet. Während Homebanking bis 1996 in Deutschland die Domäne von T-Online war, bieten mittlerweile eine Reihe deutscher Banken (z.B. Advance Bank, Deutsche Bank, Bank 24) Homebanking im Internet an. Auch die Quelle Bank und die Volkswagen Bank sind mit Internet-Banking Angeboten im Netz vertreten.

Anlagegeschäfte/ Aktien

Aber nicht nur Bank-, sondern auch Anlagegeschäfte können im Internet getätigt werden (z.B. bei Aufhauser, Lobard Brokerage oder Charles Schwab). Aktien werden z.B. von ConSors Discount

---

16 `http://www.wells-fargo.com/`

Broker zu günstigsten Konditionen im Netz gehandelt[17]. Birkelbach (1997) stellte dazu fest: „...einen kompletten Wertpapierumsatz, also Kauf- und Verkaufstransaktionen, gibt es bereits für unter acht Dollar (ca. 14,– DM, d. Verf.), in der Bundesrepublik kosten vergleichbare Leistungen im günstigsten Fall knapp 30 Mark.“

Indirekte Kreditkartenzahlung

Bei der indirekten Zahlung per Kreditkarte werden Bestellung und Bezahlung getrennt. Ein zwischengeschalteter „Finanzdienstleister“ übernimmt die Abrechnung über die Kreditkarte. Die Kreditkarteninformationen gehen nicht über das Netz, sondern werden der Abrechnungsstelle telefonisch mitgeteilt. Daraufhin erhält man eine PIN (Personal Identification Number), mittels derer man bezahlen kann. Dieses System wird von der Firma First Virtual praktiziert, ist jedoch aufgrund des Aufwands nicht für die Zahlung kleinerer Beträge geeignet. Ähnliche Verfahren werden von einigen Firmen auch direkt, ohne Einschaltung eines Dienstleisters, angeboten.

Debit/Kredit-Lösung

„Debit/Kredit-Lösungen“ sind ähnlich den Kreditkartenlösungen aufgebaut. Die Abrechnung erfolgt über ein extra eingerichtetes, zwischengeschaltetes Konto, auf das eingezahlt werden muß bzw. für das Kredit vorhanden sein muß.

Electronic Cash direkte Zahlung im Netz

Derzeit experimentieren einige hundert Firmen weltweit mit Electronic-Cash-Konzepten zur Zahlung im Internet. Nur wenige Unternehmen haben eine Chance, sich durchzusetzen. Es steht bislang sogar in Frage, ob sich elektronisches Geld auf privater Basis, d.h. ohne staatliche Unterstützung, überhaupt durchsetzen wird. Ich möchte hier nicht näher auf die Konzepte für elektronisches Geld eingehen. Weiter Information hierzu finden sich im Abschnitt 8.3.

Lieferungsbedingungen im Netz

Neben den Zahlungsbedingungen sind auch die Lieferbedingungen wichtige Bestandteile von Kaufverträgen. Bei den Lieferbedingungen sind vor allem folgende Fragen zu klären:

- Gibt es Mindestbestellmengen?
- Wie sind der Ort und die Zeit der Warenübergabe festgelegt?
- Wer trägt das Porto bzw. die Fracht, wer Verpackung und Versicherung?
- Ist der Umtausch der Ware möglich und wenn ja, unter welchen Bedingungen?

---

[17] http://www.consors.de/

- Werden Konventionalstrafen für den Fall der Vertragsverletzung vereinbart?

Incoterms für internationale Warengeschäfte

Im Rahmen nationaler und internationaler Geschäfte werden zur Regelung der Warenübergabe, des Gefahrenübergangs sowie der Verteilung von Fracht und Versicherung häufig die INCOTERMS der Internationalen Handelskammer (ICC) in Paris verwendet. Da es für Geschäfte im Internet oder generell in Computernetzen noch keine entsprechenden Standardverträge oder Klauseln gibt, besteht Handlungsbedarf. Wer trägt das Risiko bei der fehlerhaften Übermittlung von Software über das Netz? Wo ist der genaue Erfüllungsort, und wie können Anbieter bzw. Versender von Informationen die Erfüllung nachweisen? Auch die Frage nach dem Umtausch, der Wandlung oder Minderung bei Geschäften mit digitalen Waren sind noch ungeklärt. Die Internationale Handelskammer kann hier mit neuen Klauseln Klarheit schaffen. Die ICC hat deshalb bereits eine Kommission eingesetzt, die sogenannte ECOTERMS (Electronic Commerce Terms) entwickelt. Siehe zu den „rechtlichen Problemen“ auch Abschnitt 8.5.

6.6 Kommunikationspolitik im Internet

Unter dem Begriff „Kommunikationspolitik“ kann sehr allgemein die Gestaltung der auf den Markt gerichteten Informationen eines Unternehmens verstanden werden (Meffert 1991). Dabei ist die Kommunikationspolitik aber keineswegs nur auf Unternehmen beschränkt; auch andere Organisationen, wie z.B. Vereine oder Parteien, betreiben Kommunikationspolitik.

Bestandteile der Kommunikationspolitik

Der Begriff Kommunikationspolitik dient meist als Zusammenfassung oder Oberbegriff für die in diesem Kontext betrachteten vier Instrumentengruppen. Innerhalb der Kommunikationspolitik wird traditionell zwischen folgenden Bereichen unterschieden (Kotler/ Bliemel 1995):

- Persönlichem Verkauf,
- Verkaufsförderung,
- Öffentlichkeitsarbeit und Public Relations, kurz „PR“,
- Werbung, auch „klassische Werbung“.

In den letzten Jahren hat sich jedoch das Verständnis der Kommunikationspolitik deutlich verändert. Es gibt eine Vielzahl neuerer Instrumente, wie z.B. die Online-Kommunikation, Event-Marketing, etc., die für viele Unternehmen von Bedeutung sind bzw. die sich im Marketing-Mix vieler Unternehmen etabliert haben. Es gibt daher mittlerweile eine Vielzahl weiterer Einteilungen der Kommunikationspolitik. Es ist auch fraglich, ob der persönliche Verkauf der Kommunikationspolitik zuzuordnen ist. Reisende werben zwar, sie stellen jedoch auch einen Distributionskanal dar und sind damit der Distributionspolitik zuzurechnen.

Instrumentengruppen der Kommunikationspolitik

Abbildung 6.16 führt die acht Instrumentengruppen der Kommunikationspolitik nach der Gliederung von Meffert (1998) auf. Danach sind die klassische Werbung, Direktkommunikation, Messen und Ausstellungen, Public Relations, Multimedia-Kommunikation, Event-Marketing, Sponsoring und Verkaufsförderung zu unterscheiden. Innerhalb der einzelnen Bereiche können jeweils wiederum unterschiedliche Instrumente unterschieden werden.

Abb. 6.16: Instrumente der Kommunikationspolitik

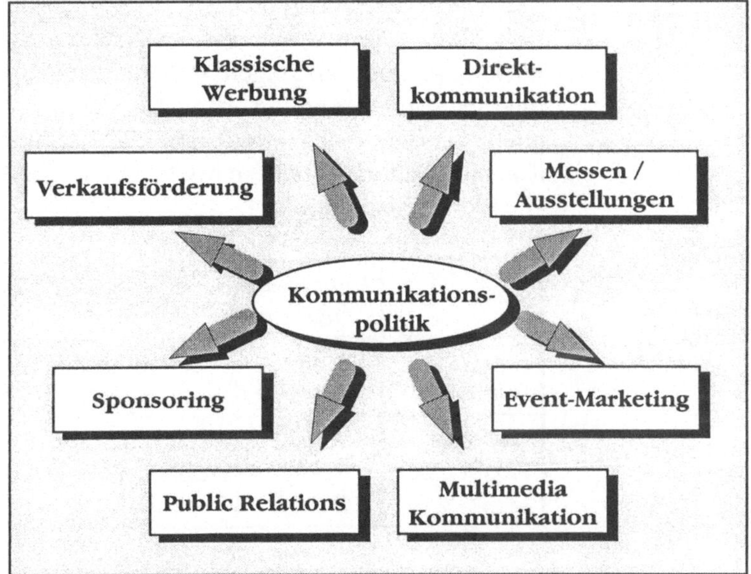

Der Werbung im Internet wird in diesem Buch aufgrund der großen praktischen Bedeutung ein eigener Abschnitt (6.7) gewidmet. Nachfolgend wird zu prüfen sein, inwieweit durch das Internet neue Instrumente bzw. Möglichkeiten in den aufgezählten Feldern der Kommunikationspolitik geschaffen werden bzw. welche Instrumente nicht oder nur angepaßt an das neue Medium Verwendung finden können.

6.6.1 Internet und Direktkommunikation

Der Begriff Direktkommunikation faßt die kommunikativen Aktivitäten zusammen, die in direktem Kontakt zum Kunden erfolgen und einen Dialog bzw. die Interaktion zwischen Anbieter und Nachfrager zum Ziel haben bzw. ermöglichen. Man spricht in diesem Zusammenhang auch von „Dialogmarketing". Wichtigster Aspekt der Direktkommunikation ist die Direktwerbung. Dabei wird entweder mit direkten Medien (Brief/Telefon = Mailingaktion/Telefonmarketing) oder mit Massenkommunikationsmitteln (z.B. Fernsehen, Zeitung) gearbeitet, in denen Rückantwortmöglichkeiten eröffnet werden. Die Antwortmöglichkeit wird z.B. durch die Einblendung einer Telefonnummer in einem Fernsehwerbespot (Direct-Response-TV) oder durch Beilage von Antwortpostkarten in Zeitschriften, etc. erreicht.

Neuer Kanal

Für das Direktmarketing stellt das Internet einen völlig neuen Kanal zur Erreichung der speziellen Internet-Zielgruppen dar. Dabei kann die Interaktivität des Netzes ausgenutzt werden: der Rückkanal steht sozusagen ständig bereit. In alle Bereiche des Internet können Antwort- bzw. Direktkontaktmöglichkeiten integriert werden. Dies ermöglicht die medienbruchfreie, direkte Kommunikation. Tabelle 6.6 gibt einen Überblick über entsprechende Ansatzpunkte.

Tab. 6.6: Direktkommunikation im Internet

	Individualmedium	*Massenmedium*			
Direktwerbemittel	Werbe-E-Mail	Artikel in den News		Response-Homepage	
Response möglich per	E-Mail Reply-Button	News-Artikel	E-Mail	E-Mail	Telefonrückruf-Button

Werbe-E-Mail

Das klassische Internet-Direktmedium ist die Werbe-E-Mail. Auf eine Werbe-E-Mail kann der Empfänger leicht per Reply-Button seines Mail-Clients antworten (vgl. 5.1). Besonders bei unaufgeforderten Werbe-E-Mails wird er dies – wenn auch möglicherweise in einer recht ungehaltenen Form – tun (vgl. dazu auch 6.7.10).

Phasen

Der Ablauf einer solchen E-Mail-Aktion kann in drei Phasen eingeteilt werden: Konzeptionalisierung, Durchführung und Kontrolle.

Konzeption

Im Rahmen der Konzeptionalisierung muß zunächst die Zielgruppe bestimmt und das Ziel der Aktion sowie der Inhalt des Schreibens entsprechend formuliert und gestaltet werden. Auf die letzten Punkte soll hier nicht näher eingegangen werden, von großer Bedeutung ist jedoch die Adressen- und damit die Zielgruppenauswahl.

Zielgruppe

Meist ergibt sich die Zielgruppe dadurch, das bestehende Kunden angeschrieben werden, da entsprechende Adressen vorliegen. Eventuell müssen im Zuge solcher Aktionen bestehende Kundendatenbanken um Felder für die Eingabe von E-Mail Adressen ergänzt und aktualisiert werden. Auf jeden Fall sollten Unternehmen die E-Mail-Adressen von Besuchern der Homepage sammeln und auswerten. Ziel sollten qualifizierte E-Mail-Adressen sein.

Adreßdaten

Es gibt bereits die Möglichkeit, größere Mengen E-Mail Adressen von kommerziellen Anbietern zu kaufen. Die Qualität solcher Listen ist jedoch bislang eher schlecht. Im Rahmen verschiedener Marktforschungsstudien war beim Einsatz solcher Adreßdatensätze über 30% der E-Mails nicht zustellbar (vgl. 4.3). Die Veränderungsrate bei den E-Mail-Adressen ist – zumindest im amerikanischen Raum – sehr hoch.

Blacklists

Roll (1996) weist darauf hin, daß es eine Reihe von Blacklists im Internet gibt, in denen Firmen, die Massen-E-Mails versenden, vermerkt werden. Diese Listen bieten auch Anleitungen, wie sich die Empfänger dagegen wehren können. Entsprechende Vorsicht ist geboten.

Durchführung automatischer Versand

Für die Durchführung von Mailingaktionen empfiehlt sich die Automatisierung. Ist die E-Mail konzipiert und liegen die Adreßdaten vor, erlauben kleine CGI-Scripte den automatischen Versand der E-Mails.

Erfolgskontrolle

Die Kontrolle des Erfolgs der Direktmarketingaktion erfolgt durch die Gegenüberstellung der Reaktionen der Empfänger in Form von Anfragen, Rückfragen, Bestellungen oder Beschwerden etc. und der Zahl der versendeten und zugestellten E-Mails. Man erhält als Ergebnis die Rücklaufquote, die die Aktion erzielt hat. Ebenso können Auftragsquoten oder Beschwerdequoten ermittelt werden.

E-Mail-Center

Ähnlich den (Telefon-) Call-Centern gibt es in den USA bereits E-Mail-Center, die sowohl passives (inbound) als auch aktives (outbound) E-Mail-Marketing betreiben. Durch solche spezialisierten, organisatorisch separierten Einheiten wird die Kompetenz und die Reaktionsgeschwindigkeit (Antwortzeit) erheblich verbessert und damit auch die Qualität der Dirketkommunikation aus Kundensicht erhöht.

Direct-Response-Homepage

Bei den Massenmedien der Internet-Direktkommunikation kann zwischen den News, die eher als werbefeindlich einzustufen sind, und der eigenen Homepage unterschieden werden. Die News eignen sich nur sehr bedingt für die Direktwerbung (vgl. 6.7.10). Auf einer Webpage dagegen kann leicht eine Responsemöglichkeit per E-Mail integriert werden.

Call-Back Button

Daneben gibt es die Möglichkeit, per Mausklick auf einer WWW-Seite einen Rückruf durch z.B. einen Sachbearbeiter, die Telefonmarketingabteilung oder ein Call Center auszulösen. Der Kunde informiert sich auf den WWW-Seiten und kann weitergehende Fragen im persönlichen Gespräch klären. Dazu gibt er seine Telefonnummer an und eventuell Hinweise auf seine Informationswünsche. Ein entsprechend qualifizierter Mitarbeiter kann ihn dann – für den Kunden kostenlos – kontaktieren. Das Unternehmen gewinnt u.U. Daten über interessierte bzw. potentielle Kunden.

6.6.2 Virtuelle Messen und Ausstellungen

Messen in der realen Welt sind zeitlich und räumlich festgelegte Veranstaltungen mit Marktcharakter. Sie bieten eine umfassende Übersicht über die Produkte und Dienstleistungen eines oder mehrerer Wirtschaftszweige. Häufig finden Messen in regelmäßigen Abständen statt (Meffert 1998).

Messe und persönlicher Verkauf

Messen und Ausstellungen wurden traditionell zur Kommunikation gezählt. Es stellt sich die Frage, ob Messen nicht auch zur Distributionspolitik gezählt werden können. Messen, wie die Computer Messe Cebit, werden von vielen Computerhändlern auch zum Einkauf genutzt. Da in der heutigen Zeit in vielen Branchen die ursprüngliche Verkaufsfunktion von Messen gegenüber der Informations- und Kommunikationsfunktion jedoch zurücktritt, wird dieser Bereich hier zu den kommunikationspolitischen Instrumenten gezählt und nicht zur Distributionspolitik.

Bedeutungszuwachs

Da die Zahlen der Veranstalter und Besucher sowie die Zahl der Veranstaltungen insgesamt nicht nur in der Bundesrepublik, sondern weltweit in den letzten Jahren deutlich gestiegen ist, kommt diesem Instrument für Unternehmen große Bedeutung zu.

Treffpunkt von Käufer und Verkäufer

Man unterscheidet Ordermessen (Verkaufsschwerpunkt) und Informationsmessen (Kontaktschwerpunkt). Messen und Ausstellungen ermöglichen das Kennenlernen und das direkte Gespräch mit Kunden und Interessierten. Sie bilden damit einen Treffpunkt für Käufer und Verkäufer. Je nach Messetyp werden dabei sowohl Handelskunden als auch Endverbraucher angesprochen.

Funktionen von Messen

Messen haben jedoch noch weitere Funktionen. Sie erlauben dem Käufer wie dem Verkäufer u.a. eine Markt- bzw. Konkurrenzübersicht. Außerdem können sich Kunden die Waren nicht nur ansehen, sondern sie in Funktion erleben, in die Hand nehmen, ausprobieren, verkosten, anziehen, etc.

Eingeschränkte Funktionalität im Internet

Im Internet lassen sich ebenfalls Messen organisieren. Wie jedoch ersichtlich ist, kann eine Vielzahl der aufgeführten Funktionen von Messen und Ausstellungen im Internet nicht realisiert werden.

Vorteile virtueller Messen

Während in der realen Welt die Unternehmen mit ihren Exponaten von überall her anreisen und für einen kurzen Zeitraum mehr oder minder aufwendige Messestände entworfen und gebaut werden müssen, kann die virtuelle Messe kostengünstig dauerhaft installiert werden. Das Standdesign wird durch das Pagedesign ersetzt. Es können entweder alle möglichen Exponate oder regelmäßig wechselnde Exponate gezeigt werden. Die Informationsfunktion von Messen kann damit gut wahrgenommen werden.

Realisierung virtueller Messen

Der zentrale Punkt einer Messe ist das Zusammentreffen aller bzw. möglichst vieler relevanter Anbieter einer bestimmten Branche an einem Ort. Dies läßt sich im Internet entweder aufwendig, in einer virtuellen „begehbaren" Messehalle realisieren oder eher simpel, über eine Liste der Aussteller. Eine Ausstellerliste ähnelt einem Messekatalog, der mit Links versehen, das direkte Besuchen der Unternehmenspräsentationen ermöglicht. Die Unternehmen müssen nicht zwangsläufig virtuelle Messestände präsentieren. Es können auch einfach neue und bestehende Webangebote der betreffenden Branche unter einem „Dach", d.h. auf einer Seite zusammengefaßt werden. Auch wenn diese Variante keine Messe im eigentlichen Sinn stellt dar, eignet sie sich besonders zur kostengünstigen und schnellen Information.

Virtual Reality

Die aufwendigere Realisierung einer dreidimensionalen, in virtuellen Hallen stattfindenden Messe per VRML (vgl. 6.1), erfordert ein erheblich höheren Programmieraufwand. Dafür erhält man dann jedoch „begehbare“ virtuelle Messestände und dreidimensionale Exponate, um die der Besucher herum gehen, oder die er sogar bewegen kann. Dies ermöglicht die Wahrnehmung weiterer Messefunktionen durch die virtuelle Messe. So können Besucher die Exponate in Bewegung bzw. in Funktion sehen und in bestimmten Fällen sogar testen bzw. ausprobieren. Im Rahmen der Internet World 1997 in Berlin wurden sogar Bild und Ton vom Fachkongreß live im Internet übertragen.

Beispiele

Unter `http://www.messe.announce.de/` kann man sich über Messen und Kongresse in der realen Welt informieren. Unter `http://horizont.net/` können in einer Datenbank rund 500 für die Werbewirtschaft interessante Messen abgerufen werde. Auch die Internationale Funkausstellung IFA 97[18], die Cebit sowie die Hannover Messe haben bereits Pendants im Internet. Außerdem sind alle wichtigen Messen bzw. Messegesellschaften mittlerweile zumindest mit Informationsangeboten im Internet vertreten, etwa die Deutsche Messe AG. Auch Eine Art „Weltausstellung“ ist im Internet bereits zu besichtigen.[19]

6.6.3 Event-Marketing

Unter Event-Marketing wird die Inszenierung von Ereignissen im Rahmen der unternehmerischen Kommunikationspolitik verstanden. Dabei soll durch die Verbindung erlebnisorientierter Ereignisse und Veranstaltungen und dem jeweiligen Unternehmen bzw. seinen Produkten eine emotionale und physische Wirkung bei den Teilnehmern ausgelöst werden.

Virtuelle Events

Das Internet stellt sich dabei zum einen als Raum für virtuelle Events oder Happenings dar. So können virtuelle Versteigerungen, Künstleraktionen (z.B. Installationen oder Videokünstler), Treffen bzw. Gesprächsrunden in Chaträumen, Vorträge, Konzerte etc. unter aktiver Beteiligung der jeweiligen Nutzer stattfinden. Solche Events sind leicht in die Kommunikationspolitik in der realen Welt zu integrieren. So kann auf dem Firmenbriefpapier auf virtuelle Events aufmerksam gemacht werden. Gleiches gilt für die Print-, Radio- oder Fernsehwerbung, die ebenfalls mit virtuellen Events verknüpft werden kann.

Termine

Den zweiten Anknüpfungspunkt bietet das Internet als Aushang und Verbreitungsmedium für Termine und Informationen über

[18] `http://www.ifa-berlin.de/`

[19] `http://park.org/`

Events in der realen Welt. Unternehmen können für reale Events auf ihrer Homepage oder in den News werben und Einladungen per E-Mail verschicken.

6.6.4 Marketing-PR via Internet

Allgemeine versus produktbezogene Öffentlichkeitsarbeit

Das Feld der Public Relations wird gemeinhin auch als Öffentlichkeitsarbeit bezeichnet. Es umfaßt Maßnahmen, die dazu dienen, der Öffentlichkeit ein positives Bild der eigenen Organisation zu vermitteln. Die Instrumente der PR beinhalten u.a.: Pressemappen, Veröffentlichungen, Veranstaltungen, Nachrichten, Lobbyismus, Reden und Vorträge sowie die Corporate Identity des Unternehmens.

Die allgemeine, unternehmensbezogene PR habe ich bereits als Teilbereich der externen Unternehmenskommunikation kurz vorgestellt. An dieser Stelle möchte ich daher die produktorientierte PR ansprechen.

Ziele der Marketing-PR

Im Rahmen der Produkt-PR sollen einzelne Produkte oder Produktgruppen in der Öffentlichkeit und in den Medien in ein positives Licht gerückt werden. Dazu werden außerhalb des Internet, etwa bei der Markteinführung von Produkten, Pressemappen erstellt und verteilt, um z.B. redaktionelle Beiträge über das Produkt in Zeitungen und Zeitschriften zu plazieren.

Presseinformationen

Das Internet kann für die Produkt-PR ebenso eingesetzt werden wie für die unternehmensbezogene PR – sprich, die allgemeine Öffentlichkeitsarbeit. Für Journalisten können im Internet z.B. elektronische Pressemappen mit vorbereiteten Texten inklusive digitalisierter Bilder bereitgestellt werden.

Rückkanal für Fragen

Da im Bereich Medien und Presse vielfach bereits E-Mail-Anschlüsse vorhanden sind, können Memos und Hinweise schnell und günstig an die entsprechenden Personen bzw. Listen verteilt werden. Außerdem steht mit dem Internet ein unkomplizierter Rückkanal für Anfragen, z.B. der Medien, zur Verfügung. Nachrichten und Informationen liegen jeweils sofort im Computer zur Weiterverarbeitung bereit.

Reden, Vorträge und Interviews

Veranstaltungen sind im Internet nicht bzw. nur in Form von aufwendigen Videokonferenzen möglich. Reden und Vorträge können aber als Text oder als Videosequenz bereitgestellt werden. So kann die PR-Abteilung mit verschiedenen Gesprächspartnern Interviews aufzeichnen und im Netz für Journalisten bereitstellen. Firmennachrichten können in Newsgroups verbreitet werden.

6.6.5 Sponsoring und Internet

Sponsoring

Das kommerzielle Sponsoring erfolgt durch die Förderung von Personen, Organisationen oder Veranstaltungen im sportlichen, kulturellen oder sozialen Bereich. Dabei können Geld, Sach- oder Dienstleistungen durch den Sponsor eingesetzt werden, um Marketing bzw. Kommunikationsziele zu erreichen. Man spricht auch vom Soziosponsoring, Kultur- oder Sportsponsoring.

Ziele

Die Ziele des Sponsoring sind in der Regel psychographischer Natur. Sympathie und Interesse der Öffentlichkeit am Gesponserten sollen für die Firma genutzt werden, um z.B. die Steigerung des Bekanntheitsgrades zu erreichen, das Image zu verbessern und ähnliches.

Webseiten Sponsoring

Im Internet wird das Sponsoring von bestimmten Webseiten praktiziert. Dabei zahlen Firmen oder allgemein Werbungtreibende an den Seiteninhaber einen gewissen Betrag und dieser weist dafür auf den Sponsor hin. Er plaziert ein Logo oder ein Banner des Sponsors z.B. auf seiner Homepage. Computerfirmen sponsern u.a. Suchdienste durch die Überlassung von Rechnern oder Software. Der Gesponserte „bedankt" sich mit dem Hinweis auf die Unterstützung durch den Sponsor.

Integriertes Sponsoring

Die zweite Möglichkeit Sponsoring und Internet zu verbinden, entsteht, wenn der Sponsor den in der realen Welt Gesponserten (z.B. einen Sportler oder Künstler) in seiner Internet-Präsentation einsetzt und die ihm bzw. ihr entgegengebrachten positiven Emotionen auch in der virtuellen Welt für sich nutzen kann. Man kann hier von einem integrierten Sponsoring sprechen, da es medienübergreifend eingesetzt wird.

Sponsoren von Borris Becker könnten z.B. den Sponsoringvertrag dahingehend erweitern, daß sie auf ihrer Homepage eine spezielle Informationsrubrik rund um den Star einrichten und diese nutzen, um Verkehr auf ihre Homepage zu ziehen.

6.6.6 Einsatz des Internet bei der Verkaufsförderung

Kurzfristige Kaufanreize

Unter dem Begriff „Verkaufsförderung" versteht man kurzfristige Anreize zum Kauf bzw. Verkauf einer Ware oder einer Dienstleistung. Verkaufsförderung kann auf den Handel oder auf den Verbraucher ausgerichtet sein. Das Internet unterstützt in erster Linie die verbraucherorientierte Verkaufsförderung, deren Maßnahmen sich direkt an die Endverbraucher wenden. Dennoch sind auch Einsatzmöglichkeiten im Rahmen der handelsorientierten Verkaufsförderung denkbar. Verkaufswettbewerbe können beispielsweise „paßwortgeschützt“ über das Internet durchgeführt und abgewickelt werden.

Verkäuferschulungen

Auch Verkäuferschulungen bzw. Produktschulungen können interaktiv und multimedial im WWW durchgeführt werden (Computer Based Training). Die Verkäufer können sich entsprechend ihren jeweiligen Kenntnissen grundlegend fortbilden oder nur bezüglich bestimmter Fragen informieren.

Tab. 6.7: Maßnahmen der Verkaufsförderung

Zielgruppe	*Maßnahmen*
Handel	Verkaufsrundschreiben, Verkaufssonderprogramme, Handelsausstellungen, Sonderkonditionen, Displays, Wettbewerbe, Schulungen
Konsument	Preisausschreiben/Gewinnspiele, Zugaben, Werbegeschenke, Muster/Proben, Gutscheine, Rabatte, Finanzierungsangebote, Unterhaltung/Bewirtung, Inzahlungnahme, Sammelmarken

Fast alle der in Tabelle 6.7 aufgeführten Instrumente der Verkaufsförderung lassen sich – abhängig jeweils von der Art der Produkte – auch im Internet praktizieren.

Proben und Muster

Beispiel DEC

Bei digitalen Waren sind sogar Zugaben, Werbegeschenke, Muster oder Probepackungen etc. im Netz möglich. Speziell Softwarehersteller nutzen dies intensiv. Die Computerfirma Digital Equipment Corp. stellte über das Internet Zugriff auf ihren neu entwickelten Alpha-Rechner zur Verfügung. Interessenten konnten sich kostenlos einwählen und sich von der Leistungsfähigkeit des Computers überzeugen. Dies beschleunigte den Verkauf von Alpha-Computern erheblich.

Rabatte etc.

Coupons, Gutscheine, Rabatte sowie Finanzierungs- und Unterhaltungsangebote können problemlos über das Netz angeboten oder gezielt verteilt und auch eingelöst werden. Auch Verbundangebote sind im Netz problemlos möglich und werden häufig von Softwareproduzenten eingesetzt. Einzig Bewirtungsangebote oder Inzahlungnahmen können zwar im Internet offeriert, jedoch nicht im Netz selbst umgesetzt werden.

6.6.7 Multimedia-Kommunikation

Unter Multimedia-Kommunikation wird die rechnergestützte interaktive Informationsvermittlung unter Nutzung mindestens zweier, in der Regel aber mehrerer Medien (Bild, Ton, Text, etc.) verstanden.

Beispiele

Die Multimedia-Kommunikation kann sowohl Offline- als auch Online-Maßnahmen beinhalten. Zu ersteren zählen u.a. Werbe-CD-ROMs z.B. von Autoherstellern, WWW-Firmen-Homepages, die Möglichkeiten des interaktiven Fernsehens (Homeshopping) sowie die am POS (Point of Sale) aufgestellten Multimediaterminals (z.B. in den CD-Abteilung von Kaufhäusern). Oft werden die Terminals mit Touchscreens – berührungsensitiven Bildschirmen – ausgestattet, über die die Menüauswahl bzw. Steuerung erfolgt.

Internet und Multimedia

Nicht alle Bereiche des Internet unterstützen die Multimedia Komunikation. Telnet, FTP z.B. verbinden nicht mehrere Medien. E-Mail und News unterstützen die Multimedia-Kommunikation nur zum Teil. So ist es je nach verwendetem E-Mail- bzw. News-Client möglich, Bilder in die Nachrichten zu integrieren und diese dem Betrachter sofort anzeigen zu lassen. Das World Wide Web ermöglicht dagegen mittlerweile die Integration sämtlicher Medien und erlaubt ein Höchstmaß an Interaktivität.

6.7 Werbung im World Wide Web

Begriff und Inhalt der Werbung

Unter „Werbung" kann allgemein jede bezahlte Form der nichtpersönlichen Präsentation und Förderung von Ideen, Waren oder Dienstleistungen durch einen Auftraggeber verstanden werden (Kotler/Bliemel 1995). Anders gesagt, handelt es sich bei der Werbung um einen kommunikativen Beeinflussungsprozeß, der mit Hilfe von Kommunikationsmitteln in verschiedenen Medien erfolgt und das Ziel hat, beim Adressaten marktrelevante Einstellungen und Verhaltensmuster im Sinne der Unternehmensziele zu verändern (Schweiger/Schrattenecker 1995).

Medien

In der realen Welt wird zwischen Werbung in Insertionsmedien (Zeitungen, Zeitschriften, etc.) und der Werbung in elektronischen Medien (Radio, Fernsehen, Kino) unterschieden (Meffert 1998). Das Internet stellt grundsätzlich ein elektronisches Medium dar, welches über verschiedene Werbeträger (WWW, News, E-Mail, etc.) verfügt.

Homepage und Banner

Die zentralen Werbemittel im WWW sind die Homepage und das Banner-Ad. Die Unterscheidung zwischen der Homepage und dem Banner-Ads (kleinen, meist Anzeigen auf den Rändern fremder Homepages bzw. Webseiten) erfolgt auf der Ebene der Werbeträger und der Werbemittel. Die WWW-Homepage ist zwar Werbeträger für Banner-Ads, jedoch für viele Firmen eher ein Werbemittel (vgl. auch 6.7.4). Tabelle 6.8 ermöglicht eine Einordnung.

Tab. 6.8: Medium, Werbeträger und Werbemittel und Plazierung

	Werbung				
Medientyp	Insertion	Elektronisch			
Medium (Beispiele)	Zeit-schrift	Radio	TV	Internet	
Werbeträger (Beispiele)	Hörzu	BR3	ZDF	WWW-Hompage	News
Werbemittel	Anzeige	Funk-Spot	TV-Spot	Banner-Ad	Werbe-Artikel
Plazierung (Beispiele)	Rücktitel	Sen-dung	Film/ Krimi	Eingangs-seite	News-Group

Plazierung

Werden Funk-Spots in verschiedenen Radiosendungen oder Werbeanzeigen auf bestimmten Zeitungs- oder Zeitschriftenseiten – möglichst inhaltlich passend – plaziert, so können Banner-Ads auf verschiedenen Seiten einer Homepage angebracht werden. Dies kann sowohl statisch (ständig dieselbe Seite) als auch dynamisch (ständig wechselnd) erfolgen. Darüber hinaus besteht die Möglichkeit, abhängig vom jeweiligen Nutzer die Schaltung der Banner-Ads zu individualisieren.

Kriterien

Tabelle 6.9 stellt die Online-Werbung der Werbung in TV- und Printmedien anhand ausgewählter Kriterien gegenüber. Kriterien der Unterscheidung der Medien sind u.a. die Steuerbarkeit des Zeitpunkts an dem der Werbekontakt statt findet, der Ort des Kontakts zwischen Nutzer und Werbung und die entstehenden Kosten. Weitere Vergleichskriterien sind die Möglichkeit der Interaktion des Nutzers mit dem Medium, das Auftreten medienbedingter Verzögerungen bis zum Kontakt mit dem Werbemittel und die Art der Werbekontakte (zufällig oder von Nutzer beabsichtigt).Unterschiedliche Ausprägungen für die verschiedenen Werbemedien gibt es ebenfalls bei der Höhe der Streuverluste und der Einheitlichkeit der Darstellung.

Tab. 6.9: Unterscheidung TV-, Online- und Printwerbung

	TV-Werbung	*Online-Werbung*	*Printwerbung*
Zeitpunkt des Kontakts	Ausstrahlungs-abhängig	unabhängig	unabhängig
Ort des Kontakts	ortsgebunden	nicht ortsgebunden	nicht ortsgebunden
Kosten	keine direkten Kosten	Verbindungs-kosten	Subvention d. Werbung
Interaktion	niedrig	hoch	niedrig
Verzögerung, medienbedingt	keine	Download-zeiten	keine
Art der Werbe-kontakte	zufällig	zufällig und beabsichtigt	zufällig
Streuverluste	hohe Streuver-luste	geringe Streu-verluste	hohe Streuver-luste
Darstellung	überall gleich	durch Browser verändert	überall gleich

Quelle: in Anlehnung an Werner/Stephan, 1997.

Entscheidungstatbestände der Werbung

Um die weitere Betrachtung zu systematisieren, sollen die wichtigsten Entscheidungstatbestände der Werbung als Leitfaden dienen. Zentrale Fragen der Werbung sind die Festlegung

- der Werbeziele,
- des Werbebudgets,
- der Werbebotschaften,
- der Werbemittel,
- der Werbeträger (Mediawahl).

Außerdem muß die Werbewirkung überprüft bzw. kontrolliert werden. Ich möchte nachfolgend die Werbung im WWW bzw. im Internet entlang dieser Dimensionen näher erläutern.

6.7.1 Werbeziele

Werbung hat – wie die Kommunikationspolitik insgesamt – ökonomische und psychographische Ziele, die sich an den unternehmerischen Zielen und den daraus abgeleiteten Marketingzielen und -strategien orientieren (vgl. auch 6.2).

Ziele der Werbung

Die ökonomischen Ziele der Werbung im Internet sind dieselben gewinn- oder umsatzbezogenen Ziele, die auch außerhalb des Internet anzutreffen sind. Psychographische Ziele sind z.B. die Erhöhung der Marken oder Firmenbekanntheit, die Bildung von Einstellungen zu Produkten und Marken als Basis für die Positionierung der Marken in der Vorstellung des Kunden bzw. im Wettbewerbsumfeld oder die Schaffung von Kaufabsichten.

Untersuchung

Einer Untersuchung (Rengelshausen 1997) folgend, ist das wichtigste Ziel des Internet-Einsatzes im Marketing die Verbesserung des Bekanntheitsgrades, gefolgt vom Wunsch neue Zielgruppen anzusprechen sowie der Realisierung von Wettbewerbsvorteilen und der Erschließung neuer Absatzgebiete. Für die Erreichung dieser Marketingziele müssen die Werbeziele entsprechend konkretisiert werden.

Kommunikative Ziele

Die Werbeziele können auch in die folgenden drei Bereiche eingeteilt werden:

- Information
- Einstellungsveränderung
- Erinnerung

Vorteile bei der Informationsvermittlung

Das Internet bzw. das WWW läßt sich grundsätzlich in allen drei Bereichen anwenden, besitzt aber beispielsweise gegenüber anderen Medien, wie etwa dem Fernsehen, Vorteile im Bereich der Vermittlung von Informationen z.B. über Produkte und Dienstleistungen. So kann im Fernsehen Information nicht gezielt gesucht und nicht in unterschiedlichen Detailierungsgraden – entsprechend den Bedürfnissen der Kunden – bereit gestellt werden.

Rückkanal

Durch den in das Medium integrierten Rückkanal ermöglicht das WWW außerdem das Anfordern weiterer Informationen, ohne das Medium wechseln zu müssen (Telefon, Postkarte, etc.). Auch die Möglichkeit Informationen von höchster Aktualität zu liefern, ist der Informationsvermittlung sehr förderlich.

Einstellung und Emotionale Werbung

Eine Veränderung von Einstellungen kann sowohl durch Informationen als auch Emotionen ausgelöst werden. Für „emotionale Werbung“, die besonders für die Veränderung bzw. Beeinflussung von Einstellungen wichtig ist, besitzt das Internet Nachteile. Die emotionale Werbung ist auf die Vermittlung von Gefühlen, Werten und Ideen durch Bilder, Filmsequenzen und Musik angewiesen.

Technischer Fortschritt

Während früher Videosequenzen im WWW vor dem Betrachten erst aus dem Netz auf den heimischen PC geladen werden mußten, gibt es mittlerweile die Möglichkeit des Steaming Video. D.h., daß Video- und Audiosignale mit entsprechender Software sofort während des Downloadvorgangs zu betrachten bzw. zu hören sind. Dennoch ist die Bildgröße und -qualität solcher Anwendungen noch nicht überzeugend. Erst wenn sich die neuen, breitbandigeren Übertragungstechnologien[20] weltweit durchgesetzt haben, werden auch Filme in Fernsehqualität kein Problem mehr darstellen. Entsprechend wird auch die emotionale Werbung im WWW ein dem Fernsehen oder Kino ebenbürtiges Medium vorfinden.

Bilder

Emotionale Werbung in Form von nicht-bewegten Bildern ist im Internet leichter möglich, wenngleich sich eine gute Bildqualität ebenfalls nur mit größeren Datenmengen erreichen läßt. Eine emotional aufgeladene Homepage zu generieren, die der Nutzer unter verträglichem bzw. zumutbarem Zeitaufwand laden kann, ist also nicht ganz einfach.

Vorteile

Vorteile erwachsen aus dem informativen Charakter und der ungezwungenen, selbstbestimmten Art der Konfrontation mit den einstellungsverändernden Informationen. Werbung wird je nach Aufmachung etwa der Homepage nicht direkt als Werbung interpretiert. Die Trennung zwischen Inhalt und Werbung verwischt, was die Aufnahme der Werbebotschaften erleichtert.

Nutzungstypen

Die Eignung zur Einstellungsveränderung hängt jedoch auch von der Art der Nutzung bzw. dem dabei auftretendem Involvement, der inneren Anteilnahme oder Beteiligung der Nutzer beim Besuch einer Seite ab.

Involvement

Für das Internet bzw. WWW spricht, daß der Nutzer sich aus eigenem Antrieb mit der Firmenpräsentation beschäftigt, zumindest, wenn er auf der Suche nach Informationen gezielt die Unternehmens-Homepage aufsucht. Sein Involvement ist damit höher. Auch die Dauer des Kontaktes mit den Inhalten ist in diesen Fällen erheblich länger und intensiver als dies im Fernsehen der Fall sein kann. Zusätzlich kann, wenn die Interaktivität des WWW zur Informationsvermittlung geschickt genutzt wird, auch

---

[20] Zu diesen Technologien gehört die Nutzung von Kabelfernsehanschlüssen sowie die Nutzung regulärer Stromanschlüsse als Leitungen zum Anschluß an das Internet. Dabei können im Download bis zu 10MB/Sek und mehr erreicht werden.

das Involvement des Nutzers erheblich höher ausfallen als dies bei anderen Medien der Fall ist.

Surfer vs. Sucher

Anders verhält es sich jedoch mit Nutzern, die ungezielt – surfend – im WWW auf Firmeninformationen treffen. Für diese stellt sich die Firmen-Homepage ähnlich einer Anzeige oder einem Werbespot dar. Die Homepage wird, sofern sie keine auf den ersten Blick interessanten, fesselnden Aspekte enthält, sofort wieder verlassen, wie man Anzeigen in Zeitschriften überblättert bzw. bei Werbeblöcken das Programm wechselt „wegzapped".

Flow-Konzept

Ein anderes Konzept bieten Hoffmann/Novak (1996) mit dem von ihnen verwendeten Flow-Konstrukt. Danach ergibt sich beim Nutzer bei längerem Surfen ein „Flow" genannter Zustand. Das Flow Phänomen ist abhängig von einer Reihe von Faktoren. Es beschreibt einen „Prozeß der optimalen Erfahrung". Es ist eine Art Bewußtseinsstadium, welches während der Navigation in einem Computernetz eintreten kann. Es wird charakterisiert durch eine nahtlose Sequenz von Maschine-Mensch-Interaktionen, verbunden mit innerem Genuß und begleitet von einem Verlust an Selbstwahrnehmung. Dieser sich selbst verstärkende Prozeß, in dem nichts außer der Interaktion mit dem „Bildschirm" von Bedeutung ist, fördert das Lernen und die Informationsaufnahme und vermittelt eine positive, subjektive Erfahrung. Im Flow-Stadium aufgenommene Werbeinhalte wirken daher stärker.

TV hat Vorteile

Generell lassen sich im Internet bzw. im WWW zwar viele und sehr detaillierte Informationen sehr individuell vermitteln. Das Fernsehen beispielsweise verfügt jedoch gegenwärtig über deutlich bessere Möglichkeiten, etwa durch witzige, ideenreiche und wirkungsvoll umgesetzte Werbespots mit entsprechender Musik, Botschaften im Gedächtnis der Zuschauer zu verankern.

Erinnerungszeitpunkt

Um Kunden oder potentielle Kunden an Produkte oder Dienstleistungen bzw. Unternehmen zu erinnern, ist es meist erforderlich, den Nutzer zu einem vom Werbenden bestimmten Zeitpunkt mit der Erinnerungswerbung zu konfrontieren. Dies ist im WWW nicht direkt möglich. Der Nutzer entscheidet selbst, wann er eine Homepage besucht. Deutliche Erinnerungswirkung haben dagegen Banner-Ads.

Push-Channels

Abhilfe bieten auch die Push-Channels, deren Verbreitung stetig zunimmt. Der wichtigste Push-Channel ist PointCast mit über 2 Mio. Abonnenten. Er bietet kostenlos Nachrichten aus den Informationsdiensten Reuters, Time Magazine, verschiedenen Illustrierten und Fachzeitschriften. Dabei abonniert der Nutzer eine Art Nachrichtenkanal. Je nach Anbieter werden dann mehr oder weniger individuell zusammengestellte aktuelle Nachrichten und Werbung in Form von WWW-Seiten regelmäßig an den Rechner des Nutzers gesendet. Damit kann Werbung sehr gezielt – interessengerichtet – verbreitet werden (vgl. Abbildung 6.17).

Abb. 6.17: Push-Technologie

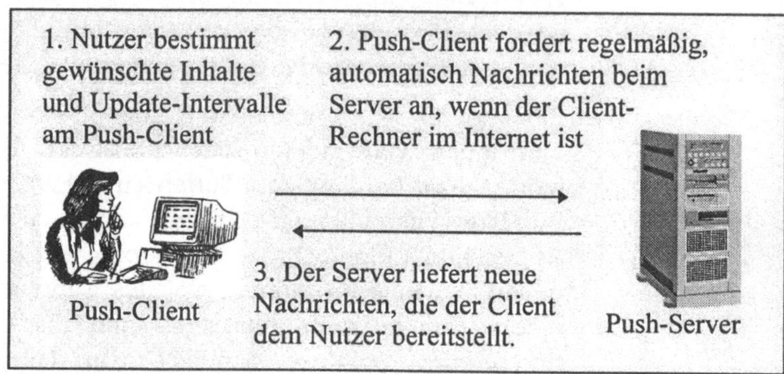

Zielgruppen

Eng verwoben mit den Zielen der Werbung ist auch die Frage nach den Zielgruppen. Es wurde bereits darauf hingewiesen, daß sich bestimmte Zielgruppen aufgrund der mangelnden Repräsentanz im Netz noch nicht im Internet erreichen lassen und daß das WWW damit bestimmte Werbeziele nicht erfüllen kann.

6.7.2 Werbebudgets im Internet

Die Entscheidungen über Werbeziele, wie auch die Auswahl der Werbemittel und Werbeträger werden durch das zur Verfügung stehende Werbebudget beeinflußt. Die Höhe des Werbebudgets wiederum wird oftmals als Prozentsatz vom Umsatz oder Gewinn bestimmt. Auch die Ausrichtung an den überhaupt verfügbaren Mitteln spielt – gerade bei kleineren Unternehmen – oft eine Rolle. Ziel ist es dann, mit einem festen Betrag einen maximalen Werbeerfolg zu erreichen. Auch der umgekehrte Weg ist möglich und je nach Situation sogar sinnvoller. Dabei wird das Budget nach den jeweils verfolgten Zielen bzw. Aufgaben und den zur Erreichung der Ziele notwendigen Aufwendungen ausgerichtet. Ein festgelegtes Ziel soll dann mit möglichst minimalem Aufwand bzw. Kosten erreicht werden.

Kostenblöcke

Die Kosten für Werbung im Netz sind abhängig von der Art des Engagements. Der Aufwand kann grob in drei Kostenblöcke unterteilt werden: Konzeption, Produktion und Media. Im Internet kommt als vierter Kostenblock die Betriebskosten (Wartung und Aktualisierung des Angebots) hinzu. Der Unterschied besteht also in der grundsätzlichen Längerfristigkeit des Engagements und dem fehlenden Kampagnencharakter. Tabelle 6.10 vergleicht die Kostenblöcke am Beispiel eines TV-Spots, einer Homepage, eines Banner-Ads und eines E-Mail-Werbeschreibens.

Werbebudget und Internet

Das Werbebudget im Internet kann theoretisch klein bleiben, sofern nur einfache Anzeigen auf fremden Homepages plaziert oder E-Mail-Werbeschreiben versendet werden sollen. Banner-Ads machen jedoch ohne eine eigene Homepage, auf die sie verweisen, nur wenig Sinn. Zwar wird auch durch Banner ohne Link ein Werbeeffekt erzielt, dieser wird jedoch verhältnismäßig teuer erkauft.

Tab. 6.10: Kostenblöcke (Beispiele)

Kostenblock	*TV-Spot*	*Homepage*	*Banner-Ad*	*E-Mail-Werbebrief*
Konzeption	Agentur	Agentur	Agentur	selbst/ Agentur
Produktion	Filmproduktionsfirma	Agentur	Agentur	selbst/ Agentur
Media / Versendung	Fernsehsender	Provider / Hardware	z.B. Online Zeitschrift	selbst/ Agentur
Betrieb	./.	Agentur	./.	./.

Einflußgrößen

Die Höhe der Kosten für Werbung, speziell im WWW werden also im einzelnen bestimmt von der Art der Werbung (Banner oder Homepage) sowie vom Aufwand, der zur Konzeption und Erstellung des jeweiligen Werbemittels notwendig ist. Personalkosten fallen u.a. bei der Selbsterstellung und der Aktualisierung und Wartung eines eigenen WWW-Servers an. Dazu kommen Providerkosten (Bereitstellungs-, Technik- und Leitungskosten), die davon abhängig sind, ob man einen eigenen Server im Unternehmen betreibt oder Festplattenkapazität eines Providers nutzt bzw. einen eigenen Server im Hause des Providers aufstellen kann. Will man mit Banner-Ads auf den Webseiten anderer Unternehmen für sein Angebot werben, hat man entsprechend auch Mediaausgaben also Kosten für Werbeträger zu berücksichtigen, wie sie auch bei traditionellen Anzeigen anfallen.

Serverkosten

Die Kosten für den Betrieb eines Servers werden in Kapitel 7 detailliert aufgezeigt. Hier erfolgt daher nur ein grober Überblick.

Die teuerste Variante ist ein eigener Server im Unternehmen, der über eine Standleitung zum Provider an das Internet angeschlossen ist. Für Hard- und Software müssen je nach Leistung zwischen zehn- und fünfzehntausend Mark kalkuliert werden. Die monatlichen Kosten der Anbindung für eine Standleitung niedrigster Bandbreite zwischen DM 1.500,– und 3.000,– .

Homepage-Preise

Einige Provider ermöglichen ihren Kunden bereits für Preise unter DM 100,–/Monat[21] die Veröffentlichung einer oder mehrerer Webseiten auf ihrem Server.

Werbe-E-Mail und Versendung von News

Die Kosten für die Versendung von Werbe-E-Mails oder News-Artikel sind relativ gering. Es ist praktisch nur ein E-Mail-Account und eine Einwählverbindung zum Internet notwendig, die ab 9,90 DM/Monat plus Telefongebühren erhältlich ist. Im folgenden werde ich daher nur die Mediapreise (Schaltung eines Banner-Ads) näher betrachten.

Kosten für Banner-Ads

Die Kosten für Bannerwerbung im Internet sind sehr unterschiedlich. Sie richten sich nach der Bekanntheit bzw. der Reichweite der Webseite, auf der geworben werden soll, und nach der Art, Größe, Plazierung und Dauer der Werbeanbringung (vgl. 6.7.7).

TKP

Wichtig für die Preisgestaltung ist die Reichweite des Werbeträgers. Um verschiedene Angebote preislich vergleichen zu können, müssen die Preise über die Reichweite normiert bzw. standardisiert werden. In der Regel wird dies über den TKP (Tausender-Kontakt-Preis) erreicht. Um die TKPs verschiedener Anbieter vergleichen zu können, muß die Reichweite einheitlich, d.h. nach dem gleichen Verfahren gemessen werden, und am besten auch überprüfbar sein.

Kennzahlen

Nach längeren und z.T. heftigen Diskussionen haben sich in Deutschland für die Reichweitenmessung verschiedene, in den USA entwickelte Kennzahlen durchgesetzt. Die wichtigsten sind die Page Views oder Page Impressions (Anzahl Seitenabrufe), die Visits (Anzahl der Host Besuche) und die Ad Clicks (Anzahl der Clicks auf ein Banner-Ad) (vgl. zur Erläuterung Abschnitt 6.7.8).

Kostenbeispiele

Eine vierwöchige Schaltung eines Banner-Ads auf den Seiten des HotWired-Magazins kostete beispielsweise im Juni 1995 US$

[21] Z.B. VossNet (www.vossnet.de/), die für 99,-DM/Monat 10 E-Mail-Adressen, 10 MB Festplattenkapazität für die Homepage sowie einen FTP-Zugang und die DE-NIC Registrierung anbieten. (Siehe auch Kapitel 7.)

15.000,–. HotWired verfügt über ca. 220.000 registrierte Leser und verbucht 35.000 bis 45.000 Besucher pro Woche. Dieses Werbeangebot haben u.a. schon Volvo und die Fluggesellschaft Cathay Pacific genutzt.

Anzeigenbeispiel Yahoo!

Ein Platz, an dem häufig Anzeigen geschaltet werden, ist die Yahoo! Search Engine. Da dieser Dienst von sehr vielen Personen in Anspruch genommen wird, also hoch frequentiert ist, kann man gegen Gebühren (1996 US$ 20.000,– pro Monat) Werbung auf der Yahoo!-Homepage präsentieren. Die Werbeeinnahmen stellen – neben Lizenzeinnahmen – oft die einzige Einnahmequelle für diese Art Service dar.

Playboy

Eine Anzeige bzw. ein Banner im elektronischen Pendant des Playboy[22] oder im Pathfinder Magazine[23] kostete 1996 US$ 30.000,– pro Vierteljahr. Die Anzeigenpreise der meisten kleineren Web-Sites liegen deutlich darunter. Ein Preisvergleich lohnt sich, so können vielfach schon für Preise zwischen 50 und 500 US$ pro Woche Anzeigen an interessanten Stellen geschaltet werden.

Spiegel

Eine einmonatige Schaltung eines Banner-Ad im Spiegel-Online kostete Anfang 1997 bei ca. 220.000 Visits und 890.000 Page Views je nach Größe und Plazierung zwischen 6.000,– und 26.000,– DM (vgl. zu Visits und Page Views 6.7.8). Dies entspricht einem TKP zwischen 31,– und 58,– DM. Tabelle 6.11 in Abschnitt 6.7.7 gibt einen Überblick über Kostenstrukturen auf verschiedenen deutschen Homepages bzw. Werbeträgern im WWW.

Ad Clicks

Interessant für den Werbenden ist auch die Abrechnung nach Ad Clicks, da hier nur die tatsächlich besuchswirksam gewordenen Kontakte bezahlt werden müssen. Die Kritiker der Ad Clicks weisen jedoch daraufhin, daß damit eher die gelungene gestalterische Arbeit bei guten bzw. wirksamen Banner-Ads durch hohe Schaltungskosten bestraft wird.

Beurteilung

Ob Bannerwerbung im Internet teuer oder günstig ist, hängt u.a. von der gewählten Web-Site und dem TKP (Tausender-Kontakt-Preis) ab. Auch wenn die TKPs oft höher sind als in anderen Medien, fallen jedoch die Produktionskosten für Banner-Ads günstiger aus als für Anzeigen in den Printmedien oder gar Fernsehspots.

---

[22] `http://www.playboy.com/`

[23] `http://www.pathfinder.com/`

Kritik am TKP

Werner/Stephan (1997) kritisieren denn auch den TKP zur Preisstellung im WWW. Ihrer Meinung nach sind Banner-Ads keine Werbung im herkömmlichen Sinne, sondern eher vergleichbar mit den „... Briefmarken auf einer Direkt Mail Sendung...“. Ihre Aufgabe liege nur im Erzeugen von Verkehr auf der Homepage. Gegen diese Ansicht spricht, daß Banner-Ads häufig sehr bunt und bewegt bzw. animiert sind (Living Banners) und durch abwechselnde oder rotierende Schaltung unterschiedlicher Banner verschiedenste Inhalte und Botschaften sehr gezielt transportieren können. Auch ohne angeklickt zu werden, erinnern Banner an Marken, Produkte oder an Unternehmen und erfüllen damit zentrale Werbefunktionen. Der obigen Meinung wird daher hier nicht gefolgt.

Budgetentwicklungen

MGM München ermittelte 1996 für zehn Schlüsselbranchen (Automobile, Hausgeräte, Unterhaltungselektronik, Mode / Kosmetik, Getränke, Nahrungsmittel, Pharma, Banken, Versicherungen, Reisedienstleister) die geplanten Investitionen in die Online-Auftritte. Insgesamt planten die Unternehmen dieser Branchen, bis zum Jahr 2003 rund eine Milliarde DM in ihre Online Präsenz zu investieren. Dabei sinken bereits ab 1999 die Neuinvestitionen deutlich, während die Ersatz- oder Update-Investitionen kontinuierlich steigen. Abbildung 6.18 zeigt die Entwicklung für Neu- und Update-Investitionen auf.

Abb. 6.18: Investitionen in Online-Auftritte

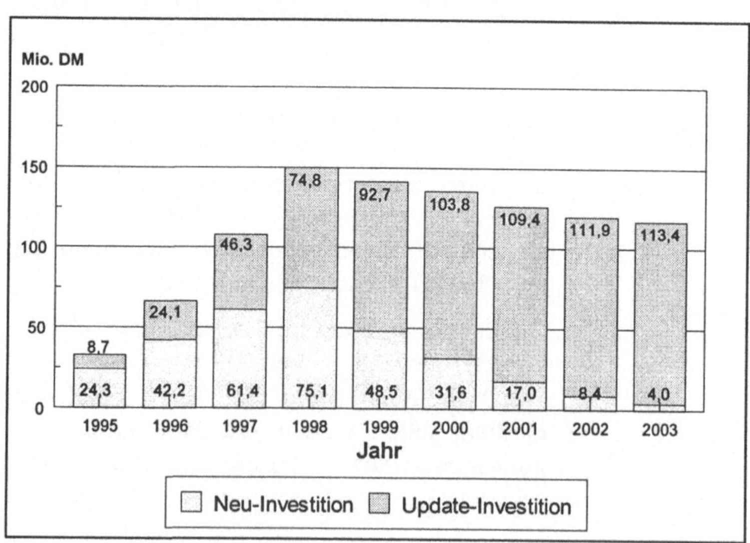

Quelle: MGM München, Spiegel-Verlag 1996

Budgetanteil

In den USA sollen nach Angaben des Internet Advertising Bureau (IAB) 1996 ca. 267 Mio. US$ in die Online Werbung geflossen sein. Der Gesamtverband der Werbeagenturen GWA prognostizierte bereits 1996 einen Anteil der Online-Werbeausgaben an den gesamten Werbeausgaben von zwei bis vier Prozent für das Jahr 2000. Bei erwarteten 147 Mrd. DM Gesamtausgaben würde das ein Online-Werbeaufkommen zwischen drei und sechs Mrd. DM bedeuten. Die amerikanische Forrester Research Inc. prophezeit sogar, daß 10% des Werbebudgets von Markenartiklern zur Jahrtausendwende im WWW ausgegeben werden. Bereits 1997 sollen die WWW-Ausgaben 2% betragen haben.

6.7.3 Werbebotschaften

Aufgabe der Gestaltung der Kommunikationsbotschaften ist es, die vom Werbenden beabsichtigten Werbeinhalte so an den Empfänger zu übermitteln, daß die vom Werbenden gewünschten Effekte auch tatsächlich eintreten (Meffert 1998).

Anforderungen

Die Werbebotschaften richten sich nach den jeweiligen Werbezielen des Unternehmens. Für die Gestaltung von Botschaften wurden verschiedene Anforderungen bzw. Regeln aufgestellt, die abhängig sind vom jeweils zugrundeliegenden Modell der Werbewirkung. Kroeber-Riel (1993) nennt folgende, grundlegende Aspekte, die bei der Gestaltung von Werbung Berücksichtigung finden sollten:

- Glaubwürdigkeit des Werbenden, Aktualität der Inhalte,
- Aufmerksamkeit des Empfängers, Relevanz der Inhalte,
- Übersichtlichkeit und Stimmigkeit der Inhalte und des Layouts.

Regelverstöße

Oft kann jedoch auch der absichtliche Verstoß gegen bestimmte Gestaltungsgrundsätze eine besondere Werbewirkung hervorrufen. Neuartigkeit oder Andersartigkeit schafft zumindest Aufmerksamkeit. Bei der zunehmenden Informations- und Reizüberflutung der Gesellschaft, ist dies ein nicht zu unterschätzender Vorteil.

Inhalt und Form

Diese Aspekte gelten grundsätzlich auch für die Gestaltung von Werbung im Internet. Generell wird zwischen der Gestaltung des Botschaftsinhalts und der Gestaltung der Botschaftsform unterschieden. Bei der Betrachtung der Werbebotschaften im Internet muß auch zwischen der Botschaft der Homepage und den Banner-Ads unterschieden werden.

Inhalte

Nach Fantapié-Altobelli/Hoffmann (1996) richten sich die Inhalte einer kommerziellen „Werbe-Homepage“ nach der Art des jeweiligen Produkts bzw. der Branche, aus der das Unternehmen kommt. Abbildung 6.190 zeigt das Modell.

Besuchsanreize

Je nachdem, wie hoch das Interesse des Nutzers am Produkt bzw. am Unternehmen ist, reicht die Anziehungskraft des Unternehmens bzw. des Produkts allein aus, um Besucher auf die Homepage zu bekommen. Andernfalls muß das Unternehmen zusätzliche Besuchsanreize für den Nutzer schaffen.

Abb. 6.19: Produktabhängige Seiteninhalte

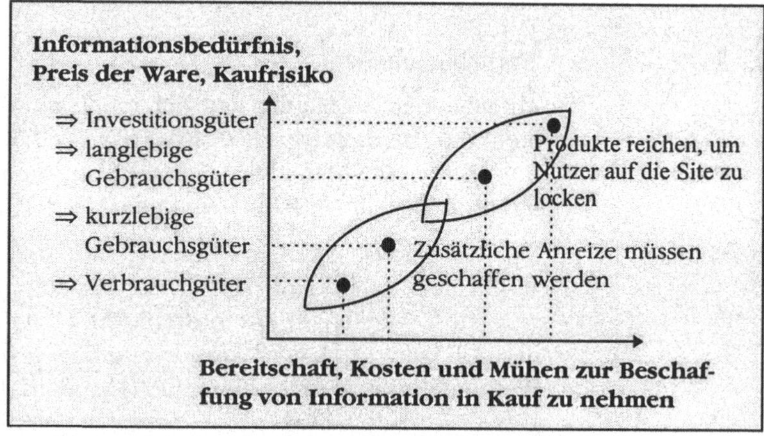

Quelle: in Anlehnung an Fantapié-Altobelli/Hoffmann 1996

Inhalte

Homepages können – abhängig von der anzusprechenden Zielgruppe – neben reinen Informationen auch Unterhaltungselemente, wie z.B. Spiele, Rätsel oder Fortsetzungsgeschichten, enthalten, die den Nutzer veranlassen, regelmäßig auf die Homepage zurückzukehren. Zu einer umfangreicheren Liste möglicher Inhalte von WWW-Sites siehe Abschnitt 7.6.

Infotisement, Advertainment und Benefitting

Fanatpié-Altobelli/Hoffmann (1996) unterscheiden bei Homepages drei verschiedene Inhaltskategorien: Infotisement (Information + Advertising), Advertainment (Advertising + Unterhaltung) und Benefitting (Advertising + Zusatznutzen). Dieser Einteilung wird hier nicht gefolgt, da Information immer Bestandteil von Advertising (Werbung) ist und Entertaiment, also Unterhaltung gleichzeitig auch einen Zusatznutzen darstellt. Sinnvoll erscheint, zwischen informationsorientierten und zusatznutzenorientierten Sites zu unterscheiden. Letztere bieten Unterhaltung oder sonstige für den Kunden nützliche Informationen an.

Formale Aspekte

Neben den Inhalten ist besonders die formale Gestaltung von Bedeutung. Gestaltungsmittel einer Homepage sowie von Banner-Ads sind Bilder, Animationen, Videos, Texte, Sounds, Sprache, Musik, Farben, Schrifttypen, etc. Bei der formalen Gestaltung sind die Restriktionen des WWW bezüglich Bandbreite und Darstellung zu beachten (vgl. Abschnitt 6.1). Zusätzlich muß das Corporate Design beachtet werden. Werden die technischen Möglichkeiten der Darstellung voll ausgeschöpft (z.B. durch Frames oder viele Bilder), ist es sinnvoll auch einfache Versionen (No-Frames oder Text only) anzubieten.

Beispiel Toyota

Als Beispiel für einen häufig anzutreffenden produktorientierten Ansatz der Gestaltung wird im folgenden die Toyota-Homepage vorgestellt. Die Fahrzeuge und der bekannte Markenname allein reichen in diesem Fall aus, um Interessierte auf die Homepage zu locken. Auf der Toyota Homepage wird neben Informationen über Toyota und seine Produkte zwar auch ein Forum für den Informationsaustausch zwischen Toyotafahrern geboten. Doch das zu Anfang der Internet-Präsenz an dieser Stelle angebotene Toyota Magazin „The Hub", das u.a. die Bereiche Wohnung/Zuhause, Sport, Frauen im Web, Life Style, Kultur und ähnliches abdeckte, wurde schon bald wieder aus der Homepage heraus genommen (Abbildung 6.20). Die Nutzer sind primär an den Fahrzeugen interessiert.

Abb. 6.20: Toyota-Homepage

Gestaltung der Seiten als klickbare Bilder

Auf der Seite „Toyota vehicles" stellt das Unternehmen die aktuelle Produktpalette vor. Kunden können herausfinden, welches Toyota-Modell das richtige für sie ist. Außerdem können sich ihr Wunschauto zusammenstellen. Die Übersicht ist als klickbares Bild ausgeführt, so daß ein Mausklick auf das interessierende Fahrzeug die dazugehörigen Informationen hervorbringt (siehe Abbildung 6.21).

Abb. 6.21: Toyota-Fahrzeuge

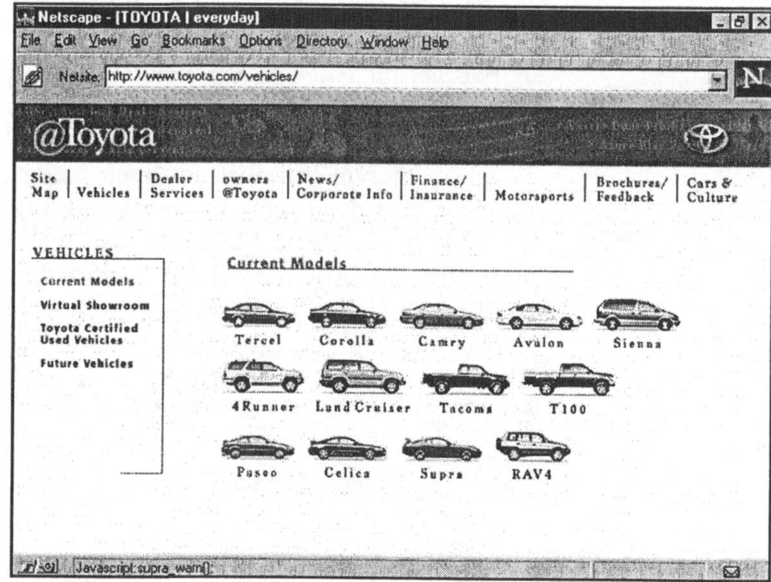

Besonders die Verwendung professionell gelayouteter Bilder und Symbole sowie Schrifttypen drücken Qualität, Können und Leistungsfähigkeit aus. Unprofessionelle Bilder, die wirken, als wären sie im Wohnzimmer aufgenommen worden, oder schlecht lesbare – weil mit geringer Auflösung gescannte – Schriftzüge, vermitteln kein solides, positives Images. Sie lassen eher Zweifel an der Seriosität des Unternehmens aufkommen. Hieran zu sparen bedeutet sparen am falschen Platz.

6.7.4 Welche Werbemittel gibt es im Internet?

Auswahl der Werbemittel

Außerhalb des Internet stehen eine ganze Reihe von verschiedenen Werbemitteln zur Verfügung. Die Auswahl der Werbemittel beinhaltet u.a. die Wahl zwischen Handzetteln, Mailings, Anzeigen, Plakaten oder Radio-, Fernseh-, oder Kinowerbespots, etc. Diesen Werbemitteln stehen im Internet eine Reihe neuer Werbemittel gegenüber. Dabei handelt es sich nicht nur um die bislang im Vordergrund der Betrachtung stehenden Werbemittel im WWW, sondern auch um die, die sich aus den anderen Internet-Diensten ergeben. Abbildung 6.22 zeigt die Werbemittel des Internet im Überblick auf.

Push- und Pull-Werbung

Auch wenn einige im Zusammenhang mit dem Internet von der Umkehr der Werbung von einer „gesendeten" (push-) zu einer „angeforderten" (pull-) Werbung sprechen, darf nicht übersehen werden, daß es im Internet Möglichkeiten sowohl für angeforderte als auch für gesendete Werbung gibt. Besonders seit der Entwicklung und Einführung der „Push-Technology" hat sich auch das WWW vom reinen „Pull Medium" zum Push Medium entwickelt.

Abb. 6.22: Werbemittel im Internet

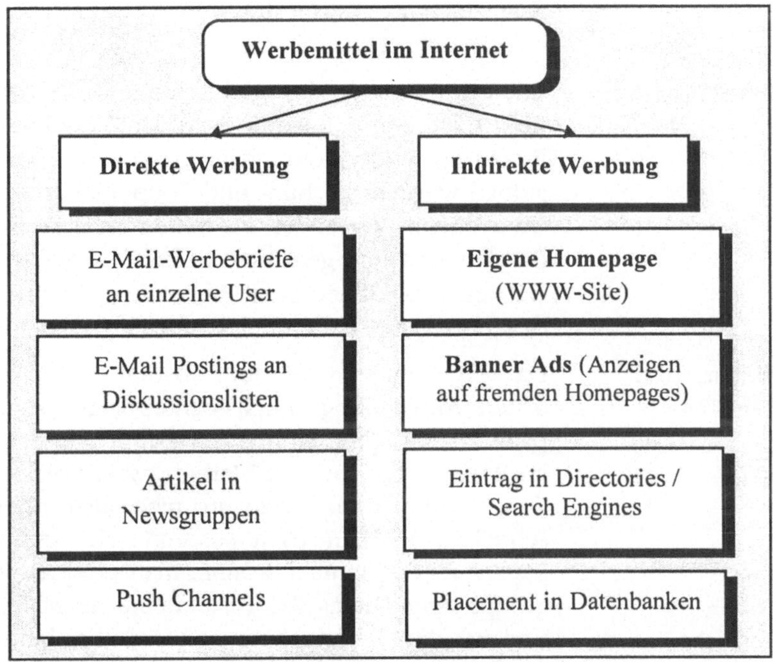

Offensive und defensive Werbung

Danach, ob die Werbung zum Kunden oder der Kunde zur Werbung kommt, kann man im Internet die „direkte" und die „indirekte Werbung" unterscheiden. Diese Einteilung kommt einer Unterscheidung in – für Internet-Verhältnisse – offensive und defensive Werbung gleich. Im folgenden sollen die wichtigsten Werbeformen systematisiert und näher betrachtet werden.

6.7.5 Direkte Internet-Werbung

Die „direkte Werbung“ entspricht in diesem Kontext etwa dem Direktmarketing bzw. der Direktwerbung über Individualmedien (vgl. 6.6.1). Während E-Mail-Werbebriefe direkt oder über Diskussionslisten an die Adresse eines (potentiellen) Kunden gehen, wenden sich die in einer oder mehreren Newsgroups veröffentlichten Artikel an alle Leser der Newsgroup, also an eine größere Öffentlichkeit –mit entsprechenden Streuverlusten.

Filter

Über den Erhalt von Werbebriefen in ihrer Mailbox werden die wenigsten Nutzer glücklich sein. Es gibt für die Nutzer jedoch theoretisch auch die Möglichkeit, eingehende E-Mail automatisch filtern zu lassen und Werbepost und ähnliches gleich im Vorfeld zu eliminieren. In der Diskussion ist zu diesem Zweck auch eine Kennzeichungspflicht für Werbepostings, z.B. im Header bzw. Subject einer Mail.

Direkte Werbung meist textbasiert

Allen drei Formen der direkten Ansprache von Nutzern im Internet ist gemein, daß sie in erster Linie textorientiert ablaufen. Per E-Mail oder News kann zwar theoretisch alles versendet werden, jedoch werden die Bild- und Tondokumente meist als „Anhang“ (Attachment) versendet und selten im Dokument selbst. Hat der Empfänger keine geeignete Software, kann er die empfangenen Dateien wie Bilder oder Filme nicht bzw. nicht sofort öffnen bzw. anzeigen lassen oder abspielen (siehe auch 5.1).

Werbung in den Newsgroups

Das Plazieren von Werbung in den Newsgroups hat bei seiner ersten Anwendung durch Canter/Siegel, einem Rechtsanwaltspaar aus den USA, Stürme der Entrüstung entfacht. News sollten im Rahmen der Internet-Werbung sehr vorsichtig eingesetzt werden. Gefahrlos kann man nur nicht allzu offensichtliche Werbeschreiben an thematisch passende Newsgruppen senden. Verkauft man Sportartikel, könnte man beispielsweise in den Newsgroups zum Thema Ski Testberichte neuer Skier veröffentlichen und auf aktuelle Angebote und ähnliches hinweisen.

Werbung in Diskussionslisten

Werbepostings an Diskussionlisten müssen bei moderierten Gruppen damit rechnen, nicht veröffentlicht zu werden. Allerdings kann es, sofern das Produkt für die Abonnenten der Liste interessant ist, sehr gut sein, daß auch in moderierten Gruppen Hinweise auf neue Produkte, Angebote und ähnliches akzeptiert und verteilt werden – sofern diese thematisch passen. In unmoderierten Gruppen besteht zwar nicht die Gefahr, aussortiert zu werden, dennoch sollte man sich auch hier bemühen, nicht allzu offensichtlich als Werbender oder Verkäufer aufzutreten und nur wirklich passende Gruppen anzusprechen.

Direkte Werbung und Rechtsprechung

Generell sollten alle Formen der direkten Werbung im Internet vorsichtig gehandhabt werden. Da den Beworbenen durch den Erhalt der unaufgeforderten Werbung Kosten (Telefon- und Providergebühren) entstehen können, ist auf diesem Gebiet langfristig mit einer prohibitiven Rechtsprechung – ähnlich der Fax-Werbung – zu rechnen.

Push-Channels

Eine Ausnahme im Rahmen der direkten Internet-Werbung stellen die bereits in Abschnitt 6.7.4 erwähnten Push-Channels dar.

6.7.6 Indirekte Internet-Werbung

Bei der indirekten Werbung im Internet gibt es grundsätzlich vier Möglichkeiten: die eigene Homepage bzw. WWW-Site, Banner-Ads sowie die Eintragung in Verzeichnissen bzw. Katalogen, Directories und Search Engines und zu guter Letzt die Plazierung von Informationen in Internet-Datenbanken.

Eigenständige Werbemittel

Praktisch sind nur die eigene Homepage sowie das Placement in Datenbanken als eigenständige Werbeformen zu bezeichnen. Sowohl die Schaltung von Anzeigen auf anderen Webseiten als auch die Eintragung in Search Engines und Verzeichnissen im Internet erfolgt in der Regel nur, um der eigenen Homepage die nötige Publizität zu verschaffen. Die Plazierung von z. B. Firmendaten und Produktinformationen in Datenbanken erfordert dagegen kein eigenes Engagement im Internet. Abbildung 6.23.

Abb. 6.23: Indirekte Werbung im World Wide Web

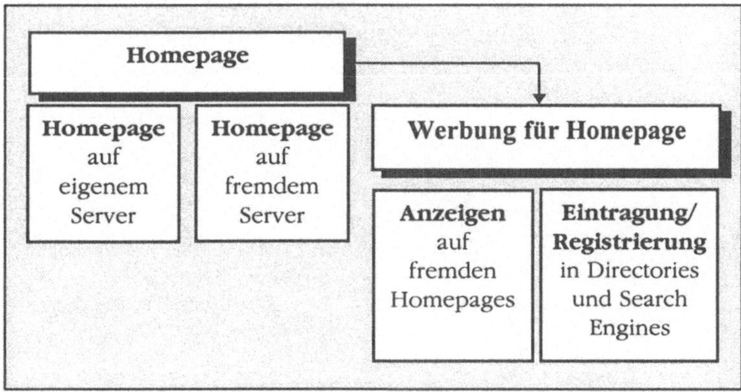

Placement

Firmen können sich auch in verschiedenen kommerziellen und nicht kommerziellen Datenbanken präsentieren. Diese Datenbanken sind im Internet über entsprechende Hosts zu erreichen und werden von den jeweiligen Betreibern gewartet. Es gibt eine Reihe von Wirtschaftsdatenbanken, die u.a. Geschäftsberichte und Firmendaten präsentieren. Auch Datenbanken zu anderen Themen (z.B. Patente, Produkte, Hersteller- oder Anbieterverzeichnisse, etc.) sollten auf die Möglichkeit neuer Einträge sowie die Optimierung bestehender Einträge überprüft werden. Eine gut strukturierte, korrekte, aktuelle und werbewirksame Firmendarstellung bedeutet in der Regel eine günstige Werbemöglichkeit (Herrmanns/Flory 1994).

Klickbare Anzeigen verweisen auf Homepage

Das Banner-Ad ist ein reines Werbemittel, während die Homepage, wie erwähnt, sowohl Werbemittel als auch Werbeträger sein kann. Das Banner-Ad dient primär der Werbung für eine Firmen-Homepage, da es meist einen Link auf die betreffende Seite zur Verfügung stellt. Darüber hinaus erzielen Banner-Ads jedoch – je nach Gestaltung – auch Werbewirkungen wie sie durch traditionelle Zeitschriftenanzeigen für Produkte oder Firmen erreicht werden.

Funktionsweise

Ist ein Nutzer durch das Banner neugierig geworden oder an mehr Informationen interessiert, kann er das Banner-Ad, das er im Netz sieht, anklicken und wird dann automatisch auf die Homepage des Unternehmens transportiert, wo er weitere Firmen- und Produktinformationen, etc. finden kann. Grundsätzlich sind jedoch auch Anzeigen auf WWW-Seiten denkbar, ohne daß eine Homepage dazu existiert.

Anzeigengröße und -gestaltung

Die Größe der Banner im WWW beträgt meist nur wenige Quadratzentimeter bzw. Pixel, da sie sonst auf dem Bildschirm als störend empfunden werden. Als Beispiel soll hier die in Abbildung 6.24 dargestellte Werbung im Spiegel-Online dienen.

Abb. 6.24: Werbung im Spiegel Online

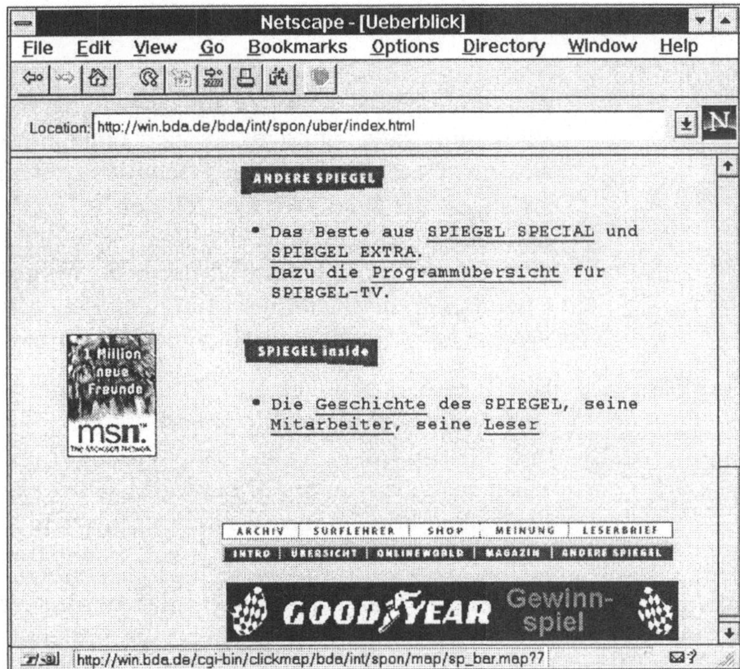

Pixel

Häufig sind die Anzeigen rechteckig, länglich und zwischen 50 und 200 Pixel hoch zwischen 50 und 400 Pixel breit. Je nach Bildschirmgröße des Nutzers ergeben sich dadurch Ad-Größen zwischen etwa 2 mal 2 und 5 mal 20 cm. Sie werden oft quer am oberen oder unteren Seitenende untergebracht. Sie können aber auch eher quadratisch sein und am linken Bildschirmrand plaziert werden. Bei dieser Größe eignen sich die Anzeigen nicht zur Vermittlung sehr umfangreicher Botschaften. Über Banner-Ads lassen sich vor allem Zeichen, Logos und kurze Botschaften gut vermitteln.

Größenkategorien

Werner/Stephan (1997) unterscheiden drei Größenkategorien von Banner-Ads:

- Thumbnails oder HotSpots, sehr kleine, „daumennagelgroße", Formate, die in Deutschland eher selten zu finden sind,
- Banner, in mittlerer Größe und unterschiedlichen Formen, die im Netz am häufigsten vorkommen und
- Stripes, Bars oder Sidebars, größere Balken am unteren, oberen oder seitlichen Bildschirmrand.

Die Ad Click-Rate der Bars liegt nur geringfügig über der der Banner. Dies auch der Grund warum die Preisunterschiede zwischen beiden Formaten in der Regel nicht sehr groß sind.

Plazierung

Neben der Größe spielt besonders die Plazierung auf der Seite eine Rolle. Für den Nutzer sind, abhängig von der verwendeten Bildschirmgröße, ohne zu scrollen nur die Banner sichtbar, die sich im oberen Teil der Seite befinden. Abhängig vom Interesse am Inhalt der Seite wird ein Teil der Nutzer nur den oberen Teil der Seite betrachten und sich dann zu einer anderen Seite klikken. Banner im unteren Teil der Seite werden, trotz kompletter Übertragung der Seite nicht wahrgenommen (vgl. dazu auch die Ergebnisse einer Studie zur Bannerplazierung in Abschnitt 7.4).

Java-animierte Ads

Java (vgl. 6.1) ermöglicht es den Anbietern, während der Nutzer eine Seite betrachtet, kontinuierlich neue Banner-Ads zu laden und anzuzeigen. Ähnliches erlaubt das GIF 89a Format. Dadurch erhält man den Eindruck bewegter Bilder und unterschiedliche Textzeilen können nacheinander angezeigt werden. Auch die winzigsten Banner fallen sofort auf, wenn sie sich bewegen.

Nachteile animierter Banner

Problematisch ist dabei jedoch, daß bewegte Banner den Nutzer bei längerer Betrachtung einer Seite irritieren, ablenken, ja nerven können. Der Nutzer kann dies bisweilen nur zum Teil unterbinden, indem er den Empfang von Java-Programmen am Browser deaktiviert. Für die per GIF 89a gesteuerten Banner ist dies nicht möglich.

Registrierung von Homepages

Banner-Ads sind eine Art Werbung für Werbung. Eine weitere Form der Internet Werbung ist die Registrierung des Firmen-Web-Servers in möglichst vielen Internet-Verzeichnissen, Katalogen und elektronischen Adreßbüchern.

Kostenlose Registrierung

Die meisten Verzeichnisse ermöglichen die kostenlose Registrierung, da sie damit vollständiger und kompletter werden. Je umfangreicher die Verzeichnisse sind, desto nützlicher und attraktiver sind sie für den suchenden Nutzer. Auf den Titelseiten dieser Verzeichnisse kann häufig, wie bei den Internet-Suchdiensten, Werbung angebracht werden. In bestimmten Verzeichnissen ist die Registrierung jedoch kostenpflichtig. So kostete ein Eintrag in den „Gelben Seiten“ des „Global Network Navigators“ 1996 einmalig US$ 250,– Gebühr.

Wichtigkeit der Registrierung

Für das Unternehmen ist die kontrollierte, selbst durchgeführte Registrierung des eigenen Angebots im WWW auch deshalb sinnvoll, weil die automatischen Registrier- und Indexierprogramme der Search-Engines das jeweilige Angebot möglicherweise falsch oder fehlerhaft indizieren. Zum einen kann die Adresse unpassenden Kategorien zugeordnet werden, man taucht dann in den falschen Rubriken auf, zum anderen erhält der Nutzer der Search-Engine auf seine Anfrage hin möglicherweise unsinnige Informationen zum jeweiligen WWW-Dokument und seinem Inhalt.

Ad-Breaks

Eine weitere, bislang noch nicht angesprochene Form der Werbung ist die Unterbrecherwerbung, wie sie von „Germany.Net", dem Online-Dienst des Netzanbieters Otelo, praktiziert wird. Dabei wird nach zehn bis 15 Page Views beim Wechsel einer Domain eine Werbepause in Form einer Werbe-Site eingeschoben. Im Gegenzug können die Nutzer weltweit und rund um die Uhr kostenlos (ohne Providerkosten) im Internet surfen. Germany.Net ist nach T-Online und AOL Deutschlands drittgrößter Online-Dienst. Die Ende 1997 rund 210 Plätze für bildschirmgroße Werbeunterbrechungen waren schnell zu 85% ausgelastet. Durch die Werbeinseln wurden pro Tag zwischen 21.000 und 29.000 Page Impressions generiert. Zu den Kunden zählten u.a. Veltins sowie Procter & Gamble.

6.7.7 Werbeträger Online-Zeitungen und Zeitschriften

Im WWW werden Banner-Ads oft in den elektronischen Pendants realer Zeitungen, Zeitschriften oder Magazine, aber auch auf anderen viel besuchten „Orten" im Netz geschaltet. Letzteres ähnelt damit etwas der Plakatwerbung an stark frequentierten Orten. Besonders Kataloge bzw. Directories und Suchmaschinen eignen sich für die Plazierung. In Abhängigkeit von der Zielgruppe und dem Preis (TKP) bzw. der Attraktivität des Werbeträgers muß ausgewählt werden, wo eine Anzeigenschaltung sinnvoll bzw. am effektivsten ist.

Reichweite

Für die Attraktivität einer Web-Site war in frühen Tagen des WWW die Anzahl der „Hits" pro Tag oder Woche, d.h. die gezählten Übermittlungsrequests pro Zeitraum von Interesse. Diese Zahl gibt jedoch nicht die Anzahl der Kontakte oder Nutzer an, sondern die Anzahl von Elementen der HTML-Seiten, die angefordert wurden. Mittlerweile haben sich in Deutschland, wie erwähnt, die Begriffe „Page Views" bzw. „Page Impressions", „Visits" und „Ad Clicks" als Werbewährung bzw. Reichweitenkennzahlen durchgesetzt (vgl. Abschnitt 6.7.2 und 6.7.8).

Deutschsprachige Medien im Netz

Für deutsche Firmen bzw. Firmen mit deutschen Zielpublikum sind besonders Banner bzw. Anzeigen in deutschsprachigen Zeitungen, Zeitschriften und Magazinen oder auf anderen deutschsprachigen Angeboten interessant. Eine Liste mit deutschsprachigen Zeitungen und Zeitschriften, die als Werbeträger dienen können, findet sich z.B. im Spiegel-Online.[24] Damit kann man, durch Auswahl regionaler Zeitungen, auch regionale Zielgruppen ansprechen ganz gezielt ansprechen. Tabelle 6.11 gibt einen Überblick über Angebote verschiedener Werbeträger im Internet.

Tab. 6.11: Mediakosten (Beispiele)

Name / Anbieter	*ca. Reichweite (Monat)*	*Preis in DM (Homepage)*	*TKP in DM/M.*	*Adresse http://*
Aladin, NDV GmbH, Neuss	900.000 Visits	0,04 bis 0,06 pro Visit	40,– / 60,–	www.aladin. de/
Dino, AIS GmbH, Göttingen	2 Mio. Page Views	5.400,– bis 10.800,–	-	www.dino-online.de/
Sharelook KG, Dortmund	75.000 Visits	8.000,–	106,–	www.share look.de/
web.de, Cinetic GmbH, Karlsruhe	360.000 Visits = 2,5 Mio. Page V.	72,– bis 120,– /1000 Page V.	120,– / 72,–	www.web. de/
Hit Radio FFH, Frankfurt	70.000 Page Views	2,50/Ad Click max. 30.000,–	-	ffh.germany. net/
radio ffn, Isernhagen	100.000 Page Views	4.200,– bis. 5.500,–	-	www.radio-ffn.de/
ProSieben MGM, München	400.000 Page Views	9.000,–	-	www.pro-sieben.de/
Spiegel-Online	220.000 Visits/ 890.000 Page V.	6.000,– bis 26.000,–	31,– / 58,–	www. spiegel.de/
Stern-Online	115.000 Visits/ 550.000 Page V.	1.600,– bis 4.800,–	26,– / 107,–	www.stern. de/
Focus-Online	380.000 Page Views	1.000,– bis 37.500,–	100,– / 250,–	www.focus. de/

Stand Frühjahr 1997

Zu den Reichweiten stärksten Homepages in Deutschland zählen mittlerweile Bild Online mit rund 2,8 Mio. Page Views gefolgt von Focus Online[25] mit 2,6 Mio. Page Views. Der Spiegl, der als

[24] http://www.spiegel.de/online/meta.html

[25] http://www.bild.de/

erste renommierte deutsche Zeitschrift Erfolge im Internet feiern konnte, erreicht dagegen etwas über 1 Mio. Page Views.

Einnahmen und Ausgaben

Werbeeinnahmen im WWW können bislang nur bei wenigen Unternehmen die Kosten des Internet-Engagements decken. Besonders die Printmedien im Internet haben einige Chancen, mittelfristig ihre Homepage mit Werbeeinnahmen finanzieren zu können. Bei den Werbeträgereinnahmen im WWW lagen 1996 zwei Search Engines vorne. Auch die Plätze fünf und acht der Top-Ten fallen in diese Rubrik. Auf der Ausgabenseite finden sich Hard- und Softwarehersteller, aber auch Netzbetreiber an der Spitze. Tabelle 6.12 gibt einen Überblick über die wichtigsten bzw. umsatzstärksten Werbeträger und Werber im Internet.

Tab. 6.12: Werbeträgereinnahmen und -ausgaben 1996

Werbeträgereinnahmen in $		*Werbeträgerausgaben in $*	
1. Lycos	833.400	1. IBM Corp.	460.900
2. Yahoo!	715.000	2. Microsoft	248.200
3. Netscape	649.500	3. AT&T	245.700
4. ESPNet Sport	466.700	4. Netscape	227.400
5. Infoseek	460.100	5. Nynex.Corp.	198.500
6. Pathfinder	380.000	6. MCI	187.300
7. Hot Wired	368.300	7. c/net	177.800
8. Exite	320.500	8. ISN	172.900
9. ZDNet	301.000	9. Exite Inc.	165.900
10. c/Net	294.800	10. Saturn	158.400
Zusammen:	3.765.800	Zusammen:	2.243.000

Quelle: http://www.webtrack.com/, (jetzt Jupiter Communications)

6.7.8 Mediaforschung

Die Mediaforschung wird auch als Werbeträgerforschung bezeichnet. Sie beschäftigt sich mit dem Beitrag von Werbeträgern zum Werberfolg. Zu diesem Zweck werden Mediaanalysen (empirische Untersuchungen) durchgeführt. Die Mediaanalysen dienen auch der besseren Planbarkeit des Medien bzw. Werbeträgereinsatzes. Man spricht hier von der Intramediaselektion, also der Wahl eines Titels, Senders oder eben einer Homepage, auf der geworben werden sollen. Das Gegenstück ist die Intermediaselektion, bei der zwischen den Werbeträgergruppen (Zeitungen, TV, Radio) ausgewählt wird.

Quantitative und Qualitative Aspekte

Man kann quantitative Aspekte, wie Reichweite, Kontakt, Nutzung, oder TKP und qualitative Werte, wie Zielgruppenkontakte, Nutzungsintensitäten, Kontaktgewichtung und ähnliches ermitteln. Dies erlaubt den Werbungtreibenden die Auswahl der Werbeträger hinsichtlich der Nähe zur Zielgruppe und der Wirtschaftlichkeit. Im folgenden werde ich mich auf den zentralen Aspekt der Reichweitenmessung im Internet konzentrieren, da dieser immer wieder für Diskussionen sorgt.

Besucherzahlen von Webseiten

Die Reichweite ist eine Kontaktmaßzahl. Die Frage, wieviele Kontakte mit einem Werbemittel im WWW angefallen sind, ist nicht immer ganz einfach zu beantworten. Über die Zahl der Besucher einzelner Webseiten existieren häufig verschiedene Angaben, abhängig von der verwendeten Meßmethode. Beim Online-Playboy beispielsweise reichen sie von 1,8 Mio. Besuchern pro Woche bis zu 800.000 Besuchern täglich. Je nach dem an welcher Stelle der Site ein Werbebanner angebracht ist, liegt die Kontaktzahl entsprechend niedriger. Einen Überblick über die verschiedenen Maßzahlen bietet Tabelle 6.13.

Kontrolle

Für die Werbungtreibenden ist deshalb die Kontrolle der von den Werbeträgern angegebenen Zahlen wünschenswert. Die Überprüfung der Reichweiten geschieht außerhalb des Netzes durch die Informationsgemeinschaft zur Feststellung der Verbreitung von Werbeträgern (IVW). In Deutschland haben sich verschiedene Verbände, wie der VDZ (Verband Deutscher Zeitschriftenverleger), der DMMV[26] (Deutscher Multimedia Verband), der BDZV (Bundesverband Deutscher Zeitschriftenverleger e.V.), sowie die großen Marktforschungsinstitute Nielsen und GfK darauf geeinigt, Page Views und Visits als „Online-Währung" festzuschreiben und diese ab 1998 von der IVW kontrollieren zu lassen. Auch die weltweite Vereinigung von Auflagenkontrollorganen IFABC (International Federation of Audit Bureaux of Circulations) will, unterstützt von der WFA (World Federation of Advertisers), diese Meßzahlen international zum Standard machen.

---

26 `http://www.dmmv.de/`

Tab. 6.13 : Kennzahlen zur Quantifizierung der Eigenschaften von Werbeträgern

Kennzahl	*Erläuterung*
Page Impressions	Anzahl der vollständig übertragenen Seitenabrufe
Ad Impressions	Anzahl der Übertragenen Werbeobjekte (Banner-Ads, Buttons, etc.)
Ad Clicks	Anzahl der Clicks auf ein Werbeobjekt (Banner-Ads mit Link)
Visits	Anzahl der Besuche (aufeinanderfolgende Seitenabrufe) auf einem Host pro festgelegtem Zeitraum
User	Anzahl der anhand der E-Mail- bzw. Rechneradresse identifizierbaren Nutzer, die eine WWW-Site besucht haben.
Identified User	Nutzer, zu denen weitere soziodemographische Daten vorhanden sind
Browser	Ausweis der von den Nutzern verwendeten Browsertypen

Cookies und Logfiles

Zur Messung und Analyse der Werbekontakte bzw. Werbewirkung von Homepages, aber auch von Banner-Ads, lassen sich auch Cookies und Logfiles einsetzen (vgl. dazu 4.3). Damit sind, durch Nutzung spezieller statischer Logfile-Analyseprogramme, die Anzahl der Kontakte insgesamt (Bruttoreichweite), Anzahl der Nutzer, die Dauer der einzelnen Kontakte sowie Bestimmung der beliebtesten und unbeliebtesten Seiten des Angebots möglich. Diese Informationen dienen besonders der Seiten- bzw. Angebotsoptimierung und Planung im Netz.

Probleme

Bei der Ermittlung der korrekten Reichweiten macht die Zwischenspeicherung von WWW-Seiten im lokalen Cache, auf der Festplatte des Nutzers oder auf Proxy-Servern Probleme. Durch die Zwischenspeicherung erfolgt – je nach Situation – kein erneuter, dokumentierbarer Seitenabruf vom Server des Anbieters. Viele Provider oder durch Firewalls (vgl. 8.3) geschützte Rechner halten häufig angeforderte WWW-Seiten auf sogenannten Proxy-Servern bereit, um sie nicht bei jeder Anforderung erneut aus dem Netz laden zu müssen. Dadurch erhöht sich für den Nutzer die Zugriffsgeschwindigkeit. Die gemessenen Reichweitenzahlen geben jedoch entsprechend zu niedrige Werte wieder.

Banner-Ad Placement

Ein weiteres hochinteressantes Ergebnis der Mediaforschung in den USA ermittelt eine Studie der Michigan School of Business Administration. Sie ermittelte in Ihrer Banner-Ad Placement Study die Veränderungen der Click Through Rate in Abhängigkeit von der Plazierung der Banner auf der Seite. Danach erhöht sich die Click Through Rate um über 200%, wenn die Banner in der rechten unteren Ecke des ersten Bildschirms, neben dem Scrollbalken angebracht werden. Ads, die nicht ganz oben auf der Seite, sondern ca. 1/3 weiter unter angebracht werden erzielten eine 77% höhere Click Rate. Die Plazierung zweier Ads, jeweils am Anfang und am Ende der Seite, erbrachte keine signifikanten Unterschiede (Gupta 1997).

6.7.9 Werbewirkung

Bei der Kontrolle der Werbewirkung geht es um die Fragen: welche Maßnahmen lösen bei welchen Personen in welchen Situationen welche Wirkungen aus. Die Wirkung kann entsprechend den Zielen der Werbung in psychologischen und ökonomischen Variablen gemessen werden. Aus dem Verständnis der Werbewirkung lassen sich dann Gestaltungsempfehlungen und Wirkungsprognosen ableiten.

Wirkungsmodelle

Es gibt eine Vielzahl von Kommunikations- bzw. Werbewirkungsmodellen. Das bekannteste ist die AIDA-Formel. Danach werden bis zur Kaufhandlung drei verschiedene Stadien durchlaufen: Attention (Aufmerksamkeit schaffen), Interest (Interesse wecken), Desire (Kauf- bzw. Besitzwunsch entstehen lassen). Am Ende folgt die Action (Kaufhandlung). Andere Modelle beinhalten andere Stufen bzw. weitere Stadien, z.B. Aufmerksamkeit, affektive Haltung, rationale Beurteilung, Kaufabsicht, Kauf (Kroeber-Riel 1992). Solche Modelle können beim Entwurf bzw. bei der Gestaltung von WWW-Seiten bzw. Banners Ads genutzt werden.

Einflußfaktoren

Einflußfaktoren der Werbewirkung sind u.a. die Qualität des Werbemittels (Botschaften, Inhalte, etc.), die Qualität des Werbeträgers, der Sender (z.B. Glaubwürdigkeit), die Person des Empfängers (Fähigkeiten, Ziele, Merkmale, etc.) und die jeweilige Situation, in der sich der Empfänger befindet.

Situationsabhängigkeit

Die Wirkungsweise und damit die Qualität der Werbung im WWW hängt u.a. von der Art bzw. der Situation der Nutzung ab. Sucht ein Nutzer schnell eine ganz bestimmte Information im WWW, so wird sich sein Hauptaugenmerk auf Hinweise, die ihn zu eben dieser Information führen, konzentrieren. Andere Informationen, wie etwa Werbung, werden nur am Rande oder gar nicht wahrgenommen bzw. ausgeblendet. Um bei dieser Nutzungsart erfolgreich zu werben, muß die Homepage oder das Banner-Ad sehr augenfällig sein und den – eigentlich nach anderen Informationen suchenden – Leser ablenken bzw. aus dem Konzept bringen. Hierfür eignen sich u.a. besonders die erwähnten animierten, beweglichen Anzeigen und Homepages.

6.7.10 Exkurs: Werbefeindlichkeit der Nutzer

Wie schon im Abschnitt über Werbung im Internet kurz erwähnt, gibt es bei bestimmten Gruppen im Netz Widerstand gegen die kommerzielle Nutzung des Internet. Diese Opposition ist, motiviert durch den langjährigen Ausschluß der kommerziellen Nutzung aus dem Netz und aus Angst um die Entwertung ihrer Netzphilosophie, zuweilen recht militant gegen die Nutzung der News als Werbefläche vorgegangen.

NSFNET AUPs

Bis zum Jahre 1993 war die kommerzielle Nutzung bestimmter – von der National Science Foundation (NSF) finanzierter – Teile des Internet verboten. Die NSF stellte Nutzungsrichtlinien, die sogenannten AUPs (Acceptable Use Policies, siehe dazu auch Anhang C), auf. Danach war u.a. unaufgeforderte Werbung explizit verboten. Die an das NSFNET angeschlossenen Organisationen hatten diese Richtlinien zu befolgen. Mit der Ablösung der National Science Foundation als Betreiber des US-Backbones wurden die Beschränkungen jedoch aufgehoben, und das Netz hat sich in Richtung kommerzieller Nutzung entwickeln können.

skeptische Internet-Kultur

Aus der speziellen Ethik des Internet, Wissen und Informationen miteinander zu teilen, entwickelte sich eine eigene Philosophie oder besser Kultur. In dieser Kultur ist die kommerzielle Nutzung des Internet verpönt. Bei den News und im Bereich der E-Mail-Werbung ist der Widerstand der Nutzer am größten. Firmen, die Internet-Nutzern unaufgefordert Werbung per E-Mail ins Postfach schicken oder offensichtliche Werbeschreiben in unpassende Newsgroups hängen, werden auch negative Reaktionen der Nutzer zu spüren bekommen. In der harmlosen Form sind dies Schmäh- und Beschwerdebriefe, „Flames“ genannt. Bei „Wiederholungstätern“ werden auch sogenannte „Mailbomben“ versandt, die die Firmenmailbox mit Massen von unnützer E-Mail verstopfen. Weiter können über das Internet Unmengen von Waren, Journalen, Zeitschriften etc. im Namen der Firma bestellt und an deren Adresse geschickt werden. In den USA kamen im

Fall Canter/Siegel sogar anonyme Mord- und Bombendrohungen zum Einsatz.

Werbung im WWW wird akzeptiert

Der für das Marketing interessante Bereich des Internet, das World Wide Web, ist erst wenige Jahre alt und gehört praktisch nicht zum angestammten „Besitz" der langjährigen Nutzer. Die Entwicklung des WWW verlief parallel zur Liberalisierung der Nutzung des NSFNET. Entsprechend ist die kommerzielle Nutzung des WWW nie auf Gegenwehr bei den Nutzern gestoßen. Außerdem handelt es sich bei der Werbung im WWW um indirekte Werbung: Der Nutzer entscheidet selber, welche Seiten er sich ansieht und welche nicht.

Exkurs Ende

6.8 Die Distributionspolitik

Begriff und Inhalt der Distributionspolitik

Der Begriff „Distribution" beinhaltet die Entscheidungen und Handlungen, die im Zusammenhang mit dem Weg von Produkten und Leistungen von Hersteller zum Endkäufer stehen (Meffert 1998). Meist werden in diesem Zusammenhang die Absatzmittler und Absatzhelfer, die Absatzwege und die Schnittstellen zu den Abnehmern sowie die „physische Distribution", also die materielle Verteilung der Waren, genannt.

Vielfach erfolgt eine Zweiteilung der Distributionspolitik in die Absatzkanäle und das dazugehörige logistische System. Dieser Unterscheidung entspricht auch die Einteilung in die „akquisitorische" und die „physische Distributionspolitik". Es ergeben sich – wie bereits angesprochen – für das Internet Einsatzmöglichkeiten sowohl als Absatzweg als auch als Transportmedium. Diese sollen hier näher betrachtet werden.

6.8.1 Das Internet als Absatzweg

Das Netz als „Absatzweg" kann sowohl beim direkten Absatz – also ohne fremde Zwischenstufe zwischen Produzent und Käufer – als auch beim indirekten Absatz genutzt werden. Abbildung 6.25 zeigt dies auf.

Direkter und indirekter Absatz

Im Falle des direkten Absatzes eröffnet der Hersteller eines Produktes bzw. der Anbieter einer Dienstleistung eine „virtuelle Filiale" bzw. Verkaufsniederlassung im Netz. Beim indirekten Absatz über das Internet tritt der Handel in Form des Großhandels, des Einzelhandels oder in Form von Handelsvermittlern, wie z.B.

Maklern als Absatzmittler in Aktion und eröffnet ein „virtuelles Geschäft".

Abb. 6.25: Direkter und indirekter Absatz

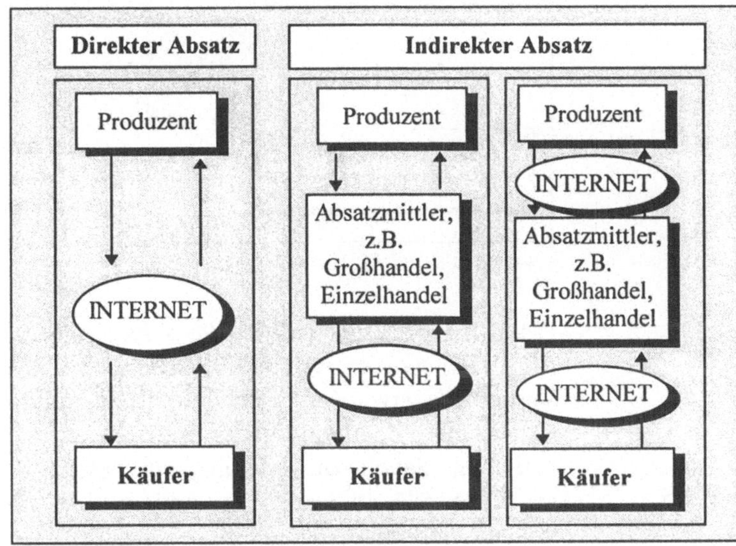

Absatzformen

Die Formen des elektronischen Absatzes an Konsumenten im Internet bzw. im WWW lassen nach dem jeweiligen Firmentyp in vier Bereiche einteilen. Handelsunternehmen werden Online Retailer und können Online-Stores oder Malls betreiben. Gleiches gilt für Hersteller, die damit jedoch Online-Direct-Seller werden. Makler können elektronisch Waren und Immobilien etc. Vermitteln. Sie werden zu Online-Brokern. Eine Spezialform sind die Online-Information-Broker, die Informationen vermitteln. Als weitere quasi Online-Marktform haben sich Online-Auktionen etabliert. Das Auktionshäuser können – nach vorheriger Registrierung der Nutzer/Bieter – Online-Versteigerungen durchführen. Abbildung 6.26 zeigt die vier Formen.

Absatz nicht-digitaler Güter bedeutet Versandhandel

Die Nutzung des Internet als Absatzkanal für Hersteller materieller, nicht-digitaler Waren erfordert den Einstieg des Unternehmens in den Versandhandel sowie die Schaffung entsprechender Kapazitäten zur Kundenbetreuung und Logistik, entweder im Unternehmen selbst oder durch Dritte. Für viele Produzenten ist damit die Nutzung des Internet als zusätzlicher, direkter Absatzkanal häufig uninteressant.

Abb. 6.26: Formen des Online Absatzes

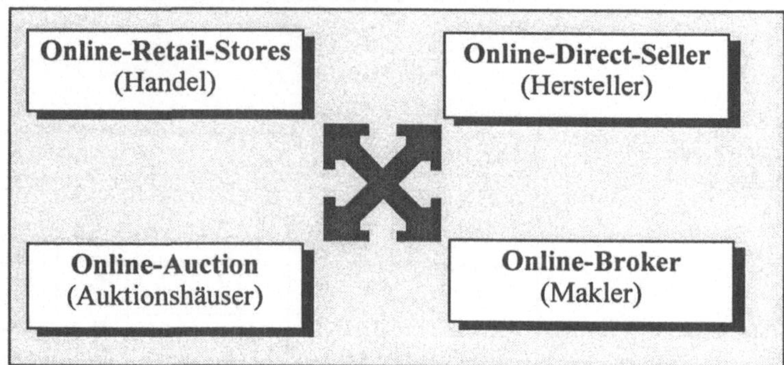

Quelle: in Anlehnung an Hansen 1997

Automatisierung

Einen Ausweg stell jedoch die starke oder völlige Automatisierung der neu entstehenden Geschäftsvorfälle dar. Durch die Vernetzung etwa der bestehenden Lagerautomation mit der automatischen Bearbeitung der Internet-Auftragseingänge wird in manchen Fällen die Möglichkeit geschaffen, komplette Geschäftsvorfälle inklusive Versand und Kreditkartenabbuchung vollautomatisch abzuwickeln.

Konsum- und Investitionsgüter im Netz

Welche Güter sind für den Verkauf im Netz geeignet? Es können im Internet sowohl Konsumgüter, wie z.B. Valensina Orangensaft, als auch Investitionsgüter, wie z.B. Metallrohre bzw. Röhren (Thyssen AG) oder Chemikalien, beworben und verkauft werden. Da Software ebenfalls ein Investitionsgut sein kann, kann sogar der Transport solcher Investitionsgüter im Netz erfolgen. Für bestimmte Produktgruppen, wie etwa verderbliche Lebensmittel, die sich relativ schlecht für den Versandhandel eignen, scheint das Internet ebenfalls wenig geeignet zu sein. Dennoch gibt es auch hier Ausnahmen wie Pizza-Lieferdienste oder lokale Supermärkte mit Lieferservice.

Preisschwelle, Risikoschwelle, Vertrauensschwelle

Generell kann man davon ausgehen, daß es für den Kauf von Produkten und Dienstleistungen im Internet verschiedene Schwellen bzw. Grenzen gibt. So gibt es u.a. wegen des mit einem hohen Preis verbundenen Risikos einen Fehlkauf zu bereuen eine Art Preisschwelle. Wegen der Sicherheitsprobleme und der z.T. unklaren Rechtslage sowie möglicherweise unbekannten Geschäftspartnern ist auch eine Art Vertrauensschwelle zu beachten.

Preisniveau

Güter ab einem bestimmten Preisniveau lassen sich im Internet zwar bewerben, jedoch nicht bzw. nur schwer direkt verkaufen. Je höher der Preis, desto höher ist das Risiko, mit einem Fehlkauf verbundene, Risiko. Auch das allgemeine Risiko der Transaktion steigt. Darüber hinaus spielt die Bekanntheit der Partner eine wichtige Rolle. Die Vertrauensschwelle trennt bekannte von unbekannten „Partnern". Das Vertrauen zu bereits bekannten Unternehmen, Marken bzw. Geschäften oder Kunden ist höher als zu unbekannten. Ein höheres Vertrauen zum Geschäftspartner wiederum mindert das empfundene Risiko (vgl. Abb. 6.27).

Vertrauen fördern

Will man also den Verkauf stimulieren, können vertrauensfördernde bzw. das Kaufrisiko des Kunden minimierende Maßnahmen sehr hilfreich sein. Zu diesen Maßnahmen kann im Geschäftskundenbereich u.a. eine Referenzkundenliste zählen, die die Namen zufriedener, bisheriger Kunden enthält. Für Privatkunden sind besonders großzügige Umtauschregelungen wichtig, sie minimieren das Risiko erheblich.

Abb. 6.27: Internet-Verkauf abhängig vom Kauf- und Produktrisiko

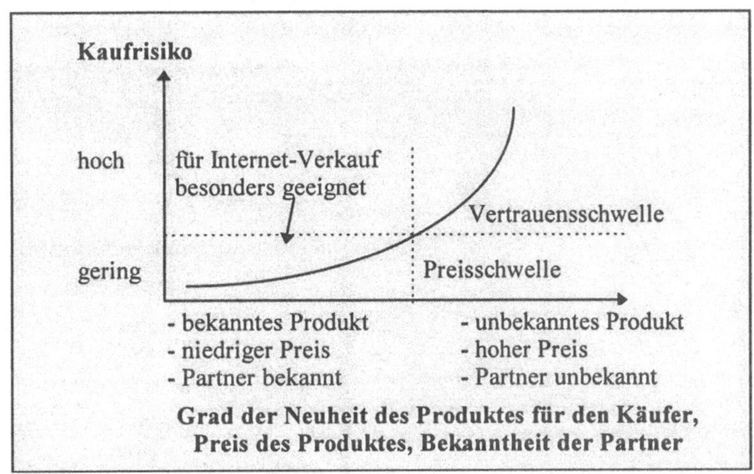

Standardisierte Güter

Beim Verkauf von Produkten und Dienstleistungen existieren sicherlich Vorteile auf Seiten der genormten Massenprodukte, deren Eigenschaften dem Käufer i.d.R. bereits bekannt sind. Jemand, der eine Levi's 501 besitzt, kennt die Paßform dieser Jeans und kann das nächste Stück problemlos im Netz bestellen. Bekannte Standard- bzw. Markenprodukte haben es also leichter im Netz. Neuheiten, die über dem Käufer unbekannte Eigenschaften verfügen, benötigen andere bzw. höhere Anreize, um direkt im Netz verkauft zu werden.

Investitionsgüter

Auch beim Verkauf von Investitionsgütern gilt, daß Standardprodukte bzw. bekannte Produkte mit durch Marken verbürgter Qualität leichter im Netz zu verkaufen sind als Spezialmaschinen.

Bestellmöglichkeiten

Bei den Bestellmöglichkeiten können zwei Varianten unterschieden werden. Kunden können Produkte entweder ohne Medienbruch direkt im Netz oder extern außerhalb des Netzes (z.B. per Telefon oder schriftlich) bestellen.

Warenkorb

Oft besteht die Möglichkeit, während des Betrachtens der angebotenen Waren diese anzuklicken und damit in einen „Warenkorb" zu legen. Dieser Warenkorb z.B. in Form einer Tabelle bzw. Liste, dient am Ende des Einkaufs als Grundlage der möglichen Bestellung.

Formulare

Für die Bestellung im Netz werden meist Formulare (sogenannte „Fill-out-Forms") eingesetzt. Diese Bestellformulare bestehen aus Eingabefeldern für Namen und Adresse des Kunden, Lieferadresse, Zahlungsinformationen, etc. Nach dem Ausfüllen können die in das Formular eingegebenen Daten zusammen mit der Warenliste per Mausklick an den Verkäufer übermittelt werden. Abbildung 6.28 zeigt ein entsprechendes Beispiel.

Abb. 6.28: Bestellformular bei Telebuch

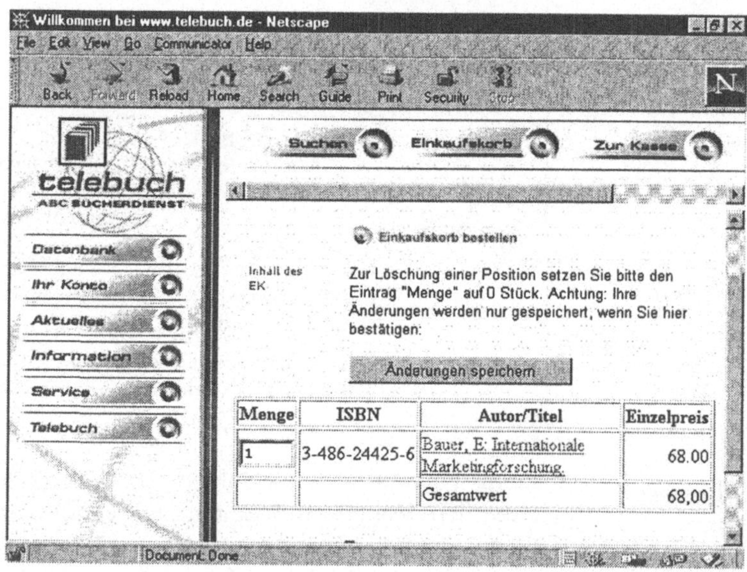

Händlerlisten

Automobilfirmen haben häufig Übersichten über die Automobilhändler in die Homepage integriert (Abbildung 6.29). Der nächstgelegene Händler kann so schnell ausfindig gemacht und Termine für eine Probefahrt können sogar teilweise online vereinbart werden. Diese Firmen verkaufen damit nicht direkt im Netz, sondern sie nutzen das Netz zur Anbahnung von Verkäufen.

Abb. 6.29: BMW-Händlernetz

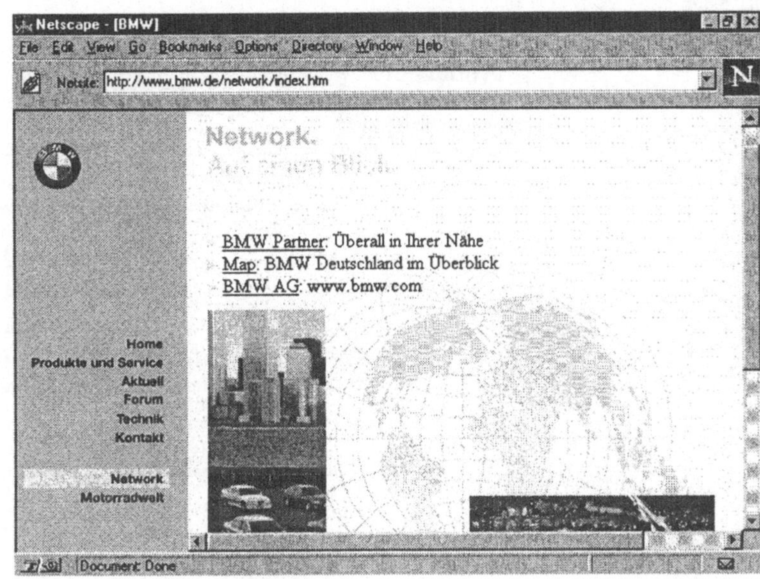

Abo-Bestellung

Viele der elektronischen Ableger bestehender Zeitungen und Zeitschriften ermöglichen entweder die direkte „Online-Bestellung“ von Abonnements, oder sie ermöglichen Probeabonnements und weisen auf Adressen oder Telefonnummern als externe Bestellmöglichkeiten hin.

Werbung vs. Online-Order und Online-Shopping

Der Absatz über Online-Medien wie das Internet, ist ein Zweig des „Home Shopping“. Produktpräsentationen oder Kataloge im Netz ohne Bestellhinweise, die nur der Information des Kunden dienen (Information Site = Homepage ohne Bestellmöglichkeit), sind schlicht Werbung. Wird eine Bestellmöglichkeit gegeben, liegt ein „Online-Order-System“ bzw. ein „E-Mail-Order-System“ vor, und man kann von Online-Shopping sprechen. Abbildung 6.30 zeigt die Möglichkeiten des Internet als Absatzweg.

Problem rechtliche Unsicherheit

Problematisch an der Nutzung des Internet als Absatzkanal scheinen gegenwärtig noch die sicherheitstechnischen und rechtlichen Rahmenbedingungen (z.B. bei Zahlung im Netz, Beweisbarkeit von Bestellungen im Netz) zu sein. Hier gibt es divergierende Meinungen und Ansichten. Die rechtlichen Probleme und Sicherheitsmängel werden in Kapitel 8. näher betrachtet.

Abb. 6.30: Absatzweg Internet

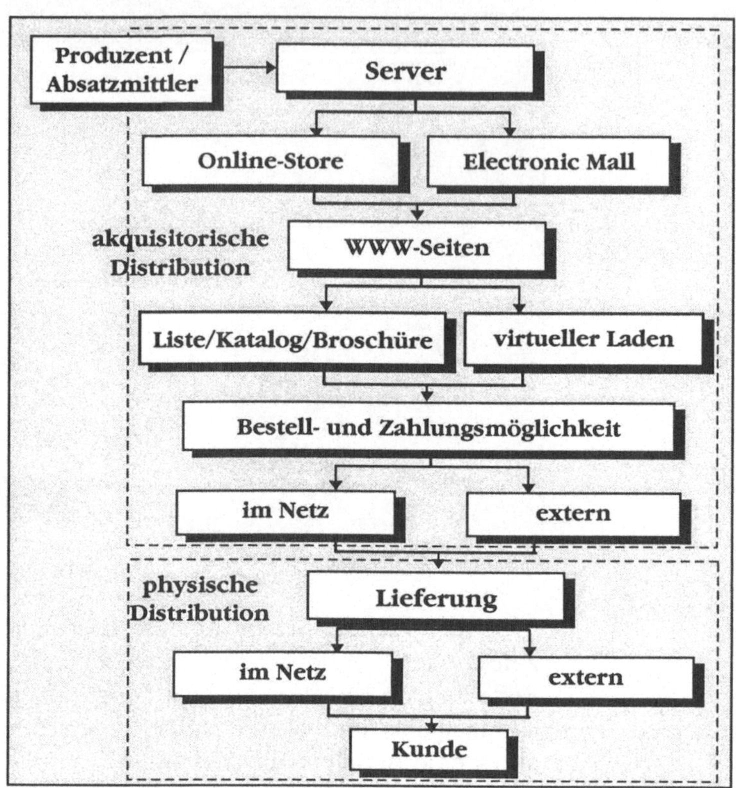

6.8.2 Absatzmittler und das Internet

Reaktionen des Handels?

Die Homepage eines Herstellers wird beim direkten Absatz über das Internet zum Schaufenster, zum Ladenlokal und zum beratenden Verkäufer des Produzenten. Produzenten können damit theoretisch die Handelsspannen ausschalten. Reaktionen des Groß- und Einzelhandels auf diese Art der Umgehungspolitik sind in verschiedenen Formen möglich bzw. denkbar. Der Handel als Absatzmittler muß auf die neue „Online-Herausforderung" reagieren.

Aufgaben des Handels

Der Handel nimmt dem Produzenten bestimmte Aufgaben bzw. Funktionen ab und erhält dafür ein entsprechende Vergütung. So wird durch die Zwischenschaltung des Handels für den Produzenten die Anzahl von Verkaufstransaktionen verringert und seine direkten Transaktionskosten werden reduziert. Weitere Funktionen, die der Handel ausüben kann, sind der Transport, die

Lagerung, die Finanzierung, die Sortimentsbildung, die Qualitätskontrolle und die Informationsfunktion. Daneben können auch Verpackung und Markierung sowie das Sortieren und Abpacken in kleinere Verpackungseinheiten vom Handel übernommen werden. Diese Funktionen kann der Handel in abgewandelter Form auch im Internet ausüben.

Debitorenbuchhaltung und Versandlogistik

Auch die Einzelhandelsfirmen werden durch den Verkauf nichtdigitaler Waren automatisch zu Versandhandelsfirmen. dies erfordert, daß der Einzelhandel im Netz muß eine entsprechende Debitorenbuchhaltung und die nötige Versandlogistik aufbauen. Gemildert wird dieser Umstand, wie erwähnt, durch die hohe Automatisierbarkeit der Verkaufstransaktionen im Netz.

Handelsketten im Internet?

Die bekannten Einzelhandelsketten haben bislang nur zögerlich den Weg ins Internet gefunden. Besonders die computernahen Handelsunternehmen, z.B. Vobis oder Dell, konnten vom Netz profitieren. Auch Karstadt hat unter dem Titel „My World" frühzeitig eine Online-Filiale eröffnet. Andere Handelsunternehmen im Internet sind z.B. die Metro AG, Spar, Lidl (nur eine Seite), der Rewe-Konzern und seine Töchter Penny, HL, MiniMal.

Penny, Spar, Metro

Penny z.B. glänzt mit einem Nachrichtenticker auf der Homepage, auf dem die jeweils aktuellen Angebote zu sehen sind. Spar setzt auf Presse und Aktionärsinformationen sowie Informationen über die Sparmarken. Dazu kann man im Kitchen Compass Rezeptvorschläge, passend zum eigenen Kochstil und zur jeweiligen Gelegenheit anzeigen lassen. Auch Metro nutzt das Netz zur Presse- und PR-Arbeit. Informationen für Aktionäre findet man unter dem Punkt Investor Relations. Weitere Kategorien sind: Internationalisierung, Personal und Karriere, sowie die Konzerndarstellung. Bei keinem der genannten Unternehmen ist jedoch das Online-Einkaufen möglich.

Erlebniseinkauf

Auch in Deutschland dürfte sich der in den USA schon seit längerem zu beobachtende Convenience Trend (Bequemlichkeit) zukünftig stärker bemerkbar machen. Der Handel hat angesichts der neuen Entwicklungen im Bereich Online-Shopping generell zwei Möglichkeiten. Er kann entweder virtuelle „Filialen" im Netz eröffnen, wie es z.B. die Elektrofachmarktkette „Mediamarkt" oder der Computerhändler „Vobis" vormacht[27], oder er begegnet der neuen Online-Konkurrenz noch stärker als bisher mit emotionalisierten und genußorientierten Einkaufserlebnissen,

---

[27] `http://www.mediamarkt.de/`

um den Einkaufsbummel in realen Geschäften weiterhin attraktiv zu halten.

Nachteile des Online-Einkaufs

Online-Geschäfte können zwar mit dem bequemen Einkauf von zu Hause werben, sie können jedoch nicht den Geschmack, den Duft, das Gefühl oder die Paßform von Waren transportieren. Daher wird der Einkauf in realen Geschäften nur begrenzt durch den Online-Einkauf ersetzt werden können. Dennoch (oder gerade deshalb) eröffnen in den USA kleine und kleinste Einzelhandelsbetriebe virtuelle Filialen im Netz. Den kommerziellen Erfolg dieser Unternehmungen zu beurteilen, fällt dabei äußerst schwer.

Versandhandel

Eine ernsthafte Konkurrenz stellt der Online-Einkauf mittelfristig jedoch für die Bereiche Teleshopping und Versandhandel dar. Der Versandhandel hat dies erkannt und ist in Deutschland bereits mit vielen Firmen im Internet vertreten, Beispiele sind:

- Quelle (`http://www.quelle.de/`)
- Otto-Versand (`http://www.otto.de/`)
- Neckermann. (`http://www.neckermann.de/`)
- Beate Uhse (`http://www.beate-uhse.com/`)

Auch die großen U.S.-amerikanischen Versandhändler (z.B. Spiegel) sind im Internet aktiv.

Virtuelle Kaufhäuser

Die virtuellen Kaufhäuser, Geschäfte bzw. Läden, werden als **Online Stores** bezeichnet. Sie können ihr virtuelles Sortiment fast unbegrenzt ausdehnen oder sich spezialisieren. Die Abrundung und Ergänzung des eigenen Sortiments kann z.B. durch die Integration spezialisierter Nischenanbieter in die eigene Online-Präsenz erfolgen. Virtuelle Kooperationen des Handels sind damit auf vielfältige Weise möglich. Ein deutsches Beispiel stellt das von Karstadt initiierte Projekt „My World" (`http://www.my-world.de/`) dar.

Warenlogistik bei Kooperationen

Die anfallenden Geschäftsvorfälle können entweder getrennt oder gemeinsam abgewickelt werden. Die Warenlogistik erfordert in solchen Fällen besondere Aufmerksamkeit. Hier bieten sich häufig Synergiepotentiale, die zu Kosteneinsparungen genutzt werden können.

Electronic Malls

Eine Unterscheidung der „Internet-Stores" erfolgt hinsichtlich der Frage, ob sich ein Unternehmen allein im Netz präsentiert (Stand alone shop), oder ob es sich in einer Gruppe, nach dem amerikanischen Mall-Konzept, in einer „virtuellen Mall," einer Art elektronischen Einkaufspassage, darstellen soll.

Verbundeffekte

Ein Online Store benötigt im Grunde keine Einkaufspassage, da die räumliche Nähe beim Einkauf in der virtuellen Welt keine entscheidende Größe mehr ist. Dennoch erhoffen sich einige Firmen durch den Verbundeffekt, den die Konzentrationen von vielen Geschäften an einer Stelle im Netz auslöst, Vorteile. Es muß nur noch eine Internet-Adresse angewählt werden, um auf ein komplettes Warensortiment elektronisch zugreifen zu können. Zu den wichtigsten „Malls" im Internet gehören die folgenden:

- CommerceNet: `http://www.commerce.net/`
- Hype-It Mall `http://hype-it.net/mall/`
- MarketStar `http://daystar.arn.net/mall/`
- NetMarket: `http://www.netmarket.com/`
- Open Market `http://www.openmarket.com/`

Mall-Konzept

Jeder Online-Store ist, auch wenn er sich in einer Gruppe unter einer gemeinsamen Oberadresse präsentiert, direkt unter seiner Internet-Adresse zu erreichen. Das Konzept der Mall bedeutet insofern nur, daß man in einen Einkaufs-Directory bzw. einem Warenverzeichnis aufgenommen wird. Es muß also nicht zwangsläufig ein einzelner, bestimmter Computer bzw. Server sein, auf dem sich alle virtuellen Geschäfte einer Mall befinden. Sie können auch auf verschiedenen Servern im Netz liegen. Damit ist es auch möglich, mit ein und der selben Internet-Präsentation in verschiedenen Malls gleichzeitig präsent zu sein. Entsprechende Links sorgen dann für den Transfer von dem Mall zum Store und zurück.

Beispiel „Internet Mall"

Daß die Gruppenpräsentation viele Anhänger hat, beweist die „Internet Mall", unter deren Adresse sich mittlerweile über 27.000 einzelne Online-Stores finden lassen (siehe Abbildung 6.31). Zunächst war die Internet Mall ähnlich einem mehrgeschossigen Gebäude konzipiert. Im „Erdgeschoß" fand man z.B. Geschäfte, die Bücher, Magazine und andere Medien verkaufen. Innerhalb der anderen Etagen fanden sich dann weitere Produktgruppen, unter denen die einzelnen Geschäfte gelistet wurden.

Suchmaschine in der Mall

Bei dem Umfang von 27.000 Stores ist man jedoch dazu übergegangen, auf der Einstiegsseite eine Suchmaschine anzubieten, mit der man im Angebot der Mall recherchieren kann. So findet man nach der Eingabe des gewünschten Produktes die entsprechenden Anbieter.

Abb. 6.31:
The Internet Mall

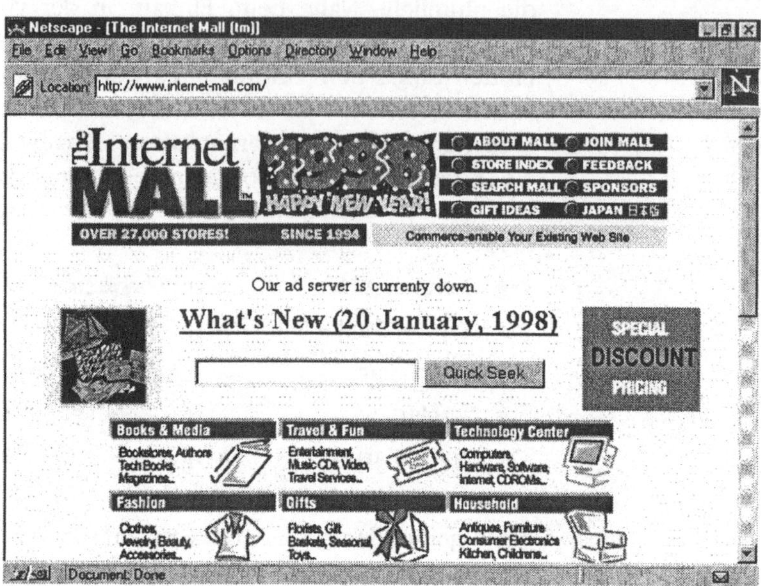

Große Unternehmen und Marken

Die großen Unternehmen, deren Namen bzw. Marken genug Kraft haben, Kunden anzuziehen, sind mit ihrer Homepage für gewöhnlich nicht in den Malls anzutreffen. Dort finden sich eher kleinere Firmen, die z.T. nur lokal bekannt sind. Das heißt jedoch nicht, daß man dort keine Markenwaren kaufen könnte. Viele dieser Unternehmen sind jedoch Internet Start-ups, also Firmen, die erst mit dem Internet entstanden sind und die keine reales Pendant haben.

Beispiel für kleine Geschäfte im Netz

Beispielhaft für einen kleinen Internet-Store aus Deutschland soll hier die WWW-Präsentation eines Internet Jeans Stores gezeigt werden. Dort konnten bekannte Jeans der Firma Levi's bestellt werden. Als Einführungsangebot wurde jede Levi's 501 mit einem T-Shirt ausgeliefert (siehe Abbildung 6.32).

Abb. 6.32: Jeans Store

Der Hintergrund der Webseite wurde in Farbe und Struktur einem Jeansstoff nachempfunden. Die Nieten im Jeansstoff dienten als klickbare Knöpfe, über die man z.B. zur Übersicht, zur Firmeninformation, zum Bestellformular und zu den einzelnen Artikeln gelangte. Die Artikel werden jeweils mit Bild und Detailinformationen sowie dem Preis präsentiert (siehe Abbildung 6.33).

Abb. 6.33: Levi's Jeans im Jeans Store

Nach dem Ausfüllen und Absenden des Bestellformulars wurden die Jeans an den Kunden versandt.

Textorientierte, bebilderte oder 3D-Seiten

Die praktische, graphische Gestaltung des Absatzkanals Internet – sprich der Verkaufsseiten – kann in drei Ausprägungen untergliedert werden:

- listenartige, stärker textorientierte Präsentationen,
- broschüren- oder katalogartige, bebilderte Zusammenstellungen von Waren bzw. Dienstleistungen,
- graphische, dreidimensional dargestellte Verkaufsräume mit Präsentation von Waren bzw. Dienstleistungen.

Broschüren und Listen im Netz

Sony Inc. etwa stellt alle Modelle seines aktuellen „Consumer Electronics"-Angebots mit Bild und technischen Daten in Form von Broschüren- bzw. Katalogseiten vor (vgl. 7.4). Ähnlich verfahren auch Mercedes-Benz oder Toyota. Sie stellen ihre Fahrzeuge in Präsentationen vor, die mit Broschüren verglichen werden können. Durch die interaktiven Darstellungs- und Steuerungsmöglichkeiten wird die Funktionalität der Präsentation deutlich erweitert.

Listen

Auch Buchhandlungen oder CD-Läden fangen mittlerweile an, die Buchtitel oder CD-Cover abzubilden; bislang werden solche Artikel allerdings meist ohne Grafik in einfachen Auswahllisten angeboten. Abbildung 6.34 verdeutlicht die Abhängigkeit der Darstellungsart von der Bedeutung des Produktdesigns für den Verkauf und der Sortiments- bzw. Programmgröße.

Abb. 6.34: Darstellung, Design und Produktanzahl

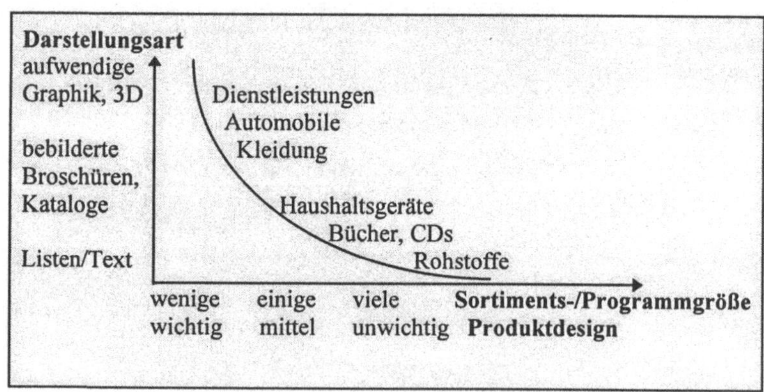

Je größer die Bedeutung des Designs für den Verkauf, desto wichtiger ist die aufwendige graphische Darstellung des Angebots. Umgekehrt kann man sagen, daß je größer das Sortiment bzw. je mehr unterschiedliche Varianten eines einzelnen Produktes, wie z.B. Bücher, Nägel, Schrauben, CDs, angeboten werden, desto seltener erfolgt die Abbildung jedes einzelnen Produktes.

Präsentation des Ladenlokals

Ansprechender als Texte und Listen ist die Abbildung bzw. die graphische Präsentation eines Ladenlokals bzw. einer weitläufigen Schalterhalle, wie sie z.B. von der Dresdner Bank eingesetzt wird (Abbildung 6.35). Besonders die „unsichtbaren“ bzw. „intangiblen“ Dienstleistungen bedürfen der intensiven Visualisierung, d.h. der graphischen Umsetzung der Leistungsfähigkeit des Anbieters. Je nach der Qualität der Darstellung kann dies für den Nutzer jedoch längere Ladezeiten erfordern.

Abb. 6.35: Dresdner Bank

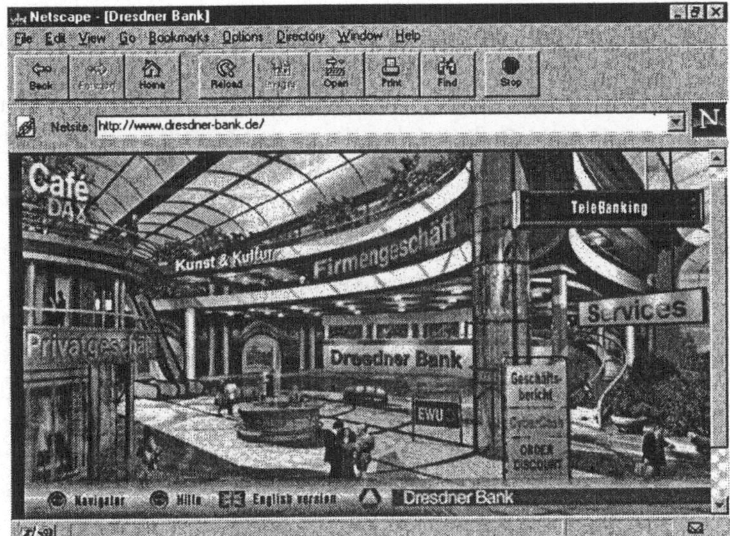

6.8.3 Außendienst und persönlicher Verkauf

Außendienst

Neben dem direkten Verkauf per Netz und dem Engagement des Handels in Online-Medien spielt für den Absatz vieler Unternehmen der Außendienst und damit verbunden auch der persönliche Verkauf ein große Rolle. Der Einsatz von Außendienstmitarbeitern wird häufig im Geschäftskundenbereich bzw. beim Vertrieb von Investitionsgütern eingesetzt, etwa bei der Betreuung der Handelspartner durch den Hersteller oder im Rahmen des Verkaufs an gewerbliche Endkunden.

Markt- und Kundennähe

Begründet wird der Einsatz teurer Außendienstmitarbeiter in der Regel mit der besseren Kundennähe, der besseren Steuerbarkeit und Kontrolle der Vertriebstätigkeiten sowie der besonderen Erklärungsbedürftigkeit der Produkte. Besonders die intensive Kundenberatung, etwa bei der Einzelfertigung von Spezialmaschinen, kann der Handel bzw. die Absatzmittler häufig nicht leisten und der Außendienst ist die einzige Alternative.

Kundennähe

Während beim im Konsumgüterbereich vorherrschenden Massenmarketing das Internet die Nähe zum Markt bzw. zum Kunden erhöhen kann, z.B. durch Nutzerforen und individuelle Kundenkontakte etwa per E-Mail, sieht die Situation im Geschäftskundenbereich anders aus. Im Vergleich zum Außendienst wird die persönliche Nähe zum Kunden durch den Einsatz des Internet verringert.

Investitionsgüter

Die Automatisierung etwa von Beratungsdienstleistungen, die häufig zum Verkauf von Investitionsgütern gehören, schafft Distanz. Besonders dort, wo persönliche Beziehungen eine wichtige Rolle spielen, kann das Internet also nur ergänzend, bzw. nur für sehr spezielle Aufgaben eingesetzt werden, etwa in Form der Übermittlung von Zusatzinformationen per E-Mail.

Erreichbarkeit und Beratung

Dafür kann die Erreichbarkeit des Unternehmens – auch ein Aspekt der Kundennähe – rund um die Uhr an 365 Tagen im Jahr kostengünstig gewährleistet. Dies kann für automatisierten kommunikativen Kundendienst genutzt werden. Besonders im Bereich der stark erklärungsbedürftigen Produkte kann das Internet, auch z.B. durch Online-Experten- bzw. Beratungssysteme Funktionen des Außendienstes unterstützen, Gespräche vorbereiten und diesem die Arbeit erleichtern. Der Außendienst kann per Laptop im Gespräch mit dem Kunden auf die Firmenpräsentation zugreifen und diese zur Demonstration der Leistungsfähigkeit der Produkte bzw. des Unternehmens einsetzen.

Persönlicher Verkauf

Ist persönlicher Verkauf im Internet machbar? Die Antwort ist: „Theoretisch ja, praktisch nein". Der „Persönliche Verkauf" umfaßt sowohl Kommunikations- als auch Distributionsaufgaben. Für den persönlichen Verkauf, der auch den Telefonverkauf und den Verkauf auf Messen und Ausstellungen einschließt (vgl. 6.6), bieten sich im Internet nur beschränkte Möglichkeiten.

Orte des Zusammentreffens

Der Persönliche Verkauf braucht „Orte", an denen Käufer und Verkäufer zusammentreffen können. In Online-Chats oder im Rahmen von Talk oder via Online-Telefonie könnten Verkäufer versuchen, Produkte zu veräußern. Dies scheint jedoch unbefriedigend, da – anders als per Telefon – derzeit einzelne Kunden nicht spontan direkt angewählt werden können. Der Kommunikationsdienst Talk aber auch die Telefonsoftware setzen häufig voraus, daß der Gesprächspartner ebenfalls gerade am Rechner angemeldet – sprich online – ist und über die gleiche

Software verfügt. Erschwerend kommt hinzu, daß die Möglichkeiten der nonverbalen Kommunikation – sprich Mimik und Gestik – in diesem Medium gänzlich entfallen.

IRC

Eine andere Möglichkeit für den Persönlichen Verkauf ist theoretisch mit dem Dienst IRC (Internet Relay Chat) gegeben. Dieser Dienst bringt die unterschiedlichsten Menschen, Interessen und Meinungen für zumeist lockere Plaudereien zusammen. Es ist jedoch davon auszugehen, daß Verkaufsgespräche in diesem Medium von vielen Netzteilnehmern nicht gern gesehen bzw. abgelehnt werden. In Deutschland ist die gewerbliche Nutzung von IRC sogar bei Androhung des IRC-Ausschlusses durch die Konferenz der deutschen IRC-Administratoren untersagt.

6.8.4 Transportmedium Internet

Physische Distribution

Aufgabe der „physischen Distribution" ist die Überbrückung von Raum und Zeit durch Transport und Lagerung von Waren, um das richtige Produkt zur gewünschten Zeit in der richtigen Menge an den gewünschten Ort zu bringen. Man spricht in diesem Zusammenhang auch von Warenlogistik. Im Rahmen der Warenlogistik werden folgende Aspekte behandelt: Transportmittel und -wege, Lagerhaltungsentscheidungen sowie Standortentscheidungen.

Digitale und nicht-digitale Waren

Im Bereich der Distribution müssen – wie schon bei der Produktpolitik – digitalisierbare und nicht digitalisierbare Waren und Dienstleistungen unterschieden werden. Wie bereits deutlich wurde, sind im Netz transportable, digitale Produkte Informationen in jeder Form. Als Beispiele lassen sich anführen: Musik, Filme, Zeitungen, Bücher und Software. Dienstleistungen umfassen z.B. Buchungen und Reservierungen, Bestellungen oder Soft- und Hardware-Ferndiagnosen sowie Beratungsleistungen jeder Art. Das Internet ist für solche Güter sowohl Transportmittel als auch Transportweg.

Globalität

Zugute kommt dem Internet dabei besonders seine weltweite Verbreitung. Per Telefonleitung bzw. per Satellit kann praktisch an jeden Ort der Welt geliefert werden. Auch die Liefergeschwindigkeit des Internet ist – verglichen mit den traditionellen Methoden per Post, Flugzeug, LKW oder Bahn weit überlegen. Dazu kommt, daß z.B. Zollabfertigungen etwa beim Export von Software oder Informationen bislang entfallen.

Standort

CD- und Book-on-Demand

Der Standort eines Unternehmens, sei es Hersteller oder Händler, verliert durch das Netz an Bedeutung. Dabei muß das Produkt nicht zwangsläufig direkt zum Kunden übertragen werden. Bei Büchern und Musik-CDs sind auch Lösungen in der Erprobung, die den Handel mit einbeziehen. So wird an der „CD-on-Demand" und am „Book-on-Demand" via Netz gearbeitet.

Dabei wird die CD als WORM (Write Once – Read Many times) im Geschäft auf Anforderung des Kunden und nach dessen Wünschen erstellt. Das Geschäft wiederum muß die neuen CDs nur einmal von der Plattenfirma aus dem Netz auf den Rechner herunterladen. Ähnliche Verfahren lassen sich auch bei elektronischen Büchern anwenden. Auch Lernsoftware, sogenannte „Teachware" und andere Software wird zukünftig verstärkt über Netze vertrieben und zugestellt.

Online- und Offline-Konsum

Man kann den „Online-Konsum" vom „Offline-Konsum" elektronischer Güter unterscheiden. Das Online-Lesen einer Zeitung, also während man im Netz ist, lohnt sich aufgrund der Online-Kosten selbst dann nicht, wenn die Zeitung im Netz kostenlos veröffentlicht wird. Es besteht aber die Möglichkeit, Produkte wie z.B. eine komplette Zeitung oder Teile davon aus dem Netz in den heimischen Computer zu laden und auf der Festplatte zu speichern. Nach Beendigung der Internet-Sitzung kann sie dann am Bildschirm gelesen oder ausgedruckt werden, ohne daß eine Netzverbindung besteht und Provider- bzw. Telefonkosten anfallen.

Urheberrechte an digitalen Waren

Damit ist eine Besonderheit digitaler Waren angesprochen: Sie werden nur einmal produziert oder entwickelt. Danach erfolgt keine erneute Produktion weiterer Einheiten, sondern weitere Exemplare werden als Kopie des ersten Exemplars gewonnen. Lager und entsprechende Lagerhaltungsprobleme entfallen für digitalisierte Produkte, besonders für Bücher ist dies ein interessanter Aspekt (Abbildung 6.36).

WIPO

Die Besonderheit digitaler Produkte macht auch die Wichtigkeit des Schutzes von Urheberrechten an ihnen deutlich. Ist das Produkt digital, kann es von jedem leicht, ohne Qualitätsverlust kopiert werden. Dem Hersteller entgehen die Verkaufserlöse (siehe auch Abschnitt 8.5). Die World Intellectual Property Rights Organization (WIPO) bemüht sich daher darum, den Schutz geistigen Eigentums im Internet zu verbessern.

Abb. 6.36: Warentransport im Internet

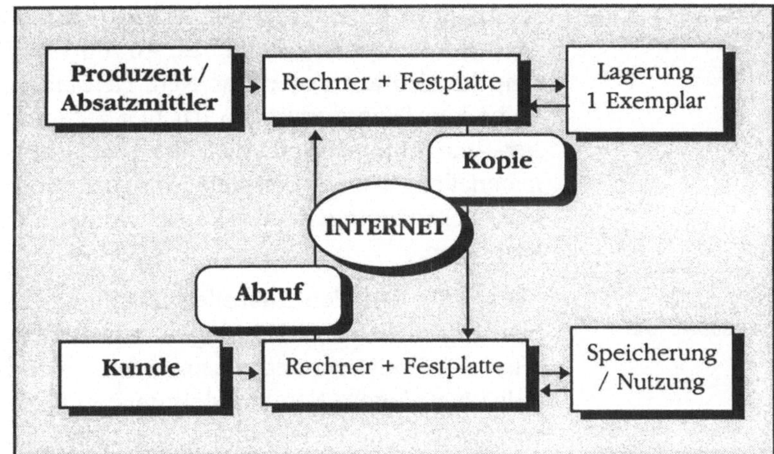

6.9 Dienstleistungen im Internet

Dienstleistungen

Aufgrund der Besonderheiten von Dienstleistungen gegenüber den klassischen Produkten werden im Rahmen des Dienstleistungsmarketing die zu Beginn diese Kapitels vorgestellten vier Instrumentengruppen um drei zusätzliche Bereiche erweitert. Dies sind die (Meffert/Bruhn 1997):

- Personalpolitik,
- Prozeßpolitik,
- Potentialpolitik.

Besonderheiten von Dienstleistungen

Die Besonderheiten von Dienstleistungen liegen in ihrem immateriellen Charakter. So sind sie, anders als Produkte, nicht lager- und nicht transportfähig. Weiteres besonderes Merkmal von Dienstleistungen ist der Einbezug eines Fremdfaktors (z.B. des Kunden beim Frisör oder des Autos in der Werkstatt) in die Erstellung der Dienstleistung. Dritte Besonderheit ist die Notwendigkeit der Herstellung einer Dienstleistungsbereitschaft. Der Anbieter einer Leistung muß das dafür notwendige Potential schaffen und die benötigten Faktoren (z.B. Räumlichkeiten, Küche, Koch, Nahrungsmittel, Kellner, etc.) vorhalten.

Personal, Potential, Prozeß

Diese Besonderheiten führen dazu, daß das Personal sowie das Potential (z.B. Gebäude, Fahrzeuge, Flugzeuge, etc.) für den Kunden zur erkennbaren, „materialisierten" Leistung werden. Personal und Potential verdienen daher im Dienstleistungsmarketing größte Aufmerksamkeit. Die Prozeßpolitik, als dritte Komponente, stellt ein entscheidendes Moment hinsichtlich der Qualität der Dienstleistung dar.

Digitalisierte Dienstleistungen

Werbung im Internet ist grundsätzlich für alles denkbar. Es existiert jedoch nur eine begrenzte Anzahl von digitalisierbaren Waren, die also auch über das Netz *geliefert* werden können. Eine Reihe von Dienstleistungen hat hier aufgrund der guten Digitalisier- und Automatisierbarkeit der Leistungen Vorteile gegenüber materiellen Waren. Beispiele sind u.a. Kontoführung, Buchungen, Reservierungen und Versicherungs- oder Beratungsdienstleistungen.

Nicht-digitale Dienstleistungen

Aber auch bei den Dienstleistungen gibt es eine große Zahl nicht-digitalisierbarer Leistungen, wie beispielsweise in den Bereichen Handwerk und Gastronomie oder bei sehr speziellen individualisierten Beratungsleistungen. Hier können allerdings Service- und Zusatzleistungen, wie beispielsweise Terminvereinbarungen, Reservierungen oder Angebote über das Netz erfolgen (Abbildung 6.37).

Informationsorientierung und Standardisierung

Die Möglichkeit der Digitalisierung und damit auch der Automatisierung und des Online-Einsatzes hängt von der Informationsorientiertheit der Leistungen ab. Je stärker der Informationsbezug, desto mehr Bestandteile der Leistung können digitalisiert und damit online ausgeführt werden. Von Bedeutung ist dabei besonders der Grad der Standardisierung der Leistungen. Je mehr die Leistung standardisiert ist, desto leichter fällt die Automatisierung und damit die Umsetzung der Leistung in Online-Medien.

Abb. 6.37: Automatisierbarkeit und Digitalisierbarkeit von Dienstleistungen

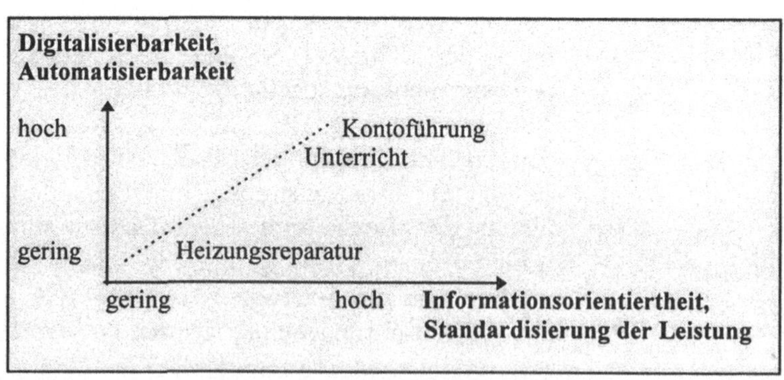

Beispiele

Banken,[28] Finanzdienstleister[29], wie z.B. Börsenmakler und Versicherungen[30] bieten im Internet ihre Dienstleistungen, wie Ho-

28 z.B. http://www.bank24.de/

29 z.B. http://www.consors.de/

mebanking, Anlageberatung oder Versicherungsberatung[31] an (vgl. 5.3). Durch die meist automatisiert durchgeführte Informationsabgabe bzw. -aufnahme stehen die Serviceleistungen der Unternehmen rund um die Uhr und an fast jedem Platz der Welt zur Verfügung. Die Basisprodukte wie Kontoführung oder Aktienkauf werden ausdifferenziert und durch das Online-Angebot funktional ergänzt. Erfassungsaufwand und Erfassungsfehler entfallen. Besonders die positive kostensenkende Wirkung der Automatisierung ist hier hervorzuheben. Tabelle 6.14 zeigt die Transaktionskosten einer Bank nach dem jeweiligen Vetriebsweg.

Tab. 6.14: Transaktionskosten von Banken

Vertriebsweg	*Kosten in US$ 1996*
Vollserviceniederlassung	1,070
Telefonbanking	0,540
SB-Automat	0,270
PC-Banking	0,015
Internet-Banking	0,010

Quelle: Kraus 1997

Aus der Tabelle wird deutlich, daß Internet-Banking die mit Abstand günstigste Vertriebsform für Banken ist.

Schnittstelle Personal

Da die Qualität von Dienstleistungen häufig vom Können und den Fähigkeiten des Dienstleisters bzw. seines Personals abhängt, hat der Faktor Personal für das Dienstleistungsmarketing eine sehr hohe Bedeutung. Das Personal bildet die Schnittstelle zwischen Unternehmen und Kunden. Dies wird dadurch verstärkt, daß Dienstleitungen häufig den Kunden oder Objekte aus dem Besitz des Kunden in die Erstellung der Leistung mit einbeziehen (z.B. Frisur, Auotreparatur). Es entstehen direkte Kundenkontakte.

Interaktiver Kundenkontakt

Die Kundenkontakte finden im Internet nicht mehr zwischen Personal und Kunden, sondern zwischen Maschine und Kunden statt. Entsprechend wichtig ist die Anmutungsqualität bzw. die optische Gestaltung des Kundenkontaktes bzw. der Schnittstelle. Ist das Personal unhöflich, unfreundlich oder unwissend entsteht ein negativer Eindruck beim Kunden. Im Internet ist dies genau-

30 z.B. `http://www.skandia.de/`

31 z.B. Gerling-Konzern und Dialog Versicherungs AG

so. Ist der Online-Service unattraktiv und langsam, wendet sich der Nutzer ab.

Prozeß der Leistungserstellung

Nicht nur die optische Gestaltung, sondern besonders die Funktion des Angebots ist von großer Wichtigkeit. Die Benutzerführung und die Navigation sind wichtige Erfolgsfaktoren. Damit ist der Prozeß der Online-Leistungserstellung angesprochen. Die Dienstleistung muß für den Kunden nicht nur leicht verständlich und einfach nutzbar sein, sie muß auch eine gewisse Funktionalität besitzen, also Ergebnisse liefern, die für den Kunden einen echten Nutzen darstellen. Ist das Angebot nur umständlich nutzbar, oder funktioniert es nur eingeschränkt bzw. liefert wenig brauchbare Ergebnisse, werden die Kunden keinen Gebrauch davon machen.

Transparenz

Auch die Transparenz von Dienstleistungsangeboten, wie z.B. von Versicherungen, ändert sich im Netz – wenn auch meist unbeabsichtigt. Zum einen können Softwareagenten automatisiert Preis-Leistungsvergleiche vornehmen, zum anderen bieten Verschiedene Anbieter, wie z.B. die Zeitschriften Focus und das Wirtschaftsmagazin DM oder Versicherungsmakler, im Internet individuelle Vergleichsanalysen z.B. von Kfz- oder Krankenversicherungen an.

Übergewicht der Dienstleistungen

Gegenwärtig ergibt sich ein deutliches Übergewicht der Dienstleistungen im Internet. Was u.a. mit der großen Bedeutung dieses Sektors in der realen Welt zu haben dürfte. Investitionsgüterhersteller könnten zwar häufig großen Nutzen aus dem Internet ziehen, sind aber bislang eher unterdurchschnittlich vertreten. Dies gilt auch dann, wenn man berücksichtigt, daß es erheblich weniger Investitionsgüterhersteller als Dienstleister gibt und daß Investitionsgüter generell weniger bzw. bislang mit tendenziell anderen kommunikationspolitischen Mitteln beworben und verkauft werden als etwa Dienstleistungen oder Konsumgüter.

6.10 Potentiale für Wettbewerbsvorteile

Welche Wettbewerbsvorteile eröffnet das Marketing im Internet? Diese Frage kann entlang der in diesem Kapitel behandelten Aspekte des Marketing: Ziele, Strategien und Instrumente beantwortet werden.

Aufbau bzw. Akquisition neuer Geschäftszweige

Der wichtigste die Unternehmens- und Marketingziele betreffende Aspekt ist sicherlich die Möglichkeit, das Internet als neues Geschäftsfeld zu nutzen und damit neue, zukunftsorientierte strategische Geschäftseinheiten aufzubauen bzw. zu akquirieren.

Als Ansatzpunkte lassen sich die Dienstleistungen und Waren, die entlang der Internet-Wertschöpfungskette anzutreffen sind, nennen (vgl. 6.2 sowie 2.2).

Strategie-unterstützung

Im Rahmen der Betrachtung der Auswirkungen des Internet auf mögliche Unternehmensstrategien konnte für eine Vielzahl von Strategien festgestellt werden, daß das Internet durch seine Grundfunktionen fast alle Strategien unterstützt (vgl. 6.3).

Bei den Marketinginstrumenten lassen sich im Bereich der Produktpolitik vor allem die Entwicklung von neuen Produkten nach den Wünschen, Problemen und Vorstellungen der Kunden nennen. Auch die Funktionalität von Produkten und Dienstleistungen kann zum Nutzen der Kunden innovativ erweitert werden (vgl. 6.4). Auch die Abwicklung des Kundendienstes im Internet fällt in den Bereich Produktpolitik. Dabei können bestimmte, mit Kommunikation verbundene, Kundendienstfunktionen Online genutzt werden. Dies verringert Kosten, erhöht die Erreichbarkeit und kann zur Kundenzufriedenheit beitragen.

Markttransparenz

Preispolitisch ergeben sich in erster Linie Möglichkeiten für Preisvergleiche und damit, je nach Branche, auch eine große Markttransparenz. Diese ist nicht immer ein Vorteil für Unternehmen. Wettbewerbspotentiale ergeben sich für Preisführer, die von der Transparenz profitieren.

Relationship Marketing

In der Kommunikationspolitik erwachsen aus der Neudefinition der Beziehungen zum Kunden Wettbewerbsvorteile. Beziehungsmarketing, auch Relationship Marketing genannt, bedeutet, nicht in einzelnen Verkaufstransaktionen zu denken, sondern in längerfristigen Beziehungen zwischen Unternehmen und Kunden.

Zielgruppen

Der Kunde wird zum Partner, mit dem man eine längere Beziehung (Wiederholungskäufe) aufbaut und zu dem man Kontakt hält. Genau diesen Prozeß unterstützt das Internet, wenn es um bestimmte, z.T. auch neue Zielgruppen geht, etwa um computeraffine Konsumenten. Der Aufbau langfristiger Kundenbeziehungen wird besonders durch die Interaktivität bzw. die direkten Kontaktmöglichkeiten des Mediums gefördert.

Qualität der Kommunikation

Die Kommunikation kann eine neue inhaltliche Qualität erhalten, wie am Beispiel der Kundeneinbindung in Extranets oder beim EDI (Electronic Data Interchange) deutlich wird. Über die Homepage und E-Mail können auch Unternehmen, die Massenmärkte bearbeiten, eine Kundennähe erreichen, die bis zum Individualmarketing gehen kann.

Distribution

Distributionsvorteile für den Kunden stellen Wettbewerbsvorteile für Unternehmen dar, wenn die Konkurrenz keine ähnlichen Leistungen bieten kann. Die wichtigsten Aspekte sind die Möglichkeit des weltweiten Lieferservice für digitalisierte Waren und Dienstleistungen sowie die kostengünstige „rund um die Uhr" Erreichbarkeit. Auch die Automatisierbarkeit von Geschäftsvorfällen im Internet ist als Wettbewerbsvorteil mit Kostenwirkung zu nennen. Darüber hinaus stellt das Netz eine Alternative zum traditionellen Handel dar. Abbildung 6.38 faßt die genannten potentiellen Wettbewerbsvorteile zusammen.

Abb. 6.38: Potentielle Wettbewerbsvorteile im Bereich Marketing

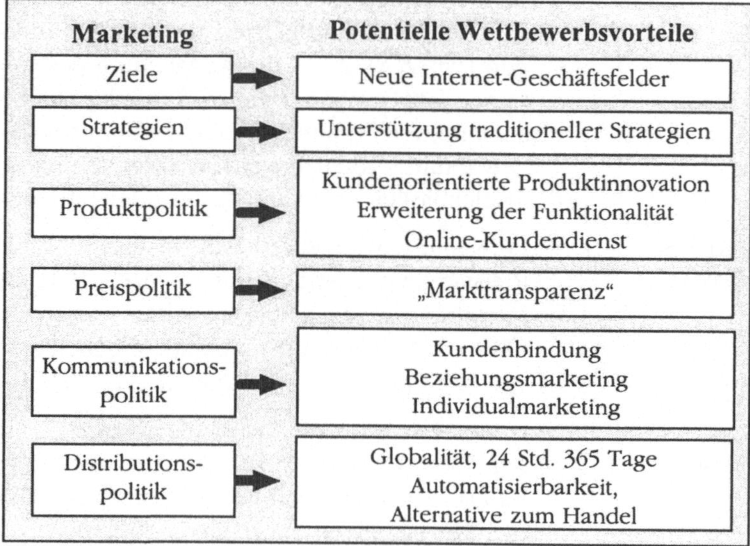

Zusammenfassend kann man sagen, daß der Bereich Marketing den Kern der kommerziellen Internet-Anwendungen darstellt. Besonders die Bereiche Kommunikation bzw. Werbung und Distribution bzw. Vertrieb profitieren außerordentlich von den Möglichkeiten des Mediums.

Literatur

Alpar, Paul: Kommerzielle Nutzung des Internet, Berlin 1996.

Becker, Jochen: Marketingkonzeption: Grundlagen des strategischen Marketing-Managements, 5., verb. und erg. Aufl., München 1993.

Berres, Anita: Marketing und Vertrieb mit dem Internet, Berlin 1997.

Birkelbach, Jörg: Cyber-finance : Finanzgeschäfte im Internet, Wiesbaden 1997

Borchers, Detlef: Pfennigbeträge: Abrechnungs- und Zahlungsmodalitäten im Internet, *in:* Gateway, o. Jg., Heft 9, 1995, S. 30-39.

Cronin, Mary J.: Doing More Business on the Internet, New York 1995.

December, John; Randal, Neil: The World Wide Web Unleashed, Indianapolis 1994.

Decker, Reinhold; Klein, Timo; Wartenberg, Frank: Marketing und Internet – Markenkommunikation im Umbruch?, *in:* Markenartikel, o. Jg., Heft 10, 1995, S. 468-473.

Ditfurt, Christian v.; Kathöfer, Ulrich: Internet für Wirtschaftswissenschaftler, Frankfurt 1997.

Doyle, Kim; Minor, Anastasia; Weyrich, Carolyn: Banner-Ad Placement Study, Uiversity of Michigan, Prof. S. Gupta, 1997, http://webreference.com/dev/banners/

Ellsworth, Jill H.; Ellsworth, Matthew V.: The Internet Business Book, New York 1994.

Grubb/Kanellakis/Lübbeke: Profit im Internet, München 1995.

Hanser, Peter: Aufbruch in den Cyberspace, *in:* Absatzwirtschaft, o. Jg., Heft 8, 1995, S. 34-39.

Hansen, Hans R.: Marketing über den Information Superhighway, *in:* Werbeforschung und Praxis, o. Jg., Heft 5, 1995a), S. 169-175

Hansen, Hans R.: Elimination des institutionellen Handels durch den Einsatz von IKS, in: Tagungsunterlagen Handelsinformationssysteme 1997, Münster, 16.-17. April 1997.

Hawkins, Donald T.: Electronic Advertising on Online Information Systems, *in:* Online – The Magazine of Online Information Systems, Vol. 18, Heft 3, 1994, S. 26-40.

Hermanns, Arnold; Flegel, Volker (Hrsg.): Handbuch des Electronic Marketing: Funktionen und Anwendungen der Informations- und Kommunikationstechnik im Marketing, München 1992.

Hitzges, Arno; Köhler, Susanne: Elektronisch Publizieren : ein Leitfaden für den Online-Verleger, Fraunhofer-Institut, IAO, Stuttgart 1997.

Hünerberg, Reinhard; Heise, Heiko; Mann, Andreas: Handbuch-Online-Marketing : Wettbewerbsvorteile durch weltweite Datennetze, Landberg/Lech 1996.

Hüttner, Manfred; Pingel, Annette; Schwarting, Ulf: Marketing Management: Allgemein, Sektoral, International, München 1994.

Huly, Heinz-Rüdiger; Rake, Stefan: Marketing online: Gewinnchancen auf der Datenautobahn, Frankfurt 1995.

Hoffmann, Donna L., Novak, Thomas P.: Marketing in Hypermedia Computer-Mediated Environments: Conceptual Foundations, in: Journal of Marketing, July 1996, S. 50-67.

Kotler, Philip; Bliemel, Friedhelm W.: Marketing-Management: Analyse, Planung, Umsetzung und Steuerung, 8., vollst. neu bearb. und erw. Aufl., Stuttgart 1995.

Kraus, Boris M.: Sicherheit im electronic Banking Umfeld, *in: Thome, Rainer; Schinzer, Heiko:* Electronic Commerce, München 1997, S. 137-158.

Kroeber-Riel, Werner: Konsumentenverhalten, 5. Aufl., München 1992.

Kroeber-Riel, Werner: Strategie und Technik der Werbung, 4. Aufl., Stuttgart 1993.

Lamprecht, Stephan: Marketing im Internet, Freiburg i.Br. 1996.

Meffert, Heribert: Marketing-Management : Analyse - Strategien - Implementierung, Wiesbaden 1994.

Meffert, Heribert: Marketing: Grundlagen der Absatzpolitik, 7. überarb. u. erw. Aufl., Wiesbaden 1991.

Nieschlag, Robert; Dichtl, Erwin; Hörschgen, Hans: Marketing, 18., neu bearb. Aufl., Berlin, 1996.

Oenicke, Jens: Online Marketing : kommerzielle Kommunikation im interaktiven Zeitalter, Stuttgart 1996.

Rengelshausen, Oliver: Werbung im Internet und in kommerziellen Online Diensten, in: Silberer, Günter (Hrsg.): Interaktive Werbung, Stuttgart 1997.

Roll, Oliver: Marketing im Internet, München 1996.

Silberer, Günter (Hrsg.): Interaktive Werbung : Marketingkommunikation auf dem Weg ins digitale Zeitalter, Stuttgart 1997.

Sietmann, Richard: Electronic Cash: Zahlungsverkehr im Internet, Stuttgart 1997.

Sterne, Jim: World Wide Web Marketing, New York 1995.

Thome, Rainer; Schinzer, Heiko: Electronic Commerce, München 1997.

Wallbrecht, Dirk U.; Clasen, Ralf: Internet für Marketing. Vertrieb. Kommunikation : Anbieter und Nutzer im Netz der Netze, Neuwied 1997.

Werner, Andreas; Stephan, Ronald: Marketing-Instrument Internet, Heidelberg 1997.

7 Management des Internet-Einsatzes

Wichtige und häufig gestellte Fragen zum Internet lauten: „Wie bekomme ich Zugang, und was kostet mich das?“ oder „Wie kann ich mein Unternehmen und meine Produkte im Internet präsentieren?“ Diese beiden Fragen sollen hier beantwortet werden. Dazu werden zunächst die unterschiedlichen Zugangsarten vorgestellt und danach die Zugangsanbieter sowie die Kosten des Internet-Engagements erläutert. Der Abschnitt zur Planung des Internet-Einsatzes gibt Tips und Anleitungen zur Gestaltung des eigenen Netzauftritts. Außerdem werden Organisationen und Interessenvertretungen rund um das Internet vorgestellt, an die man sich als Informationsanbieter wenden kann.

7.1 Der richtige Internet Zugang

Die Provider (Firmen, die Internet-Zugänge anbieten, vgl. 7.2) ermöglichen unterschiedliche Zugangsarten. Die Internet-Verbindungen können grundsätzlich anhand von vier Merkmalen unterschieden werden:

- Interaktivität bzw. Synchronismus
- Technik des Datentransports
- Beständigkeit des Anschlusses
- Art einer Einwählverbindung

Dabei ist das letzte Kriterium, die „Art der Einwählverbindung“, ein Unterkriterium der Beständigkeit des Anschlusses. Die einzelnen Verbindungsmerkmale sollen hier näher erläutert werden.

Online- bzw. synchrone Verbindungen

Bei synchronen Verbindungen zum Internet sind interaktive Möglichkeiten von Programmen und Diensten des Internet nutzbar. Das Arbeiten mit Telnet in einer Datenbank etwa stellt eine solche „synchrone“ Verbindung dar. Auf die Aktion des Nutzers folgt augenblicklich die Reaktion des per Telnet ferngesteuerten Systems und umgekehrt. Sender und Empfänger nehmen gleichzeitig an der Aktion teil. Diese „Online-Verbindungen“ können auf drei verschiedene Weisen zustande kommen:

- durch eine Terminalverbindung zum Zugangsrechner,

- durch eine TCP/IP-Anbindung an das Internet,
- durch die Benutzung von Internet-Gateways aus anderen Netzen heraus, wie etwa T-Online oder CompuServe.

Offline- bzw. asynchrone Verbindungen

Bei einer „asynchronen" Verbindung zum Internet können keine interaktiven Dienste genutzt werden, zumindest nicht direkt. Es bleibt nur die Möglichkeit des Versendens von E-Mail und die Teilnahme an den Newsgroups mittels UUCP (Unix to Unix Copy Protocol). Einige Server halten jedoch die schon erwähnten Mailroboter bereit, mit deren Hilfe man auch mit asynchronen „Offline-" Verbindungen indirekt bestimmte Dienste nutzen kann. Heute ist die Bedeutung der preiswerten asynchronen Verbindungen nur noch gering, da sie keine WWW-Nutzung ermöglichen.

Analoge oder digitale Datenübertragung

Nach der Technik des Datentransfers kann man weiterhin zwischen analogem Datentransport und digitalem Transport (ISDN) unterscheiden. Analoge Telefonleitungen lassen heute eine maximale Geschwindigkeit von 57.600 Baud zu, sofern beidseitig entsprechende Software (V.90 RPI = Rockwell Protocol Interface) zur Datenkompression und Fehlerkontrolle eingesetzt wird.

Standard

Standard auf Seiten der privaten Nutzer sind gegenwärtig Modems mit 28.800 Baud (Faustregel: 10 Baud entsprechen der Übertragung eines Zeichens pro Sekunde). Für Unternehmen ist ISDN die Standardanbindung. ISDN erlaubt den digitalen Datentransport mit 64 bzw. 128 KBit/Sekunde.[1] Mit Glasfaserkabeln bzw. durch Bündelung mehrerer ISDN-Kanäle sind auch entsprechend höhere Bandbreiten möglich.

Dauerhaftigkeit des Internet-Anschlusses

Nach der Dauerhaftigkeit des Anschlusses kann man zwischen temporären Einwählverbindungen über Modem oder ISDN-Karte, auch „Dialup Connection" oder „Shared Line" genannt, und „dedizierten" Verbindungen unterscheiden. Letztere sind Telefonstandleitungen, die angemietet werden. Diese können theoretisch auch über ein Modem genutzt werden, sind aber oft fest mit dem Computer verdrahtet (hardwired) und werden als ISDN-Standleitungen betrieben.

Semipermanente Leitung

Im Gegensatz zur Einwählverbindung sichert die Standleitung die jederzeitige Erreichbarkeit des eigenen Servers von außen. Dies kann auch über eine Semipermanente Verbindung erreicht werden. Dabei wird, wenn jemand aus dem Netz den Server

---

1 Vereinfacht gesprochen, entspricht 1 KBit/Sekunde 1.000 Baud; allerdings wird die Einheit Baud nur in Zusammenhang mit analogen Leitungen benutzt.

anwählt, automatisch eine Verbindung vom Provider zum Server aufgebaut. Mit dieser Prozedur ist jedoch eine Verringerung der Antwortgeschwindigkeit des Servers verbunden. Besonders, wenn mit ständigen Anfragen zu rechen ist, oder wenn die Kunden keine Verzögerungen akzeptieren, empfiehlt sich daher die Standleitung.

Arten von Einwählverbindungen

Hat man sich für eine Einwählverbindung, die nur zeitweise aufgebaut und genutzt wird, entschieden, steht man theoretisch vor einer weiteren Wahlmöglichkeit. Die „Dialup Connections" (Einwählverbindungen) lassen sich nämlich wiederum nach dem Typ der Netzverbindung unterscheiden. Es gibt grundsätzlich zwei Netztypen:

- Mainframe/Terminalanlagen und
- vernetzte Computer.

Je nachdem, auf welche Weise der Computer an den Internet-Zugangsrechner angeschlossen wird, ob als Terminal oder als eigenständiger Computer, spricht man von „indirekter" bzw. „direkter" Anbindung.

Der indirekte Zugang

Der indirekte Zugang erfolgt durch Nutzung von DFÜ[2]- bzw. Kommunikationssoftware und Einwahl in einen Zugangscomputer. Man kann dann die auf diesem Zugangsrechner vorhandene Internet-Software, wie z.B. einen FTP-Client, aufrufen und mit dem ferngesteuerten Zugangsrechner eine Reise durch das Internet unternehmen. Will man aber Dateien z. B. von einem fremden FTP-Server aus dem Internet auf den heimischen Rechner bekommen, so geht dies nur mit einer Zwischenspeicherung der Dateien auf dem Zugangsrechner des Providers, da sie nicht direkt auf den heimischen Rechner geladen werden. Sie müssen von dort in einem zweiten Schritt mit der Kommunikationssoftware abgeholt werden. Abbildung 7.1 verdeutlicht dies.

Die Unterscheidung in direkt und indirekt spielt heutzutage keine große Rolle mehr, da sowohl Unternehmen als auch private Nutzer auf grund der Vorteile (einfacher, schneller, leistungsfähiger) nur noch direkte Anbindungen akzeptieren.

Protokolle der direkten Anbindung: SLIP und PPP

Die direkte Anbindung des heimischen Computers im Rahmen einer Einwählverbindung kann über zwei verschiedene Protokolle erfolgen, das „Serial Line Internet Protocol" (SLIP) und das „Point-to-Point Protocol" (PPP). Es handelt sich dabei um beson-

[2] Datenfernübertragung

ders angepaßte Versionen der Internet-Software, die die Anbindung per Modem über die normale Telefonleitung vornehmen.

Abb. 7.1: Netzanbindung

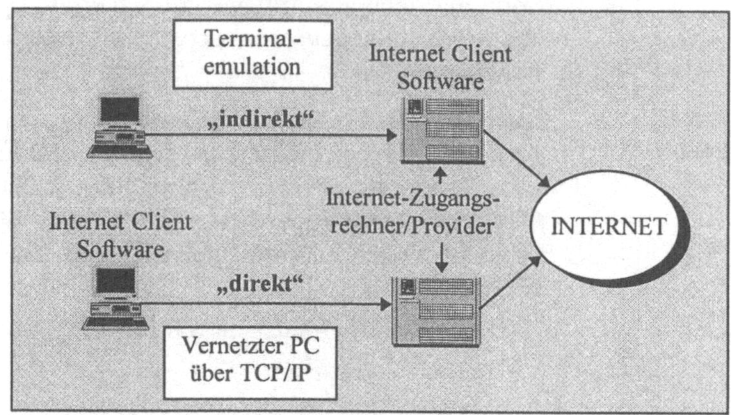

Vollwertiger Zugang

Während bei einem Zugang per Terminalemulation keine echte bzw. vollwertige Internet-Anbindung vorliegt, ermöglicht die Anbindung mittels SLIP oder PPP einen vollwertigen Internet-Zugang mit eigener IP-Adresse. Diese wird bei der temporären Einwählverbindung vom Zugangsrechner jeweils neu vergeben. Man kann daher für die Dauer einer Internet-Sitzung seinen Computer unter dieser speziellen IP-Adresse für andere Internet-Teilnehmer zugänglich machen. Bei einem SLIP/PPP-Anschluß werden alle Dateien aus dem Internet direkt in den eigenen Rechner geladen, entsprechend müssen alle notwendigen Internet-Programme bzw. Browser auch auf dem eigenen Rechner zur Verfügung stehen. Abbildung 7.2 gibt einen Überblick über die Merkmale möglicher Zugangsarten.

Die Frage nach dem richtigen Internet-Anschluß hängt mit der beabsichtigten Nutzung des Netzes zusammen. Analoge PPP/SLIP-Wählleitungen sind häufig zu langsam; sie eignen sich nur für sehr begrenzte Anwendungen. Wählbare Alternativen sind:

- analoge PPP/SLIP Wählleitung (bis 56 KiloByte per second),
- Wählleitung ISDN (64 Kbps bzw. 128 Kbps),
- Standleitung mit unterschiedlichen Geschwindigkeiten,

kein eigener Anschluß, sondern Server beim Provider.

Abb. 7.2: Arten des Internet-Zugangs

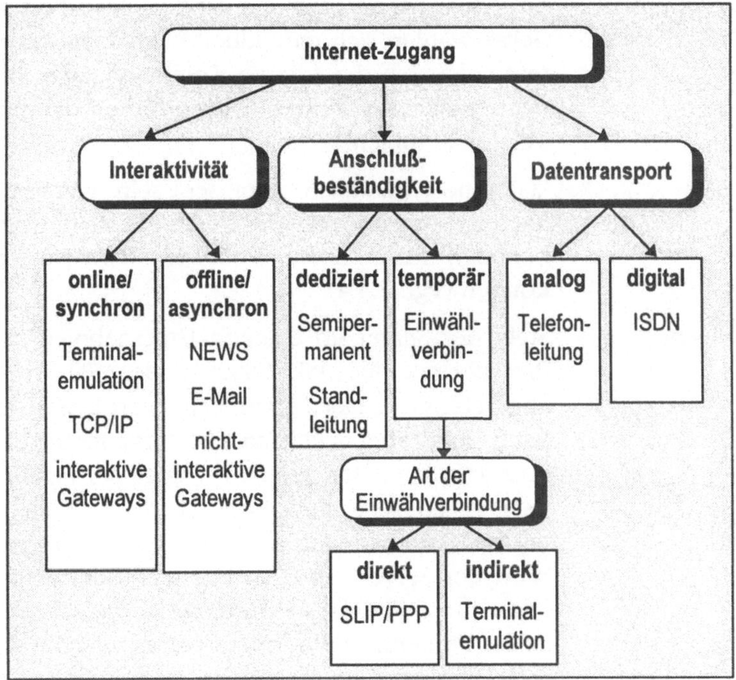

Informationsbeschaffung

Wenn das Internet nur zur Informationsbeschaffung, benutzt werden soll, sei es im WWW oder per E-Mail, reicht ein temporärer PPP/SLIP-Wählzugang. Er ermöglicht den Zugang zu allen Informationsressourcen im Netz. Um nicht zu lange warten zu müssen, ist ein ISDN-Anschluß sinnvoll. Er kann die Nutzungsgeschwindigkeit verbessern und damit einiges an Zeit, Nerven und Kosten sparen.

Plant man über das Internet auch interne wie externe Kommunikation zu ermöglichen, ist ein temporärer ISDN PPP/SLIP Wählzugang ebenfalls sinnvoll, um Wartezeiten zu verringern.

hausinternes Netz

Soll die Kommunikation auch hausintern genutzt werden, was erst ab einer bestimmten Anzahl von Personen vernünftig ist, müssen intern vernetzte Computer vorliegen. Ein interner Mail-, News- oder WWW-Server ermöglicht dann die interne Kommunikation ähnlich einer Groupwarelösung (z.B. Lotus Notes). Das interne Computernetz kann über Router und Gateway Firewall-geschützt mit dem Internet verbunden werden.

Alternative ohne internes Netz

Alternativ kann, wenn die interne Vernetzung problematisch ist, an jedem Arbeitsplatz ein Modem installiert werden. Die Mitarbeiter wählen sich individuell beim Provider ein. Sowohl die interne als auch die externe Kommunikation kann über das Internet abgewickelt werden. Dies erfordert dann jedoch ausreichend Telefonleitungen.

Will eine Firma im Netz präsent sein, werben und Produkte verkaufen, so wird ein WWW-Server mit entsprechender Software benötigt, auf dem die Webseiten dem Netz präsentiert werden können (vgl. 7.4.4).

ISDN-Standleitung

Steht der Server im eigenen Unternehmen, wird er über einen Provider mit einer ISDN-Stand- oder Wählleitung an das Internet angeschlossen. Der Server kann von außen erreicht werden. Er kann, muß aber nicht, an ein vorhandenes, internes Computernetz angeschlossen werden. Hängt der Server nicht am Firmennetz, ist zu 100% gewährleistet, daß Externe nicht an firmeninterne Daten gelangen oder gar das hausinterne Netz lahmlegen. Wird der Server mit dem internen Netz verbunden, sollte über sogenannte Firewalls sichergestellt werden, daß Unbefugte nicht in das Firmennetz eindringen können (siehe dazu auch Abschnitt 8.1).

Firewalls

Server beim Provider

Web-Space mieten

Außerdem besteht die bereits erwähnte Möglichkeit, einen Server beim Provider aufzustellen oder „Web-Space" zu mieten, d.h. keinen eigenen Server zu betreiben, sondern die InternetPräsentation der Firma auf dem Rechner des Providers ins Netz zu hängen. In beiden Fällen werden die Leitungskosten gespart.

7.2 Die Providerauswahl

Der Zugang zum Internet wird durch sogenannte „Provider" oder „ISP" (Internet Service Provider) ermöglicht. Grundsätzlich kann man zwischen kommerziellen Anbietern als Provider im engeren Sinne und nicht-kommerziellen Anbietern unterscheiden. Provider im engeren Sinne sind – wie bereits in Kapitel 3 angesprochen – Unternehmen, deren Geschäftszweck der Betrieb eines eigenen Netzwerkes zur Anbindung anderer an das Internet ist. Im weiteren Sinne sind z.B. auch Universitäten, die ihren Studenten Zugänge ermöglichen, Provider.

Deutsche Provider

Drei wichtige Provider in Deutschland sind die Firmen EUnet in Dortmund, NTG/X-Link in Karlsruhe und MAZ in Hamburg. Zu erwähnen ist auch der DFN e.V. (Deutsches Forschungsnetz), der als Provider der Universitäten fungiert und sich zunehmend gewerblichen Nutzern öffnet. Diese Provider verfügen in den meisten deutschen Städten über Einwählknoten, sogenannte POS (Points of Service) oder POPs (Points of Presence), d.h. man erreicht sie in der Regel zum Ortstarif. (Zu den Adressen der Provider siehe Anhang A.) Zu den Dienstleistungen dieser Web-Service-Provider gehören u.a.:

- Allgemeine Internet-Beratungen,
- Konzeption und Erstellung von Webseiten,
- Programmierung von Scripts und Routinen, die bestimmte Aktionen und Dienstleistungen im Netz erlauben,
- Bereitstellung von Speicherkapazität und Zugriffsmöglichkeit,
- Statistische Auswertung Zugriffsdaten über die Seitennutzung.

Zugang für Privatleute

Für private Personen kann der Internet-Zugang außer durch kommerzielle Provider auch auf andere Weise erfolgen. Universitäten und Institute bieten ihren Mitgliedern häufig einen kostenlosen Zugang an. Auch bereits angeschlossene Unternehmen können ihren Mitarbeitern einen geschäftlichen oder privaten Zugang, z.B. nach Feierabend, anbieten.

Vereine als Zugangsanbieter

Eine weitere, schon angesprochene Zugangsmöglichkeit stellen Vereine dar. Sie offerieren ihren Mitgliedern häufig relativ günstige Netzzugänge. Die zwei wichtigsten Vereine in Deutschland sind der „Subnetz e.V.“ und „Individual Network e.V.“. Da sie schon recht lange existieren, verfügen sie ebenfalls über ein dichtes Netz von Einwählknoten. Nicht alle Vereine erlauben auch die gewerbliche Nutzung.

Free-Nets als Zugangsmöglichkeit

Mitte der neunziger Jahre wurden in den USA aber auch in Deutschland sogenannte „Free-Nets“, wie das „Freenet Erlangen“ gegründet. „Free-Nets“ sind Netzwerke, die für jeden (außer für kommerzielle Nutzer) umsonst zugänglich sind. In den USA richten verschiedene Gemeinden und Bibliotheken, aber auch Private solche Netze als Informations- und E-Mail-Systeme ein.

Zugang über Online-Dienste

Eine zusätzliche, jedoch meist recht teure Zugangsmöglichkeit zum Internet stellen die im Abschnitt 3.5 beschriebenen kommerziellen Online-Dienste mit ihren Internet-Gateways dar. Für Unternehmen stellen die kommerziellen Online-Dienste generell eine Alternative zum Internet dar. Besonders T-Online kann hier mit dem Vorteil der einfachen Abrechnung von Gebühren über die Telefonrechnung des Nutzers aufwarten. Abbildung 7.3 verdeutlicht, welche Arten von Zugangsanbietern es gibt.

Abb. 7.3: Zugangsanbieter

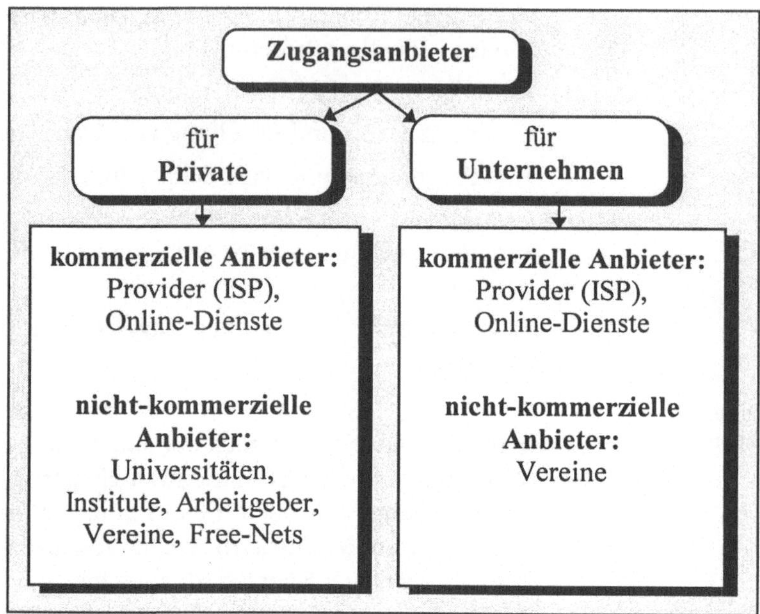

Zugang der Universitäten

Die Universitäten und nicht-kommerziellen Forschungseinrichtungen werden häufig direkt an regionale oder nationale Backbones angebunden (siehe auch Abschnitt 3.1). Dies gilt zum Teil auch für Großunternehmen. Diese Möglichkeiten besteht für kleinere und mittlere Unternehmen sowie Privatpersonen in der Regel nicht.

Auswahl eines Providers

Bei der Auswahl eines Providers sind verschiedenen Faktoren zu berücksichtigen. Die folgende Liste gibt einen Überblick, worauf man achten sollte:

- Kostenvergleiche verschiedener Angebote, eventuell die Kosten auf Jahresbeträge hochrechnen,
- Ortsgesprächstarife für den Anschluß. Der Provider sollte sich im Ortsbereich befinden oder entsprechende günstigere Preise anbieten, die höhere Fernsprechgebühren kompensieren.
- Nutzbarkeit aller Internet-Dienste sollte ermöglicht werden,
- Liste mit Referenzkunden, evtl. einen Test der Leistungsfähigkeit vereinbaren,

- längerfristige Planung der angebotenen Übertragungsgeschwindigkeiten bzw. Netzwerkkapazität. Ein Wachstum der Kapazität sollte geplant bzw. für den Nutzer zu erschwinglichen Preisen möglich sein.
- Angebot von Service-Dienstleistungen, wie z.B. Schutz des Firmennetzes (Firewalls), Analyse der Nutzung des Web-Angebots (Statistische Auswertungen),
- Beratung und Unterstützung bei der Auswahl der Anbindung (Wähl- oder Standleitung, ISDN oder analog, Geschwindigkeiten) und der Auswahl und Anschaffung von Hard- und Software (Router, Gateway, Server, etc.)
- Angebote für Kauf, Miete oder Leasing von Hard- und Software.

Providerliste

Tabelle 7.1 nennt Namen und Anschrift einiger ausgewählter Internet Provider in Deutschland. Die Liste stellt keine Empfehlung, sondern nur eine Übersicht dar. Bei der Entscheidung für einen Provider müssen die individuellen Bedürfnisse und die Angebotssituation vor Ort berücksichtigt werden.

Tab. 7.1: Provider

Name	*Anschrift*
Contibution Net GmbH	Wörther Str. 16, 10405 Berlin, Tel.: 030-443366-0, info@contrib.com
Eunet Deutschland GmbH	Emil-Figge-Straße 80, 44227 Dortmund, Tel.: 0231-972-00, info@germany.eu.net
Individual Network e.V.	Scheideweg 65, 26121 Oldenburgm, Tel.: 0441-9808556, in-info@individual.net
I.S. Internet Service (MAZ)	Hamburger Schloßstr. 6-12, 21079 Hamburg, 040-76629-1623, info@is.europe.net
Nacamar GmbH	Frankfurter Str. 141, 63303 Dreieich, Tel.: 06103-993-0, info@nacamar.de
Metronet GmbH &Co. KG.	Zeithstr. 87, 53721 Siegburg, Tel.: 0190-774477, hotline@metro.net
NTG/Xlink GmbH	Vincenz-Priessnitz-Str. 3, 76131 Karlsruhe, Tel.: 072196520, info@xlink.net
Sub-Netz e.V.	Gerwigstr. 5, 76131 Karlsruhe, Tel.: 0721-9661521, info@subnet.sub.net
Voss Net GmbH	Otto-Lilienthal-Str. 21, 28199 Bremen, Tel.: 01805-224850, info@voss.net

7.3 Die Kosten des Internet-Engagements

Wie schon bei den Zugangsanbietern, so muß auch bei den Kosten zwischen privater und geschäftlicher Nutzung des Internet differenziert werden. Einige Provider stellen für die gleiche Leistung Unternehmen höhere Kosten in Rechnung als Privaten. Außerdem ergeben sich für Unternehmen meist andere Leistungsanforderungen an den Internet-Zugang, wodurch sich die Anbindung verteuert.

Private

Private Nutzer, die nur eine eigene E-Mail-Adresse benötigen und eine kleine eigene Homepage im Netz plazieren wollen, können bereits ab 9,90 DM pro Monat per Einwählverbindung ins Internet kommen. Dies Angebot des Providers VossNet Communications GmbH[3] enthält neben 5 Freistunden zum Surfen auch 1 MB Festplattenkapazität. Jede weitere Stunde kostet den Nutzer 4,– DM. Für 29,– DM pro Monat ist ein unbegrenzter Zugang, d.h. ohne Volumen- oder Zeitbeschränkung erhältlich. Die Anbindung kann als analoger Anschluß bis 56k oder als ISDN-Anbindungen erfolgen.

Preis/Leistungsverhältnis Beispiel AOL

Der Preis eines Providers allein sagt jedoch nichts darüber aus, welche Leistungen dafür geboten werden und wie groß der Andrang am Zugangsrechner ist. So kann es passieren, daß mangels Kapazität alle Zugänge belegt sind und man nur bis zum Besetztzeichen am Modem des Zugangsrechners vordringt. Bestes Beispiel hierfür war der Online-Dienst AOL. Durch günstige Tarife und große Werbekampagnen wuchs die Zahl der Nutzer derart stark, daß die vorhandene Infrastruktur völlig überlastet wurde. Das Resultat waren verärgerte Nutzer.

Probe und kurze Verträge

Es lohnt sich daher den Provider nach der gegenwärtigen Auslastung zu befragen und ihn um die Möglichkeit zu bitten, den Service einmal ausprobieren zu können. Da sich die Auslastung des Providers schnell verändern kann, ist es ebenfalls wichtig auf entsprechend kurzfristige Kündigungsmöglichkeiten in den Verträgen zu achten.

Unternehmen

Was nutzen? Wie viele Personen?

Für Unternehmen stellt sich die Frage, wofür das Internet genutzt werden soll. Erst nach Klärung dieser Frage läßt sich entscheiden, welche Art von Internet-Anbindung benötigt wird. Je nachdem, wozu und von wie vielen Personen im Unternehmen das Netz genutzt werden soll, ergeben sich andere Anforderungen, die auch andere Kosten zur Folge haben.

---

3 `http://www.vossnet.de/`.

Kostenbestandteile

Die Kosten der Internet-Nutzung insgesamt lassen sich in verschiedene Kategorien einteilen:

- Telefon- bzw. Leitungskosten zum Zugangsrechner,
- Providerkosten für Anbindung und Bereitstellung,
- Hardware/Software-Investitionen,
- Konzeption und Produktion der Seiten,
- Betrieb, Wartung und Aktualisierung,
- Nutzung kostenpflichtiger Internet-Inhalte.

Die aufgezählten Kostenkategorien sollen nachfolgend vorgestellt werden.

7.3.1 Leitungskosten

Telefon- und Leitungskosten

Die Telefon- bzw. Leitungskosten sind abhängig von der Dauer der Verbindung und der Entfernung zum Provider. In größeren Städten wird man einen Provider zum Ortstarif erreichen. In ländlichen Gegenden muß entsprechend der Entfernung ein höherer Tarif (z.B. Region 50) angesetzt werden. Hier lohnt es sich, die Tarife der neuen Telefongesellschaften zu prüfen! Bei den Standleitungen spielt auch die benötigte Bandbreite eine Rolle.

ISDN-Wählleitung

Will eine Firma nur zu Kommunikations- und Informationszwecken ins Internet, d.h. ohne eigenes Angebot, reicht eine ISDN-Wählleitung aus. Die Verbindung wird nur dann aufgebaut, wenn man das Internet nutzen will. Hier sind einmalige Anschlußkosten von 100,– bzw. 200,– DM sowie monatliche Grundgebühren je nach den Leistungsmerkmalen des Anschlusses zwischen 46,– und 69,– DM einzuplanen. Dazu kommen in der Woche von 9 Uhr bis 18 Uhr die Telefongebühren in Höhe von 12 Pfenning/90 Sekunden oder 4,80/Std. inkl. MwSt.

Server im Haus

Die teuerste Möglichkeit ist der Anschluß eines Servers im eigenen Unternehmen über eine Standleitung. Ist mit einem nicht sehr hohen Datenverkehr zu rechnen, kann man ebenfalls eine ISDN-Wählleitung verwenden. Will ein Nutzer aus dem Internet auf den Rechner zugreifen, wird blitzschnell eine Leitung aufgebaut. Muß jedoch mit einem dauerhaften, hohen Datenaufkommen gerechnet werden, ist diese Technik zu langsam und stellt zu wenig Kapazität zur Verfügung.

Standleitung für Angebote im Netz

Will man vielen Internet-Teilnehmern gleichzeitig Informationen zugänglich machen, wird eine Standleitung benötigt, die einen 24-Stunden-Zugang zum Computer gewährleistet. Dies wird unter anderem durch die Zeitverschiebung bedingt, die bei Zugriffen aus anderen Erdteilen eine Rolle spielen kann. Damit ist der Server immer erreichbar und es ist einfacher, die notwendigen Kapazitäten bereitzustellen.

Standleitungen

Standleitungen können von der Telekom oder zugelassenen Telekommunikationsdienstleistern gemietet werden. Die Telefon- bzw. Leitungskosten müssen manchmal zusätzlich zu den Providertarifen kalkuliert werden. Die Leitungskosten hängen von der Bandbreite und der Entfernung ab und können mit 1.500,– bis 3.000,– DM pro Monat für eine 64k bzw. 128k Leitung veranschlagt werden.

Server-Hosting

Es besteht oft auch die Möglichkeit, einen firmeneigenen Server, also Rechner und Software in den Geschäftsräumen des Providers aufzustellen, um auf diese Weise die hohen Standleitungsgebühren zum Provider zu sparen. Dies wird auch als Server-Hosting oder Server-Rooming bezeichnet.

7.3.2 Providertarife

Providertarife

Die Providerkosten fallen teilweise recht unterschiedlich aus. Die Tarifstruktur ist in Bewegung, da ständig neue Provider auf den Markt kommen. Die Preise für die Anbindung von Firmen an das Netz sinken gegenwärtig noch. So bietet die VossNet Firmen für eine Pauschale von 99,– DM/Monat zuzüglich Mehrwertsteuer die Einrichtung einer „de." oder „com." -Domain inklusive 10 MB Festplattenkapazität, unbeschränktem Internet-Zugang, 10 E-Mail-Adressen und FTP-Zugang an.

Kosten-determinanten

Die Providerkosten hängen von einer Reihe von Faktoren ab. Neben der Unterscheidung privater und gewerblicher Nutzer werden weitere Merkmale unterschieden. ISDN-Anbindungen sind häufig teurer als analoge. Bei den Bandbreiten können effektiv genutzte oder zur Verfügung gestellte Bandbreiten berechnet werden. Neben den monatlichen Grundgebühren werden oft auch einmalige Anschlußkosten bzw. Installationskosten verlangt.

Tarifarten Standleitungen

Den Preisvergleich erschwert, daß die Provider oft unterschiedliche Abrechnungsverfahren anwenden. Es gibt grundsätzlich drei verschiedene Berechnungsmethoden, die jedoch auch in Mischformen vorkommen:

- monatliche Pauschalpreise,
- volumenorientierte Preise (nach heruntergeladenen/ versandten Megabyte, z.T. differenziert nach In- und Ausland),

- zeitorientierte Preise (nach im Netz verbrachten Minuten),
- bandbreitenorientierte Preise (genutzte oder garantierte Bandbreite).

Mischform: Kontingenttarif

Eine Mischform stellen die sogenannten Kontingenttarife dar. Hierbei wird für eine bestimmte Menge transferierter Daten oder Minuten im Netz ein Festpreis erhoben. Erst bei Überschreitung werden volumen- und/oder zeitabhängige Gebühren fällig. Tabelle 7.2 gibt einen vereinfachten Überblick über die unterschiedlichen Tarifstrukturen verschiedener Provider.

Tab. 7.2: Beispiele für Providerkosten

Subnetz e.V., Karlsruhe			
Jährlicher Beitrag: (300 KB international/ Quartal frei, innerdeutsche Mail + News frei)	Jurist. Pers. 240,– DM + 0,06 DM/KB	Natürl. Pers. 120,– DM + 0,03 DM/KB	Schüler/Stud. 60,– DM + 0,03 DM/KB

EUnet Deutschland GmbH, Dortmund (Preise zzgl. MwSt.)	
PersonalConnect (Einzel)	
Einrichtung:	35,– DM
Grundgebühr (10/25 Std):	35,– / 69,–DM/Monat
Verbindung:	0,12 DM/Min.
DialConnect (LAN)	
Einrichtung:	495,– DM
Grundgebühr:	195,– DM/Monat
Verbindung:	0,25 DM/Min.
Verbindung unbegrenzt:	750,– DM/Monat
LineConnect (64 Kbps)	
Einrichtung:	4.995,– DM
Grundgebühr (inkl. Leitung):	2.250,– DM/Monat
Verbindung (3 GB frei):	1,90DM/MB
Grundgebühr unbegrenzt:	3.995,– DM/Monat
LineConnect (128 Kbps)	
Einrichtung:	4.995,– DM
Grundgebühr (inkl. Leitung):	3.995,– DM/Monat
Verbindung (3 GB frei):	1,90DM/MB
Grundgebühr unbegrenzt:	6.495,– DM/Monat
LineConnect (2 MB)	
Einrichtung:	8.995,– DM
Verbindung (exkl. Leitung):	ab 8.900,– DM/Monat

Firmen- und Vereinsangaben Stand: Ende 1997

Anmerkung zum Preisvergleich

Die Standleitungspreise bei unbegrenztem Datenvolumen mögen hoch erscheinen, ein Rechenexempel relativiert das jedoch schnell: Über eine 64-Kbps-Standleitung können pro Sekunde ca. 12.800 Bytes übertragen werden (6.400 in jede Richtung). Bei voller Auslastung wären das rund 30 GB pro Monat, die im Standleitungspreis inbegriffen sind. Bei einem volumenabhängigen Tarif von 3 Pfennig pro Kilobyte entspräche das einer Rechnungssumme von fast DM 500.000,–. In der Praxis überträgt natürlich niemand solche Datenmengen, und wenn das der Fall wäre, könnte man bei den Volumenpreisen einen Rabatt aushandeln – das Beispiel soll lediglich zeigen, daß sich Nachrechnen lohnen kann.

Zusatzdienstleistungen

Neben den grundsätzlichen Providerkosten werden Zusatzdienstleistungen extra berechnet. Solche Dienstleistungen sind z.B. der Betrieb eines Proxy-Servers oder eines Domain-Name-Servers. Proxy-Server speichern häufig angeforderte Seiten zwischen, damit diese schneller zur Verfügung stehen, Domain-Name-Server rechnen die Rechnernamen (Buchstaben) in IP-Adressen um (vgl. auch 3.2.2).

Anmeldung

Auch das Anmelden einer WWW-Präsenz beim deutschen Network Information Center (DE-NIC) in Frankfurt (früher Karlsruhe) kostet Geld. Beim DENIC werden die „de."-Domain-Namen registriert. Kosten fallen zunächst für die Neubeantragung sowie für die Verlängerung eines Eintrags an. Die Registrierung eines Name-Server-Eintrags im ersten Jahr kostet 690,– DM. Darin sind einmalige 460,– DM für die Anmeldung und 230,– DM Gebühr für ein Jahr enthalten. Im zweiten Jahr werden für die Verlängerung dann 230,– DM fällig (Stand Januar 1998).

7.3.3 Hardware- und Softwarepreise

Hardware- und Softwarepreise

Wie erwähnt, unterscheiden sich die Hard- und Software-Aufwendungen sowie die Betriebskosten danach, ob man nur als einfacher Nutzer oder auch als Anbieter von Informationen, also mit einer Homepage im Netz auftreten will.

Nutzung ohne Homepage

Im einfachsten Fall, der zeitweisen Nutzung des Internet über eine Einwählverbindung, z.B. als Informations- und Kommunikationsmedium für nur eine einzige Person in der Firma, benötigt man einen leistungsfähigen Multimedia PC (ca. 5.000,– DM), ein Modem (28.800er oder schneller) bzw. eine ISDN-Karte (jeweils ab ca. 250,– DM erhältlich) sowie entsprechende Browser (z.B. Netscape Communicator 19,95 US$ oder Microsoft Internet Explorer), die für private Nutzer auch als günstige „Shareware“ oder „Freeware“ erhältlich ist.

Shareware/ Freeware

Unter Shareware versteht man Software, die zu Testzwecken frei erhältlich ist, für deren dauernde Nutzung jedoch die Registrierung und Zahlung einer meist geringen Gebühr erforderlich ist. Freeware dagegen ist kostenlos erhältlich. Tabelle 7.3 nennt einige der gängigen Browser-Programme.

Tab. 7.3: Browser

Name	*Hersteller*	*Adresse http://*
Communicator	Netscape Inc.	home.netscape.com/
Internet Explorer	Microsoft	www.micosoft.com/
Mosaic	NCSA	www.ncsa.uiuc.edu/
Q-Mosaic	Quarterdeck	www.quarterdeck.com/

Router im internen Netz

Sollen mehrere Personen angeschlossen werden, ohne daß man für jeden Arbeitsplatz ein Modem anschaffen will, so wird ein Router mit entsprechend konfigurierter Software benötigt, der zwischen das Internet und das Computernetz der Firma geschaltet wird. Er sorgt für die Verteilung der Datenpakete aus dem LAN in das Internet und umgekehrt und stellt praktisch ein Tor zum Netz dar. Der Router kann an einer Standleitung betrieben werden oder nur bei Bedarf den ISDN-Verbindungsaufbau einleiten. Konfiguration, Betrieb und Wartung der Anlage kann entweder der Provider, die interne EDV-Abteilung oder ein externer EDV-Dienstleister übernehmen.

Technik

Die Anschaffungskosten einer solchen Anlage betragen ab ca. 1.750,– DM aufwärts. Ein kommerzieller Internet-Provider erledigt meist auch die technische Seite, d.h. er gibt Tips bei der Auswahl, stellt spezielle Hard- und Software zur Verfügung und ist bei Anschluß und Installation behilflich. Oft können Router una andere Hardware auch vom Provider gemietet oder geleast werden. Tabelle 7.4 gibt einen Überblick über Router.

WWW-Server-Komplettpakete

Will man mit einer Homepage ins Internet, wird ein Server (Rechner plus Serversoftware) benötigt. Komplettpakete, die aus Hard- und Software für einen WWW-Server bestehen, sind auf Basis etablierter Unix-Systeme (z.B. AIX mit 64 MB Hauptspeicher, 6 GB Festplatte) ab etwa 10.000,– DM erhältlich. Einfachere Systeme auf Basis eines Standard-PCs mit dem kostenlosen Unix-Derivat „Linux“ sind qualitativ oft gleichwertig und auch schon für die Hälfte dieses Preises zu haben.

Tab. 7.4:
Router-Beispiele

Name	*Hersteller*	*Preis (empf.)*
Pipeline 75	Ascend Communications GmbH, 64331 Weiterstadt, `http://www.ascend.com`	2.576,–
V!CAS	BinTec Communications GmbH, 90449 Nürnberg, `http://www.bintec.de/`	3.500,–
Cisco 765	Cisco Systems GmbH, 85716 München, `http://www.cisco.com/`	1.724,
Access Port	Shiva Europe Ltd., 40880 Ratingen, `http://www.shiva.com/`	2.500,–
Telematik Router 2000	Sedlbauer AG, 94481 Grafenau, `http://www.sedlbauer-ag.de/`	3.000,–
Office Connect	3Com GmbH, 81929 München, `http://www.3com.com/`	2.500,–

Serversoftware

Auch WWW-Server auf Basis von OS/2-, Windows NT- oder Apple Macintosh-Systemen sind möglich, aber relativ wenig verbreitet – diese eher für den Benutzerbetrieb ausgelegten Betriebssysteme tun sich traditionell etwas schwer mit performanten Netzanwendungen. Bei geringem eigenen Know-How sollte man sich bei der Hardware- und Betriebssystemauswahl mit dem eigenen Provider absprechen, damit dieser ggf. in der Lage ist, Wartungsarbeiten vorzunehmen.

Kosten

Die Kosten für die Serversoftware sind unterschiedlich. Es gibt auch hier gute Produkte als Free- oder Shareware im Internet. Ein Beispiel für kommerzielle Serversoftware liefert Netscape. Das Netscape Serverpaket „Netscape SuiteSpot 3.1" für UNIX oder Windows NT integriert gleich mehrere verschiedene Server (WWW, E-Mail, etc.) und weitere nützliche Werkzeuge. Laut Netscapes US-Preisliste kostet die Standardausführung mit 50 Lizenzen 3.495,– US$. Zehn weitere Lizenzen für dieses Produkt kosten 650,–US$ (Stand Januar 1998).

Microsoft NTServer

Anfang 1996 hat auch Microsoft mit dem Microsoft Internet Information Server seinen ersten Server auf den Markt gebracht. Der Microsoft NT 4.0 Advanced Server mit dem Internet Information Server (IIS) 3.0 und 10 Lizenzen kostete in Deutschland Ende 1997 etwa 2.250,– DM. Da die Ausstattung des Software Pakets jedoch nicht so umfangreich ist, wie etwa bei Netscape oder BSDI, lassen sich Preisvergleiche nur schwierig durchführen. Mit einem weiteren Preisverfall in diesem Bereich ist durchaus zu rechnen.

BSDI-Unix Server

Ein weiterer, in mehreren Test für gut befundener Server ist der BSDI 3.0 Internet Server der traditionsreichen Firma Berkley Software Design, Inc. In Deutschland zu beziehen über die Firma Genua[4] in Kirchheim. Das sehr umfangreiche, für ca. 1.850,– DM erhältliche Softwarepaket mit 16 Lizenzen und dem Apache 1.1.3 Server enthält neben Web-, FTP-, Telnet-, SMPT/POP3, und DNS-Server eine Reihe weitere nützlicher Werkzeuge.

Internet-Dienste „außer Haus"

Keine direkten Leitungs-, Hard- und Softwarekosten entstehen, wenn man das Angebot z.B. eines Internet-Providers oder einer Agentur in Anspruch nimmt und seine Home auf dem Rechner des Providers ins Netz hängt. Die Kosten für diesen Service können entweder Pauschal oder nach dem benötigten Speicherplatz oder der Häufigkeit des Zugriffs abgerechnet werden (vgl. auch 7.3.2).

7.3.4 Kosten der Erstellung von WWW-Seiten

Berechnung nach Aufwand

Werbeagenturen aber auch Provider bieten die Erstellung und Installation von WWW-Firmenseiten an. Die Kosten für diese Dienste werden entweder als Pauschale oder nach dem Zeit- bzw. Erstellungsaufwand berechnet.

Tagessätze

Gängige Sätze zur Abrechnung der Programmierkosten nach dem Erstellungsaufwand liegen bei etwa 150,– bis 200,–DM/Std. bzw. 1.200,– bis 1.500,– DM/Manntag zzgl. MwSt. Für Unternehmen empfiehlt es sich jedoch, Pauschalen zu vereinbaren, um bei den Kosten keine Überraschungen zu erleben.

Pauschalen

Pauschalen für die Erstellung kompletter Homepages variieren nach zu realisierenden Inhalten bzw. den zu lösenden Problemen. Der Provider VossNet Communications berechnet für die Erstellung einer einfachen, problemlosen Standard-Homepage-Seite z.B. ab 130,– DM plus MwSt. Größere und individuelle Homepages mit speziellen Möglichkeiten, wie etwa Datenbankanbindungen zur dynamischen Seitenerzeugung, kosten entsprechend mehr. Von der Konzeption bis zur Produktion sind je nach Arbeitsumfang und Professionalität der Agentur Preise zwischen 15.000,– und 50.000,– DM keine Seltenheit.

---

4 `http:www.genua.de/`

Intershop

Es gibt auch einfache, vorkonfigurierte Electronic Commerce Lösungen. Mit der mehrfach preisgekürten Software Intershop Online 2.0 und Intershop Mall der Firma Interschop[5] Communications aus Jena lassen sich in kürzester Zeit und ohne Programmierkenntnisse einzelne Online-Stores oder ganze Malls erstellen. Graphische HTML-Editoren, Assistenten und Tutorials erlauben auch unerfahrenen Anwendern die Produktion funktionsfähiger Homepages inklusive Datenbankanbindung (Sybase SQL Server). Die meisten gängigen Betriebssysteme werden unterstützt. Die Windows NT Version kostete Ende 1997 DM 7.995,– DM, die UNIX-Version DM 12.995,– DM.

7.3.5 Kosten für Wartung und Aktualisierung

Mit der Erstellung der Web-Site und der Installation des Servers fangen die Betriebs- bzw. Wartungs- und Aktualisierungskosten an. Je nachdem wie umfangreich die Homepage ist und welche Aktualität der Inhalte geplant ist, muß von unterschiedlich hohen Kosten ausgegangen werden. Tabelle 7.5 zeigt ein Kalkulationsbeispiel, bei dem sich ein Techniker mit einem viertel seiner Arbeitszeit um den Server kümmert.

Tab. 7.5: Kalkulationsbeispiel Wartung und Betrieb

Kosten	*DM/Jahr*
Wartung Hardware (z.B. Reparaturen,)	2.000,–
Software Wartung (z.B. Updates, ect.)	5.000,–
Techniker (1/4 Stelle)	35.000,–
Aktualisierung der Inhalte (z.B. Fotos)	10.000,–
Auswertung der Logfiles	4.000,–
Gesamt	56.000,–

Die Deutsche Messe AG Hannover (DMAG), die für ihr Internet Angebot fünf Teilzeitmitarbeiter (studentische Hilfskräfte) u.a. technische Redakteure, Grafiker und Wirtschaftsinformatiker beschäftigt, gibt monatlich rund 47.500,– DM aus. Darin enthalten sind auch die monatlichen Verbindungs- und Providerkosten, Softwarelizenzgebühren sowie die Wartung der Hard- und Software (Alpar 1996).

[5] `http://www.intershop.de/`

7.4 Planung eines Internet-Projekts

Nachdem ein Überblick über die Kosten erfolgt ist, soll ein Überblick über die Aufgaben bei der Planung eines Internet-Projektes gegeben werden. Dies dient einer strukturierten und zielorientierten Vorgehensweise.

Abbildung 7.4 gibt einen Überblick über die wesentlichen Planungsschritte und Entscheidungen. In den folgenden Abschnitten werden die einzelnen Planungs- und Umsetzungsschritte näher vorgestellt.

Abb. 7.4: Planung des Internet-Engagements

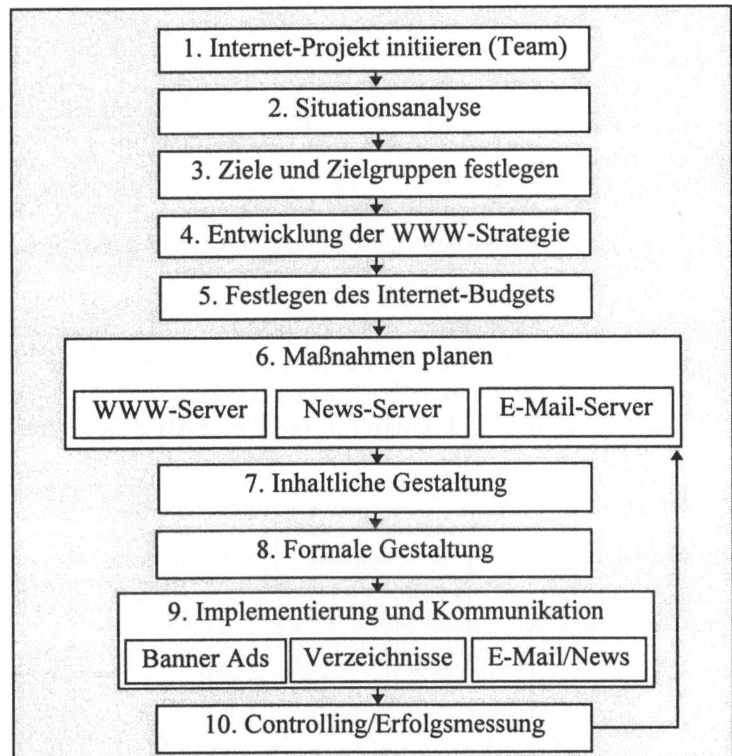

7.4.1 Projektteam und Situationsanalyse

Projektteam

Um das Unternehmen ins Internet zu bringen, ist es zunächst notwendig, jemanden im Unternehmen, am besten eine Projektgruppe, mit der Konzeption und Umsetzung des Projektes zu beauftragen. Dazu ist es sinnvoll, Mitarbeiter der am stärksten betroffenen Abteilungen in das Vorhaben einzubinden. In der

Regel sind dies die Bereiche EDV, Marketing, PR, Vertrieb, Personal.

Externe Teammitglieder

Dazu kommen – je nach den Möglichkeiten des Unternehmens – externe Teammitglieder. Diese sind für Aufgaben verantwortlich, die nicht von vorhandenen Mitarbeitern erfüllt werden können. Beispiele hierfür sind die Netzwerkadministration oder die Programmierung von CGI-Skripten für die Datenbankanbindung. Je nach Größe des Unternehmens kann auch das gesamte Engagement von Fremdunternehmen durchgeführt werden.

Outsourcing

Das „Outsourcing" der Internet-Werbeaktivitäten stellt eine klassische „Make-or-Buy-Entscheidung" dar. Wichtige Einflußgrößen dieser Entscheidung sind neben den Kosten vor allem die Qualität sowie die Präsentation – in technischer, inhaltlicher und graphischer Hinsicht. Die gute, d.h. schnelle und einfache Erreichbarkeit der Webseite, die einfache und verständliche Struktur des Angebots sowie gute Navigierbarkeit ist von größter Bedeutung. Auch an die Gewährleistung einer guten, regelmäßigen Aktualisierbarkeit des Netzangebots muß gedacht werden.

Keine Kontrolle, kein Know-how

Das Unternehmen verliert mit der „Auslagerung" die volle Kontrolle über seine Aktivitäten und kann keine eigenen bzw. nur indirekte Erfahrungen mit dem neuen Medium und seinen Nutzern sammeln. Know-how für die Zukunft wird nicht aufgebaut, und es können entsprechend Abhängigkeiten auftreten..

Abb. 7.5: Situationsanalyse

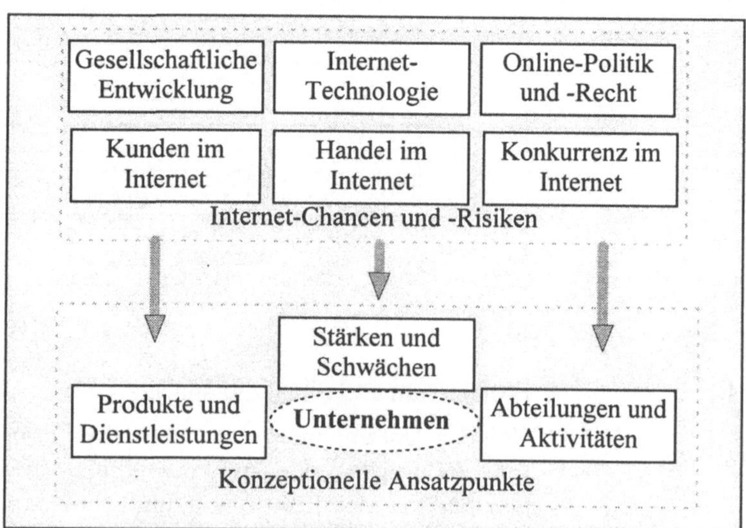

Situationsanalyse

Bevor das Team daran geht, Ziele für das Internet-Projekt festzulegen, sollte es eine gründliche Situationsanalyse durchführen und die Ergebnisse kurz schriftlich festhalten. Die externe Situationsanalyse liefert zum einen die mit dem Internet verbundenen Chancen und Risiken. Die interne Situationsanalyse liefert Ansatzpunkte für den unternehmensbezogenen Internet-Einsatz. Extern sind dazu systematisch folgende Aspekte zu untersuchen: die Marktteilnehmer, also die Kunden, der Handel und die Konkurrenz sowie ihr jeweiliges Internet-Verhalten, die gesellschaftliche Entwicklung bezüglich des Internet und der modernen Telekommunikationsmedien, die Internet-Technologie selbst sowie der politische und rechtliche Rahmen (Online-Politik und Online-Recht). Siehe Abbildung 7.5.

Kunden, Handel, Konkurrenz

Zunächst sollte ein generelles Verständnis für den Stand der technologischen Entwicklung im Internet geschaffen werden. Was geht und was geht nicht bzw. noch nicht aus der Sicht des Unternehmens. Besonders die Beobachtung der Kunden und des Handels im Netz ist von Bedeutung, um Chancen und Risiken zu erkennen. Welche meiner Kunden sind Online? Was machen meine Handelspartner? Die Internet-Aktivitäten der Konkurrenz liefern oftmals interessante Aufschlüsse darüber, welche Ziele die Konkurrenz im Netz verfolgt und welche Inhalte und Technologien eingesetzt werden.

Unternehmensbezogene Ansatzpunkte

Für die interne Analyse müssen die Produkte bzw. Dienstleistungen, die Abteilungen und Aktivitäten sowie die Stärken und Schwächen des Unternehmens auf mögliche Ansatzpunkte für den Internet-Einsatz abgeklopft werden.

Gegenseitige Inspiration

Dabei kann das Internet der realen Welt Impulse geben, in dem das Netz z.B. neue Funktionen oder Ergänzungen bestehender realer Produkte ermöglicht. Andererseits erhält das Internet Inputs in Form von Ideen und Produkten aus der realen Welt. Dies schafft neue Angebote im Netz, was wiederum im Internet Nutzen stiftet bzw. den Nutzen des Netzes erhöht.

Eigene Aktivitäten

Die Analyse der eigenen Aktivitäten und der Unternehmensabteilungen hinsichtlich denkbarer Internet-Schnittstellen kann je nach Unternehmen und Branche unterschiedliche Ansatzpunkte hervorbringen. Grundsätzlich sollte daran gedacht werden, daß nicht nur Marketing und Vertrieb vom Netz profitieren können.

Stärken und Schwächen

Die Analyse der Unternehmensstärken und -schwächen bezüglich der Frage, wie Unternehmensstärken im Internet genutzt werden können, und wie das Internet helfen kann vorhandene

Schwächen zu mindern bzw. abzubauen, liefert weitere Ansatzpunkte für ein Internet-Konzept bzw. eine Internet-Strategie.

Situationsanalyse mit dem Internet

Das intensive Durchdenken dieser Bereiche sichert eine fundierte Entscheidung über die anzustrebenden Ziele und ermöglicht es, Chancen und Risiken frühzeitig zu erkennen. Darüber hinaus ergibt die Umfeldanalyse meist eine Vielzahl von Anregungen. Interessant ist auch die Tatsache, daß sich das Internet selbst hervorragend für die Durchführung einer externen Situationsanalyse eignet.

7.4.2 Ziele des Internet-Engagements

Wie der vorherige Abschnitt gezeigt hat, können sich für unterschiedliche Unternehmen unterschiedliche Ansatzpunkte für das Internet Engagement ergeben. Mit den Internet-Projekten werden dabei sowohl absatz- als auch kostenbezogene Ziele verfolgt. Die folgende Übersicht (Tabelle 7.6) zeigt Beispiele für Zielsetzungen unterschiedlich großer Unternehmen aus mehreren Branchen im WWW.

Tab 7.6: Zielsetzungen im WWW

Betriebsgröße	*Branche*	*Zielsetzung*
Kleine Unternehmen	**Regionaler Verlag** (Endkunden)	Abos generieren, Content anbieten, Kundenbindung
	Software Hersteller (Business- und Endkunden)	Servicekosten reduzieren (interaktive Hotline, interaktive Handbücher), Freundschaftswerbung, Kundenbindung
Mittlere Unternehmen	**OTC-Großhandel** (Business-Kunden)	Bestellungen initiieren, EDI (Fakturierungssystem, Lagerhaltung), Kundenbindung, Adressen
	Spezialversender (Endkunden)	Bestellungen initiieren, Kundenbindung, Adressen generieren
Multinationale Konzerne	**Automobilhersteller** mit Händlerorganisation (Business- und Endkunden)	Markenpenetration, Neuheiten vorstellen, Probefahrten initiieren, Kundenbindung, Personalbeschaffung
	Internationale Fluggesellschaft (Business-Kunden)	Buchungen initiieren (Buchungssystem), Kundenbindung (Vielfliegerrabatt-), Kooperationssteuerung (Servicepool)

Quelle: in Anlehnung an Gwosdz 1997

Alpar Studie

Alpar hat in einer im Oktober und November 1996 durchgeführten Untersuchung die in Tabelle 7.7 genannten Gründe für das Internet-Engagement deutscher Unternehmen ermittelt. Die Umfrage wurde telefonisch und schriftlich durchgeführt. Die Stichprobe repräsentiert deutsche Unternehmen ab zehn Beschäftigten hinsichtlich ihrer Unternehmensgröße und Wirtschaftszweig.

Tab. 7.7: Gründe für den Internet-Einsatz

Grund
1. Imageunterstützung
2. Erreichung von Wettbewerbsvorteilen
3. Vermeidung von Wettbewerbsnachteilen
4. Erreichung neuer Kundenschichten
5. größere geographische Reichweite
6. Etablierung eines neuen Vertriebskanals
7. Umsatzsteigerung
8. längere Öffnungszeiten
9. schnellere Auftragsbearbeitung
10. Kostenreduktion bei der Auftragsabwicklung
11. Kostenreduktion im Einkauf

Quelle: Alpar 1996a

Zielgruppen

Welche Zielgruppen kommen für die Internet-Präsenz in Betracht? Grundsätzlich sind alle Interessensgruppen rund um das Unternehmen mit dem Internet ansprechbar. Dazu zählen:

- aktuelle und potentielle Kunden,
- aktuelle und potentielle Lieferanten,
- aktuelle und potentielle Kooperationspartner,
- gegenwärtige und zukünftige Mitarbeiter,
- potentielle Investoren und Anteilseigner sowie
- die Presse und
- die allgemeine Öffentlichkeit.

Im Rahmen des Internet-Projektes kann es sinnvoll sein, die Zielgruppe weiter einzuschränken. So sind manchmal nur bestimmte Kunden oder bestimmte Lieferanten anzuspechen. Je gezielter die Ansprache der Zielgruppe erfolgen, desto wirksamer ist sie.

7.4.3 Die Internet-Strategie und das Budget

Die Internet-Strategie faßt die längerfristig wirksamen Grundsatzentscheidungen, die den Internet-Einsatz betreffen, zusammen. Dabei sind – ausgehend von den angestrebten bzw. verfolgten Zielen – eine Reihe von Entscheidungsfeldern zu beachten. Tabelle 7.8 gibt einen Überblick.

Tab. 7.8: Strategische Entscheidungen

Strategiefeld	*Ausprägung*		
Geschäftsfeld	Unterstützung bestehender Geschäftsfelder	beides	Internet als neues Geschäftsfeld
Timing	Pionier		Folger
Konkurrenz und Handel	Konflikt		Kooperation
Stoßrichtung	Information (Werbung)	Kommunikation	Transaktion (Verkauf)
Inhaltlicher Schwerpunkt	produkt- / informations-orientiert		nutzenorientiert (z.B. Infos, Unterhaltung)
Ausdehnung	regional	national	global
Aktualität	minütlich	täglich bis wöchentlich	nach Bedarf

Geschäftsfeld

Zunächst muß geklärt werden, ob sich entlang der Internet-Wertschöpfungskette (vgl. auch Abschnitt 2.2) für das Unternehmen neue Geschäftsfelder ergeben und diese genutzt werden sollen. Ist dies nicht der Fall, wird das Netz zur Unterstützung der bestehenden Geschäftsfelder eingesetzt.

Timing

Das Timing des Internet-Einsatzes ist eine bedeutende Frage für Unternehmen. Wann soll bzw. wann muß man ins Internet? Generell gilt, daß Pioniere Wettbewerbsvorteile haben, dafür jedoch auch ein höheres Lehrgeld zahlen. In vielen Bereichen wird es mittlerweile nicht mehr möglich sein, als Pionier aufzutreten, da andere Unternehmen diesen Schritt bereits unternommen haben. Dennoch kann man – wenn man schon nicht der erste der Branche ist – als erster einer Region im Internet vertreten sein. Der Vorteil eines frühen Eintritts in einen neuen Markt ist die Möglichkeit, die Spielregeln entweder selber festlegen zu können oder aber Erfahrungen zu machen, aus denen man lernen kann.

Vergänglichkeit der Wettbewerbsvorteile

Generell bleiben diese Wettbewerbsvorteile jedoch nicht lange aktuell, da im Netz die Veränderungen und Optimierungen eines Pioniers z.B. an seinen Webpages sofort für alle sichtbar werden und damit entsprechend schnell von den Folgern übernommen werden können.

Konkurrenz- und handelsgerichtetes Verhalten

Beim konkurrenz- und handelsgerichteten Verhalten können die extreme Anpassung an den Handel und Konflikt mit dem Handel gegenübergestellt werden. Dazwischen steht die Kooperation. Die Konkurrenzorientierung ist für Internet-Präsenzen insoweit wichtig, als die Konkurrenz die Untergrenze des eigene Netzangebots darstellen sollte. Die regelmäßige Beobachtung der Konkurrenzangebote im Netz ermöglicht es, das eigene Angebot zu optimieren. Das Ziel, der Konkurrenz jeweils ein Schritt voraus zu sein, ist im Internet, wie angedeutet, immer nur kurzzeitig zu erreichen. Innovationswettläufe zahlen sich daher nicht immer automatisch aus, auch wenn man sie gewinnt. Die handelsgerichtete Strategie entscheidet darüber, ob der Handel ausgeschaltet werden soll (Konflikt) oder in das Angebot einbezogen werden soll bzw. muß (Kooperation).

Stoßrichtung

Bei der Stoßrichtung des Angebots ist die generelle Entscheidung zwischen Information im Sinne von Werbung und Transaktion, also Generierung von Umsätzen, möglich. Lautet das mit dem Internet-Einsatz aufgestellte Ziel Umsatzsteigerung, ist festzulegen, ob Online-Transaktionen angeboten werden sollen und in welchen Umfang. Dazu ergibt sich die Möglichkeit der Kommunikationsorientierung im Sinne der Kundenbindung bzw. des Relationship Marketing.

Inhalt

Die inhaltliche Gestaltung kann, wie in Abschnitt 6.7.3 gezeigt, stärker produkt- bzw. informationsorientiert oder eher auf das Angebot von Zusatznutzen ausgerichtet sein.

Wettbewerbsvorteile

Auch eine WWW-Homepage muß Wettbewerbsvorteile anstreben, um von möglichst vielen Usern genutzt zu werden. Ansatzpunkte hierfür sind die viel zitierten Benefits oder Kundennutzen. So können Produkte auf einer WWW-Seite günstiger verkauft werden, oder die WWW-Seite ist z.B. technologisch besonders innovativ. Zu diesen Zusatznutzen zählen auch Informationen, die nicht in direktem Zusammenhang mit dem Produkt stehen (z.B. Fußballergebnisse auf der Homepage einer Brauerei oder Spiele bzw. Unterhaltungsangebote auf der Homepage eines Chemiekonzerns).

Geographische Zielregion

Letztlich ist auch darüber zu entscheiden, auf welche geographische Region sich das Angebot ausrichten soll. Diese Entscheidung zieht nicht nur die Sprachwahl bzw. das Angebot fremdsprachlicher Versionen nach sich, sondern auch inhaltliche Fragen. So dürften z.B. amerikanische Nutzer wenig Interesse für die Ergebnisse der Handballregionalliga aufbringen. Diese Entscheidungen sind auch in Verbindung mit der Wahl der anzusprechenden Zielgruppe zu treffen

Aktualität

Die Entscheidung über den Grad der Aktualität hat Auswirkungen sowohl auf den Frequenz der Nutzung der Seiten durch einzelne User als auch auf die Kosten der Präsenz. Informationen können entweder im Sekundentakt automatisch aktualisiert oder täglich bis wöchentlich erneuert werden. Auch die Aktualisierung nach Bedarf bzw. Anfall neuer Informationen ist denkbar, jedoch dem Erfolg der Präsenz nicht sehr dienlich. Nach einer Untersuchung von Fantapié-Altobelli/Hoffmann (1996) aktualisierten 1996 51% der befragten Unternehmen ihr Angebot täglich, 32% wöchentlich und 14% monatlich.

Budget

Das Budget hängt vom betriebenen Aufwand und den mit der Internet-Präsenz verfolgten Zielen ab. Die Ziele und die geplanten Strategien lassen nur mit einem entsprechenden Budget realisieren. Alpar (1996) hat die Kosten einer Internet-Präsenz am Beispiel eines größeren Unternehmens (Deutsche Messe AG) aufgezeigt (vgl. auch 7.3). Die Tabelle 7.9 stellt die Minimalkosten für ein kleines Internet-Engagement diesen Kosten gegenüber.

Tab. 7.9: Internet-Budget

	Kleinunternehmen	*Großunternehmen*
Investition	5.000,– Erstellung der Homepage, Festplattenkapazität mieten	120.000,– DM für Workstation, ISDN Router, 2 Firewall PCs, 4 Mitarbeiter PCs
Monatl. Kosten	4.000,– DM für 1 Teilzeit-Mitarbeiter, Provider, Leitung, Inhalte, Aktualisierung, Wartung, Software-Lizenzen	50.000,– DM für 5 Teilzeit-Mitarbeiter, Provider, Leitung, Inhalte, Aktualisierung, Wartung, Software-Lizenzen, Up-dates
Gesamt im 1. Jahr	53.000,– DM	720.000,– DM

Bachem (1997) gibt folgendes Kostenbeispiel für einen mittleren, durch eine Mediaagentur durchgeführten Internet-Auftritt an:

Initialkosten in DM:	
Konzepte	100.000,–
Produktion	200.000,–
Domain-Beantragung	150,–
Einrichtung WWW-Server	220,–
Online-Mediaplan	60.000,–
Web-Announcing	3.000,–
Einrichtung Webtracking	750,–
	364.120,–

monatliche Kosten in DM:	
Redaktion, Feedback, Aktualisierung	10.000,–
Server-, Datenbank, Domainpflege	700,–
Webmaster (1/2 TW)	900,–
Kapazitätskosten	600,–
Kontrolle Updates (1/4TW)	450,–
IP-Traffic (1.000MB)	2.500,–
Protokollauswertung (Webtrack)	550,–
Interpretation Webtrack	1.300,–
	17.000,–

Gesamtkosten

Alles in allem resultiert aus den im Beispiel genannten Kosten im ersten Jahr Ausgaben in Höhe von DM 568.120,–. Im Folgejahr ergeben sich – bei ansonsten unveränderten Annahmen – DM 204.000,– Betriebs- und Unterhaltungsaufwendungen für die WWW-Präsenz.

7.4.4 Maßnahmenplanung: Der eigene WWW-Server

Die Maßnahmenplanung beschäftigt sich mit der Planung der Umsetzung einzelner Aktivitäten. Im folgenden soll die Planung der wichtigsten Maßnahme, des eigenen WWW-Servers, aufgezeigt werden.

Entscheidungen

Wenn man im WWW mit einer Firmenpräsentation werben und verkaufen will, sind folgende Fragen zu klären bzw. Entscheidungen zu treffen:

Eigener oder fremder Server?

Eigener oder fremder Server? Lohnt sich die Investition und der Unterhalt eines eigenen Servers? Es muß sich bei der Firmen-Homepage nicht unbedingt gleich um einen eigenen Server handeln – auch wenn eine eigene Internet-Adresse vorhanden ist. Sowohl die technische als auch die kreative Seite des Internet-Auftritts eines Unternehmens kann ganz oder teilweise nach außen vergeben werden. Viele Provider, Internet-Agenturen oder Consultants bieten die Möglichkeit an, Speicherplatz auf ihren Servern zu mieten und dort entweder selbst- oder fremderstellte Firmenpräsentationen, elektronische Kataloge oder Broschüren zum Abruf bereit zu halten.

Abschreibung

Die monatlichen Kosten eines fremdvergebenen Internet-Services sind sofort als Aufwand steuerlich absetzbar. Ein eigener Server erfordert dagegen größere Investitionen, die aktiviert werden müssen und über vier bzw. fünf Jahre abgeschrieben werden können. Ein Ausstieg ist dann nicht mehr so einfach bzw. günstig möglich. Gibt es bereits eine EDV-Abteilung mit entsprechendem Know how, die den Server aufbauen kann? Wie teuer ist der Server insgesamt (vgl. 7.3)? Lohnt sich diese Investition? Welche Kapitalwerte bzw. Amortisationsdauern sind zu erwarten? Diese Fragen können nur durch individuelle, einzelfallbezogene Investitionsrechnungen bzw. Kosten-Nutzen-Analysen geklärt werden.

Welchen Internet-Provider

Welchen Internet-Provider soll man auswählen? Welche Zugangsart wird benötigt? (Vgl. zu diesen Fragen Abschnitt 7.1 und 7.2)

Welche Server-Hard- und Software

Welche Server-Hard- und Software soll wo gekauft oder gemietet werden? Was soll und was muß der Server alles können? Diese Fragen müssen in enger Zusammenarbeit mit dem Internet-Provider gelöst werden, damit sinnvolle und an die speziellen Erfordernisse angepaßte Lösungen gefunden werden.

Inhalte

Was sollen die Webseiten alles beinhalten? Welche Informationen und Angebote sollen bereitgestellt werden? Sollen die Inhalte selbst erstellt werden, oder soll man sie erstellen lassen? Welche Werbeagentur hat Internet-Erfahrung? Was muß bzw. was kann dem Besucher geboten werden, damit er die Seite häufiger besucht? (Vgl. auch Abschnitt 7.4.6)

Server bekannt machen

Wie den Server im Netz und in der realen Welt bekannt machen, um möglichst viele Besucher anzuziehen? Neben der Registrierung des Servers und dem Eintrag in möglichst viele Search Engines und Verzeichnisse können u.a. folgende Maßnahmen ergriffen werden: Pressemeldungen herausgeben, den Server in Newsgroups und E-Mail Listen bekannt machen, Links von anderen Webseiten z.B. durch Link-Exchange (gegenseitiges linken), Schaltung von Banner Ads, Durchführung von Events auf der Homepage und Werbung für diese Events in anderen Medien,

Herausgabe eines E-Mail Newsletter, Durchführung von Mailing Aktionen z.B. an Kunden.

Abb. 7.6: Der Weg zur „eigenen Homepage"

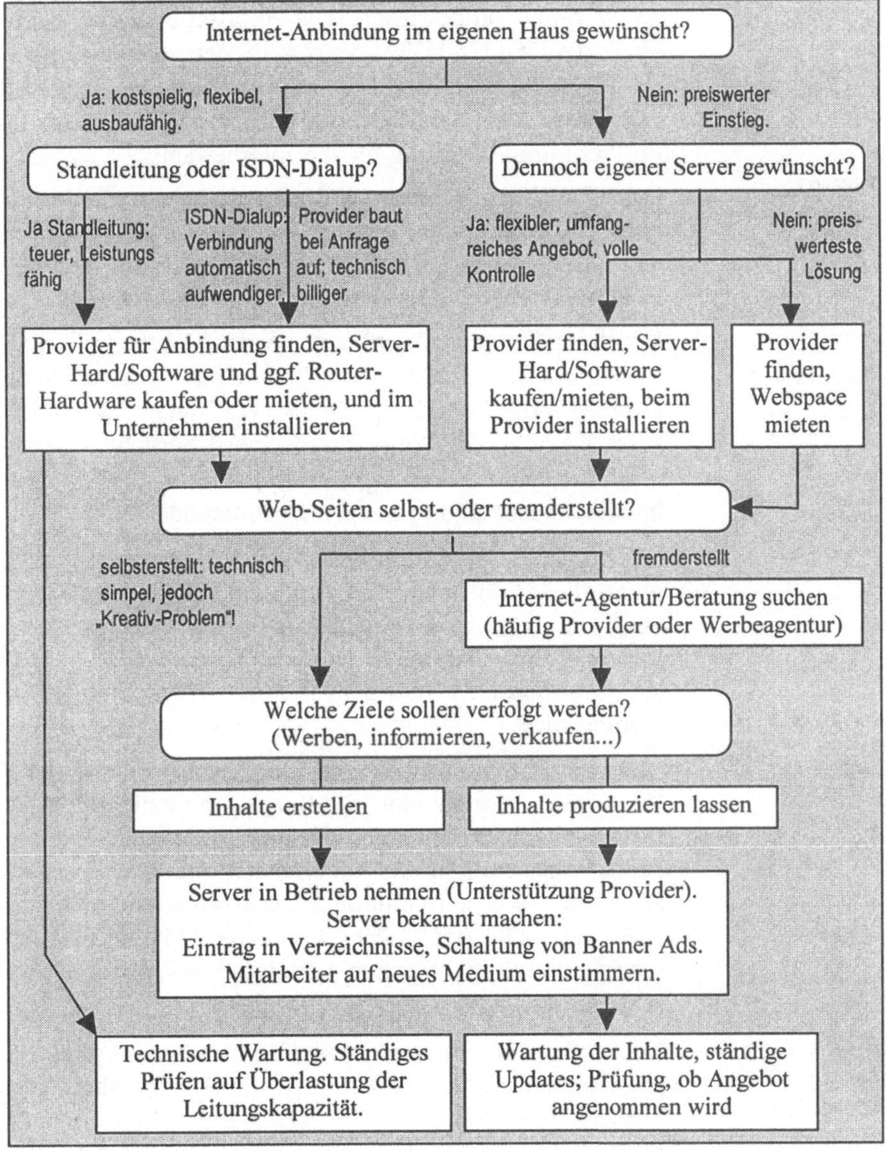

Fernsehwerbung

Für eine Reihe von Web-Sites wird mittlerweile auch in anderen, „nicht-Online-Medien“ Werbung gemacht. So werden in Anzeigen in den Printmedien Internet-Adressen publiziert – und dies nicht nur im guten Dutzend Internet-bezogener Computerzeitschriften. Auch in Fernseh- und Radiospots wird auf die jeweilige Web-Site hingewiesen. Die Sportschuhmarke Reebok[6] oder auch der Sender MTV[7] weisen in Fernsehwerbespots auf ihre WWW-Homepages hin. Der Fernsehsender SAT1 bewirbt mit der Homepage der Harald-Schmidt-Show das Publikum und macht im Programm Werbung für die Internet-Site.

Integration

Das WWW-Engagement wird konsequent in die gesamte Kommunikationsstrategie integriert. In Radiospots, in Zeitungsinseraten, auf Visitenkarten, auf dem Briefpapier, auf Rechnungen und in Prospekten wird auf die Homepage hingewiesen.

Erfolgsmessung

Welchen Erfolgsmaßstab bzw. welche Ziele soll man zur Erfolgsbeurteilung wählen bzw. definieren? Was sind mögliche zukünftige Erfordernisse im Netz? (Vgl. auch 7.4.) Abbildung 7.6 zeigt das mögliche Vorgehen in einer Übersicht.

7.4.5 Inhaltliche Gestaltung der WWW-Homepage

Die Inhalte müssen dem Besucher einer Webseite einiges bieten, wenn dieser sich nicht sofort wieder flüchten soll. In der Praxis heißt dies häufig, daß nicht nur firmen- oder produktbezogene Informationen angeboten werden dürfen, sondern daß Originelles, Spannendes, Informatives und Unterhaltendes angeboten werden muß.

Infotainment

Nicht zu unrecht macht in diesem Zusammenhang das geflügelte Wort vom „Infotainment“ die Runde. Zusätzlich muß – damit die Besucher zu regelmäßigen Besuchern werden – der Inhalt der Seiten regelmäßig (z.B. wöchentlich) inhaltlich verändert bzw. aktualisiert werden. Internet-Nutzer sind tendentiell anspruchsvoller als z.B. der durchschnittliche Zeitungsleser. Sie unterscheiden kritisch zwischen handfester Information und „Werbeschnickschnack“.

Bedeutung von Verweisen auf andere Seiten

Neben den Firmen- und Produktinformationen muß eine Homepage immer auch andere Informationen enthalten, um für eine größere Zahl von Netz-Benutzern längerfristig attraktiv zu sein. Häufig geben erst die regelmäßig aktualisierten, zusätzlichen

6 http://www.planetreebok.com/

7 http://www.mtv.com/

Informationsangebote einer Webseite den Ausschlag, sie zu besuchen. Wichtig sind dabei u.a. auch Verweise auf andere interessante Webseiten, auch wenn diese manchmal dazu führen können, daß der Nutzer die Homepage schnell wieder verläßt, um sich die neue Webseite näher anzusehen.

Ansätze

Bei der inhaltlichen Gestaltung der Homepage lassen sich zwei Ansätze unterscheiden:

- nutzerorientiert = Was interessiert den Nutzer
- unternehmensorientiert = Was kann und will das Unternehmen bieten

Diese Unterscheidung ähnelt etwas der Einteilung in informations- bzw. produktorientierte Internet-Angebote (vgl. 6.7.3). Danach kommen Web-Sites erklärungsbedürftiger High-Involvement Produkte ohne große zusätzliche Angebote, wie z.B. Spiele aus. Bei den Homepages alltäglicher Low-Interest Güter, sind dagegen weitere Anreize für den Nutzer – über das eigene Produkt hinaus –ein Muß.

Kundennutzen

Der Ansatz ist jedoch ein anderer, nämlich das Denken in Kundennutzen. Überlegt man sich, welche Inhalte dem Kunden bzw. der Zielgruppe den größten Nutzen spenden, ergeben sich automatisch die für die Nutzer wichtigsten Inhalte. Das Bereitstellen dieser Inhalte garantiert zwar noch keinen Erfolg, bietet aber eine gute Grundlage dafür.

Interessen der Nutzer

Betrachtet man die Nutzungsinteressen der User, erhält man einen ersten Eindruck von deren „Vorlieben“. Diese Nutzervorlieben lassen sich übersetzen in Angebote bzw. Inhalte, mit denen Unternehmen Nutzerbedürfnisse befriedigen können. Tabelle 7.10 gibt einen Überblick. Sie stellt die in der W3B-Umfrage ermittelten Werte zusammen mit den Daten der Stern Studie Markenprofile 6 vor.

Einschränkungen

Bei der Bewertung muß beachtet werden, daß diese Interessen ermittelt auf der Basis des bestehenden Angebots im Netz wurden und somit nichts bzw. wenig über die Akzeptanz und das Interesse an weiteren, neuen, zukünftig mögliche Angeboten aussagen. Die Suche nach innovativen Inhalten lohnt sich, da gute neue Angebote im Netz schnell großen Zuspruch erhalten.

Tab. 7.10: Nutzungsinteressen

Interesse	*Angaben in % der Nutzer*
1. Homebanking	59,9
2. Kartenreservierungen	48,2
3. Nachrichten abrufen	48,0
4. Fahr-/Flugplanauskunft	48,0
5. Veranstaltungskalender	47,0
6. Reisebuchungen	42,7
7. E-Mail	42,3
8. Wetterberichte	40,8
9. Fernsehprogramm abrufen	39,6
10. Online Shopping	37,4
11. Sportergebnisse abrufen	35,8
12. Dateiübertragung	35,7
13. Stellenangebote abrufen	33,1
14. Datenbankrecherche	31,3
15. Wirtschaftsinformationen	26,7
16. Aktienkurse	22,8
17. Werbung	10,8

Standardinhalte

Beim unternehmensorientierten Ansatz lassen sich – ausgehend von dem im Unternehmen vorhandenen Informationen – Standardinhalte von Firmen-Homepages aufzählen. Diese Inhalte sind in der einen oder anderen Form auf vielen Firmenpräsenzen im WWW zu finden. Die alphabetische Aufzählung in Tabelle 7.11 ist nur eine grobe, nicht erschöpfende Darstellung von möglichen Inhalten von Unternehmensseiten.

Tab. 7.11: Inhalte von Homepages

Standardinhalte	*Standardinhalte*
Adressen	Kundenbefragung
Anfahrtsplan	Kooperationspartner
Aktieninformationen	Kontaktmöglichkeit
Ansprechpartner	Links
Ausschreibungen / Bedarfe	Neuproduktinformationen
Bestellmöglichkeit	Niederlassungen
Firmenhistorie	Pressearchiv
Firmenphilosophie	Pressemitteilungen
Forschungsberichte	Produktionsstätten
Gästebuch (Registrierung)	Öffnungszeiten
Geschäfts- und Lageberichte	Stellenangebote
Gewinnspiele/Verlosungen	Termine/Events
Händernetz/-liste	Umweltberichte
Kataloge	Unterhaltung (Spiele, Rätsel)

Inhaltliche Gestaltung

Das Vorgehen bei der inhaltlichen Gestaltung der WWW-Seiten läßt sich wie folgt systematisieren:

- Sammlung möglicher Inhalte,
- Auswahl relevanter Inhalte,
- Gruppierung zusammengehöriger Inhalte,
- Entwicklung einer logisch sinnvollen Struktur bzw. Hierarchie zur Vernetzung der einzelnen Seiten bzw. Seitengruppen,
- Programmierung bzw. Formatierung der Seiten in HTML,
- Funktionstest aller Seiten mit unterschiedlichen Browsern und Monitorgrößen,
- Überarbeitung und abschließender Probelauf,
- Implementierung der Seiten.

Als Erfolgsfaktoren einer Homepage nennen Gattiker, Kelley, Janz (1996):

- Interaktivität, die zu einer sofortigen Gratifikation für den Nutzer führt.
- Zuschnitt der Seite auf ein bestimmtes Marktsegment.

- Angebot von „Edutainment“ (Bildung und Unterhaltung) als Bestandteil der Botschaft.
- Ausrichtung auf den Weltmarkt anstatt auf regionale Gepflogenheiten.
- Unterstützung der internationalen Strategie der Firma.
- Potentiellen Kunden Inhalte und geldwerte Vorteile bieten.
- Aktuellen, ständig erneuerten und verbesserten Inhalt offerieren.

7.4.6 Formale Gestaltung der Seiten

Layout und Inhalte

Die formale Gestaltung der Seiten ist neben den Inhalten von großer Bedeutung für den Erfolg von Homepages. Wichtig ist jedoch, daß es mit gutem Layout allein nicht getan ist. Die Inhalte müssen stimmen.

Ablaufplan

Für die Erstellung einzelner HTML-Seiten kann folgender Ablaufplan genutzt werden:

- geplante Inhalte (Texte, Bilder, etc.) in Dateiform zusammenstellen (Bilder als GIF- oder JPG-Dateien, Texte unformatiert)
- inhaltliche Gliederung des Seiteninhalts entwerfen,
- Seitenlayout entwerfen, beraten und beschließen,
- Ausgangsdateien mit einem HTML-Editor in eine HTML-Seite umwandeln bzw. Formatierungen einfügen und als HTML-Datei abspeichern,
- optische und funktionale Überprüfung des Resultats mit verschiedenen Browsertypen,
- Überarbeitung und erneuter Test.

Produkt- und Verpackungsdesign versus Web-Layout

Das Seitenlayout hat besonders beim Verkauf von Produkten wichtige Aufgaben. So kann das Layout u.a. Vertrauen, Leistungsfähigkeit und Seriosität vermitteln. Wiedererkennungseffekte können bei Verpackungen von Waren genutzt werden. Entweder durch Abbildung des Produktes auf den Seiten oder durch Anwendung der gleichen Gestaltungsmerkmale (Farben, Schriften, Logos, etc.) wie auf dem realen Produkt.

Informationsprodukte

Informationsprodukte bedürfen keiner Verpackung. Das Produkt- und Verpackungsdesign verliert seine Bedeutung, dafür steigt die Bedeutung des „Layout“ der Webseiten, auf denen die Produkte und Informationen angeboten werden bzw. auf denen sich Firmen präsentieren. Das Wecken von Aufmerksamkeit und

Interesse an den weiteren Seiteninhalten wird zwar zum großen Teil durch Texte und Slogans geweckt, jedoch kann geschicktes Layout der Inhalte die Wirkung ergänzen bzw. verstärken.

Gestaltungstips aus den USA

Das Layout von Webseiten spielt eine erhebliche Rolle beim Erfolg von Produkten und Dienstleistungen im Internet. Eine Webseite muß „cool" sein, um anzukommen. „Coole" Seiten im WWW werden regelmäßig gesucht und prämiert. Sterne (1997) hat seinen Vorschlag für die Gestaltung von erfolgreichen WWW-Sites in fünf Cs zusammengefaßt:

- *Coolness:* Die optische Erscheinung bzw. die „Anmutungsqualität" der Seiten muß hervorragend, eben „cool" sein. Sofern inhaltlich und ökonomisch sinnvoll sollte die jeweils neueste Technologie eingesetzt werden. Daneben müssen jedoch auch einfach Text-Only-Versionen und Versionen ohne Frames zur Verfügun stehen, um auch die Nutzer älterer Browser zu erreichen.
- *Content:* Die Inhalte müssen relevant und für die Zielgruppe interessant sowie aktuell sein. Dynamische über Datenbankanbindungen erzeugte Seiten sind hierbei hilfreich.
- *Context:* Die Navigation auf der Site muß kinderleicht, übersichtlich und schnell sein. Der Nutzer darf sich nicht verloren oder desorientiert fühlen. Navigationsleisten müssen intuitiv verständlich sein.
- *Communication:* Die interaktiven Kommunikationsmöglichkeiten des Internet sollten voll ausgeschöpft werden. Alle Unternehmensabteilungen sollten direkt per E-Mail zu erreichen sein. Die Kommunikation muß geregelt werden. Eine E-Mail sollte nicht älter als 24 Stunden werden, bis sie beantwortet wird.
- *Controll:* Die Homepage muß genutzt werden um Informationen über die Besucher und den Verlauf der Sitzung zu sammeln. Logfiles, Gästebücher, Registrierungsmöglichkeiten sowie Fragebogen für Nutzer sollten eingesetzt und ausgewertet werden, um den WWW-Auftritt zu optimieren.

Auszeichnungen

Viele Organisationen und Firmen im Internet vergeben regelmäßig Preise (Awards) für die besten Homepages und die beste Seitengestaltung. Es lohnt sich, sich entsprechend ausgezeichnete Seiten anzusehen, um daraus zu lernen. Auch Sammlungen von Negativbeispielen lassen sich im Netz finden und analysieren. Als Beispiel für eine gelungene Firmen- und Produktpräsentation

im WWW sollen hier einige Seiten des Sony Consumer Electronics-Katalogs vorgestellt werden (Abbildung 7.7ff.).
Über die Sony-Homepage (siehe zur Homepage Abbildung 6.21 in Kapitel 6) gelangt man über verschiedene Stufen u.a. auf die Consumer Products-Auswahlseite (Abbildung 7.7), die in Form und Funktion einer Fernbedienung nachempfunden ist. Jeder Knopf der Fernbedienung steht für ein anderes Produktsegment. Klickt man auf den Knopf „Walkman/Stereos", gelangt man auf die in Abbildung 7.8 dargestellt Übersichtsseite, die die verschiedenen Typen von Walkmen zur Auswahl bereithält.

Abb. 7.7:
Sony Consumer Products Guide

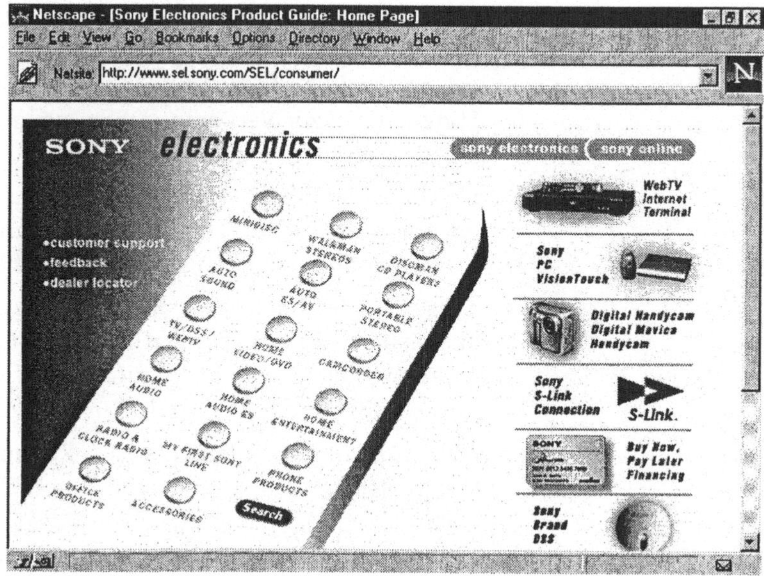

Abb. 7.8:
Walkman-Seite

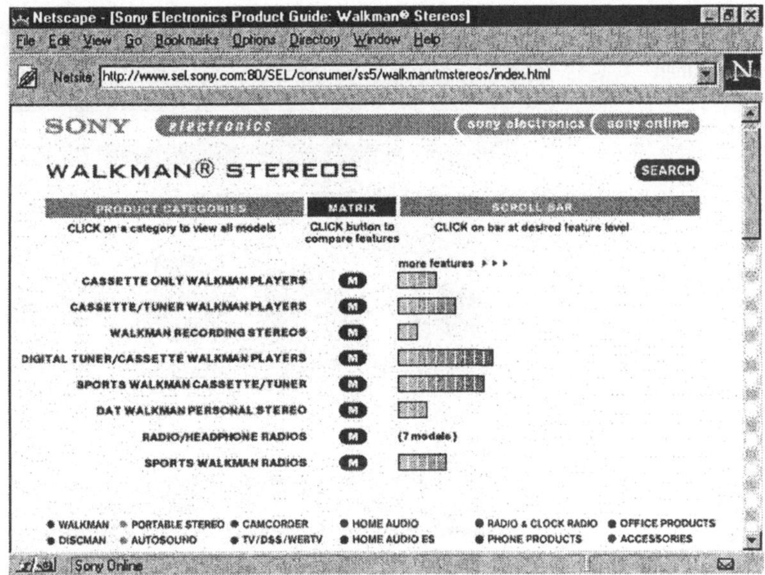

Durch Anklicken der gewünschten Walkmangruppe gelangt man auf die in Abbildung 7.9 dargestellte Übersicht der in dieser Gruppe erhältlichen Geräte. In der Übersicht wird auch die Anzahl unterschiedlicher Ausführungen in den einzelnen Gruppen angegeben. Über die am unteren Bildschirmrand aufgeführten Auswahlpunkte gelangt man in andere Produktbereiche, wie Video oder TV-Geräte.

Sony bietet auch die Möglichkeit sich die nächsten Händler für Sony Produkte anzeigen zu lassen. Dazu gibt man seine Postleitzahl in ein Formularfeld ein und erhält nach dem Absenden des Formulars eine Liste der in der Nähe befindlichen Sony-Vertragspartner. Es ist auch möglich direkt bei Sony zu bestellen und sich die Produkte zuschicken zu lassen.

Abb. 7.9:
Geräteübersicht Walkmen

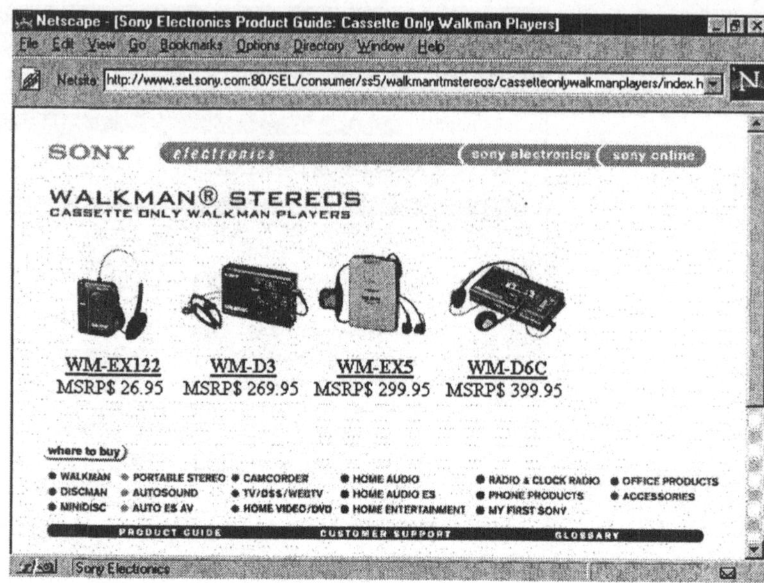

Wählt man einen Walkman aus, erhält man die Produktbeschreibung und eine größere Abbildung des Gerätes. Auch die Preisempfehlung der einzelnen Produkte ist angegeben (Abbildung 7.10).

Abb. 7.10:
Produktbeschreibung des Sony WM-EX5

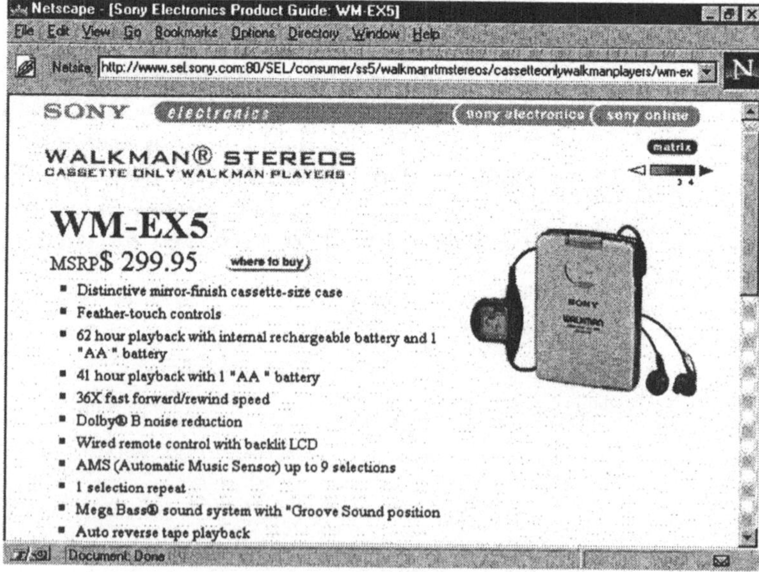

7.4.7 Controlling des Internet-Engagements

Um den Erfolg der WWW-Präsenz beurteilen zu können, werden in der Regel Kennzahlen gebildet. Man muß dabei Werbe- und Shopping-Homepages unterscheiden, da sich jeweils unterschiedliche Möglichkeiten der Kennzahlenbildung ergeben.

Verkaufsseiten

Bei den Shopping-Homepages können die erzielten Verkäufe bzw. Umsätze pro Zeitraum bzw. je Produktart gemessen und mit den Besuchs- und Reichweitenzahlen in Beziehung gesetzt werden. Dabei kommen u.a. die bereits in Abschnitt 6.7.8 vorgestellten Reichweitenmaße Page Views und Visits zur Anwendung. Als Ergebnis erhält man u.a. folgende Aussagen:

Kennzahlen

- Anteil Produktgruppe X am gesamt Online-Umsatz in Monat Mai,
- Anzahl der Käufe per 1000 Visits in Quartal 2,
- durchschnittliche Stückzahl pro Online-Kauf im Zeitraum,
- durchschnittliche Umsatz pro Online-Kauf im Zeitraum,
- durchschnittlicher Umsatz pro Visit im Zeitraum,
- durchschnittlicher Umsatz pro 1000 Page Views im Zeitraum.

Besonders die Veränderung der Zahlen im Zeitablauf gibt Aufschlüsse über Erfolge und notwendige Anpassungen.

Werbe-Seiten

Bei den Werbe-Homepages lassen sich Erfolge nicht in direkt monetären Größen wie Umsätzen bewerten. Für die Überprüfung der Erreichung psychographischer Werbeziele (vgl. Abschnitt 6.7.1) kann innerhalb und außerhalb des Netzes gemessen werden, ob die Bekanntheit einer Marke oder eines Produktes gestiegen oder gefallen ist. Basis der Erfolgsmessung bilden auch hier die Visits bzw. Page Views. Auch die Anzahl generierter E-Mail-Kontakte kann als Erfolgsindikator genutzt werden.

Logfiles

Daten für die Erfolgskontrolle werden besonders aus den Logfiles des Server gewonnen. Wie lange haben Nutzer aus welchem Land bzw. mit welcher Organisationskennung welche Seiten durchschnittlich betrachtet. Welche Seiten wurden nicht oder nur selten abgerufen. Welche IP-Adressen kommen wiederholt auf welche Seiten?

Vergleiche

Daneben ergeben Vergleiche der Visits und Page Views des eigenen Angebots mit denen anderer Angebote Anhaltspunkte für die Akzeptanz und Bekanntheit des Angebots.

7.5 Organisationen rund um das Internet

Rund um das Internet gibt es eine Reihe von Organisationen und Gruppen, die Einfluß auf das Internet bzw. Teile davon ausüben. Ein Großteil dieser Organisationen stammt aus den USA.

Arten von Organisationen

Es können vier Arten von Organisationen unterschieden werden. Zum einen existieren staatliche und halbstaatliche oder zumindest staatlich geförderte Institutionen wie die „National Science Foundation" in den USA oder der „DFN e.V." in Deutschland. Zum anderen gibt es eine Vielzahl von freiwilligen Zusammenschlüssen Gleichgesinnter. Drittens gibt es eine Reihe „Netzwerkbetriebs-, informations- und -koordinationszentren", die wichtige Funktionen für Teilbereiche des Internet ausüben. Abbildung 7.11 gibt einen Überblick über ausgewählte Organisationen.

Freiwillige Zusammenarbeit

Die Einhaltung bestimmter Abmachungen innerhalb oder zwischen den Organisationen kann meist nicht eingefordert werden, da die Zusammenarbeit in der Regel auf freiwilliger Basis stattfindet. Auch die staatlichen Institutionen können meist nur Empfehlungen aussprechen. Die Zusammenarbeit folgt häufig dem Ziel, das Internet „lebensfähig" zu halten, auszubauen und weiterzuentwickeln. Einige ausgewählte Organisationen sollen nachfolgend kurz vorgestellt werden.

Die ISOC (Internet Society)[8]
1992 wurde die ISOC als eine Art Dachorganisation von Betreibern verschiedener Teilnetzwerke gegründet. Anfang 1995 waren ca. 3.700 Unternehmen und Einzelpersonen in ihr organisiert. Sie nimmt PR- und Lobbyfunktionen im Rahmen des Internet wahr und hat sich den globalen Informationsaustausch durch die Internet-Technologie sowie die Weiterentwicklung des Netzes zum Ziel gemacht. Die ISOC ernennt bzw. wählt eine Art „Ältestenrat", das IAB (Internet Architecture Board) . Adresse: Internet Society International Secretariat, 12020 Sunrise Valley Dsrive, Suite 270, Reston, Virginia 22091, USA, Tel.: 001 703-648 9888, E-Mail: isoc@isoc.org.

---

8 `http://www.info.isoc.org/`

Abb. 7.11 Ausgewählte Organisationen rund um das Internet

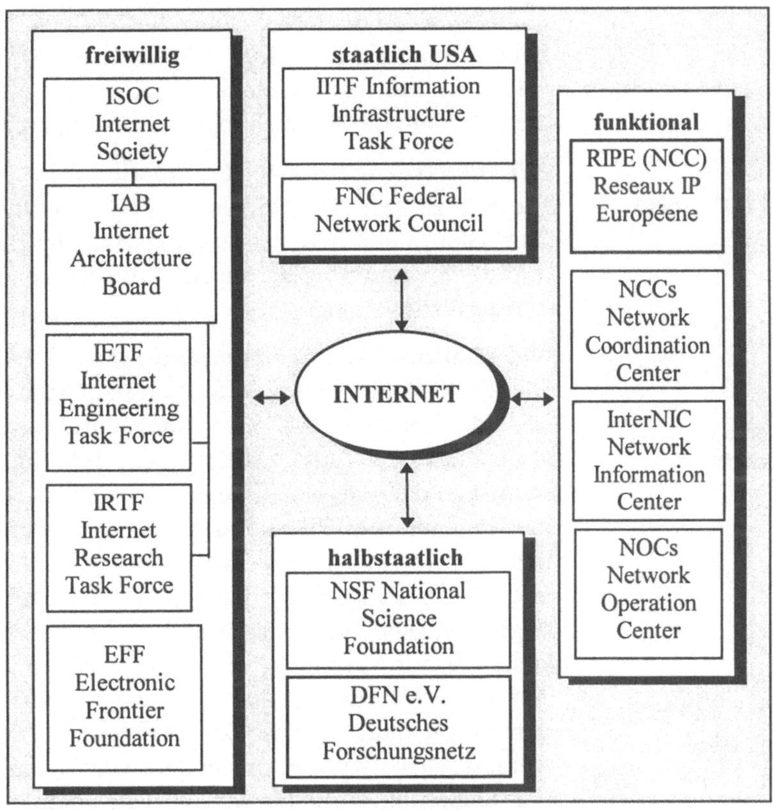

Das Internet Architecture Board (IAB)

Netzaufbau und Protokolle

Das Internet Architecture Bord ist eines der wichtigsten Gremien des Internet. Nicht zu verwechseln mit dem Internet Advertising Bureau (IAB), einem Interessenverband der Kommunikationswirtschaft, dessen deutsche Sektion Ende 1997 gegründet wurde. Im Laufe der Zeit wurde es einige Male umbenannt. Aus ICCB (Internet Configuration Control Board) wurde das IAB „Internet Activity Board". Erst danach entstand der heutige Name. Es besteht aus etwa 20 von der ISOC gewählten Freiwilligen, die sich regelmäßig treffen, und hat eine gewisse Steuerfunktion. So kann das IAB Entscheidungen zum Netzaufbau oder zu Protokollen und Normen treffen. Das IAB hat zwei „Subkommittees", das IETF und das IRTF.

IETF und IRTF

Internet Engineering Task Force

Die IETF (Internet Engineering Task Force) ist ebenfalls eine Organisation auf freiwilliger Basis. Ihre Mitglieder treffen sich regelmäßig und erledigen die täglich anfallenden Aufgaben und

Entscheidungen. Alle ISOC-Mitglieder können hier Vorschläge einbringen. Es werden darüber hinaus technische Probleme der nahen Zukunft diskutiert. Die Internet Research Task Force (IRTF) ist eher für die strategischen Fragen zuständig und kümmert sich um die Erforschung und Lösung langfristiger Probleme.

EFF (Electronic Frontier Foundation)[9]

Meinungsfreiheit

Die EFF ist eine Washingtoner Non-Profit-Organisation mit dem Ziel, allen Menschen den Zugang zum Internet zu ermöglichen und die Meinungsfreiheit im Netz zu schützen, d.h. Versuche der Zensur abzuwehren.

NSF (National Science Foundation)

Backbone-Betreiber

Die NSF ist eine quasi öffentlich-rechtliche Institution in den USA, die bereits in den 50er Jahren durch den „National Science Foundation Act" zur Förderung der Bildung, Gesundheit, Forschung und Wissenschaft gegründet wurde. Sie betrieb seit 1986 die Hauptleitungen/Backbones des Internet in den USA. Die NSF hatte die Advanced Network Services Inc. (ANS), an der u.a. IBM und MCI beteiligt sind, mit dem Betrieb des Netzwerks beauftragt. Den nicht-kommerziellen Nutzern stellte sie die Leitungen kostenlos zur Verfügung und erhielt dafür aus Washington jährlich zwölf Millionen Dollar. Auf den NSFNET-Leitungen durften dementsprechend keine kommerziellen Dienste abgewickelt werden. Diese wurden auf andere Leitungen „geroutet". Da die U.S.-Regierung die Finanzierung nicht mehr weiter übernehmen wollte, betreiben seit April 1995 fünf große Telefongesellschaften das U.S.-Backbone-Netz.

IITF (Information Infrastructure Task Force)

Die IITF wurde in den USA auf Bundesebene als Ausschuß gebildet. Sie soll die Interessengruppen – sprich Geschäftsleute, Arbeitnehmervertreter, Private und den öffentlichen Sektor – an einen Tisch bringen, um gemeinsam die zur Erreichung der Ziele des National Information Infrastructure Act (NII) notwendigen Schritte und Maßnahmen zu beraten. Die IITF kümmert sich um die Bereiche Kommunikations- und Informationspolitik sowie um Genehmigungsverfahren in den USA.

InterNIC (Internet Network Information Center)[10]

Vergabe Internet-Adressen

Es gibt eine Reihe kleinerer NICs (Network Information Center), die Informationen über Teilbereiche des Internet bereithalten.

[9] `http://www.eff.org/`

[10] `http://www.internic.net/`

Das InterNIC (Abbildung 7.12) in Chantily/Virginia jedoch sammelt und archiviert zusätzlich alle Adressen des Internet weltweit. Es wurde von der NSF angeregt, diesen globalen Service aufzubauen. Seine Hauptaufgaben sind die Vergabe von Netzadressen und Top-Level-Domain-Namen, die Erstellung eines globalen Adressenverzeichnisses und Informationsdienste. Adresse: InterNIC Directory and Database, Services Administraor, AT&T, 5000 Hadley Road, Room 1B13, South Plainfield, NJ 07080, USA, Tel.: 001 800 862 0677, E-Mail: admin@ds.internic. net.

Abb. 7.12: InterNIC

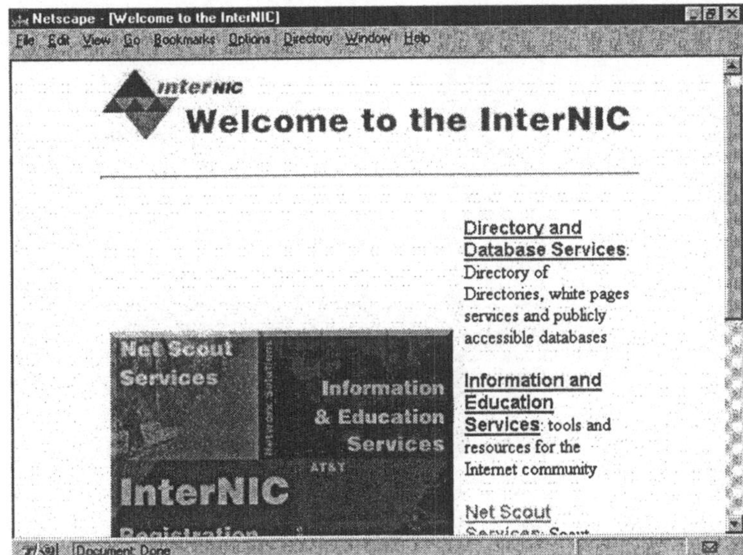

RIPE (Réseaux IP Européene) [11]

Paneuropäisches Backbone-Netz

In Europa werden die Internet-Adressen vergeben und archiviert vom RIPE, dem Network Coordination Center für Europa in Amsterdam. Die NCCs (Network Coordination Center) koordinieren die Zusammenarbeit zwischen größeren regionalen Netzwerken. Das RIPE stellt damit das Zentrum des paneuropäischen Netzwerks dar. Mittlerweile sind dort über 1.000.000 europäische Rechner registriert. Adresse: RIPE Network Coordination Center, Kruislaan 409, NL-1098 SJ Amsterdam, Niederlande, Tel.: 0031 205-925065, E-Mail: ncc@ripe.net.

11 `http://www.ripe.net/`

DENIC[12]

Für die Adressen der deutschen Domains ist das „DENIC" (zuvor an der Universität Karlsruhe) zuständig (Abbildung 7.13). Die DENIC eG ist seit dem 29.9.1997 als Genossenschaft eingetragen. Adresse: DENIC eG, Wiesenhüttenplatz 26, 60329 Frankfurt, Tel.: +49 69 27235 0, Fax: +49 69 27235 235, eMail: info@denic.de.

Abb. 7.13: DENIC e.G.

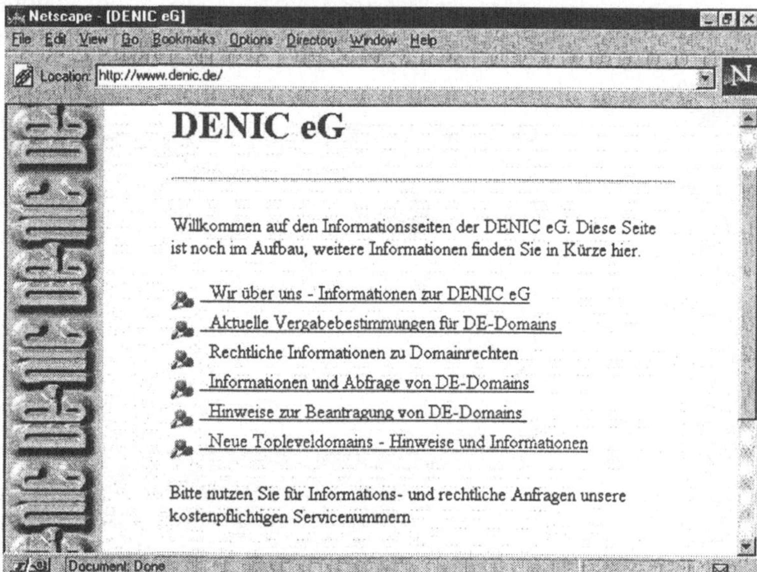

DFN e.V.

In Deutschland ist der DFN e.V. (Verein zur Förderung eines deutschen Forschungsnetzes e.V.) zuständig für die nationale Anbindung der Wissenschaft an das Internet. Der Verein betreibt mit finanzieller Unterstützung des Bundesministeriums für Forschung und Technologie das WIN (Wissenschaftsnetz), an das die deutschen Universitäten angeschlossen sind.[13] Der DFN e.V. betreibt auch die deutsche Dependance des CERT (Computer Emergency Response Team), das erster Ansprechpartner für Fälle von Sicherheitslücken und Computerkriminalität im Netz ist. Adresse: DFN e.V., Pariser Straße 44, 10707 Berlin, Tel.: 030-884299-24.

12 `http://www.nic.de/`

13 `http://www.dfn.de/`

Literatur

Aplar, Paul: Kommerzielle Nutzung des Internet, Berlin 1996.

Aplar, Paul: Unternehmensbefragung 1996a. http: alpar.uni-marburg.de/

Bachem, Christian; Stein, Ingo: Online Marketing: von der Erfolgskontrolle zum Controlling, in: Kongreß Dokumentation Internet World 26.-29. Mai 1997, Berlin, S. 175-192.

Berres, Anita: Marketing und Vertrieb mit dem Internet, Berlin 1997.

December, John: Java Einführung und Überblick, München 1996.

Fantapié-Altobelli, Claudia; Hoffmann, Stefan: Werbung im WWW, München 1996.

Gattiker, Urs E.; Kelley, Helen; Janz, Linda: Today's Information Highway and Tomorrow's Organisation: Managing Privacy, Marketing and Strategic Issues Sucessfully, in: Berndt, Ralph (Hrsg.): Global Management, Berlin 1996, S. 417-453.

Gilster, Paul: SLIP/PPP Connection, München 1995.

Gwosdz, Jürgen: Erfolgskontrolle im Internet, in: Direkt Marketing, Nr. 8, 1997, S. 18-22

Kyas, Othmar: Internet: Zugang, Utilities, Nutzung; Bergheim 1994.

Liu, C.; Peek, J.; Jones, R. et al.: Internet-Server einrichten und verwalten, Bonn 1995.

Ramm, Frederik: Recherchieren und Publizieren im WWW, 2., neuberarb. und erw. Aufl., Wiesbaden 1997.

Roll, Oliver: Marketing im Internet, München 1996.

Stein, L. D.: How to set up and Maintain a World Wide Web Server, Bonn 1996.

Sterne, Jim: World Wide Web Marketing, New York 1995.

Thiemen, Wolfhard von: Client Server: Technologie und Realisierung im Unternehmen, Wiesbaden 1995.

8 Erfolgsfaktoren und Hindernisse

In diesem Kapitel sollen die Faktoren beleuchtet werden, die der kommerziellen Nutzung entgegenstehen bzw. die gegenwärtig die größten Hindernisse auf dem Weg zu einer umfassenderen kommerziellen Nutzung des Internet darstellen. Sie sind damit gleichzeitig auch Erfolgsfaktoren für den langfristigen Online-Geschäftserfolg. Die verschiedenen Einschränkungen, denen die Internet-Nutzung derzeit noch unterliegt, stellen bislang für fast alle Unternehmen Probleme dar. Die individuelle Lösung dieser Probleme bzw. der kundengerechte Umgang mit ihnen, bietet jedem einzelnen Unternehmen die Möglichkeit, aktiv Wettbewerbsvorteile aufzubauen. Entsprechende Lösungsansätze sollen deshalb vorgestellt werden.

Bestimmungsgründe

Zunächst ist es sinnvoll, sich die generellen Faktoren anzusehen, die Einfluß auf die Internet-Nutzung durch Unternehmen und Private haben. Abbildung 8.1 zeigt diese in Form der Faktoren Technologie, Kosten, Angebot, Markt, Konkurrenz, Umfeldbedingungen und sowie Nutzer und gibt Beispiele.

Abb. 8.1: Einflußfaktoren der Internet-Nutzung

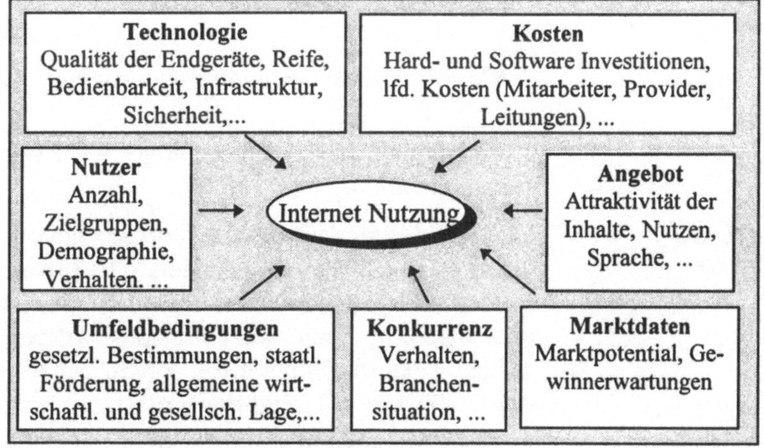

Faktor Technik und Kosten

Für die Nutzung des Internet sind auf Seiten der Technologie u.a. das Vorhandensein einer leistungsfähigen Infrastruktur, die

Ausgereiftheit des Mediums, die Bedienbarkeit der Endgeräte bzw. der Software und deren Qualität von Bedeutung. Den laufenden und investiven Kosten der Nutzung müssen auf der Marktseite entsprechende Gewinnerwartungen bzw. -prognosen gegenüberstehen, um eine ausreichende Verzinsung des Kapitals zu gewährleisten und die Amortisation der Investition zu ermöglichen. Marktpotentiale lassen sich durch die Anzahl der Nutzer bzw. die Zielgruppengröße und deren demographische Struktur erkennen. Dabei zieht eine steigende Zahl von Nutzern mehr Unternehmen ins Netz. Umgekehrt ziehen viele Unternehmen mit ihren Angeboten im Netz weitere Nutzer an

Integrierte Nutzung

Auch das Angebot an unternehmensrelevanten Informationen im Netz ist für die integrierte Nutzung (innen- und außengerichtet) von Interesse. Aus wettbewerbspolitischer Sicht spielt die Konkurrenzsituation bzw. das Verhalten der Wettbewerber in der Branche eine gewichtige Rolle. Sind die Konkurrenten bereits im Netz, muß das Unternehmen nachziehen. Die Rahmenbedingungen in Form von rechtlichen und staatlichen Hilfen und Hürden beeinflussen die Entscheidung über die Internet-Nutzung ebenso, wie die allgemeine wirtschaftliche Lage.

Widerstandsebenen

Der Siegeszug des Internet wird durch verschiedene Diffusionsbarrieren behindert. Bei den Diffusionsbarrieren neuer Technologien lassen sich nach Zentes (1987) generell vier verschiedene Widerstandsebenen unterscheiden:

- ökonomisch bedingte Widerstände (u.a. Kosten),
- technisch bedingte Widerstände (u.a. Bandbreite),
- institutionell bedingte Widerstände (u.a. Recht, Online-Geld),
- personell bzw. sozial bedingte Widerstände (u.a. Akzeptanz, Sprache).

Diffusionsbarrieren

Diese Widerstandsebenen wirken sowohl auf Seiten der Anbieter als auch auf Seiten der Nutzer, d.h. private und kommerzielle Nutzer sind gleichermaßen betroffen. Oelsnitz/Müller haben bereits 1996 eine Reihe von Diffusionsbarrieren vorgestellt und diese den Feldern Technologie, Recht, Nutzer und Anbieter zugeordnet. Tabelle 8.1 zeigt den Ansatz.

Ursachen und Wirkungen

Die von Oelsnitz und Müller aufgestellte Liste der Diffusionsbarrieren ist z.T. redundant, bzw. sie führt Ursachen und Wirkungen zusammen auf. Beispiele hierfür sind etwa die mangelnde Übertragungsqualität, die von der Leitungskapazität abhängig ist, oder die mangelnde Sicherheit bei Zahlungen, die zu einem Fehlen eines allgemein akzeptierten Zahlungsmodus führt. Auch über die Zuordnung der verschiedenen Barrieren zu den Bereichen Technologie und Recht gibt es unterschiedliche Meinungen. So betrifft der Bereich Datensicherheit neben rechtlichen auch technologische Fragen und auch der die Frage nach dem Zahlungsmodus im Netz wirft neben technischen auch rechtliche Probleme auf. Dennoch nennt die Tabelle die wesentlichen Hindernisse auf dem Weg zu mehr Electronic Commerce.

Tab. 8.1: Diffusionsbarrieren im Überblick

Technologisch	*Rechtlich*	*Nutzer-spezifisch*	*Anbieter-spezifisch*
Flächendeckendes Netz fehlt	Datenschutz	Akzeptanz	Leistungsangebot
Kritische Masse Produkt	Datensicherheit	Kostenstruktur	Zahlungsmodus
Zahlungssicherheit	Datenauthentizität	Netzzugang	Distributionsstruktur
Übertragungsqualität	Urheberschutz		
Leitungskapazität	Internationales Recht		
Infrastruktur	Rechtliche Transaktionsvorschriften		

Quelle: in Anlehnung an Oelsnitz/Müller 1996

Wechselwirkungen

Die genannten kritischen Faktoren wirken sich auf die Kosten-Nutzen-Analysen privater wie kommerzieller Nutzer aus und beeinflussen damit die Entscheidung für oder gegen die Internet-Nutzung. Sie beeinflussen sich jedoch in vielen Fällen auch gegenseitig. So hat die Technologie häufig auch Kostenwirkungen. Die Technik beeinflußt die Sicherheit und damit wiederum die Zahlungssysteme. Beides wird auch von rechtlichen Vorschriften tangiert, die auch auf die Inhalte Einfluß nehmen. Alle Faktoren wirken sich über ihren Kosten-Nutzen-Beitrag auf die Anzahl der Anbieter und Nutzer aus, womit wieder die kritische Masse beeinflußt wird. Abbildung 8.2 zeigt diese Wirkungszusammenhänge auf.

Abb. 8.2: Wirkungszusammenhänge

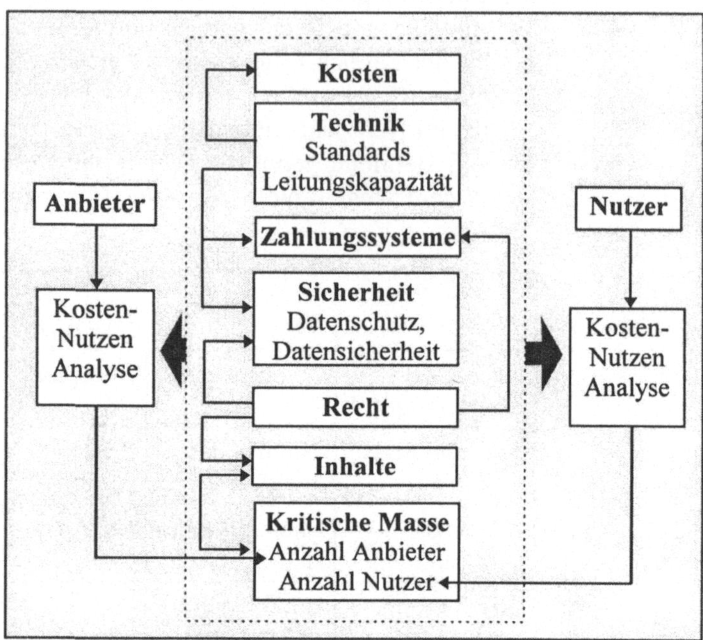

Die vorgestellten kritischen Erfolgsfaktoren sollen im folgenden näher untersucht werden.

8.1 Wirtschaftlichkeitsanalysen

Ökonomie

Ökonomische Hindernisse bei der Nutzung und Verbreitung neuer Technologien wie dem Internet resultieren u.a. aus begrenzten Budgets privater und öffentlicher Haushalte sowie z.T. begrenzten Investitionsspielräumen insbesondere mittelständischer Unternehmen. Die begrenzten Budgets führen zu Kosten-Nutzen-Überlegungen von Wirtschaftssubjekten, die gegenwärtig nicht immer eindeutig zugunsten des Internet ausfallen. Im folgenden sollen Wirtschaftlichkeitsanalysen aus Sicht der Unternehmen vorgestellt werden. Die Wirtschaftlichkeit aus Sicht der Nutzer wird in Abschnitt 8.5 behandelt.

Investitionsrechnung

Unternehmen stellen daher meist Investitionsrechnungen an, um die Vorteilhaftigkeit von Investitionen zu überprüfen. Am Beispiel der in Abschnitt 7.4.3 aufgezeigten investiven und laufenden Kosten eines kleineren und eines größeren Internet-Auftritts sollen hier zwei Kosten-Nutzen-Analyse im Sinne einer Investitionsrechnung durchgeführt werden.

Bei gemieteter Festplattenkapazität fallen neben den laufenden Kosten nur Investitionen für die Konzeption und Erstellung der Homepage an. In diesem Fall werden Investitionen von 5.000,– DM angenommen. Die laufenden Kosten betragen für ein einfaches Engagement ca. 4.000,– DM/Monat. Für den Auftritt eines Großunternehmens mit eigenem Server und einer von einer Agentur gestalteten Web-Site werden Investitionen in Höhe von 264.000,– DM angenommen. Die laufenden Kosten betragen 17.000,– DM/Monat.

Kosten

Einnahmen

Zur Durchführung einer Investitionsrechnung sind neben den Kosten auch Einnahmen als quantifizierbarer Nutzen anzugeben. Die Einnahmen hängen stark von den Inhalten und den Zielen des Internet-Engagements ab. Im Beispielsfall stehen dem kleinen Internet-Engagement zwei Einnahmequellen zur Verfügung:

Erlöse Kleinunternehmen

a) Werbeeinnahmen für die Plazierung von Banner Ads anderer Firmen auf der eigenen Homepage. Annahme: Es gelingt pro Monat durchschnittlich zwei Banner Ads zu je 1.000,– DM zu akquirieren. Zu den Preisen von Banner Ads siehe auch 6.7.7. Im Jahr ergeben sich dadurch Einnahmen von 24.000,– DM.

b) Erlöse aus dem Online-Verkauf von Produkten. Annahme: Auf der Internet-Site können online T-Shirts, bedruckt mit jungen, witzigen Motiven sowie mit vom Nutzer selbst gestalteten Motiven, bestellt werden. Der Verkaufspreis beträgt 20,– DM zzgl. Versand. Die durchschnittlichen Kosten betragen 10,– DM pro Stück. Annahme: es gelingt am Tag durchschnittlich zehn T-Shirts zu verkaufen. Im Jahr ergeben sich daraus ein Erlöse von 73.000,– und Produktkosten von 36.500,– DM. Daraus resultiert ein Deckungsbeitrag[1] von 36.500,– DM.

Erlöse Großunternehmen

Der Auftritt des Großunternehmens erzielt nur Werbeeinnahmen. Es gelingt durchschnittlich sechs Banner Ads pro Monat zum Preis von 1.500,– DM zu akquirieren. Daraus ergibt sich ein Erlös von 108.000,– DM. Tabelle 8.2 faßt die Grundannahmen des Modells zusammen.

---

1 Deckungsbeiträge sind die Beiträge die ein Produkt zur Deckung der fixen Kosten leistet. Sie werden ermittelt, in dem vom Stückpreis die variablen Kosten pro Stück abgezogen werden.

Tab. 8.2: Grundannahmen

	Kleinunternehmen	*Großunternehmen*
Anfangsinvestition	5.000,–	264.000,–
lfd. Kosten/Jahr	48.000,–	204.000,–
Produktkosten	36.500,–	0,–
Gesamt im 1. Jahr	89.500,–	468.000,–
Werbeeinnahmen	24.000,–	108.000,–
Verkaufserlöse	73.000,–	0,–
Erlöse Gesamt	97.000,–	108.000,–
Überschuß 1. Jahr	7.500,–	-360.000,–

Zunächst sollen die Kapitalwerte und die Break-Even-Points (BEP), also die Gewinnschwellen der Investitionen, ermittelt werden. Aus den Annahmen ist sofort zu erkennen, daß es im Fall des Großunternehmens keine Gewinnschwelle gibt. Die Einnahmen bleiben unter den laufenden Kosten. Die Investition amortisiert sich nicht.

Kapitalwerte

Der Kapitalwert[2] ergibt sich durch Diskontierung der Nettoeinzahlungen auf den Entscheidungszeitpunkt. Bei einem Kalkulationszinssatz von 10% und einer beabsichtigten Nutzungsdauer von 4 Jahren sowie sonst gleichen Einnahmen und Kosten, ergibt sich für das Kleinunternehmen ein Kapitalwert von 35.067,50 DM. Die Investition des Großunternehmens erwirtschaftet einen negativen Kapitalwert von -544.200,– DM.

Kleinunternehmen

Die Gewinnschwelle ist erreicht, wenn die Erlöse die gesamten Kosten also variable Kosten und fixe Kosten übersteigen. Die Formel zur Ermittlung der Gewinnschwelle lautet:

BEP = fixe Kosten / (Verkaufspreis/St. - variable Kosten/St.)

Die Investitionen und die laufenden Kosten werden als fix betrachtet, da sie sich nicht mit der Zahl der verkauften Produkte verändern. Es wird davon ausgegangen, daß die Werbeeinnahmen zunächst fest sind und nur die Erlöse aus dem T-Shirt-Verkauf variieren. Die Werbeeinnahmen verringern die fixen Kosten bzw. sie decken einen Teil der fixen Kosten. Es ergibt sich folgende Gleichung:

---

[2] Kapitalwerte können nach folgender Formel berechnet werden: $c = \Sigma (e_t - a_t) * (1 + i)^{-t}$ wobei c = Kapitalwert, e_t Einzahlungen, a_t = Auszahlungen und i = Kalkulationszinssatz sind.

x = (53.000,– - 24.000,–) / (20,– - 10,–)

Die Anzahl zu verkaufender T-Shirts beträgt danach:

x = 29.000,– / 10,– = 2.900 Stück

Es müssen also 2.900,– T-Shirts pro Jahr verkauft werden, um die Gewinnschwelle zu erreichen. Umgekehrt müssen bei angenommenen 3.650 verkauften T-Shirts pro Jahr (10 Stück am Tag) mindestens 17 Banner Ads á 1.000,– DM akquiriert werden, um die Gewinnschwelle zu erreichen.

Amortisationsdauer

Bei den unterstellten Werten amortisiert sich die Investition bereits im ersten Jahr[3]. Unterstellt man eine Mindestverzinsung von 10%, so beträgt der Barwert des Einnahmenüberschusses im ersten Jahr 11.362,50 DM (Abzinsungsfaktor 0.909). Der Überschuß der Einnahmen über die laufenden Ausgaben beträgt 12.500,–. Dies entspricht einer Verzinsung von 250%.

Situationsabhängigkeit

Wie deutlich wurde, ergeben sich je nach Situation und Zielen des Internet-Engagements für unterschiedliche Unternehmen verschiedene Kosten-Nutzen-Relationen. Diese müssen in jedem Einzelfall geprüft werden, um den Internet-Einsatz zu bewerten. Besonders große Unternehmen, die nicht im Netz verkaufen, sondern mit hohem Kapitalaufwand Werbung betreiben, betrachten den Internet-Auftritt in der Regel nicht als Investition. Sie erwarten meist keinen direkten Return on Investment.

8.2. Technologie

Divergierende Standards

Technische Hindernisse bestehen häufig aus fehlenden Standards und Normen, welche die Diffusion neuer Technologien bremsen. Schnittstellen- und Kompatibilitätsprobleme, aber auch Kapazitätsengpässe und daraus resultierende langsame Übertragungsgeschwindigkeiten stellen weitere technische Hindernisse für die kommerzielle Nutzung des Netzes dar.

8.2.1 Standards

IAB

Es gibt zwar vom (Internet Architecture Board) verabschiedete Internet-Standards, aber für viele Bereiche existieren auch konkurrierende Modelle und Standards.

[3] Die Formel für die exakte dynamische Amortisationsdauer lautet:
$t = n_1 - c_1 x(n_2 - n_1 / c_2 - c_1)$, mit
t = Amortisationsdauer, n_1 = Nutzungszeit, c_1 = Kapitalwert zum Zeitpunkt n_1

Browser

Da beispielsweise niemand den Nutzern vorschreiben kann, welche Software sie für welche Zwecke verwenden sollen, werden die unterschiedlichsten Web-Browser mit jeweils unterschiedlichen Fähigkeiten eingesetzt. Einige Webseiten erfordern aber bestimmte Software, z.B. einen Netscape-Browser der Version 3.0 oder höher, da spezielle Layout-Möglichkeiten einiger Webseiten, wie Frames oder Java, nur mit bestimmten Browsern bzw. Programmen genutzt werden können. Mit anderen Clientprogrammen sind außerdem bestimmte Transaktionen nicht möglich, wie z.B. die Verschlüsselung und Kodierung von Nachrichten mit dem bereits erwähnten SSL-Protokoll. Die Vielfalt der technischen Lösungen und Möglichkeiten muß daher häufig auf den geringsten gemeinsamen Nenner gebracht werden, um alle Nutzer zu erreichen.

Beispiel MIME

Auch im Bereich E-Mail gibt es mit „MIME“ (Multipurpose Internet Mail Extensions) nur einen Quasi-Standard, welcher die Versendung aller Arten von Dateien erlaubt. Dennoch verfügt längst nicht jeder Nutzer über einen entsprechenden Mail-Client nach dem MIME-Standard. D.h. in der Praxis, daß nicht jeder Empfänger einer Multimedia-E-Mail diese auch verwenden bzw. lesen kann. Während einige Nutzer Bilder in ihre E-Mail integrieren können und komplette HTML-Seiten versenden, empfangen andere nur ASCII-Zeichen.

Beispiel HTML-Versionen

Für das Erstellen der Webseiten gibt es ebenfalls unterschiedliche Software. Je nach Autor werden unterschiedlich weit entwickelte Versionen der Seitenbeschreibungssprachen HTML (Hypertext Markup Language) verwendet. Formatierung, die in Version 4.0 möglich sind, können mit Clients, die nur die Version 3.0 beherrschen nicht dargestellt werden. Da niemand verpflichtet ist, sich an Standards zu halten, kann jeder Seiten auch mit anderen bzw. nach abweichenden Standards oder mit älteren Versionen erstellen.

8.2.2 Leitungskapazitäten

Kapazitätsengpässe

Fehlende „garantierte“ Bandbreiten für bestimmte Anwendungen und Kapazitätsengpässe, die mit einer starken Verlangsamung der Nutzungsgeschwindigkeiten einhergehen, sind ein großes Problem der aktuellen Nutzung und zukünftigen Entwicklung des Internet. Tabelle 8.3 zeigt den unterschiedlichen Speicherplatzbedarf und die daraus resultieren Datenübertragungsraten bei unterschiedlichen Bandbreiten.

Ursachen

Verursacht werden sie durch die ständig steigenden Nutzerzahlen sowie durch die stärkere Verwendung multimediafähiger Browser. Im Vergleich zu einfacher E-Mail schicken die Anwender bei Multimedia-Browsern mit einem Klick die hundert- oder gar tausendfache Menge an Daten im Netz auf die Reise.

Tab. 8.3: Speicherbedarf und Übertragungszeiten

Dateityp	*Speicherbedarf*	*Übertragungszeit ISDN*	*Übertragungszeit bei 10 MB/Sek.*
1 DIN A4 Textseite	2 KB	0,3 Sek.	-0 Sek.
1 Sek. Telefonieren	8 KB	1 Sek.	-0 Sek.
Grafik, 256 Farben, 640 x 480 Pixel	300 KB	37,5 Sek.	0,2 Sek.
1 Sek. Audio-CD	150 KB	18,8 Sek.	0,1 Sek.
1 Sek. TV unkomp.	12 MB	25,6 Min.	9,6 Sek.
1 Sek. MPEG2 TV	0,5 - 2 MB	1,1 - 4,3 Min.	0,4 - 1,6 Sek.

Quelle: Hansen 1997

E-Mail-Probleme

Selbst die Nutzung von E-Mail ist in letzter Zeit derartig stark angestiegen, daß einem Bericht der Zeitschrift Computerwoche zufolge selbst die großen Anbieter AOL, MSN und AT&T Worldnet bereits Zusammenbrüche ihrer E-Mail-Server erlebten. Die Server hatten keinen Speicherplatz mehr und schalteten sich z.T. selbst ab. Millionen von E-Mails wurden nicht oder mit mehreren Tagen Verspätung zugestellt.

Folgen

Da die Internet-Nutzung – abhängig vom jeweiligen Netzanschluß – schon jetzt für viele private Nutzer recht langsam ist und man auf Daten aus bestimmten Regionen des Internet lange warten muß, wird sich die Nutzungsqualität verschlechtern, und das Internet könnte für viele Nutzer unattraktiv werden.

Lösungsansätze

Als Lösung des Problems wird zum einen die nutzungsorientierte Abrechnung der Internet-Anbindung von Großkunden, deren Abrechnung bislang meist pauschal erfolgt, diskutiert. Zum anderen bleibt die Möglichkeit, die Netzkapazitäten dort, wo Engpässe auftreten, weiter zu erhöhen, was jedoch die Frage nach der Finanzierung der z.T. nicht unerheblichen Investitionen aufwirft.

Technologien der Datenübermittlung

Eine echte Lösung des Bandbreitenproblems wird aber nur durch neue Technologien der Datenübermittlung erzielt werden.

Derzeit sind vier bedeutende Ansätze zu erkennen, die mittelfristig, d.h. in fünf bis zehn Jahren, eine ausreichende Bandbreite als Kommunikationsinfrastruktur schaffen können. Ansatzpunkte sind jeweils die bestehenden möglichen Kommunikationswege in das Heim des potentiellen Nutzers: Das Telefon, das TV-Kabel, das Stromkabel und Satelliten. Jeder dieser Kommunikationskanäle kann aufgrund neuerer technischer Lösungen für eine leistungsfähige Internet-Anbindung genutzt werden. Abbildung 8.3 verdeutlicht dies.

Abb. 8.3: Kommunikationskanäle für die Internet-Anbindung

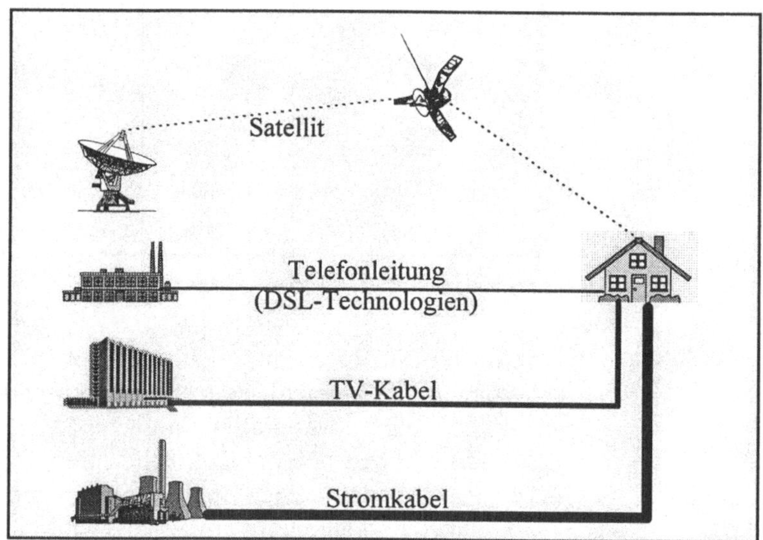

Satelliten

Per Satellitenempfang ist eine große Datenmenge übertragbar. Vor allem im Download also zum Empfänger bzw. Client hin, lassen sich damit mehrere MB pro Sekunde übertragen. Als Rückkanal zum Server dient in der Regel noch die Telefonleitung, die jedoch nur mit deutlich geringeren Datentransferraten aufwartet. Dieses Modell ist insofern konsumentenorientiert, da die Mehrheit der Verbraucher im Upload zum Server hin keine großen Datenmengen transferiert.

Telefonleitungen

Während zwischen den regionalen und überregionalen Telekom-Knoten in Deutschland ein dichtes Glasfaserkabelnetz existiert, werden die letzten Kilometer zwischen Vermittlungsstelle und Hauseinlaß in der Regel als Kupferdoppelader ausgeführt. Diese normalen Kupferleitungen bieten, durch die aus den USA stammende DSL (Digital Subscriber Line) Technologie aller

Wahrscheinlichkeit nach auch in Zukunft ausreichend Bandbreite für das Internet.

DSL

DSL steht für eine Reihe von Verfahren, wie z.B. HDSL (High Speed Digital Subscriber Line), SDSL (Single Digital Subscriber Line), ADSL (Asymetric Digital Subscriber Line) und VDSL (Very Fast Digital Subscriber Line). Auf Kupferadern können mit diesen Technologien im ATM (Asynchronous Transfer Mode) verschiedene Dienste integriert werden. Auf einer Leitung können Daten, Bewegtbilder, Sprache, etc. mit bis zu 52 Mbit/s (VDSL) zwischen der Vermittlungsstelle und dem Empfänger übertragen werden. Es ist jedoch fraglich, ob die Deutsche Telekom mittelfristig entsprechende Technologien zum Einsatz bringt.

Stromkabel

In Großbritannien profilieren sich die Stromversorger bereits als Internet-Provider. In Feldversuchen wird über die Stromzuführung der Internet-Anschluß bewerkstelligt. Neben den Stromkabeleinlaß im Haus wird ein kleiner Kasten montiert, der die Signale aus dem Stromnetz in, für den Computer verständliche und für den Nutzer ungefährliche, Datenströme verwandelt. Mit dieser Technik lassen sich ohne großen Aufwand sehr hohe Übertragungsraten realisieren. Die Abrechnung des Zusatzdienstes erfolgt z.T. als günstige monatliche Pauschale auf der normalen Stromrechnung.

TV-Kabel

In San Francisco, USA, aber auch in Österreich, laufen seit längerem größere Feldversuche der Kabelfernsehsender. Diese übertragen über ihr vorhandenes Kabel-TV-Netz und entsprechende Dekoder Datenströme aus dem Internet in die Wohnung. Als Rückkanal wird ebenfalls das Telefon genutzt. Auch auf diese Weise lassen sich zu günstigen Preisen im Download hohe Übertragungsraten bis zu 10 Mbit/s realisieren.

8.3 Datensicherheit

Die Sicherheit im Internet ist ein viel diskutiertes Thema. Dabei spielen besonders die medienwirksamen Berichte über geknackte Paßwörter und Computerkriminalität eine Rolle. Es ist jedoch wichtig zwischen objektivem Sicherheitsrisiko und subjektiv empfundenem Risiko zu unterscheiden. Für die Mehrheit der Bevölkerung spielt das persönlich empfundene Risiko eine wichtigere Rolle als das tatsächlich vorhandene. Deutlich wird dies z.B. bei der Bezahlung im Netz. Betrügereien mit Schecks sowie gestohlenen Kredit- und EC-Karten sind in der realen Welt weitaus häufiger und wahrscheinlicher, als in Online-Medien. Ähnliches gilt für das Abhören von Telefonleitungen und Mobiltelefonen. Das heißt nicht, daß die Verbesserung der Sicherheit im Internet unnötig wäre.

Datensicherheit und Datenschutz

Der Begriff „Sicherheit“ hat in Online-Medien generell zwei Aspekte, nämlich die „Datensicherheit“ und den „Datenschutz“. Der Begriff „Datensicherheit“ beinhaltet alle Maßnahmen zum Schutz der Daten vor höherer Gewalt, vor Fehlern und vor Mißbrauch oder Zerstörung. Im folgenden sollen die Probleme der Datensicherheit vorgestellt und Lösungsansätze präsentiert werden. Informationen zum Datenschutz finden sich in Abschnitt 8.5. Tabelle 8.4 gibt einen Überblick.

Tab. 8.4: Datensicherheit

Datensicherheit: Maßnahmen zum Schutz der Daten vor		
höherer Gewalt Feuer, Wasser, Blitz,	*Fehlern bei der* Erfassung, Speicherung, Übertragung, Verbreitung,	*Mißbrauch, Zerstörung* Mitarbeiter, Hacker, Viren, Irrtümer,
	durch	
Großvater-Vater-Sohn- Prinzip	Prüfziffern, Chiffrieren, Plausibilitätsprüfungen, Kontrollen	Chiffrieren, Zugangsbeschränkungen, Kontrollen

Quelle: in Anlehnung an Zilahi-Szabò 1993

Kriterien der Datensicherheit

Der Begriff „Datensicherheit“ besteht aus einer Reihe von Einzelkriterien. Die International Standard Organisation (ISO) unterscheidet folgende Aspekte der Sicherheit:

- *Vertraulichkeit (Zugriffskontrolle):* Schutz vertraulicher Daten (z.B. durch Paßwörter).
- *Anonymität:* Benutzer müssen die Möglichkeit haben, ohne Preisgabe des Namens Dienstleistungen und Informationen zu erhalten.
- *Pseudonymität:* Im Netz verwendete Pseudonyme dürfen weder Käufer noch Verkäufer benachteiligen. Die Zahlung von im Netz getätigten Geschäften darf nicht beeinflußt werden.
- *Unbeobachtbarkeit:* „Kommunikative Handlungen“ müssen ohne Überwachung durch Außenstehende durchführbar sein.

- *Unverkettbarkeit:* Mehrere „kommunikative Handlungen", z.B. zwei E-Mails, dürfen nicht miteinander in Verbindung gebracht werden können, da andernfalls die Anonymität und die Unbeobachtbarkeit gefährdet sind.
- *Unabstreitbarkeit:* Bei kommerziellen Anwendungen sind unabstreitbare Nachweise etwa bei Bestellungen oder Stornierungen notwendig.
- *Übertragungsintegrität:* Übertragene Daten müssen unmanipuliert beim Empfänger ankommen. Sie dürfen auch nicht aufgezeichnet und wiederholt gesendet werden können.

Angriffspunkte und Schwachstellen

Bei Sicherheitsproblemen gibt es grundsätzlich zwei Ansatzpunkte: der Mensch und die Technik. Mensch und Technik können an drei Punkten in Computernetzen Schwachstellen erzeugen: am Server des Anbieters, am PC des Nutzers und am Übertragungsweg.

Technisches Versagen

Technisches Versagen kann ohne Fremdes dazutun zu Störungen (Rechnerausfall), Fehlleitungen von Information oder Verfälschungen von Nachrichten führen. Dabei können die Fehler sowohl hardware- als auch softwareseitig auftreten. Besonders die häufig unausgereifte Software, die aufgrund immer kürzerer Innovationszyklen schnell auf den Markt gebracht werden muß, birgt Risiken. Dies ist ein Problem, mit dem nicht nur große Firmen wir Microsoft, sondern auch kleine Firmen zu kämpfen haben.

Attacken Mitarbeitern

Menschliches Versagen umfaßt u.a. Paßwortfehler oder zu einfache Paßwörter (Name der Ehefrau etc.). Auch zielgerichtete Attacken von Mitarbeitern gegen das eigene Unternehmen kommen häufig vor. Unzufriedene oder gekündigte Mitarbeiter löschen z.B. des öfteren Festplatten u.ä. Ein wichtige Rolle spielen auch die durch den Menschen unbewußt verursachten Installations-, Bedienungs- oder Konfigurationsfehler. Durch fehlerhafte Installation und Konfiguration können Sicherheitslücken entstehen, die Hacker ausnutzen können. Bedienungsfehler können u.a. zum unbeabsichtigten Löschen von Dateien führen.

Angriffsarten

Man unterscheidet aktive und passive Angriffe. Zu den passiven Angriffen zählt u.a. das Abhören der Identität, die Analyse des Verkehrsflusses und das Abhören von Nachrichten. Die aktiven Angriffe stellen Verletzungen der Datenintegrität dar. Zu diesen Angriffen zählen das Verändern einer Nachricht, das Löschen einer Nachricht und das Duplizieren einer Nachricht.

Cracker

Besonders Cracker, die nach Schwachstellen in Computersystemen suchen, um sich zu bereichern, stellen ein Problem dar. Im

Gegensatz zu Hackern, die aufgespürte Schwachstellen dem betroffenen Unternehmen melden, damit dieses seine Sicherheitssysteme optimieren kann, nutzen Cracker ihr Können, um auf Kosten anderer u.a. einzukaufen, zu telefonieren oder gestohlene Informationen zu verkaufen.

Opfer

Zu den Opfern gehören neben Online-Diensten, Regierungsstellen, Banken und anderen Unternehmen, oft auch Provider. Auf den Rechnern der Provider befinden sich u.a. die Paßwörter der Nutzer. 1998 machte auch T-Online mit Sicherheitslücken in seinem System Schlagzeilen. Mehreren Hackern war es gelungen, in die Rechner der Nutzer des Online-Dienstes einzudringen und dort Paßwörter und ähnliches auszuspionieren.

Lösungsansätze

Innerhalb und außerhalb des Internet existieren verschiedene Lösungsansätze für die verschiedenen Sicherheitsprobleme. Einige davon möchte ich kurz skizzieren:

Zugangsprüfung

Authentifikation (Echtheits-/Zugangsprüfung): Mit der „Challenge and Response"-Methode können Benutzer oder Endgeräte authentifiziert, also auf Echtheit geprüft werden. Dazu werden in einem dynamischen Frage- und Antwort-Dialog Daten, wie z.B. Zufallszahlen, verschlüsselt und als Vergleichsparameter ausgetauscht.

Datenintegrität, Unversehrtheit von Informationen im Netz

Datenintegrität: Neben der Zugangskontrolle, die über die Authentifikation erfolgt, gehört die Prüfung der Unversehrtheit von Information zu den wichtigsten Schutzmaßnahmen. Die Integrität läßt sich durch ein digitales Siegel, den „Message Authentification Code" (MAC), nachweisen. Dazu wird aus der Nachricht ein verschlüsseltes Komprimat gebildet, das der unverschlüsselten Nachricht angehängt wird. Der Empfänger ermittelt aus der Nachricht ebenfalls den Message Authentification Code. Stimmen die beiden Codes überein, ist die Nachricht unversehrt. Solche Vorgänge lassen sich auch automatisieren, so daß der Aufwand für Empfänger und Versender minimal ist.

Elektronische Unterschrift

Elektronische Unterschrift: Die elektronische Unterschrift, auch digitale Signatur genannt, stellt zusätzlich zur Datenintegrität eine Willenserklärung dar. Der Absender bestätigt, daß er mit dem Inhalt und dem Versand einer Nachricht einverstanden ist. In einem asymmetrischen Kryptosystem besitzt jeder Teilnehmer – z.B. eine Bank und ihre Kunden – einen geheimen Schlüssel (Secret Key) und einen öffentlichen Schlüssel (Public Key). Die Unterschrift kann nur von einer Person mit dem Secret Key erstellt werden, aber von vielen mittels des Public Key auf ihre

Echtheit geprüft werden. Abbildung 8.4 zeigt die Funktionsweise der digitalen Signatur.

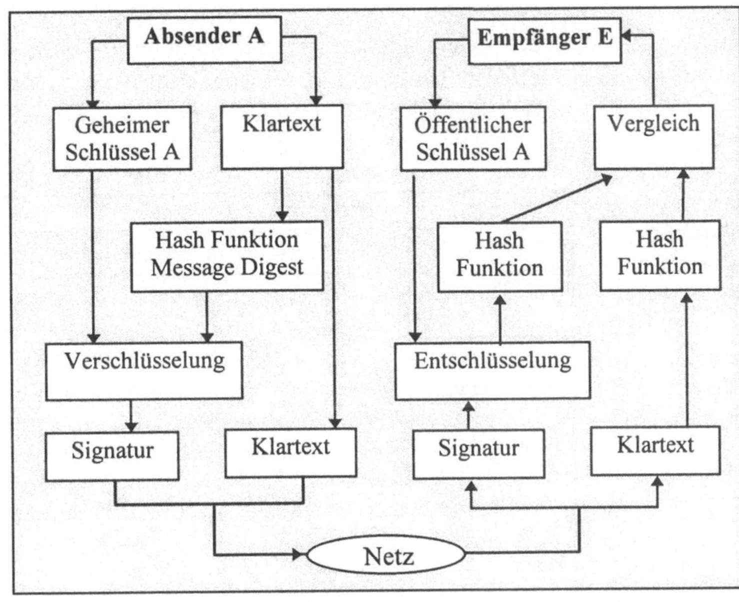

Abb. 8.4: Ablauf der digitalen Signatur

Pretty Good Privacy

Dieses System wurde von der kalifornischen Firma RSA entwikkelt[4]. Ein kostenloses Programm, das diese Verfahren einsetzt, ist PGP („Pretty Good Privacy"); es eignet sich für den Einsatz in Kombination mit gängigen E-Mail-Systemen.

Vorteile

Die elektronische Unterschrift dürfte in Zukunft Standard werden. Mittels automatisierter Verschlüsselung und SmartCards, auf denen die Schlüssel gespeichert sind, läßt sich das System, schnell, anwenderfreundlich und sicher gestalten. Die Vorzüge der Digitalen Signatur sind (Stietmann 1997):

- Überprüfbarkeit: auch nach beliebig langer Zeit,
- Dokumentenabhängigkeit: die Unterschrift gilt nur für ein bestimmtes Dokument, es gibt keine Blankounterschriften,
- Dokumentenechtheit: die Unterschrift bestätigt die Echtheit und die Unversehrtheit des Dokuments,
- Beweisbarkeit: die Unterschrift kann nicht abgestritten werden,
- Fälschungssicherheit: die Unterschrift kann nicht durch dritte neu erzeugt werden (nur mit dem Schlüssel).

---

4 `http://www.rsa.com/`

Kodierung/ Chiffrierung von Informationen

Kodierung: Nachrichten können vor der Versendung verschlüsselt (chiffriert) werden. Bei der Chiffrierung können keine logischen oder statistischen Rückschlüsse auf Buchstabenhäufigkeit oder Kombinationen gezogen werden, da die Verschlüsselung bit- oder blockweise und nicht wort- bzw. buchstabenorientiert erfolgt. Lange Schlüssel und komplexe Algorithmen erhöhen dabei die Sicherheit um ein Vielfaches (Tab. 8.5)

Tab. 8.5 : Sicherheitsverfahren und Protokolle

Protokoll	*Initiator*	*Beschreibung*
Kommunikationsprotokolle		
S-HTTP, Secure HTTP	Terisa Systems	RSA und andere, bilateral, verbindungsorientiert
SSL, Secure Socket Layer	Netscape	RSA (USA 128, sonst 40 Bit-Schlüssel) bilateral, verbindungsorientiert
Electronic Mail		
PEM, Privacy Enhanced Mail	PEM Work-group IETF	RSA, bilateral (multilateral), endnutzerorientiert
PGP, Pretty Good Privacy	Philip Zimmermann	RSA, Bilateral (multilateral), endnutzerorientiert
Kreditkarten-Transaktionsprotokolle		
SET Secure Electronic Transaction (STT) Secure Transaction Technolog. (SEPP) Secure Electronic Payment Protocol	VISA Int. MasterCard Microsoft IBM Netscape GTE Cybercash	Absicherung von Kreditkarten transaktionen, multilateral
iKP internet Keyed Payment protocols	IBM Europayment International	Absicherung von Kreditkartentransaktionen, erweiterbar auf Debitkarten und elektron. Schecks, multilat.
Homebanking		
HBCI, Home-Banking Computer Interface	Zentraler Kredit-Ausschuß	RSA, bilateral, verbindungsorientiert
BaKo, Bank-Kommunikation	GMD	RSA, basiert auf PEM, Absicherung von Homebanking, erweiterbar auf elektronischen Geschäftsverkehr, bilateral

Quelle: in Anlehnung an Stietmann 1997

SL

Die Firma Netscape etwa bietet Unternehmen im Internet durch den Kauf ihres „Commerce Server" die Möglichkeit, Zahlungstransaktionen „sicherer" zu gestalten. Kreditkarteninformationen des Kunden beispielsweise können dann automatisch mit dem Secure Sockets Layer Protocol (SSL) verschlüsselt über das Netz geschickt werden. Das Verfahren ist in die Browser und Server integriert.

Schlüsselprobleme

Dennoch sind auch diese Methoden mit Problemen behaftet. Zum einen kann versucht werden, mit „Brute-Force-Attacken", d.h. durch extrem hohe Rechnerleistung, den Code zu knacken. Zum anderen verbieten amerikanische Ausfuhrbestimmungen den Export „harter Verschlüsselungstechnologie". Während in den USA 128 Bit-Schlüssel zum Einsatz kommen, arbeitet die Exportversion nur mit 40 Bit langen Schlüsseln, die mit weniger Rechenaufwand zu knacken sind.

Tab. 8.6: Kartentypen

Kartentyp	*Beschreibung*	*Beispiel*
Magnetstreifenkarte	Datenspeicherung auf Magnetstreifen	EC-Scheckkarte (alt)
Speicherkarte	Speicherchip ersetzt Magnetstreifen	Telefonkarte (Wertkarte)
Speicherkarte mit Sicherheitslogik	Zugriff nur mit PIN-Eingabe	TeleKarte (Telefonkarte mit Online-Lastschrift)
SmartCard	Prozessorkarte mit Mikrocontroller (CPU) inkl. Betriebssystem. Fest- und Arbeitsspeicher ermöglicht unterschiedliche Anwendungen mit unabhängigen Zugangsmechanismen und Sicherheitsbarrieren auf einer Karte (Multifunktionskarte)	GeldKarte, GSM-MobilfunkKarte, EC-Scheckkarte (neu)
KryptoCard	Karte enthält neben der CPU einen mathematischen Co-Prozessor	Unterschriftskarte, digitale Signatur, Verschlüsselung

Quelle: Stietmann 1997.

Smartcards: Plastikkarte mit Chip

Chipkarte bzw. Smartcard: Chipkarten mit integriertem Mikroprozessor können Schlüssel sicher und unauslesbar speichern sowie Verschlüsselungen und Vergleiche vornehmen. Sie eignen sich damit zur Lösung vieler Sicherheitsprobleme. Allerdings erfordern sie das Vorhandensein entsprechender Kartenlesegeräte beim Anwender. Gute Erfahrungen mit dem Einsatz der Smartcards in Online-Diensten liegen bereits aus Schweden vor. Tabelle 8.6 gibt einen Überblick über generell mögliche Kartentypen.

Firewalls

Firewalls: Um das Eindringen von Hackern und Computerviren in firmeninterne Netze (Intranets) zu verhindern, wird das firmeninterne Netz durch sogenannte „Firewalls" vom Internet getrennt. Ein Firewall-Rechner ist ein Computer, der den Datenfluß zwischen zwei Netzwerken überwacht.

Abb. 8.5: Firewall

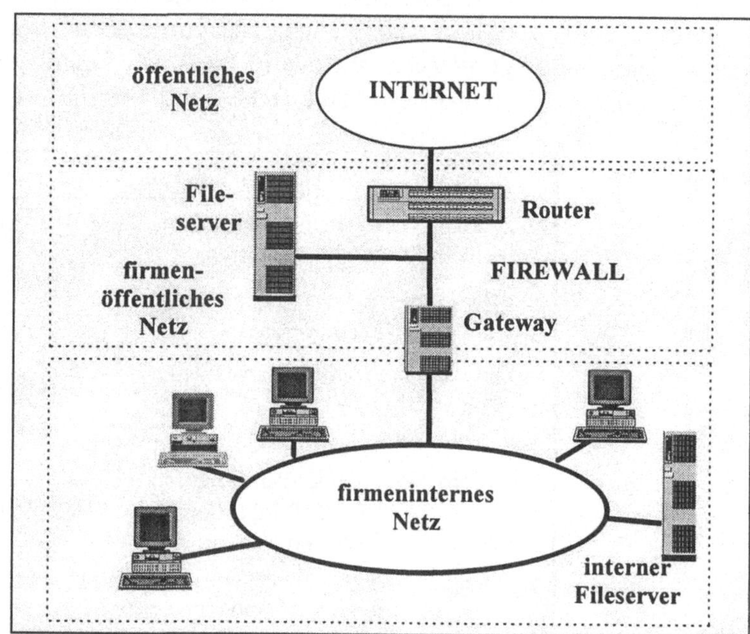

Filterung

Dazu werden Rechner bzw. Router und Gateways zwischen das interne und das externe, öffentliche Datennetz geschaltet, die nur entsprechend autorisierte Datenpakete in das interne Netz passieren lassen und Zugriffsrechte verwalten. Firewalls können dazu Adressen von Datenpaketen kontrollieren und deren Inhalte überprüfen (Paketfilterung und anwendungsorientierte Filterung). Neben der Filterung werden auch Paßwortabfragen und anderen Authentifikationsvorgänge vom Firewall-Rechner durchgeführt. Abbildung 8.5 zeigt ein solches System

Informationen über Firewalls bietet auch die Firewall-FAQ-Liste im Internet `http://www.v-one.com/pubs/fw-faq/faq.htm` Eine Liste mit Informationen zu Firewall-Software findet man unter `http://www.access.digex.net/~bdboyle/fireall.vendor.html`.

8.4 Zahlungssysteme und Elektronisches Geld

Das Fehlen eines sicheren, einfachen und bequemen Zahlungsmechanismus für Verkaufstransaktionen im Netz ist ein großes Manko für den weiteren kommerziellen Ausbau des Internet. Aus der Sicht der Verwender ist eine Reihe von Anforderungen an elektronisches Geld zu stellen (Thomé 1997):

Anforderungen an elektronisches Geld

- Sicherheit: die Verwendung und Übertragung muß für beide Seiten Käufer und Verkäufer hinreichend sicher sein.
- Anonymität: Der Käufer sollte ohne Preisgabe seiner Identität bezahlen können.
- Stückelung: Die praktikable Verwendung muß durch die sinnvolle Aufteilung in unterschiedlich große Zahlungsmitteleinheiten gewährleistet sein.
- Zahlungsmittelfunktion: Die Akzeptanz des elektronischen Geldes muß uneingeschränkt gelten.

Begriff „Elektronische Zahlungsmittel"

„Elektronische Zahlungsmittel" umfassen nicht nur die Zahlungsmöglichkeiten im Internet, sondern auch elektronische Zahlungssysteme außerhalb des Netzes. D.h., daß auch Homebanking, Telefonbanking oder Magnetstreifenkarten, wie die EC-Karte, als elektronisches Zahlungsmittel betrachtet werden muß. Im folgenden soll jedoch nur eine Auswahl internet-spezifischer Zahlungsmittel vorgestellt werden. Diese ermöglichen die sofortige Bezahlung von Waren und Dienstleistungen im bzw. über das Netz. Dabei können elektronisches Geld im engeren Sinne, die verschlüsselte Übertragung von Kreditkarteninformationen und Systeme mit Autorisierungsnummern unterschieden werden. Als elektronisches Geld i.e.S. werden hier nur solche Lösungen bezeichnet, für die man, ähnlich dem Erwerb von Devisen, Geld in eine fremde Währung tauscht, welche dann auf dem PC zur Verfügung steht. Tabelle 8.7 gibt einen Überblick über die grundsätzlichen Arten.

Experimente

Derzeit wird von vielen Firmen weltweit mit verschiedenen Technologien und Ideen im Bereich der Abrechnungstechnik experimentiert. Einige Technologien für elektronisches Geld sollen hier vorgestellt werden, um einen Eindruck von den sich damit eröffnenden Möglichkeiten zu geben (vgl. Birkelbach 1996). Die Systeme S-HTTP, SSL und SET werden hier jedoch nicht näher erläutert, da sie nicht als Zahlungssysteme im eigentlichen Sinn verstanden, sondern gesicherte Übertragungsprotokolle darstellen. Zunächst soll kurz die Bedeutung des Electronic Data Interchange (EDI) geklärt werden.

Tab. 8.7: Arten der Bezahlung in Computernetzen

Eletronisches Geld i.e.S.	*Verschlüsselte Kreditkarteninformation im Netz*	*Systeme mit Autorisierungsnummer*
E-Cash Net-Cash	Firstdata/Netscape CompuServe Wallet	First Virtual Internet Shopping Network
Wave Systems	Cybercash NetBill S-HTTP, SSL, SET	Open Market

Electronic Data Interchange

EDI-Systeme (Electronic Data Interchange) werden schon seit längerem für die Abwicklung häufig anfallender Geschäftsvorfälle zwischen meist größeren Unternehmen genutzt. Zwei Firmen treffen dazu eine Rahmenvereinbarung und verbinden dann ihr Bestell- und Auftrags- sowie Abrechnungswesen. Dies funktioniert nur auf vertraglicher Basis, also bei bereits bekannten Partnern mit etablierter Geschäftsbeziehung. Auf die Vor- und Nachteile dieser Lösung soll an dieser Stelle nicht näher eingegangen werden. Grundsätzlich können solche Systeme jedoch relativ einfach und kostengünstig per Internet realisiert werden. Damit werden sie auch für kleine und mittlere Firmen interessant.

Betragshöhe

Für die Beurteilung der Systeme des Electronic Cash ist besonderes die Betragshöhe, für die das System konzipiert wurde, von Interesse. Die zu Beginn aufgeführten Anforderungen an elektronisches Geld haben nämlich je nach der Höhe des Geldbetrages eine unterschiedliche Wichtigkeit.

Micropayments

Geringe Geldbeträge, auch Micropayments genannt, fallen bei vielen kleinen Transaktionen an. Telefonsysteme arbeiten z.B. mit solchen Pfennigbeträgen. Bei diesen Zahlungen kommt es auf die einfache Bedienung und Schnelligkeit der Transaktion an. Man muß sein Geld einfach verwenden können. Mit einem Druck auf einen „Zahlknopf" sollte die Authentifizierung und die Geldabbuchung erledigt sein. Die Sicherheit spielt bei solche Kleinbeträgen eine weniger wichtige Rolle, d.h. der Aufwand dafür kann entsprechend reduziert werden.

Digicash

Ecash

Die Firma Digicash[5] aus den Niederlanden entwickelte „Ecash“, eine digitale Währung, die anonyme Zahlungen im Netz ermöglicht. Die Nummer des digitalen Geldscheins ist über eine Kette abgesichert, die nicht auf den Benutzer zurückgeführt werden kann. Versucht man, das Geld zu kopieren, so wird es vom System-Server automatisch entwertet. Das Digicash-System geht von der ständigen Online-Gegenwart der einzelnen Glieder der Zahlungskette aus.

Ecash funktioniert nicht bei Firewalls

Technisch ist Ecash nicht ohne weiteres in Umgebungen einsetzbar, in denen „Firewalls“ ein Netz schützen. Das Ecash-System hat bereits Feldversuche hinter sich und einige Anhänger gefunden, die besonders die Anonymität des Zahlungssystems zu schätzen wissen.

Abb. 8.6: Digicash-Homepage

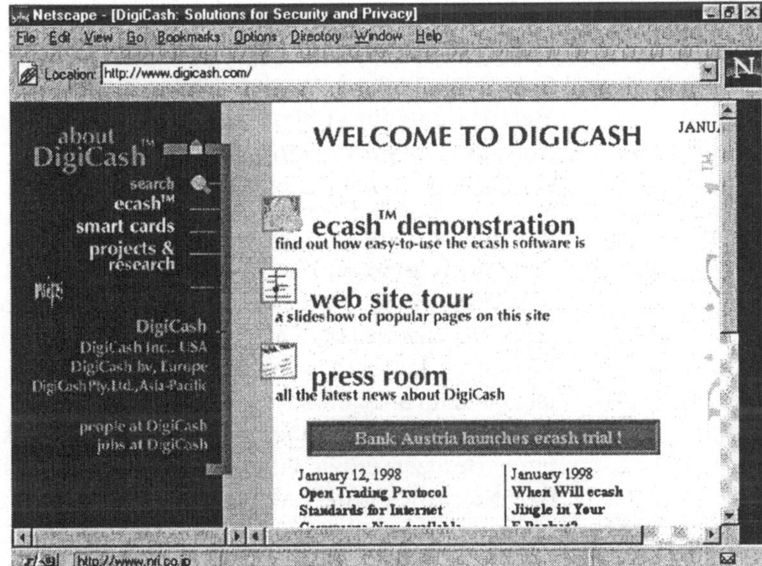

Bedeutung der Banken

CAFE

Kopf von Ecash ist David Chaum, ein Kryptographie-Experte, der einige im Bankwesen genutzte Patente hält. Ecash soll man bei der Hausbank erwerben können (Abbildung 8.6). Die Banken erwerben und bezahlen die Technik und sollen als vertrauensspendende Kräfte im System dienen. Bislang bietet jedoch nur die Mark Twain Bank aus den USA Ecash an. Wichtig für Ecash ist das seit 1992 laufende Esprit-Forschungsprogramm der EU namens CAFE (Conditional Access for Europe). Das CAFE-

[5] http.//www.digicash.nl/

Szenario arbeitet u.a. mit einigen Konzepten von Ecash. Ziel ist es, mittelfristig Bargeld, Ausweise und ähnliches auf Chipkarten zu realisieren.

Cybercash

Das Konzept der Firma Cybercash[6] besteht aus einen zweiteiligen Ansatz. Es gibt sogenanntes Peer Cash, das im Grunde eine Lizenzausgabe des Ecash-Systems ist und als Kleingeld funktioniert. Daneben gibt es Cybercash-Software, mit der ein Zahlknopf auf einer Webseite installiert werden kann. Der Käufer eröffnet ein Konto bei einer Partnerbank. Klickt er den Zahlungsknopf an, öffnet sich ein Formular, das er ausfüllen muß. Die Daten gehen verschlüsselt an einem „Cybercash-Server", der umgehend antwortet und eine PIN abfragt. Danach schickt der Server die Transaktion in Form einer Abbuchung zur Bank.

Aufwendiger Zahlungsmechanismus

Die Software ist kostenlos, dafür wird dem Käufer beim Kauf eine Gebühr berechnet. Der Verkäufer muß die Software erwerben und eine Standleitung zum Cybercash-Server unterhalten. Bei der Cybercash-Technik ist der Käufer eindeutig identifizierbar. Der Mechanismus für größere Geldbeträge erfordert einen deutlichen Aufwand beim Anwender. Die Einfachheit der Zahlung per Knopfdruck kommt abhanden.

Netcash für Beträge bis 100$

Für mittlere Summen gibt es Zahlungssysteme, die weder Pfennige noch ganz große Beträge abwickeln. Ein solches System bietet die First National Bank of Cyberspace „Netbank" von Software Agents an. Die Transaktionssumme beträgt jeweils 10 US$. „Netcash" ist ein System für Zahlungen via E-Mail. Es arbeitet mit Einmal-Zahlungen. Wenn Netcash den Besitzer wechselt, zieht der Netbank-Server die Geldnummer des Scheins ein. Der neue Besitzer erhält einen neuen elektronischen „Geldschein". Bei Netcash müssen die Zahlungsbeträge bzw. Preise genau stimmen, da es im Netz kein Wechselgeld gibt. Gebühren fallen bei Netcash an, wenn man Geld in das System einbringt oder wieder entnimmt. Bei der Einzahlung werden 2%, beim Rückwechseln in reales Geld werden z.Z. 20%. fällig.

First Virtual

Ein weiteres Konzept bietet First Virtual[8] an. Von 31 Cents aufwärts können digitale Produkte im Internet verkauft werden. Der Minimalpreis der „Ware" liegt bei einem Cent, 30 Cents beträgt die Provision von First Virtual.

---

6 `http://cybercash.com/`

7 `http://www.netbank.com/`

8 `http://www.fv.com/`

Funktionsweise

Die Käufer müssen sich auf einem speziellen Server einloggen und ein Konto mit einer selbsterdachten Kennung eröffnen. Auf dem Konto werden dann die Internet-Ausgaben gesammelt und über die Kreditkarte abgebucht. Die Daten der Kreditkarte laufen niemals über das Netz. Der Server schickt per E-Mail eine Bestätigung über die Kontoeröffnung. Über ein gebührenpflichtiges Voice-Response-System werden dann die Kreditkartendaten und die E-Mail-Bestätigung abgefragt. Man erhält danach eine weitere E-Mail, deren Kennung an die selbstgewählte Kontokennung angehängt werden muß. Dies ergibt eine zusammengesetzte PIN, die dann quasi als eine Art Netzkreditkarte eingesetzt werden kann.

Verfahren für den Informationsversand

First Virtual hat auch ein Verfahren für die Integration der Zahlungsfunktion in Webseiten entwickelt. Klickt man den First Virtual-Zahlknopf an, werden die Zahlungsinformation gesendet. Nach der Eingabe der Nutzerkennung gilt das Produkt jedoch noch nicht als gekauft. Man erhält erst eine E-Mail, in der man gebeten wird, den Kauf zu bestätigen. Die Anzahl der Ablehnungen durch den Käufer wird registriert. Wenn der Verdacht auf unsachgemäße Benutzung der Netzkreditkarte besteht, setzt First Virtual mit Nachforschungen an. Es ist also nicht möglich, regelmäßig zu bestellen und dann die Bezahlung abzulehnen.

Rücktrittsrecht

In den USA gibt es die Besonderheit, daß man bei Käufen mit der Kreditkarte binnen 90 Tagen vom Kauf zurückgetreten kann. Die Verkäufer müssen daher bei First Virtual 91 Tage warten, ehe sie ihr Geld auf dem Bankkonto gutgeschrieben bekommen. Obwohl der Zahlungsakt anonym ablaufen kann, z.B. wenn E-Mail-Pseudonyme benutzt werden, kann First Virtual die Transaktionen verfolgen.

Rechtliche Fragen

Das elektronische Geld weist einige Schnittstellen zu rechtlichen Fragen auf. Zwar stellen elektronische Zahlungsmittel zunächst ein technisches bzw. sicherheitstechnisches Problem dar, aber die Verwendung und Rechtmäßigkeit von elektronischem Geld ist ebenfalls nicht unproblematisch. Es fehlt u.a. an Haftungsrechten, einer weltweiten organisatorischen Plattform, die die Einführung von Online-Zahlungssystemen regeln könnte, die Stabilität

Risiken der elektronischen Zahlungstechniken

Was Banken und Regierungen an Electronic Cash beunruhigt, ist, daß mit den elektronischen Geldsystemen Giralgeld geschaffen wird, also ein währungspolitisches Instrument der Zentralbanken in die Hände privater Unternehmen gelangt. Diese können nämlich, theoretisch von der Bankenaufsicht unkontrolliert, die virtuelle Notenpresse in Gang setzen und damit eine Inflation auslösen. Außerdem kann über das elektronische Geld leicht und einfach Schwarzgeld gewaschen werden.

Änderung des Kreditwesengesetzes

Mit der 6. Novelle des Kreditwesengesetzes (KWG) gilt seit dem 01.01.1998 für Deutschland, daß elektronisches Zahlungssysteme sowohl in Form der vorausbezahlten Karten als auch des Netzgeldgeschäfts unter Aufsicht des Bundesamtes für das Kreditwesen gestellt sind. Das Gesetz enthält allerdings auch eine Ermächtigung zur Freistellung einzelner Emittenten dreiseitiger Geldkartensysteme von bestimmten Vorschriften des KWG.

8.5 Rechtliche Aspekte

Problembereiche

Zu den vielfach angebrachten Bedenken gegen die kommerzielle Nutzung des Internet gehören besonders auch offene rechtliche Fragen. Es können an dieser Stelle nicht alle Rechtsaspekte bzw. Fragen im Zusammenhang mit dem Internet erörtert werden. Dennoch lassen sich bei der juristischen Situation einige wichtige Problembereiche wie z.B. Eigentumsrechte bzw. Urheber- und Patentrecht, Vertragsrecht, Verbraucherschutz, Datenschutz, Exportgesetze oder Haftungsfragen ausmachen. Diese Themenbereiche möchte ich nachfolgend kurz ansprechen. Außerdem ist das Informations- und Kommunikationsdienstegesetz (IuKDG) zu erwähnen, welches unter dem Namen „Multimediagesetz" von sich Reden gemacht hat.

Grundgeschäft

Im Zusammenhang mit dem Internet sind nicht nur das Rechtsverhältnis zwischen dem Anbieter von Waren und deren Kunden bzw. die zwischen ihnen geschlossenen Verträge von Bedeutung. Es treten eine Reihe weiterer relevanter Rechtsverhältnisse in Erscheinung. neben dem „Grundgeschäft" zwischen Kunde und Unternehmen sind vor allem die Provider (Access Provider, Content Provider) sowie Online-Dienste als „Dritte" zu nennen. Die Verträge mit „Dritten", also den Providern und Online-Diensten, haben insofern Bedeutung, da auftretende Mängel z.B. bezüglich des Internet-Zugangs sich auf das Zustandekommen und die Erfüllung der Grundgeschäfte auswirken. Dies kann u.a. für Provider Haftungsfragen aufwerfen (vgl. Gramlich 1996). Abbildung 8.7 macht die verschiedenen Rechtsverhältnisse beispielhaft deutlich.

Abb. 8.7: Rechtsbeziehungen

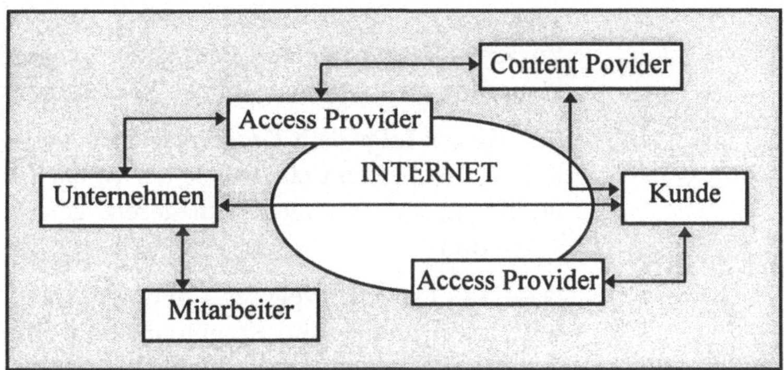

Bestandteil der Ausführungen zum Vertragsrecht in Abschnitt 8.5.1 sind nur die Beziehungen zwischen Unternehmen und Kunden. Für weitere Informationen zur Beziehung zwischen verkaufendem Unternehmen und Provider bzw. Online-Dienst siehe Gramlich 1996.

8.5.1 Anzuwendende Gesetze und Richtlinien

Für die rechtliche Situation im Internet ist eine ganze Reihe von Gesetzen und Verordnungen von Bedeutung. Am wichtigsten sind das Telekommunikationsrecht und, sofern es sich um Massenkommunikation handelt, das Medienrecht.

Telekommunikationsrecht

Das Telekommunikationsrecht kommt zur Anwendung, wenn eine Rechtsbeziehung zwischen Betreibern von Telekommunikationsanlagen und deren Kunden vorliegt. Dabei muß sich die Dienstleistung der Individualkommunikation zurechnen lassen. Lassen sich Internet-Rechner als Telekommunikationsanlagen klassifizieren, über die Telekommunikationsdienstleistungen in Form der Individualkommunikation abgewickelt werden, so gilt das Telekommunikationsrecht. Das bedeutet u.a., das die Wahrung des Fernmeldegeheimnis gewährleistet sein muß.

Medienrecht

Das Medienrecht vereint das Presse-, das Rundfunk- und das Bildschirmtextrecht. Voraussetzung für seine Anwendung ist jedoch stets, daß sich die Dienste an eine unbestimmte Allgemeinheit richten, also keine Individualkommunikation vorliegt.

IuKDG

Zur Schaffung einheitlicher rechtlicher Rahmenbedingungen verabschiedete der Bundestag im Juni 1997 das Informations- und Kommunikationsdienstegesetz, kurz IuKDG, welches am 01.08.1997 in Kraft trat. Ziele dieses Gesetzes ist es, eine verläßliche rechtliche Grundlage zur Nutzung von Multimedia zu schaffen, um Investoren in diesem Bereich Planungssicherheit zu verschaffen und Verbraucher sowie deren Daten zu schützen. Zusätzlich leistet es einen Beitrag zum Jugendschutz und zur Bekämpfung rechtswidriger Inhalte in elektronischen Medien.

Grundgedanke

Das Gesetz folgt dem Grundgedanken Deregulierung vor Regulierung, auch wenn ein Teil seiner Kritiker der Bundesregierung im Bezug auf das Multimediagesetz gerade „Regulierungswut" vorwerfen.

Definition

Das TDG (Teledienstegesetz) definiert Teledienste als elektronische Informations- und Kommunikationsdienste, die für eine individuelle Nutzung von kombinierten Daten wie Zeichen, Bilder oder Töne bestimmt sind und denen eine Übermittlung mittels Telekommunikation zugrunde liegt. Es gilt nicht für Telekommunikationsdienstleistungen und das Erbringen von Telekommunikationsdiensten. Auch Rundfunk und inhaltliche Angebote bei Verteildiensten und Abrufdiensten im Sinne des Medienrechts werden nicht erfaßt.

Eigenverantwortlichkeit

Das TDG regelt u.a. die Verantwortlichkeit für Online-Inhalte. Dazu werden drei Grundsätze unterschieden: Eigenverantwortlichkeit für rechtswidrige Inhalte bedeutet, daß der Diensteanbieter für die von ihm angebotenen eigenen Inhalte haftet.

Bedingte Verantwortlichkeit

Bedingte Verantwortlichkeit für rechtswidrige Inhalte bedeutet, daß der Diensteanbieter für fremde Inhalte, die er in das Netz stellt, haftet, wenn er erstens von den konkreten Inhalten Kenntnis hatte, und es zweitens vom Aufwand her zumutbar ist und wenn drittens die technischen Möglichkeiten vorhanden sind, um die Nutzung zu verhindern.

Keine Verantwortung

Keine Verantwortung trägt der Diensteanbieter, der lediglich den Zugang zur Nutzung von fremden Inhalten vermittelt. Er entspricht damit den Anbietern von Telekommunikationsdienstleistungen, die aufgrund des Fernmeldegeheimnisses grundsätzlich keine Inhalte zur Kenntnis nehmen dürfen. Tabelle 8.8 gibt einen groben Überblick über die Inhalte des IuKDG.

Tab. 8.8:
IuKDG - Multimediagesetz

Regelung	*Inhalt*
Art. 1 Gesetz über die Nutzung von Telediensten (Teledienstgesetz - TDG)	Rahmenbedingungen für das Angebot und die Nutzung von Telediensten durch Sicherstellung der Zugangslücken im Verbraucherschutz und Klarstellung von (inhaltlichen) Verantwortlichkeiten
Art. 2 Gesetz über den Daten Schutz bei Telediensten (Teledienstedatenschutzgesetz - TDDSG)	Bereichsspezifische Regelungen zum Datenschutz bei Telediensten im Hinblick auf die erweiterten Risiken der Erhebung, Verarbeitung und Nutzung personenbezogener Daten.
Art. 3 Gesetz zur digitalen Signatur (Signaturgesetz)	Schaffung einer bundeseinheitlichen Sicherungsinfrastruktur für digitale Signaturen
Art. 4 & 5 Änderung des Strafgesetzbuches, Änderung des Gesetz über Ordnungswidrigkeiten	Klarstellungen des Schriftenbegriffs im Strafgesetzbuch und im Ordnungswidrigkeitengesetz im Hinblick auf die erweiterten Nutzungs- und Verbreitungsmöglichkeiten von rechtswidrigen Inhalten
Art. 6 Änderung des Gesetzes über die Verbreitung jugendgefährdender Schriften	Spezifische Jugendschutzregelungen des IuKDG mit dem Ziel der effektiven Gewährleistung des Jugendschutzes und einer einheitlichen Anwendung des Schriftenbegriffs; Einführung technischer Sperrvorrichtungen im Zusammenhang mit der Verbreitung indizierter Angebote sowie freiwillige Selbstkontrolle oder die Bestellung von Jugendschutzbeauftragten als Anlaufstelle für Nutzer und als Berater für die Diensteanbieter.
Art. 7 Änderung des Urhebergesetzes	Umsetzung der Richtlinie des Europäischen Parlaments und des Rates vom 11.03.1996 über den rechtlichen Schutz von Daten (EU-Datenbankrichtlinie RL 96/9/EG) durch entsprechende Änderungen des Urheberrechts
Art. 8 und 9 Änderung des Preisangabengesetzes; Änderung der Preisangabenverordnung	Erstreckung des Verbraucherschutzes im Preisangabengesetz und in der Preisangabenverordnung auf die erweiterten Nutzungsmöglichkeiten durch die neuen Dienste
Art. 10 und 11	Gesetzestechnische Regelungen

Quelle: in Anlehnung an Seidel 1997.

Signaturgesetz

Ein weiterer wichtiger Bestandteil des Multimediagesetzes (IuKDG) ist das Signaturgesetz SigG. Es definiert eine Signatur als ein mit einem privaten Schlüssel erzeugtes Siegel zu digitalen Daten. Mit Hilfe eines zugehörigen Signaturschlüssels, der mit einem Signaturschlüssel-Zertifikat einer Zertifizierungsstelle versehen ist, ist es möglich den Inhaber des Signaturschlüssels zu identifizieren und die Unverfälschtheit der Daten zu bestätigen.

Regulierungsbehörde

Eine Regulierungsbehörde erteilt die Genehmigungen und Zertifikate, die zum Ausstellen von rechtswirksamen Signaturen benötigt werden. Damit lassen sich auf elektronischem Wege beweisbare, rechtsgültige Willenserklärungen abgeben. (Vgl. zur technischen Seite der digitalen Signatur auch 8.3).

Zeitstempelung

Problematisch bei der digitalen Signatur ist bisweilen noch die Frage nach der Zeitstempelung der Dokumente. Die Signatur beweist zwar die Unverfälschtheit des Inhalts und die Identität des Absenders, nicht jedoch das Ausstellungsdatum der Urkunde. Der in PCs integrierte Kalender bzw. die integrierte Uhr lassen sich leicht verstellen, so daß die Datumsangabe manipulierbar ist. Damit werden Vor- oder Rückdatierungen möglich.

Weitere Inhalte

Das Multimediagesetz (IuKDG) beinhaltet auch die Änderung und Anpassung einiger weiterer Gesetze, wie dem Urheberrechtsgesetz, dem Preisangabengesetz, dem Strafgesetzbuch sowie dem Gesetz über die Verbreitung jugendgefährdender Schriften.

8.5.2 Vertragsrecht

Es gibt kein spezielles Online- oder Internet-Vertragsrecht, welches die speziellen Probleme virtueller geschlossener Kaufverträge lösen könnte. Beim Vertragsrecht im Internet sind daher Anpassungen und Übertragungen des bestehenden Rechts an und in das neue Medium notwendig. Man sucht nach vergleichbaren Situationen in der realen Welt, um daran anknüpfend Lösungen für rechtliche Fragen in Online-Medien zu finden.

Verbindlichkeit von Offerten im WWW

In der Frage, ob beim elektronischen Kauf einer Ware oder Dienstleistung aufgrund einer Offerte im Internet bzw. im WWW ein für beide Seiten bindender Vertrag zustande kommt, existieren bei Juristen widersprüchliche Meinungen. Man kann das Zustandekommen eines bindenden Vertrages davon abhängig machen, daß die Leistung sofort erbracht wird. Es ist nämlich davon auszugehen, daß sich die Anbieter im Netz durch das Angebot auf einer WWW-Seite noch nicht rechtlich binden wollen (ähnlich einer Schaufensterauslage). Der Anbieter wäre sonst theoretisch mit jeder Bestellung eines Kunden verpflichtet, das angebotene Produkt zu liefern. Der Vertrag kommt in diesen Fällen also erst zustande, wenn der Verkäufer liefert oder die Bestellung bestätigt. Liefert der Verkäufer jederzeit sofort bzw. automatisiert, ähnelt die Situation dem Verkauf mittels Warenautomaten.

Verbindlichkeit von E-Mail-Verträgen

Auch zur Verbindlichkeit von E-Mail-Verträgen gibt es Fragen. Elektronische Verträge können mit einem mündlichen oder fernmündlichen Vertrag (telefonisch) verglichen werden, der ja vor dem Gesetz ebenfalls gilt. Es handelt sich dann um Willenserklärungen unter Abwesenden.

Beweisproblem

Man stößt jedoch im Streitfall auf das gleiche Beweisproblem wie bei telefonisch abgeschlossenen Verträgen. Ein vom Empfänger veranlaßter Computerausdruck einer E-Mail ist keine „Urkunde", die nach der Zivilprozeßordnung (ZPO) Beweiskraft hätte. Hat man keine Zeugen, steht Aussage gegen Aussage. Auch der Zugang der Willenserklärung per E-Mail in den Machtbereich des Empfängers kann strittig sein. Wo ist der exakte Übergang? Ist die E-Mail bereist zugegangen, wenn der Provider die E-Mail auf seinem Server zur Abholung bereithält, oder wenn der Empfänger sie auf seinen Rechner lädt? Für die Einhaltung von Fristen kann dies von Bedeutung sein.

Inhalte

Die Inhalte elektronischer Kaufverträge bzw. Bestellungen und Auftragsbestätigungen entsprechen weitestgehend denen realer Kaufverträge. Es ist jedoch sinnvoll, die im Internet besonders kritischen Situationen wie Bezahlung und Lieferung bzw. Gefahrenübergang exakt zu regeln. Was geschieht beispielsweise wenn der Kunde unverschuldet in Zahlungsverzug kommt, weil technische Defekte eine Online-Zahlung verhindern, und wie kann der Kunde dies nachweisen?

Gültigkeit der AGB

Oft werden die Details von Kaufverträgen in den sogenannten AGBs geregelt. Allgemeine Geschäftsbedingungen (AGB) können jedoch nur Vertragsbestandteil von Geschäften im Internet werden, wenn der jeweilige Verwender – also meist der Verkäufer – den Vertragspartner vor dem Vertragsabschluß ausdrücklich erläutert hat und nicht nur darauf hingewiesen wurde.

Hinweispflicht

Der Bestellvorgang im WWW muß also so organisiert werden, daß der Kunde die AGB aufgerufen und bestätigt haben muß, bevor sein Kaufauftrag ausgeführt wird. Dieser Aspekt wird auch der Forderung gerecht, im Rahmen des Verbraucherschutzes den

Käufer vor übereilten oder versehentlichen Vertragsabschlüssen zu warnen.

Anfechtung

Menschliches oder technisches Versagen kann zur Fehlern in der Willenserklärung führen. Bei Eingabe- und Bedienungsfehlern kann der Vertrag wegen des Erklärungsirrtums angefochten werden. Auch bei Fehlern, die auf dem Übertragungsweg entstanden sind, kann der Vertrag unverzüglich angefochten werden. Ein entstehender Vertrauensschaden muß jedoch ersetzt werden.

Widerruf

In diesem Sinne fordern einige Autoren, daß Kunden im WWW ähnlich dem Haustürgeschäfte-Widerrufsgesetz (HWiG) unter bestimmten Bedingungen innerhalb einer Frist der Rücktritt vom Vertrag ermöglicht wird. Als problematisch für den Kunden stellt sich hierbei jedoch zunächst die Begrenztheit dieser Regelung auf deutsche Netzangebote dar.

EU-Richtlinie

Die EU-Richtlinie zum „Schutz der Verbraucher bei Vertragsabschlüssen im Fernabsatz" von 1997 regelt dieses Widerrufsrecht EU-weit. Sie muß z.T. noch in nationales Recht umgesetzt werden. Der Fernabsatz umfaßt dabei Verträge, die nach einer Bestellaufforderung per Katalog oder elektronischen Kommunikationsmitteln abgeschlossen wurden. Nach dem Grundsatz „Zufrieden oder Geld zurück", räumt die Richtlinie den Verbrauchern ein siebentägiges Rücktrittsrecht ein. Für den Kunden bringt diese Regelung große Vorteile, auch wenn möglicherweise ein hoher Aufwand und Rücksendegebühren in Kauf zu nehmen sind.

Teilzahlung im Netz

Teilzahlungskäufe oberhalb einer Bagatellgrenze von 400,– DM bedürfen nicht nur der Schriftform, sie müssen nach dem Verbraucherkreditgesetz vom Verbraucher auch eigenhändig unterzeichnet werden. Ein E-Mail-Vertrag oder eine WWW-Formular genügen hierfür also nicht. Einen Ausweg weist hier das „Versandhandelsprivileg", wonach auf die Schriftform verzichtet werden kann, wenn dem Vertrag ein Verkaufsprospekt mit allen maßgeblichen Angaben zugrunde lag. Damit sind Teilzahlungsgeschäfte im WWW, anders als bei fast allen anderen Arten des „Home- oder Teleshopping, möglich. Voraussetzung ist jedoch, daß die WWW-Seiten typische Aspekte von Katalogen oder Prospekten aufweisen.

Beweisproblem

Dennoch ergibt sich auch im WWW ein Beweisproblem: Da die WWW-Seiten jederzeit geändert werden können, kann man nachträglich nur schlecht beweisen, was zum Zeitpunkt des Vertragsabschlusses auf der relevanten WWW-Seite stand. Auch ein entsprechender Papierausdruck dürfte vor Gericht wenig nützen, da dieser Problemlos manipuliert werden kann.

Problem der Unabstreitbarkeit von Willensäußerungen

Im Zusammenhang mit der im Bereich „Sicherheit" (Abschnitt 8.2) erhobenen Forderung nach der „Unabstreitbarkeit von Willensäußerungen" ergeben sich gegenwärtig noch unangenehme Situationen. Wie ist beispielsweise die Beweisfrage im Fall, daß fremde Personen im Namen anderer widerrechtlich Verträge über das Netz abschließen? Der Anbieter von Waren und Dienstleistungen hat keine Rechtspflicht, sich über die Identität des Käufers zu informieren. Die Frage, wer denn nun beweisen muß, wer eigentlich Kunde geworden ist, ist bislang noch unbeantwortet.

Abhilfe schafft in diesem Fall nur die Verwendung von digitalen Signaturen (vgl. Abschnitt 8.2 und 8.5.1). Deren Verbreitung ist jedoch bislang eher gering, so daß sich Verkäufer nicht darauf beschränken können, nur signierte Verträge zu akzeptieren.

8.5.3 Steuerrecht

Schneider (1997) nennt zwei zentrale Fragen im Zusammenhang mit dem Steuerrecht im Internet: zum einen die Diskussion über eine eventuelle Internet- oder Bit-Steuer, zum anderen die Umsatzsteuer. Darüber hinaus prüft die Bundesregierung mögliche Auswirkungen im Bereich der Einkommenssteuer.

Bit-Steuer

Eine Bit-Steuer, also quasi die Besteuerung des Datenverkehrs im Internet, würde den Electronic Commerce sehr belasten, weshalb Präsident Clinton bereits erklärte, er werde sich dafür einsetzen, daß das Netz nicht mit zusätzlichen Steuern belastet wird. Er will die mit dem Electronic Commerce verbundenen Chancen nicht verspielen und das Internet zu einer Art „Freihandelszone" machen. Ähnliches erklärten daraufhin auch die Minister verschiedener europäischer Staaten. Abgesehen von der politischen Lage stehen derzeit aber auch keine geeigneten technologischen Grundlagen für eine entsprechende Steuer zur Verfügung.

Umsatzsteuer

Der Verkauf von Waren und Dienstleistungen im Netz unterliegt der Umsatzsteuer. Für innerdeutsche Geschäfte, seien es nun materielle Waren, die außerhalb des Netzes geliefert werden oder immaterielle Waren und Leistungen, die im Netz übertragen werden, ergeben sich daher keine Veränderungen.

Bestimmungslandprinzip

Problematisch kann es dagegen beim grenzüberschreitenden Warenverkehr werden. Es gilt das Bestimmungslandprinzip, wonach der Verbraucher den Umsatzsteuersatz (USt.) seines Herkunftslandes zu entrichten hat. Da aber Unternehmen die über das Netz in das Ausland liefern, ihren Kunden möglicher Weise keine Umsatzsteuer in Rechnung stellen können, können sie auch keine USt. an das Finanzamt abführen. In Regel können die Unternehmen nicht nachweisen, aus welchem Land der jeweilige Kunde kommt bzw. in welches Land sie exportiert haben.

EU-Ebene

Auf EU-Ebene wird derzeit überprüft, ob die bestehenden Regelungen in materieller Sicht ausreichen, um sicherzustellen, daß der in der EU stattfindende Verbrauch von Waren auch in der EU besteuert wird.

Einfuhrzoll und Einfuhrumsatzsteuer

Beim Import von Waren, z.B. aus den USA, wird an der EU-Außengrenze Einfuhrzoll (3%) sowie Einfuhrumsatzsteuer (15%) fällig. Bei materiellen Waren wird dieser Betrag meist vom Zoll eingefordert, bevor man an die Ware herankommt. Bei digitalisierten Waren und Dienstleistungen, etwa Software, die über das Internet bezogen wird, entfallen diese Abgaben, da das in der EU geltende Zollrecht auf bewegliche, materielle Sachen abstellt. D.h. die Übertragung digitalisierter Waren im Internet stellt keine Warenlieferung im Sinne des Zollrechts dar. Zölle sind daher nicht zu entrichten. Der Vorgang des Imports bleibt darüber hinaus für die Zollbehörden unentdeckt.

8.5.4 Haftungsfragen

Aufsichtspflicht in Unternehmen

Eine andere Frage betrifft die Haftung der Unternehmen für ihre Mitarbeiter. Nutzt ein Mitarbeiter eines Unternehmens einen Online-Dienst beruflich und lädt er z.B. Raubkopien von Software, Musik oder Fotos auf den Rechner des Unternehmens, so haftet nach dem Strafrecht die Person, die gehandelt hat, also der Arbeitnehmer. Zivilrechtlich könnte aber auch eine Organhaftung der Firmenleitung vorliegen, wenn diese nicht durch geeignete Maßnahmen dafür gesorgt hat, daß ihre Mitarbeiter keine Rechtsbrüche begehen. Man spricht hier vom Vorliegen eines Organisations-, Aufsichts- oder Kontrollverschuldens.

Haftungsausschluß von Informationsanbietern

Informationsanbieter dagegen versuchen, sich von der Haftung für fehlerhafte Informationen und für daraus entstehende Schäden durch Musterverträge und Allgemeine Geschäftsbedingungen, die sie ihren Verträgen zugrunde legen, zu befreien. Entnehmen Unternehmen beispielsweise wichtige Daten für Prognosen oder ähnliches aus Online-Datenbanken, können sie den Anbieter nicht für fehlerhafte Informationen zur Rechenschaft ziehen.

Haftung von Online-Diensten für Inhalte

Mitte der neunziger Jahre wurde die Frage diskutiert, ob Online-Dienste für die durch sie verbreiteten illegalen Inhalte haften. Die Firma CompuServe beispielsweise hat wegen des Vorwurfs der Verbreitung von Kinderpornographie zunächst den Zugang zu ca. 200 Newsgroups mit sexuellen Themen gesperrt. Die Staatsanwaltschaft München ermittelte. Die Restriktionen wurden für fünf Gruppen aufrecht erhalten und die übrigen Gruppen später wieder zugänglich gemacht.

Verantwortlichkeitsregelung im IuKDG

Bei den Inhalten ergibt sich auch das Problem, daß bestimmte Inhalte in einigen Ländern verboten, in anderen aber völlig legal sind. Das Multimedia Gesetz hier hat für Deutschland klare Verhältnisse bezüglich der Haftung geschaffen (vgl. Abschnitt 8.5.1.).

Communications Decency Act

Auch der Communications Decency Act (CDA), den US- Präsident Clinton im Februar 1996 unterzeichnete, soll kurz erwähnt werden. Er soll der Moral im Netz auf die Sprünge helfen und verbietet neben der Verbreitung von Pornographie auch den Gebrauch von bestimmten Schimpfwörtern. Als Protest gegen die Zensur wurde eine Kampagne gestartet, die mit einer blauen Schleife auf das Problem „Zensur im Netz“ aufmerksam machen will.

8.5.5 Internationales Recht

Internationale Geschäfte

Hindernisse für den elektronischen Geschäftsverkehr ergeben sich aus der Tatsache, daß Geschäfte im Internet häufig zwischen internationalen Beteiligten ablaufen und daher bei vertragsrechtlichen Streitigkeiten oft ausländisches Recht gilt, speziell für Geschäftskunden. Damit wird es für den Kunden, aber auch für Unternehmen, oft schwer, das eigene Recht durchzusetzen.

Völkerrechtliche Verträge

Dennoch können Verbraucher im Rahmen völkerrechtlicher Verträge deutsche Gerichte anrufen, die nach deutschen Recht über alle Fragen des Abschlusses, der Wirksamkeit, des Inhalts und der Erfüllung von Verträgen entscheiden. Das Urteil garantiert jedoch noch nicht seine Durchsetzung im fremden Land. Ohne entsprechende finanzielle Ressourcen kann bereits der Prozeß, aber auch die Durchsetzung des Urteils im Ausland eine unüberwindbar große Hürde darstellen. Dazu kommt oftmals die Langwierigkeit der Verfahren und der damit verbundene Ärger.

Export von Informationsprodukten

Exportgesetze

Ein anderer Aspekt des internationalen Im- und Exports im Internet ist die Konfrontation mit Einfuhr- und Ausfuhrbestimmungen anderer Länder. Die Versendung von Information bzw. Informationsprodukten im Netz unterliegt Exportgesetzen. Exporte müssen z.B. in den USA generell lizensiert werden. Bei einem internationalen Computernetz wie dem Internet können sowohl Waren als auch Dienstleistungen exportiert werden, ohne daß sich die jeweiligen Nutzer darüber im klaren sind. In den USA gilt zwar zunächst die „General Licence", nach der alles exportiert werden darf, was nicht explizit Beschränkungen unterliegt. Beschränkungen gelten allerdings z.B. für den Export von „Netzwerk-Software" und sogenannter „harter Verschlüsselungstechnologie", die praktisch Waffen gleichgestellt ist.

Einfuhr- und Ausfuhrzölle

In der Bundesrepublik sind ebenfalls Einfuhr- und Ausfuhrbestimmungen zu beachten. Werden Waren oder Dienstleistungen entgeltlich über das Internet versandt, werden jedoch keine Einfuhr- bzw. Ausfuhrzölle fällig (vgl. 8.5.4). Außerdem müssen Einfuhren und Ausfuhren ab bestimmten Beträgen dem Statistischen Bundesamt gemeldet werden. Der Im- und Export von Software oder von Dienstleistungen, wie etwa Rechenzeiten auf Großrechnern, über Datenleitungen wird jedoch von niemandem kontrolliert.

8.5.6 Datenschutz

Schutz der Daten, Schutz der Bürger

Der Begriff „Datenschutz" umfaßt die Maßnahmen zum Schutz der Bürger, die durch das Bundesdatenschutzgesetz (BDSG) von 1978 und die EU-Datenschutzrichtlinie vom 24.10.1995 vorgegeben sind. Das BDSG schützt die Bürger vor Eingriffen in ihre Privatspähre, zu der auch die Daten über eine Person gehören. Des weiteren sollen die Bürger vor einer Störung des Informationsgleichgewichts geschützt werden, d.h. davor, daß z.B. Unternehmen oder öffentliche Stellen durch die Sammlung personenbezogener Daten in die Lage versetzt werden, ihre Informationsmacht auszunutzen.

Anwendung

Das BDSG findet nur Anwendung, wenn keine bereichsspezifischen Datenschutzregelungen, wie z.B. aus dem Telekommunikations- oder Medienrecht vorrangig sind. Tabelle 8.9 gibt einen Überblick über die beiden Bereiche.

Tab. 8.9: Datenschutz

Datenschutz: Maßnahmen zum Schutz der Bürger vor	
Eingriffen in die Privatsphäre	*Störung* des Informationsgleichgewichts
durch	
Datenschutzgesetz: Speicherung und Verarbeitung grundsätzlich verboten, nur erlaubt, falls Rechtsvorschrift dies verlangen oder die Einwilligung des Betroffenen vorliegt.	

Quelle: in Anlehnung an Zilahi-Szabò 1993

Inhalt

Das Datenschutzgesetz ist eine Konkretisierung des allgemeinen Persönlichkeitsrechts in Bezug auf den Umgang mit personenbezogenen Daten. Es sichert das Recht auf informationelle Selbstbestimmung. Es gilt für öffentliche und private Stellen, soweit sie für berufliche oder gewerbliche Zwecke Daten verarbeiten. Die rein private Nutzung von Daten ist also erlaubt.

Personenbezogene Daten

Personenbezogene Daten sind Angaben über persönliche oder sachliche Verhältnisse einer bestimmten oder bestimmbaren Person, wie z.B. Anschrift, Telefonnummer, Aufenthaltsorte, Eßgewohnheiten, Geburtstag, Kontakte, etc. Die Verarbeitung (Speicherung, Änderung, Nutzung, Weiterleitung) personenbezogener Daten ist nur dann zulässig, wenn dies durch eine Rechtsvorschrift (z.B. ein Gesetz) erlaubt wird oder der Betroffene ausdrücklich eingewilligt hat. Eine Ausnahmen stellen Daten dar, die allgemein zugänglichen Quellen (z.B. Telefonbuch) entnommen werden können.

Arten

Man unterscheidet vier Arten von personenbezogenen Daten:

- Bestandsdaten, z.B. Name und Anschrift,
- Verbindungsdaten, z.B. Verbindungsdauer, Internet-Adresse,
- Abrechnungsdaten, z.B. Art und Dauer genutzter entgeltpflichtiger Dienste,
- Inhaltsdaten, z.B. Gespräche in Chat-rooms oder Inhalte von E-Mails.

Tabelle 8.10 gibt eine Übersicht, in welchen Situationen der Online-Nutzung mit personenbezogenen Daten umgegangen wird und welche Gefahren damit verbunden sind

Tab. 8.10: Gefahren für das Persönlichkeitsrecht im Internet

Stationen der Online-Nutzung	*Umgang mit personenbezogenen Daten*	*Gefahren eines Mißbrauchs personenbezogener Daten*
Registrierung	Übermittlung personenbezogener Daten	Meinungsäußerungen, Kontobelastungen mit falscher Identität
Anmeldung	Auf dem PC hinterlegte Paßwörter	Mißbrauch der Benutzeridentität, s.o.
Online-Sitzung	Nutzer anhand Benutzer-ID identifizierbar	Erstellung von Kommunikations- und Nutzerprofilen
Auslandsdatenverarbeitung	Datenzugang und -verarbeitung geographisch getrennt	schwächere Datenschutzbestimmungen im Ausland

Quelle: in Anlehnung an: Seidel 1/1997

Problemfeld Datenschutz im Internet

Der Datenschutz im Internet entspricht in der Regel nicht den deutschen Gesetzen. Die fast 5% der Internet Hosts auf der Welt, die auf deutschem Boden stehen, müssen jedoch die vom Datenschutzgesetz vorgegebenen Auflagen erfüllen. Auch dies geschieht nicht immer. So werden z.B. häufig die beim Besuch eines Servers registrierten Nutzeradressen, Nutzungsdaten und Statistiken in öffentlich zugänglichen Dateien aufbewahrt.

Technische und organisatorische Maßnahmen

Nach dem Bundesdatenschutzgesetz müssen Unternehmen nicht nur sicherstellen, daß Unbefugte keinen Zugang zu persönlichen Daten erhalten, sondern außerdem durch „technische und organisatorische Maßnahmen" dafür Sorge tragen, daß ihre Angestellten im Netz keine illegalen Handlungen unternehmen.

TDDSG

Eine Anpassung des Bundesdatenschutzgesetzes an die neuen technologischen Möglichkeiten im Bereich der Online-Dienste ist durch das im August 1997 in Kraft getretene TDDSG (Teledienstedatenschutzgesetz) erfolgt.

Danach gelten für die Anbieter von Telediensten folgende datenschutzrechtlichen Grundsätze:

- Personenbezogene Daten dürfen von Telediensteanbietern nur erhoben, verarbeitet und genutzt werden, soweit es das TDDSG oder ein anders Gesetz erlaubt oder der Nutzer eingewilligt hat.

- Anbieter von Telediensten dürfen die erhobenen Daten nur dann für andere Zwecke verwenden, wenn es das TDDSG oder ein anders Gesetz erlaubt oder der Nutzer eingewilligt hat.
- Die Erbringung von Diensten darf nicht von der Einwilligung zur Speicherung abhängig gemacht werden.
- Bei der technischen Gestaltung der Teledienste sollen möglichst wenig personenbezogene Daten erhoben und verarbeitet werden.
- Der Nutzer ist vor der Erhebung über Art, Umfang, Ort und Zweck der Erhebung und Verarbeitung zu unterrichten.
- Nutzer sind auf ihr Recht zum Widerruf der Einwilligung hinzuweisen. Auch die elektronische Einwilligung ist möglich.

Nutzungsprofile

Die Erstellung von Nutzungsprofilen ist verboten. Sie ist nur zulässig unter Verwendung von Pseudonymen. Das TDDSG konkretisiert die Möglichkeiten der Datenerhebung auch speziell hinsichtlich der jeweiligen Datentypen (Bestands-, Nutzungs- und Abrechnungsdaten). Darüber hinaus schreibt es eine von technischen und organisatorischen Vorkehrungen vor, die dem Nutzer Anonymität und Pseudonymität gewährleisten sollen, soweit dies technisch möglich und zumutbar ist.

8.5.7 Urheberrecht

Schutz geistigen Eigentums

Eigentumsrechte umfassen materielle und immaterielle Güter. Der Schutz des Eigentums ist meist in den Verfassungen demokratischer Staaten geregelt. Dennoch wird die unrechtmäßige Aneignung von materiellen Gütern als Diebstahl bewertet, während das Kopieren und die Nutzung immaterieller, in diesem Fall digitalisierter Waren und Dienstleistungen, häufig als Kavaliersdelikt betrachtet wird.

Copyrights

Der Schutz immateriellen Eigentums wird durch Urheberrechte (Copyrights) und bei Software zum Teil auch durch Patente erreicht. Diese Schutzrechte werden im Internet häufig nicht beachtet. Die Rechtsabteilungen von Verlagen müssen beispielsweise verstärkt mit Unterlassungsklagen gegen Copyrightverletzungen vorgehen. Dabei hinken die Gesetze der technologischen Entwicklung hinterher. Die Angebote von Online-Diensten sind meist nicht urheberrechtlich geschützt. Entsprechend weiß niemand genau, welche Rechtsvorschriften anzuwenden sind.

Ein spezieller Vertragstyp, der solche informationsrechtlichen Probleme regelt, fehlt bislang.

Datenbanken und Urheberschutz

Während Musik, Literatur und Software in Deutschland explizit durch §2 des Urhebergesetzes (UrhG) zu schützen sind, fehlte ein solcher expliziter Schutz bislang für Datenbanken. Die Frage, ob Datenbanken eine persönliche, geistige Schöpfung bzw. ein Sammelwerk (§4 UrhG) darstellen und damit geschützt sind, ist auch in der EU und in den USA umstritten. 1995 hat daher die EU einen Richtlinienentwurf zur Prüfung an die nationalen Justizministerien geleitet, um eine EU-einheitliche Lösung vorzubereiten. Das Multimediagesetz hat diese Lücke geschlossen und Datenbanken ausdrücklich urheberrechtlich geschützt (vgl. Schneider 1997).

Experiment zum Copyright

An der Universität von Illinois wurde Ende 1994 ein Versuch für das erste elektronische Copyrightsystem gestartet. Der Versuch wird von der Library of Congress sowie der ARPA (Advanced Research Projects Agency) des US-Verteidigungsministeriums unterstützt. Dabei müssen codierte Texte anhand einer Volltextbeschreibung ausgewählt, bezahlt und danach mit speziellen Schlüsseln dekodiert werden. Ob sich ein solches System jedoch durchsetzt, bleibt fraglich, da es sich gegen ein Grundprinzip des Internet wendet, den kostenlosen Informationsaustausch.

8.6 Akzeptanzprobleme

Unter dem Stichwort Akzeptanzprobleme sollen hier die nutzer- und unternehmensseitig auftretenden Vorbehalte gegen das Internet angesprochen werden.

Soziales

Zu den personellen und sozialen Barrieren gehören die Akzeptanzprobleme, unter denen neue Technologien bei Teilen der Bevölkerung leiden. Daneben sind auch Qualifikationsengpässe und -defizite bei den potentiellen Anwendern zu berücksichtigen. Ein weiterer Faktor ist die bereits erwähnte Kommerzfeindlichkeit der Nutzer bestimmter Teile des Internet.

8.6.1 Nutzerakzeptanz

Vorbehalte gegen Homeshopping

Akzeptanzprobleme gibt es zum einen generell gegenüber Computern und zum anderen speziell gegenüber dem Online-Shopping. Deutschland kann zwar eine sehr hohe Dichte bei Glasfaserkabeln und digitalisierter Telekommunikation aufweisen, doch die Nutzung und Verbreitung neuer Kommunikationsmedien ist in Großbritannien, den Niederlanden, Frankreich oder den USA deutlich weiter gediehen als in Deutschland. Die Technikaufgeschlossenheit der Deutschen scheint eher gering ausgeprägt zu sein. Nicht nur bei den privaten Haushalten, sondern auch bei den Unternehmen hinkt der Einsatz moderner Telekommunikation hinter den vorhandenen Möglichkeiten hinterher.

Sprachbarriere und inhaltliche Ausrichtung

Als Akzeptanzbremse wirkt sich auch die sprachliche und inhaltliche Ausrichtung der Internet-Angebote auf den angloamerikanischen Markt aus. Die überwiegende Zahl der Angebote im Internet liegt in englischer Sprache vor. Angebote in anderen Sprachen werden oft als Zweitversion in englischer Sprache angeboten. Dies dürfte potentielle Kunden mit mangelnden englischen Sprachkenntnissen abschrecken und sie z. B. in Richtung T-Online als deutschsprachiges Medium lenken. Zusätzlich sind bei T-Online auch die Inhalte auf deutsche Konsumenten abgestimmt. Eine Liste mit deutschsprachigen WWW-Angeboten findet sich unter `http://www.web.de/`.

Generationenfrage

Weiterhin dürfte die Anwendung des Internet auch eine Generationenfrage sein. Die heutigen Teenager wachsen mit Computern, Multimedia und Online-Anwendungen auf und erfüllen damit bereits die Grundvoraussetzungen für die Internet-Nutzung. In dieser Generation dürfte das Internet keine Akzeptanzprobleme haben.

8.6.2 Unternehmensakzeptanz

Neben der Akzeptanz der Nutzer spielt die Akzeptanz des Internet im Unternehmen eine Rolle bei der zukünftigen Nutzung. Gerade in Deutschland lauern hier in vielen Betrieben regelmäßig Vorbehalte – nicht nur gegenüber dem Internet, sondern allgemein gegenüber technologischen Neuerungen. Diese Phänomen betrifft verstärkt kleine und mittlerer Unternehmen, aber nicht nur diese. Auch bei Großunternehmen liegt der Einsatz moderner Kommunikationstechnologien hinter anderen Ländern zurück.

Akzeptanzdeterminanten

Hensmann, Meffert, Wagner (1996) haben die Akzeptanzdeterminanten multimedialer Kommunikationstechnologien im Marketing systematisiert. Danach sind zum einen medienspezifische und zum anderen unternehmensspezifische Faktoren relevant. Bei den medienspezifischen Bestimmungsgründen lassen sich Merkmale des Mediums selbst und Merkmale der Medienkonzeption bzw. des Medieneinsatzes unterscheiden. Merkmale des Mediums sind z.B. die Komplexität oder das mit dem Einsatz des

Mediums verbunden Risiko. Im Rahmen der Medienkonzeption hängt die Beurteilung neuer Medien u.a. von deren speziellen Aufgaben und den mit dem Medieneinsatz verbundenen Zielen ab.

Unternehmens-spezifische Faktoren

Auf der Seite der unternehmensspezifischen Faktoren können organisationsspezifische Merkmale und Merkmale der jeweiligen Entscheider unterschieden werden. Zu ersteren zählen z.B. die Größe der Unternehmung und deren Organisationsstruktur. Relevante Merkmale der Entscheider sind u.a. deren Alter, Ausbildung sowie deren Risikobereitschaft. Abbildung 8.8 zeigt das Modell.

Abb. 8.8: Die Akzeptanz neuer Medien im Unternehmen

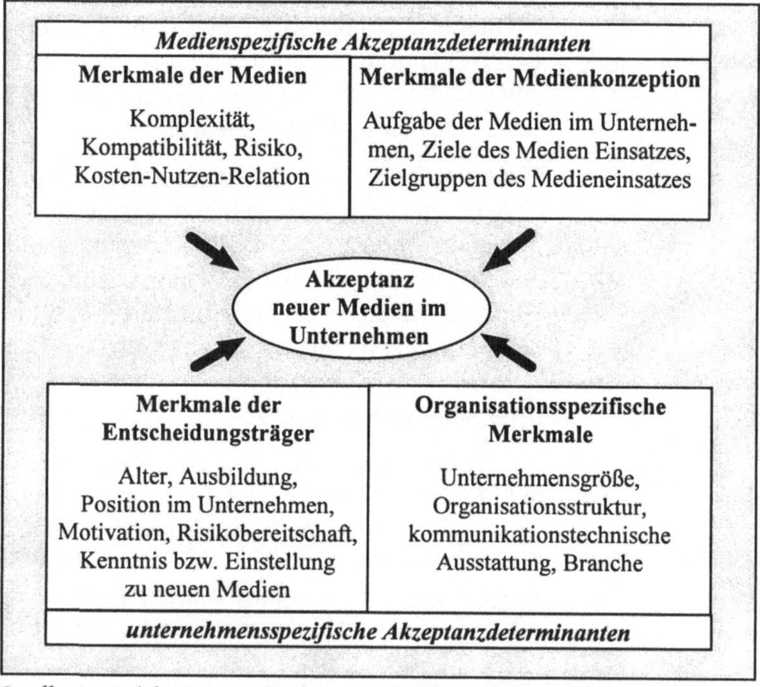

Quelle: in Anlehnung an Hensmann, Meffert, Wagner 1996.

Literatur

Bauer, Alfred; Holzer, Jan; Weidner, Klaus: Firewalls und Codierung: Hohe Hürden für ungebetene Besucher, in: Computerwoche, 22. Jg., 1995, Heft 8, S. 66-68.

Bundesregierung: Initiative Elektronischer Geschäftsverkehr, Bonn 1997.

Cheswick, W.R.; Bellovin, S.M.: Firewalls und Sicherheit im Internet. Mit einem Beitrag über das deutsche Recht in diesem Bereich, Bonn 1996.

Gramlich, Ludwig: Rechtliche Probleme, in: Hünerberg, Reinhard; Heise, Gilbert; Mann, Andreas: Handbuch Online-Marketing, Landsberg/Lech 1996.

Hensmann, J.; Meffert, H.; Wagner, P.-O.: Marketing mit multimedialen Kommunikationstechnologien - Einsatzfelder und Entwicklungsperspektiven, Arbeitspapier 101, Wissenschaftl. Gesellsch. f. Marketing und Unternehmensführung, Münster 1996.

Hitzges, Arno; Köhler, Susanne: Elektronisch Publizieren : ein Leitfaden für den Online-Verleger, Fraunhofer-Institut, IAO, Stuttgart 1997.

Kraus, Boris M.: Sicherheit im Electronic Banking-Umfeld, in: *Thome, Rainer; Schinzer, Heiko:* Electronic Commerce, München 1997, S. 137-158.

Oelsnitz, Dietrich v. d.; Müller, Martin: Einsatzpotentiale und Diffusionsbarrieren eines neuen Mediums, in: Die Unternehmung, Nr. 4, 1996, S. 261-278.

Schneider, Silke: Juristische Aspekte des Electronic Commerce, in: *Thome, Rainer; Schinzer, Heiko:* Electronic Commerce, München 1997, S. 159-182.

Seidel, Uwe M.: Online-Dienste und Internet : Ein Problem aus juristischer Sicht?, in: WiSt, Heft 1, 1997, S. 643-649.

Seidel, Uwe M.: Rechtliche Rahmenbedingungen für eine multimediale Gesellschaft, in: WiSt Heft 12, 1997, S. 643-649.

Stietmann, Richard: Electronic Cash : Der Zahlungsverkehr im Internet, Stuttgart 1997.

Zentes, Joachim: Neue Technologien in der Marketingkommunikation : Der Einsatz neuer technologischer Medien im Marketing, in: *Simon, Hermann* (Hrsg.): Marketing im technologischen Umbruch, Stuttgart 1987, S. 109-116.

Zilahi-Szabó, Miklos G.: Wirtschaftsinformatik, München, Wien, 1993.

9 Resümee und Ausblick

Haupteinsatzmöglichkeiten

Zusammenfassend kann festgestellt werden, daß es eine Reihe kommerzieller Einsatzmöglichkeiten für das Internet gibt, daß allen jedoch unterschiedlich starke Einschränkungen entgegenstehen. Wie ich versucht habe herauszuarbeiten, liegen die Haupteinsatzmöglichkeiten des Netzes in den drei Bereichen Informationsbeschaffung, Kommunikation und Marketing. Im Marketing liegen die Schwerpunkte in den Bereichen Marktforschung, Kommunikationspolitik, hier besonders Werbung, sowie Distributionspolitik insbesondere Absatz und Transport digitaler Waren und Dienstleistungen.

Zusatzangebot

Das Netz stellt ein Zusatzangebot zu bestehenden Medien dar. Es wird traditionelle Werbemedien und Werbeträger nicht verdrängen und auch in den nächsten zehn Jahren keinen der traditionellen Absatzkanäle völlig überflüssig machen.

Effizienzsteigerung

Von den Informations- und Kommunikationsmöglichkeiten intern wie extern können vor allem in größeren Unternehmen alle betrieblichen Funktionsbereiche profitieren. Besonders die interne Kommunikation – Stichwort Intranet – birgt größere Effizienzsteigerungspotentiale. Dies gilt besonders für international tätige Firmen. Daneben können auch die Kommunikationskosten in bestimmten Bereichen reduziert werden.

Einschränkungen beim Absatz im Netz

Generell ist die Anwendung des Internet in den Bereichen Informationsbeschaffung und Kommunikation einfacher und problemloser als im Bereich Marketing. Die Nutzung des Internet als Absatzweg bzw. für Marketingaktivitäten erfordert größeren finanziellen Aufwand. Während es im Bereich Information, Kommunikation und Werbung kaum eine Branche gibt, die das Internet nicht nutzen kann, gibt es vor allem im Bereich Absatz und Transport deutlichere Einschränkungen hinsichtlich der Tauglichkeit für bestimmte Branchen und Produkte bzw. den Einsatz des Internet im Rahmen bestimmter Strategien.

Hindernisse

Die Hindernisse der kommerziellen Nutzung ergeben sich vielfach aus der „Unausgereiftheit" des Mediums. Besonders Kostenaspekte, Bandbreitenprobleme und dadurch verursachte Wartezeiten im Netz, Sicherheitsdefizite und rechtliche Probleme behindern die Entwicklung des Netzes. Diese Probleme haben u.a. Akzeptanzprobleme auf Seiten der Unternehmen wie auf Seiten der Verbraucher zur Folge.

Nutzerzahlen

Ob die optimistischen Wachstumsprognosen verschiedener Markt- und Meinungsforschungsinstitute aufrecht gehalten werden können, scheint zweifelhaft. 120 Mio. Hosts weltweit zur Jahrtausendwende etwa sind beim derzeitigen Stand der Entwicklung nicht mehr zu realisieren. Auch die Nutzerzahlen werden sich daher entsprechend langsamer als vielfach erhofft entwickeln. Besonders die Wartezeiten im WWW bremsen die Euphorie und den Zustrom neuer Nutzer. Hier werden erst Technologieschübe mit deutlichen Verbesserungen der Geschwindigkeiten im Netz bei gleichzeitig verringerten Kosten für eine zufriedenstellende Entwicklung sorgen.

Zusammenschlüsse

Für die Zukunft zeichnen sich verschiedene Entwicklungstrends ab. Die Probleme der Internet-Nutzung für Unternehmen sind von den bereits im Netz engagierten Firmen speziell in den USA erkannt worden. Verschiedene Software- und Computerfirmen haben sich dort zur Lösung der Probleme zu Arbeitsgemeinschaften, wie dem CommerceNet, zusammengeschlossen.

Adreßraum, Kapazität und Informationschaos

Speziell die Abrechnungstechnik sowie die Sicherheitsprobleme dürften mittelfristig, d.h. spätestens bis zur Jahrtausendwende, gelöst sein. Auch die Kapazitätsprobleme sowie der knapper werdende Adreßraum stellen lösbare Probleme dar. Das „Informationschaos" wird sich, da es strukturell bedingt ist, weiterhin im Internet halten und damit auch Ausdruck seiner Vitalität sein.

Individuelle Entscheidungen

Bei der aktuellen Entscheidung für oder gegen den Einstieg ins Internet muß letztendlich jedes Unternehmen selbst prüfen, inwieweit es die Möglichkeiten des Internet für sich nutzen kann und will. Angesichts der insgesamt vergleichsweise geringen Investitionen der Internet-Nutzung stehen den genannten mittelfristigen Chancen recht geringe und kalkulierbare Risiken gegenüber. Darüber hinaus stellt das Internet eine der Zukunftstechnologien dar. Sie wird langsam zur Gegenwartstechnologie werden, wie vor ihr das Telefon und das Fax. Ihre frühzeitige Nutzung und die Beherrschung der neuen Spielregeln ist hinsichtlich der Konkurrenz- und Wettbewerbsfähigkeit von Unternehmen ein Muß.

Kinderkrankheiten

Mittelfristig wird sich das Internet inhaltlich und technologisch weiterentwickeln und die „Kinderkrankheiten" überwinden. Spätestens dann wird das Netz in einer Reihe von Branchen und

Märkten das bisherige Geschäftsgebaren grundlegend und nachhaltig verändern. Es gilt, sich frühzeitig darauf einzustellen.

Konkurrenz digitales Fernsehen

Die Konkurrenz des Internet besteht zum einen aus den kommerziellen Online-Diensten und zum anderen aus der Entwicklung des Interaktiven Fernsehens. In den USA, die Schrittmacher der neuen Technologien sind, haben über 96% der Haushalte einen Fernseher, aber höchstens ein Drittel verfügt über einen PC. Die weite Verbreitung sowie die besseren Voraussetzungen für digitales Fernsehen und Video-on-Demand via Set-Top-Box sind große Vorteile des TV gegenüber dem PC als Internet-Endgerät. Außerdem sind beim TV-Gerät keine Computerkenntnisse nötig. Die TV-Fernbedienung und eine Tastatur reichen aus.

Web-TV-Box

Mittlerweile sind auch in Deutschland Angebote für Web-TV-Boxen zu einem Preis von ca. 500,– DM im Handel. Diese Zusatzgeräte auf dem Fernseher werden mit der Telefonsteckdose und dem Fernseher verbunden und ermöglichen die Nutzung des Internet am Fernseher. Voraussetzung zur Internet-Nutzung sind damit nicht länger der PC mit Modem sowie entsprechende Fähigkeiten und Kenntnisse im Umgang mit Computern und Software. Einer Studie der Jupiter Communications zufolge sollen netzfähige Fernsehgeräte bis zum Jahr 2002 rund 15 Mio. Haushalten Internet-Zugang gewähren.

Internet-PCs

Es werden auch sogenannte Internet-PCs angeboten, deren Ausstattung speziell auf das Netz zugeschnitten ist, und auch die Handhabung von Computern wird durch optimierte Software immer einfacher. Dennoch ist nicht davon auszugehen, daß das Internet mittelfristig eine entsprechende Verbreitung in den privaten Haushalten finden wird, um dem Fernsehen ernsthafte Konkurrenz machen zu können. Dies gilt auch angesichts der Tatsache, daß in den Vereinigten Staaten die Kabelfernsehgesellschaften über ihre Leitungen auch Online-Dienste und Internet-Zugänge mit Geschwindigkeiten von zehn Mbps anbieten werden. Ein ähnlicher, regional begrenzter Versuch eines Kabelfernsehunternehmens läuft bereits in Österreich. Dort werden ebenfalls Internet-Zugänge mit zehn Mbps angeboten (vgl. 8.2).

Bestandteil der Gesellschaft

Langfristig, d.h. in 10 bis 15 Jahren, wird sich das Internet in Nordamerika und Europa neben anderen Online-Diensten sowie Zeitung, Radio und TV als alltäglicher Bestandteil der Gesellschaft etablieren. Zunächst werden – ähnlich der Verbreitung des PC – viele Menschen im Rahmen ihrer Arbeit in ihren Büros mit dem Internet konfrontiert werden. Speziell E-Mail wird sich als Zugpferd der weiteren Internet-Entwicklung erweisen.

Zielgruppen

Von den Büros aus wird das Internet den Weg in die privaten Haushalte finden. Bevölkerungsteile, die über ein höheres Bildungsniveau verfügen, werden als Informationskanal neben den Printmedien und dem Fernsehen stärker auch das Internet nutzen. Andere Bevölkerungsteile werden sich stärker unterhaltungsorientierten, deutschsprachigen Online-Angeboten zuwenden.

Acta 97

Die weiterhin positive Entwicklung der Online-Nutzung wird auch durch die Ergebnisse der Acta 97, einer Studie des Allensbacher Instituts für Demoskopie, gestützt. Von den Rund 2.000 befragten Online-Nutzern wollten nur 2% ihre Online-Nutzung reduzieren. Dagegen gaben 15% der rund 10.000 Befragten ohne Internet-Zugang an, sich stark für den Bereich Online-Medien zu interessieren. 6% der befragten Nicht-Onliner hatten sogar schon konkrete Anschaffungspläne für Modem und Online-Zugang geschmiedet.

Acceptable Use Policy (Beispiel)

MichNet Acceptable Use Policy

Acceptable Use

This statement represents a guide to the acceptable use of MichNet. Any Member or Affiliate connected to MichNet in order to use the Michigan statewide network, or any other networks which are used as a result of their MichNet connection, such as NSFNET, must comply with this policy and the stated purposes and Acceptable Use policies of any other networks or hosts used.

Each Member and Affiliate organization is responsible for the activity of its users and for ensuring that its users are familiar with the MichNet Acceptable Use Policy or an equivalent policy. In addition, it is expected that each Member and Affiliate will maintain and enforce its own Acceptable Use policies. At a minimum, Merit expects such policies will include:

(1) To respect the privacy of other users; for example, users shall not intentionally seek information on, obtain copies of, or modify files, other data, or passwords belonging to other users, or represent themselves as another user unless explicitly authorized to do so by that user.

(2) To respect the legal protection provided by copyright and license to programs and data.

(3) To respect the integrity of computing systems; for example, users shall not intentionally develop programs that harass other users or infiltrate a computer or computing system and/or damage or alter the software components of a computer or computing system.

The following policies and guidelines will be applied to determine whether or not a particular use of MichNet is appropriate:

(1) The intent of this policy is to make clear certain uses which are consistent with the purposes of MichNet, not to exhaustively enumerate all such possible uses.

(2) Merit may at any time make determinations that particular uses are or are not consistent with the purposes of MichNet.

(3) If a use is consistent with the purposes of MichNet, then activities in direct support of that use will be considered consistent with the purposes of MichNet. For example, administrative communications in support of acceptable activities will be permitted.

(4) Malicious use is not acceptable. Use should be consistent with guiding ethical statements and accepted community standards. MichNet may not be used in ways that violate applicable laws or regulations. Use of MichNet and any attached network in a manner that precludes or significantly hampers its use by others is not allowed.

(5) Connections which create routing patterns that are inconsistent with the effective and shared use of the network may not be established.

(6) Unsolicited advertising is not acceptable. Advertising is permitted on some mailing lists and news groups if the mailing list or news group explicitly allows advertising. Announcements of new products or services are acceptable.

(7) Use of the network for recreational games is not acceptable when such use places a heavy load on scarce resources (e.g. dial-in phone lines).

Remedial Action

When Merit learns of possible inappropriate use, Merit staff will notify the Member or Affiliate responsible, which must take immediate remedial action and inform Merit of its action. In an emergency, in order to prevent further possible unauthorized activity, Merit may temporarily disconnect that Member or Affiliate from MichNet. If this is deemed necessary by Merit staff, every effort will be made to inform the Member or Affiliate prior to disconnection, and every effort will be made to re-establish the connection as soon as it is mutually deemed safe.

Any determination of non-acceptable usage serious enough to require disconnection shall be promptly communicated to every member of the Merit Board of Directors through an established means of publication.

B Glossar und Abkürzungsverzeichnis

Account Zugangsberechtigung zu einem Rechner, einer Mailbox oder einem Online-Dienst.

Analoge Datenübertragung Datenübertragung mittels kontinuierlicher, stetiger Signalschwankungen (elektrische Schwingungen). Gegenteil: digitale Datenübertragung

Anonymous FTP Ein „Anonymous FTP"-Server erlaubt einem Nutzer, Dateien bzw. Daten abzuholen, ohne ein Benutzerpaßwort angeben zu müssen. Durch Angabe des Benutzernamens „ftp" umgeht der Anwender die üblichen Zugangskontrollen des Systems und erhält Zugang zu den der Allgemeinheit zur Verfügung stehenden Dateien auf dem FTP-Server.

AOL America Online Größter kommerzieller Online-Dienst der Welt

Applet Kleines Java Programm, welches in HTML-Seiten eingebunden werden kann.

Archie Ein Internet-Dienst, mit dessen Hilfe nach öffentlich zugänglichen Dateien, die auf FTP-Servern gespeichert sind, gesucht werden kann.

ARPANET Advanced Research Projects Agency Network. Ein Computernetz, das zu Beginn der siebziger Jahre zu Forschungszwecken aufgebaut wurde. Die Software und die grundlegenden Konzepte des heutigen Internet haben hier ihren Ursprung. Das ARPANET existiert heute nicht mehr.

ASCII American Standard Code for Information Interchange. Weltweite Norm, wie Buchstaben und Sonderzeichen in binären Code übersetzt werden.

ATM Asynchronous Transfer Mode. Asynchrone Übertragungstechnik für Hochleistungsnetze auf Breitbandbasis.

AUP Acceptable Use Policy. Die Acceptable Use Policies stellen in vielen Netzwerken explizit formulierte Regeln für die Benutzung des Rechnerverbundes dar. Sie regeln, was im jeweiligen Netz erlaubt und was verboten ist.

Backbone	Unter einem Backbone versteht man das „Datenrückgrat“, sprich die Hauptleitungen eines Rechnernetzes.
BDSG	Bundesdatenschutzgesetz. Gesetz zur Regelung des Datenschutzes in Deutschland.
Bandbreite	Maß für die Übertragungskapazität von Datenleitungen. Gleichzeitig Differenz zwischen der höchsten und niedrigsten Frequenz, mit der elektronische Schwingungen in einem Medium übertragen werden.
Baud	Die Anzahl von Signaländerungen pro Sekunde bei der Datenübertragung mit einem Modem. Ein 14400-Baud-Modem z.B. ändert den elektrischen Status des Signals, das es über die Telefonleitung sendet, 14400 mal in der Sekunde. Da sich jede Änderung auf mehrere Bits beziehen kann, ist die tatsächliche Übertragungsrate der Daten u. U. höher als die Baudrate.
BBS	Bulletin Board System. Ein BBS besteht aus einem Computer und der dazugehörigen Software. Es werden neben Dateiarchiven häufig noch weitere Services angeboten. In Deutschland werden die meisten BBS hobbymäßig betrieben. In den USA betreiben auch Bildungs- und Forschungseinrichtungen solche Systeme.
Bit	Binary Digit. Kleinste Informationseinheit auf Basis des binären Zahlensystems (kann den Wert 0 oder 1 annehmen).
BITNET	„Because It's Time Network“. Ein akademisches Computernetz, das interaktive E-Mail und File-Transfer-Services anbietet. Es wird ein eigenständiges Protokoll verwendet (Store-and-Forward-Protokoll), das auf den IBM-Job-Entry-Protocols basiert. Gateways zum Internet sind vorhanden.
BMFT	Bundesministerium für Forschung und Technologie
Bps	Bit per second. Bits pro Sekunde: die Geschwindigkeit, mit der Bits z.B. über eine Telefonleitung übertragen werden.
Bridge	Brücken- oder Verbindungsrechner zwischen zwei gleichartigen, lokalen Computernetzen.
Browser	Software, mit der man im World Wide Web bzw. im Internet navigieren kann. Siehe auch *Mosaic, Microsoft Internet Explorer* und *Netscape Navigator*.
Byte	Zusammenfassung von acht Bit. Zur Darstellung bzw. Übertragung eines Zeichens wird in der Regel ein Byte benötigt.
Carrier	Bezeichnung für private Telekommunikationsnetzbetreiber, z.B. Telekom, VIAG, Vebacom. Auch Trägersignal beim Modem.

CBT	Computer Based Training. Computerbasierte Aus- und Fortbildungsmaßnahmen
CC	(Carbon Copy) Durchschrift. Zweites Adreßfeld einer E-Mail, in die ein oder mehrere zusätzliche Empfänger eingetragen werden können.
CERT	Computer Emergency Response Team. Organisation die sich der Computersicherheit widmet. Ansprechpartner bei Verdacht auf Hacker, Viren, etc. im System.
CGI	Comon Gateway Interface. Normierte Schnittstelle für den Aufruf von Programmen auf einem WWW-Server durch WWW-Clients.
CGI-Skript	Programm meist in Perl oder C++ geschrieben.
Chat	Siehe unter *IRC*.
Clickable Image bzw. Map	Anklickbares Bild (Image) mit Hyperlink in WWW-Seiten. Anklickbares Bild (Map), welches mehrere „Hotzones" aufweist. Hinter den Hotzones verbergen sich Links bzw. Auswahlmöglichkeiten, die dann mittels CGI-Skript auf dem Server verarbeitet werden.
Client	Eine Softwareapplikation/Programm, mit deren Hilfe der Zugriff auf einen Dienst eines Servers im Netzwerk erfolgt.
CompuServe	Weltweiter kommerzieller Online-Dienst. Mittlerweile von AOL (siehe dort) aufgekauft.
Content Provider	Anbieter von Inhalten im Internet bzw. in Online-Diensten.
Cyberspace	Gesamtheit des durch interaktive Computernetze erzeugten virtuellen (künstlichen) Erfahrungsraumes.
DENIC	Deutsches Network Information Center. Vergabe und Registrierungsstelle für de.-Internet-Adressen
DFN e.V.	Deutsches Forschungsnetz. Der Verein zur Förderung eines deutschen Forschungsnetzes e.V. kümmert sich um die nationale Anbindung an das Internet und betreibt das WIN (siehe dort).
DFÜ	Datenfernübertragung
Dial-up connection	Eine zeitlich begrenzte Verbindung zu einem Computer über die normale Telefonleitung. Bezieht sich in der Regel auf die Art der Verbindung, die mit einem Kommunikationsprogramm und einem Modem hergestellt werden kann. SLIP- und PPP-Verbindungen (siehe dort) fallen ebenfalls in diese Kategorie.

Digital	Auf dem binären System beruhende Darstellungsform von Informationen. Bei der digitalen Datenübertragung ändert sich das Signal in festen Sprüngen.
DNS	Domain-Name-System. Eine Datenbank, mit deren Hilfe symbolische Internet-Adressen (z.B. leibniz.gun.de) in ihre numerischen Äquivalente (z.B. 194.49.16.3) umgewandelt werden können (und umgekehrt). Das DNS erlaubt die vereinfachte Nutzung des Internet, ohne sich endlose Listen von numerischen Adressen merken zu müssen.
Domain	Hinterer Teil einer Internet-Adresse, z.B. „microsoft.com/" Die Domain ist meist eine Gruppe von Rechnern, die unter einer „Oberadresse" (dem Domain-Namen) von einer Instanz verwaltet werden.
Download	Vorgang des Überspielen einer Datei von einem entfernten bzw. fremden Rechner/Server auf den eigenen Rechner.
EFF	Electronic Frontier Foundation. Eine Vereinigung, die sich sozialen und rechtlichen Fragen in Zusammenhang mit der Internet-Nutzung widmet.
Electronic Mall	Virtuelles Shopping Center im Internet, in dem eine Vielzahl elektronischer Stores zu finden sind.
Electonic Publishing	Elektronisches Publizieren von Informationen (in Online-Medien oder auf CD-ROM).
Elektronische Agenten	Programm, welches im Auftrag des Benutzers selbständig im Netz Informationen sammelt und ihm die Ergebnisse anschließend bereitstellt.
Emoticons	Graphische Symbole, die vorwiegend Gefühlszustände ausdrükken, um Nachrichten dadurch zu illustrieren bzw. verständlicher zu machen Beispiel: ;-)
EO	Europe Online. Als Online-Dienst geplantes Internet-Angebot des Burda Konzerns.
Eunet	Größter europäischer Internet-Provider.
FAQ	Frequently Asked Questions. Häufig gestellte Fragen: Viele Newsgruppen und einige Mailinglisten verfügen über FAQ-Listen, in denen Antworten auf solche häufig gestellten Fragen zu finden sind, so daß die Verwalter etc. von der Notwendigkeit entbunden werden, ständig dieselben Fragen neuer Nutzer zu beantworten.
Fidonet	Großes, internationales, nicht-kommerzielles Mailboxnetz.

Flame	Ein bösartiger und (oftmals) persönlicher Angriff auf den Verfasser eines Artikels in einer Newsgruppe. Das „flamen" ist sehr weit verbreitet im Internet.
FNC	Federal Network Council. Regierungsgremium in den USA.
Follow-Up	Eine Antwort auf einen Artikel einer Newsgruppe (siehe auch: *Posting*).
Free-Net	Eine Einrichtung in US-amerikanischen Bibliotheken, die jedem die kostenfreie Nutzung des Internet ermöglicht. Mittlerweile bilden sich auch in Deutschland erste Free-Nets.
FTP	File Transfer Protocol. Ein Übertragungsstandard bzw. -protokoll, der/das den Austausch von Daten zwischen zwei Computern definiert. (Zugleich der Name des Programms, mit dem man diesen Service benutzen kann.)
Gateway	Ein Computersystem, das die Übertragung von Daten zwischen normalerweise inkompatiblen Applikationen oder Netzen ermöglicht. Die Daten werden vom Gateway-Rechner vor dem Versand so umformatiert, so daß sie vom empfangenden Netz (oder einer Applikation) weiterverarbeitet werden können.
GB	GigaByte
GIF	Graphics Interchange Format. Gebräulichstes Format zur Speicherung von Bildern im Internet.
Gopher	Ein verteilter, textorientierter Internet-Dienst, der hierarchisch strukturierte Datenbestände innerhalb des Internet zur Verfügung stellt. (Zugleich der Name des Programms, mit dem man diesen Service benutzen kann.)
GVU	Graphics, Visualization & Usability Center. Universitätsinstitut in den USA, welches regelmäßige WWW-Umfragen durch führt und veröffentlicht.
Header	Vorspann eines Datenpaketes, welcher u.a. die Zieladresse enthält. Auch Kopf einer E-Mail-Nachricht.
Homepage	Eingangsseite einer Site im World Wide Web. Oft synonym gebraucht für eine komplette WWW-Präsenz.
Host	Bezeichnung für einen Computer innerhalb eines Computernetzes, der von anderen Rechnern im Netz angesteuert werden kann, um z.B. darauf abgelegte Daten zu nutzen.
HTML	Hypertext Markup Language. Die Seitenbeschreibungssprache, in der WWW-Dokumente erstellt werden.

HTTP — Hypertext Transfer Protocol. Protokoll für die Übertragung von WWW-Seiten zwischen Server und Client.

Hyperlink — Farbig hervorgehobener bzw. unterstrichener Bereich auf einer WWW-Seite, hinter der sich eine Verzweigung zu einem anderen Dokument oder Rechner im Internet verbirgt. Das Anklicken des Hyperlink lädt eine neues Dokument in den Client.

Hypermedia — Kombination aus *Hypertext* und *Multimedia* (siehe dort).

Hypertext — Dokumente, die Verweise auf andere Dokumente beinhalten und die Möglichkeit bieten, durch die Anwahl eines solchen Verweises das korrespondierende Dokument automatisch aufrufen zu können.

IAB — Internet Architecture Board. Offizielle Einrichtung des Internet, die über neue Standards und andere wichtige Dinge entscheidet.

IETF — Internet Engineering Task Force. Gruppe von Freiwilligen, die sich mit der Lösung von technischen Problemen beschäftigt und eng mit dem IAB zusammenarbeitet.

IITF — Information Infrastructure Task Force. US-Gremium zum Aufbau der nationalen Internet-Infrastruktur.

Individual Network — Verein, der Privatpersonen Internet-Zugänge anbietet.

InterNIC — Internet Network Information Center. Netzinformationszentrum. Zusammenschluß mehrerer Dienste des Internet, öffentliche Belange betreffend: Registrierung von Internet-Adressen, diverse Datenbanken etc. Das InterNIC stellt eine Vielzahl eigener Ressourcen und Dienste im Internet zur Verfügung.

Intranet — Firmeninternes Netz: Zur Kommunikation und zum Datenaustausch auf Basis der Internet-Technologie (TCP/IP).

IP — Internet Protocol. Das wichtigste aller Protokolle, auf dem das Internet basiert. Das Internet Protocol erlaubt Datenpaketen, auf dem Weg vom Sender zum Empfänger mehrere verschiedene Netze zu durchqueren, indem es die Adressierung der Datenpakete regelt.

IRC — Internet Relay Chat. Ein Internet-Dienst, der Online-Kommunikation zwischen Netznutzern im CB-Funk-Stil auf unterschiedlichen Kanälen ermöglicht.

IRTF — Internet Research Task Force. Einrichtung der Internet Society, die sich den Forschungs- und Entwicklungsfragen des Internet widmet.

ISDN	Integriertes Service und DienstleistungsNetz. Digitales Leitungsnetz, das u.a. von der Telekom betrieben wird. Der Hauptunterschied zum analogen Telefonnetz ist die Tatsache, das im ISDN-Netz digitale Signale transportiert werden. Mit einem ISDN-Anschluß können Hochgeschwindigkeitsanbindungen an das Internet vorgenommen werden, sofern diese Möglichkeit vom Netzanbieter zur Verfügung gestellt wird.
ISO	International Standards Organization. Organisation für internationale Standards. Die ISO hat eine andere Art von Protokollen (ISO/OSI Protokolle) definiert, die theoretisch das bestehende Internet Protocol ersetzen können. Ob und wann das geschieht, ist ein nach wie vor heiß diskutiertes Thema im Internet.
ISOC	Internet Society. Die dem IAB (siehe dort) übergeordnete Organisation, deren Mitglieder sich um ein weltweites Informationsnetz bemühen.
JAVA	Programmiersprache, in der man kleine, an den Browser übertragbare Programme schreiben kann. Die Programme laufen unabhängig vom Betriebssystem auf allen Rechnern.
JPEG	Joint Photograph Expert Group. Internationales Gremium, welches den gleichnamigen Standard zur Komprimierung von Bild- bzw.- Graphikdatein geschaffen hat.
Kbps	Kilobit per Second. Maßeinheit Tausend Bit pro Sekunde
KIT	Kernell for Intelligent Communication Terminals. Graphikorientierter Übertragungsstandard für T-Online auf dem Client-Server-Prinzip.
LAN	Local Area Network. Datennetze mit geringer räumlicher Ausdehnung, z.B. auf ein Gebäude oder ein Firmengelände beschränkte Netze.
Link	siehe Hyperlink
Listserv	Ein im BITNET (siehe dort) entwickeltes, automatisches Verteilsystem für E-Mail, das über Mailinglisten organisiert ist.
Login bzw. Logon	Herstellen einer Online-Verbindung auch Anmeldevorgang auf einem Server.
Logoff	Beenden einer Online-Verbindung. Abmelden auf einem Server.
MAC	Message Authentification Code. Digitales Siegel zu Bestätigung der Echtheit einer Nachricht.
MAN	Metropolitan Area Network. Datennetze, deren räumliche Ausdehnung sich z.B. über ein Stadtgebiet erstreckt.

Mail	Brief (engl.), auch Kurzbezeichnung für E-Mail.
Mailinglists	Eine spezielle E-Mail-Adresse: E-Mails, die an diese Adresse gesendet werden, werden automatisch an eine Anzahl anderer Empfänger weitergeleitet. In der Regel verwendet man solche Adressen für E-Mail-Diskussionsgruppen. Siehe auch *Listserv.*
MB	MegaByte. Maßeinheit, 2^{20} Byte.
Mbps	Megabit per second
MILNET	Ein militärisches Netzwerk im Internet. Das MILNET wird vom US-amerikanischen Militär zum Versand von nicht geheimen Daten benutzt. Es basiert auf der Technologie des ARPANET, ist jedoch im Gegensatz hierzu auch heute noch in Betrieb.
MIME	Multipurpose Internet Mail Extensions. Eine Erweiterung der E-Mail über Internet, die die Möglichkeit zur Übertragung von Daten bzw. Dateien, die nicht im üblichen Textformat vorliegen, eröffnet.
Mirror	Mirror Site. Server, auf dem die Daten eines anderen Servers ganz oder teilweise als Kopie (gespiegelt) vorliegen.
MSIE	Microsoft Internet Explorer. Ein WWW-Browser.
MSN	Microsoft Network. Online-Dienst der Firma Microsoft Inc.
Modem	Modulator Demodulator. Gerät zur Übertragung von Daten über Telefonleitungen. Wandelt dazu digitale Signale in analoge Signale um und umgekehrt.
Mosaic	Ein WWW-Browser.
MPEG	Motion Picture Experts Group. Internationales Gremium, welches den gleichnamigen Standard zur Datenkompression von Videosequenzen geschaffen hat.
Multimedia	Integration verschiedener Medien in einer Anwendung bzw. einem Gerät. Dokumente, die verschiedene Arten von Daten enthalten, wie z.B. Text, Musik und Grafik.
Nameserver	Rechner im Internet, der Rechnernamen und die dazugehörigen IP-Adressen verwaltet.
Netzanbieter	siehe *Provider.*
Netiquette	Benimmregeln für die Nutzung des Internet.
Net-PC	Network Personal Computer. Preisgünstiger PC mit abgespeckter Ausstattung und Leistung, der zur Nutzung des Internet konzi-

	piert wurde und das Netz breiteren Schichten zugänglich machen sollte. Bislang mit nur mäßigem Erfolg.
Netscape Navigator / Communicator	Ein weit verbreiteter WWW-Browser mit der Fähigkeit, News und E-Mail zu nutzen. Eine Browser-Suite mit einer Reihe integrierter Zusatzprogramme.
News	Öffentliche, themenorientierte Sammlung elektronischer Schwarzer Bretter, über die Nachrichten gezielt veröffentlicht werden können.
Newsgroup	Themen- bzw. Diskussionsgruppe in den News.
Newsreader	Client-Programm zum Lesen von News. Heute meist in WWW-Browser integriert.
NIC	Network Information Center. Organisation (üblicherweise pro Land eine), die Informationen zu den verschiedenen Rechnern im nationalen Internet-Bereich sammelt und Adressen vergibt.
NNTP	Network News Transport Protocol. Das Protokoll, das die Art und Weise des Austausches von News zwischen Computern des Internet definiert.
NOC	Network Operation Center. Organisation, die für den täglichen Betrieb und die Pflege eines Netzes verantwortlich sind. Jede Firma, die Netzzugänge anbietet, hat ein oder mehrere NOCs. Bei Problemen wendet man sich an das zuständige NOC des Netzanbieters.
NSFNET	National Science Foundation Network. Das NSFNET ist eines der vielen Netze im Internet. Eine Zeit lang bildete es das US-Backbone.
Offline	Zustand, bei dem keine aktivierte Verbindung zwischen einem Rechner und einem Computernetz besteht.
Online	Zustand, bei dem eine aktivierte Verbindung zwischen einem Rechner und einem Computernetz besteht und daher die Übertragung von Daten möglich ist.
Online-Dienst	In der Regel kostenpflichtige Informations- und Kommunikationsdienste, bei denen ein Nutzer sich in das Netz eines Anbieters einwählt und die dortigen Angebote nutzen kann.
OPACs	Online Public Access Catalog. Öffentlich zugängliche Bibliothekskataloge im Internet.
Paket	Im Internet werden Daten zu Paketen geschnürt, die dann unabhängig voneinander versandt werden können, u.U. auch auf völlig unterschiedlichen Routen (Paketvermittlung). Beim Emp-

fänger werden die Datenpakete dann ausgepackt, so daß die ursprüngliche Datei wieder vollständig vorliegt. Die Größe der Datenpakete ist unterschiedlich und hängt u.a. von der Hardware eines Netzwerkes ab. In der Regel sind die Datenpakete nicht größer als 1500 Bytes.

PGP — Pretty Good Privacy. Software zur Verschlüsselung von Nachrichten.

Posting — Ein Artikel, den man an eine Newsgruppe des USENET (siehe dort) schickt. Verb: to post oder „posten".

Postmaster — Die Person, die mit der Betreuung eines E-Mail-Systems beauftragt ist.

POP — Point of Presence auch Post Office Protocol. Einwählpunkt bzw. Niederlassung eines Internet-Providers. Im Rahmen von E-Mail ist das Post Office Protocol (POP3) ein Verfahren zum Abholen der E-Mail vom Mail-Server.

PPP — Point-to-Point Protocol. Ein spezielles Softwareprotokoll, mit dem ein Computer das TCP/IP (Internet-) Protokoll per Modem und normaler Telefonleitung nutzen kann. PPP ist ein neuerer Standard, der das SLIP-Protokoll (siehe dort) ersetzt.

Protokoll — Ein Protokoll legt die Regeln fest, an die sich zwei Computer halten müssen, wenn sie Daten austauschen wollen. Die in einem Protokoll festgelegten Definitionen erstrecken sich von der Festlegung der Reihenfolge, in der die Bits übertragen werden, bis hin zum Format einer kompletten Mail. Standardprotokolle erlauben den Austausch von Daten zwischen Computern unterschiedlicher Hersteller; jeder Rechner kann eine andere Software verwenden, solange gewährleistet ist, daß die im Protokoll festgelegten Regeln und Definitionen befolgt werden.

Provider — Eine Firma, die Zugänge zum Internet anbietet. Wenn die Computer einer Firma oder der eigene Rechner daheim an das Internet angeschlossen werden sollen, erledigt der Provider (Netzanbieter) in der Regel sowohl die physikalische Anbindung als auch die Softwareanbindung.

Push Channels — WWW-Angebote, bei denen ein spezieller Push-Client vom Nutzer konfiguriert wird und in regelmäßigen Abständen aktuelle, individualisierte Informationen vom Push-Server anfordert und diese den Nutzer bereitstellt.

RIPE — Réseaux IP Europeéne. Europäisches Internet Network Information Center in Amsterdam.

Router	Ein Computersystem bzw. Hardware die Daten zwischen zwei verschiedenen Netzsegmenten transferiert.
RPI	Rockwell Protocol Interface. V.90 Datenkompremierungsverfahren zu schnelleren Datenübertragung per Modem (56.600 bps).
Rückkanal	Datenfluß in umgekehrter Richtung, also vom Empfänger zum Sender, der Interaktivität ermöglicht.
Search Engine	Suchmaschinen im Internet, die entweder die Stichwortsuche nach WWW-Dokumenten ermöglichen oder themenorientierte Kataloge anbieten.
Server	Computer oder Software, die anderen angeschlossenen Computern gewisse Dienste und/oder Daten zur Verfügung stellt. Die anderen Computern bedienen die Serversoftware durch die entsprechenden *Clients* (siehe dort). (Auch: Ein Computer, auf dem Serversoftware läuft; also das ganze System.)
SET	Secure Electronic Transation. Verschlüsselungsprotokoll zu sicheren Datenübertragung im Netz.
Set-Top-Box	Gerät bzw. Decoder für den Empfang digitaler TV-Programme.
Signatur	Echtheit bzw. Unverfälschtheit des Inhalts einer elektronischen Nachricht bestätigt. Auch Absenderangabe bzw. -block unter einer „normalen" E-Mail.
Site	Gesamtes Informationsangebot eines Anbieters im Internet, z.B. WWW-Site.
Skript	Kleines Programm bzw. Befehlsfolge (siehe CGI).
SLIP	Serial Line Internet Protocol. Ein spezielles Protokoll, mit dem ein Computer das TCP/IP-Protokoll per Modem und normaler Telefonleitung nutzen kann.
SMTP	Simple Mail Transfer Protocol. Protokoll mit dem E-Mail übertragen und ausgeliefert wird. Ein SMPT-Server ist ein E-Mail-Server.
SRI	Standford Research Institute. Forschungsinstitut in den USA (Kalifornien).
SSL	Secure Socket Layer. Von der Firma Netscape entwickeltes Verschlüsselungsverfahren zur sicheren Übertragung von Daten zwischen Netscape Browsern und Netscape Servern.
Standleitung	Eine ständig bestehende (Telefon-) Verbindung zwischen zwei Orten. Standleitungen werden z.B. für einen dedizierten Internet-Anschluß verwendet.

Tag	Bezeichnung für Formatierungsanweisungen in der Seitenbeschreibungssprache HTML.
TCP	Transmission Control Protocol. Eines der wichtigsten Protokolle, auf denen der Datenaustausch im Internet basiert. Es sorgt für die Aufteilung großer Dateien in Datenpakete, die Überprüfung der korrekten Übermittlung von Datenpaketen und die richtige Anordnung der empfangenen Pakete beim Empfänger.
Telnet	Ein Programm, das die Anwahl von Internet-Rechnern mit Hilfe des Telnet-Protokolls erlaubt. Nähere Informationen hierzu finden Sie im Abschnitt 3.5.3.
Terminalemulation	Eine Workstation, ein PC oder ein anderer Computer mit eigener Rechenkapazität werden durch ein Terminalemulationsprogramm an einen Host-Rechner angeschlossen und verhalten sich dann wie Terminals (Eingabe/Ausgabegeräte) des Hostrechners.
T-Online	Deutscher kommerzieller Online-Dienst der Telekom.
Unix	Ein populäres 32-Bit Betriebssystem, das eine enorm wichtige Rolle bei der Entwicklung des Internet gespielt hat (und spielt) und Multiuser-Betrieb erlaubt. Unix gibt es in verschiedenen Implementierungen; die beiden bekanntesten sind BSD und System V.
Upload	Überspielen von Dateien vom eigenen auf einem fremden Rechner. Gegenteil von Download.
URL	Uniform Resource Locator. Ortsangabe eines WWW-Dokuments. Kann das Protokoll, den Rechnernamen, die Domain sowie die Pfad- und Dateinamen enthalten.
USENET	Users Network. Users Network. Die Systeme des USENET tauschen die „News" aus. Eine Art von Schwarzen Brettern oder Foren, in denen zu jedem Thema jeder etwas sagen kann. Das USENET ist eigentlich viel älter als das heutige Internet, allerdings dient das Internet heutzutage dazu, den Großteil der Newsgruppen des USENET zu transportieren.
UUCP	Unix-to-Unix-Copy. Ein Protokoll bzw. eine Software, die den Dateitransfer zwischen Unix-Systemen ermöglicht. E-Mail- und News-Dienste des sind hieraus hervorgegangen. Obwohl UUCP immer noch recht nützlich sein kann, bietet das Internet mittlerweile bequemere Möglichkeiten zur Erledigung dieser Aufgaben.
Veronica	Very Easy Rotend-Oriented Netwide Index to Computerized Ar chives. Ein Internet-Dienst, der Archie sehr ähnlich ist, jedoch im Gopher-Dienst eingebettet ist. Wahrend Archie die Suche nach

Dateien erlaubt, ermöglicht Veronica die Suche nach bestimmten Menüpunkten auf allen Gopher-Servern.

VRML — Virtual Reality Modelling Language. Eine Beschreibungssprache für dreidimensionale Objekte.

WAIS — Wide Area Information Service. Ein Service des Internet, der das Auffinden von Informationen im gesamten Internet – also weltweit – ermöglicht. Nähere Informationen zu WAIS enthält Abschnitt 3.5.6.

WAN — Wide Area Network. Netze, die sich über Länder oder Kontinente erstrecken.

Whois — Ein Internet-Programm, das dem Benutzer durch die Abfrage einer Datenbank bei der Suche nach Personen oder anderen Internet-Einheiten wie Domains, Netzen und Hosts hilft.

WIN — Wissenschaftsnetz. Das Wissenschaftsnetz ist das staatlich geförderte „Backbone", an das die deutschen Universitäten und Forschungsinstitute angeschlossen sind.

World Wide Web — WWW auch W3. Das „Weltweite Netz", ein auf Hypertext basierendes System mit graphischer Benutzeroberfläche zum Bereitstellen und Auffinden von Ressourcen im Internet. Das WWW wurde am europäischen Kernforschungszentrum CERN in Genf entwickelt.

XML — Extended Markup Language

Index

Kursive Einträge verweisen auf Textstellen im Anhang oder im Glossar.

A

Abrechnungsverfahren 286
Absatzmittler 184
Absatzweg 250
Ad Clicks 231
Ad-Breaks 243
Adobe Acrobat Reader 86
Adressen
  Rechner- 44
  Provider- *314*
Adreßraum IP 45
After-Sales-Marketing 198
Aktien 210
Aktualität 88
Akzeptanzprobleme 358
AGB 349
Almanac 128
America Online 61
Angebotssortiment 199
Anonymität 332
Anonymous FTP 71; 77; *369*
Anwendungsformen 17
Anzeigen im WWW 240
Anzeigenpreise 231
AOL *Siehe* America Online
Apple Macintosh 51
AppleLink 63
Archie 15; 77; *369*
ARPA 38
ARPANET 38; *369*
ASCII 162
asynchrone Verbindung 276
Auftragsbearbeitungskosten 204
Außendienst 133
Außendienststeuerung 134
Außenwirtschaft 109
Authentifikation 334
Automobilfirmen 254

B

Backbone 40; 55; *370*
  Geschwindigkeit 39
Bandbreite
  garantierte 328
Banner Ads 222
  Placement 248
  im WWW 243
Bars 241
Basisdienste des Internet 13
Baud *370*
BBS *370*
BDZV 246
Behörden im Internet 140
Berichtswesen 133
Beschaffung 106
Bestellformulare im WWW 254
Beteiligungscontrolling 133
Beziehungsmarketing 151
Bidirektionalität 12
BITNET 36; 39; *370*
Bit-Steuer 351
Book-on-Demand 266
Break-Even-Point 326
Britannica Online 195
Browser 48; *370*
Brute-Force-Attacken 337
BSDI 3.0 Internet Server 291
Btx 62
Bulletin Board *siehe* News
Bundesdatenschutzgesetz 354
Business Mission 170
Business-to-Business-Werbung 187

C

Call-Back Button 216
CD-on-Demand 266
Cello 48
CERN 39; 159
CERT 318

CGI 168
Chipkarte 337
Client *371*
  FTP- 70
  -Server 47
  -Software
com 46
Common Gateway Interface 168
Communications Decency Act 353
Comparison Shopping 207
CompuServe 35; 61; 353
Consumer-Internet 37
Controlling 313
Cookies 100
Copyrights 357
CORE 47
Core-Internet 37
Corporate Identity 171
Cracker 333
CU-seeMe 130
Cybercash 342

D

Daimler-Benz AG 144
Database Marketing 97
Dateiformate 86
Daten
  -analyse 102
  -gewinnung 91
Datenbankanbindung 167
Datenbanken 106
Datenfriedhöfe 87
Datenintegrität 334
Datenpakete 42
Datenschutz 332
Datensicherheit 332
Datenverkehrsaufkommen 60
Datex-J 62
Debit/Kredit-Lösungen 211
DENIC 45; 318
Deutscher Online Markt 22
DFN 318; *371*
Dialogmarketing 214
Dialup Connection 276
Dienstleistungsmarketing 156
Diffusionsbarrieren 322
Digicash 341
Digital Equipment 45
digitalisierbare Waren 187
Directories 81
Direct-Response-Homepage 216
Direktkommunikation 214
Direktmarketing 214
Diskussionlisten
  Werbung in 238
Diskussionsforen 105
Diskussionslisten 15; 128
Distributed Processing 74
Distribution 250
Distributionspolitik 250
Diversifikationsstrategie 175
DMMV 246
DNS *372* *siehe* Domain Name
Domain 45; 59; *372*
  -Adressen 45
  -Name 44
  -Name-Server 39
  -Zählung 52
Dun & Bradstreet 107; 142
Dynamic Routing 41

E

Ecash 341
edu 46
EFF *372*
Eigentumsrechte 357
Einfuhr- und Ausfuhr 354
Einwählknoten 281
Einwählverbindung 277
Einzelhandelsketten 257
Electronic Data Interchange 340
  -Cash-Konzepte 211
  -Frontier Foundation 316
elektronische Fragebögen 91
  Post 123
  Unterschrift 334
  Zahlungsmittel 208
elektronisches Geld 339
E-Mail- 15; 123
  Adresse 123
  Center 215
  Gateways 123
  Order-System 255
  Umfragen 92

Verbindlichkeit (Verträge) 349
Entwicklungstrends 364
Erfolgsfaktoren 307
Erfolgsmessung 313
Europe Online 63
Event Marketing 218
eWorld 63
Exportgesetze 354
Extended Markup Language 50
externe Kommunikation 121
Extranet 19

F

FAQ *372* *siehe* Frequently Asked Questions
Fax-Gateways 139
Federal Express 194
Feedback 101
Fenstertechnik 48
FidoNet 36
File Transfer Protocol 70
Fill-out-Forms 254
Finanz- und Börseninformationen 106
Finger 14
Firewalls 338
First Virtual 211; 342
Flame 249; *373*
Flow-Konzept 227
Formulare 168
Forschungsdesign 102
Frames 50
Free-Nets 281
Freeware 51; 289
Frequently Asked Questions 111; 159
FTP 15; 70; *369*; *373*
Server-Liste 72
Funktionsbereiche
betriebliche 16

G

Gateway 61; *373*
Telefax 139
Generic Top Level Domains 46
Germany.Net 243
Geschäftsberichte 108
Geschichte des Internet 38
gestaltungsbezogene Produktpolitik 185; 197
Glaubwürdigkeit von Information 87
Globalisierung 181
Goals 171
Gopher 15; 79; *373*
gov 46
Grundlagen des Internet 35
Gruppendiskussionen 99

H

Hacker 318; 334
Haftung für Mitarbeiter 352
Hauspost 133
Haustürgeschäfte-Widerrufsgesetz 350
HBCI-Standard 210
Header
in IP-Datenpaketen 43
Hierarchiestufen 20
Hilfsapplikationen 164
Hilfsdienste 77
Hindernisse d. Netznutzung 321
Homebanking 210
Homepage 147; 181
Homeshopping 24
Hosts 21; 57
Hotlines 198
HotSpots 241
HotWired 98; 99
HTML 161; *374*
HTTP 161
Hyperlink 160
Hypermedia *374*
Hypertext 159; *374*

I

IAB *374*
IETF 315; *374*
illegale Inhalte 353
Incoterms 212
indirekte Werbung 239
Information 2
Information Infrastructure Task Force 316
Informations-

abruf 80
anbieter 352
angebot im Internet 81
bedarf 117
beschaffung 10; 16; 18; 69
erkundung 80
formen 85
management 11
organisation 11
produkte 188
qualität 87
quellen (traditionelle) 116
verfügbarkeit 86
verwertung 12
wirtschaft 10
Innovationen 189
Internationale Geschäfte 202
interne Kommunikation 121; 132
Internet-
Basisdienste 13
Betriebskosten 42
Core-/Consumer- 37
Definition 36
Entwicklung 56
Grundgedanke 35
Grundlagen 35
Knotenrechner 40; 55
Marktvolumen 23
Nutzer 25
Produkte 188
Protocol 43
Relay Chat 122
Society 314
soziale Barrieren 358
Standards 327
Teilnehmerzahl 21
Themengebiete 85
Topographie 51
Wachstumsraten 57
Zugang 281
Zugang über Online-Dienste 61
Zugangsarten 275
Internet Architecture Board 315
InterNIC 316
Intershop 292
Intranet 19
Investitionsgüter 187; 252
IP 43; *374*
IP-Adresse 44
Iphone 131
IPOC 46
IRC 122; *374*
IRTF 315
ISDN 279; *375*
Standleitung 280
ISO *375*
ISP 280
Italia Online 63
IVW 246

J

J. P. Morgan 106
Java 166
Java Appletts 166
JavaScript 167

K

Kapazitätsengpässe 328
Kennzahlen 230
KIT-Standard 62
Knotenpunkte 41
Knotenrechner 40
Kodierung 336
Kommerz-Begriff 7
Kommerzfeindlichkeit 249
kommerzielle Online-Dienste 35
Kommunikation 16; 18
Kommunikationskosten 206
Kommunikationspolitik 212
Kompression 87
Konditionenpolitik 207
Konsumgüter 187; 252
Kontingenttarife 287
Kontrahierungspolitik 200
Konzepttest 96
Kooperationen 176
Kosten
Auftragsbearbeitung 204
Hard-/Software 291
Internet-Zugang 284; 285
Kommunikation 206
Material 204
Telefonleitung 285

Transport 205
Kostensenkungspotentiale 151
Kreditkarten 209
Kriminalität 318
Kundendienst 198
Kundennähe 116

L

LAN *375*
Länderkennung 58
Landeskennung 45
Layout von Webseiten 308
Leseranalysen 98
Lieferbedingungen 211
Linking 74
Links 160
Listserv 36; 128; *375*
Local Area Networks 40
Logfiles 313

M

Mailing Listen 15; 128
Mail-Order 24
Mailroboter 36; 127
Mailserv 128
Mail-Server 123
Majordomo 128
Makler 193
MAN *376*
Marke 199
Marketing- 12; 16; 20; 155
  instrumente 158
  Mix 156
  strategien 173
  ziele 169; 172
Markt-
  volumen 23
  arealstrategien 179
  durchdringungsstrategie 174
  entwicklungsstrategie 174
  forschung 69; 89
  größe 21
  überblick 206
Maschinen und Anlagen 194
Massenmarktstrategie 178
Maussteuerung 48
MCI-Mail 37
Medialität 89
Meinungsvielfalt 88
Messen und Ausstellungen 216
Metropolitan Area Networks 40
Micropayments 340
Microsoft
  Internet Server 290
  Network 64
  Internet Explorer 49
mil 46
MILNET 39; *376*
MIME 328
Mitarbeiterzeitung 135; 136
Mosaic 48
MSN *Siehe* Microsoft Network
Multimedia 164
Multimedia-Kommunikation 221
Museen 193

N

National Science Foundation 314; 316
NC 167
net 46
Netbank 342
Netcash 342
Netfind 14
Netscape 48
Netscape SuiteSpot 3.1 290
Netz-
  knoten 54
  topographie 51
  typen 277
  überlastungen 58
  zugänge 281
News 15; 74
  alternative Hierarchien 76
  -Artikel 74
  -groups 74
  Haupthierarchien 75
  lokale Gruppen 76
  Reader-Software 75
  -Server 74
  Werbung 238
NNTP 37; *377*
NSFNET 39; *377*
Nutzungs-
  analyse 101

daten 101
gewohnheiten 31
möglichkeiten Überblick 16

Ö

Öffentlichkeitsarbeit 146; 219

O

Offline-Konsum 266
Online-Marketing 158
Banking 142
Bestellung 255
Dienste 60
Interviews 99
Kommunikation 122
Konsum 266
Order 24
Panel 100
Publishing 105
Online-Stores 199; 258
Verbindung 275
On-site-Telearbeit 138
org 46
Organisationen im Netz 58; 314
Organisationsendung 58
Organisationszugehörigkeit 45
Outsourcing 294

P

Page Views 313
Paket *378*
Pentagon 38
persönliche Agenten 207
persönlicher Verkauf 264
physische Distribution 265
Plug-Ins 50; 164
Point of Service 281
POP 281
POS 281
Posting *378*
Postmaster *378*
Postscript-Dateien 86
PPP 277; 278
Präferenzstrategie 176
Preis/Mengenstrategie 177
Preise
regional differenzierte 206
Preis-
festlegung 206
management 200; 201
politik 200
Primärforschung 103
Printmedien 195
Procurement Web-Sites 145
Produkt-
Elimination 195
Entwicklungsstrategie 175
im Internet 188
Informationen 304
Innovationen 116
Politik 184
Proben 197
Tests 95
Typen 186
Variation 191
programmbezogene Produktpolitik 185; 199
Protokolle 43; *378*
MIME 328
SLIP/PPP 277
SSL 337
Provider 41; 280; *283*; *378*
Kosten/Tarife 286
prozeßbezogene Produktpolitik 185; 189
Pseudonymität 332
Public Relations 219
Purchasing Web-Sites 145
Push-Technology 237
Push-Channels 227

Q

Qualitätsniveau der Daten 117

R

Realaudio 165
Rechtliche Probleme 344
Registrierkarten 98
Reisebüros 196
Relationship Marketing 270
Reliabilität von Online-Befragungen 103
Remote Login 72
RIPE 317
Router 41; 289; 289; *379*
RSA 335
Rücklaufquote 102

S
Schwarzes Brett *siehe* News
Search Engines *siehe* Suchdienste
Secure Sockets Layer Protocol 337
Segmentierungstrategie 178
Seitengestaltung 307; 308
Sekundärforschung 103
Semipermanente Verbindung 276
Server
  News 74
  Software 51
  Log File 101
  Hosting 286
  Rooming 286
Servicepolitik 198
SET 210
Set-Top- Box 365
Shared Line 276
Shareware 51; 289
Sidebars 241
Signaturgesetz 348
SLIP 277; 278
Smartcard 210; 337
soziale Barrieren 358
Sponsoring 220
SprintNet 37
SSL-Protokoll 210
Standleitungen 40
Statistiken im Internet 109
Statistisches Bundesamt 109
Stern Online-Typen 26
Strategien 173
Strategische Umwelt- und Konkurrenzanalyse 116
Stripes 241
Subnetze 44
Suchdienste 81

T
T1- und T3-Verbindungen 40
Talk 122
Tarifstrukturen 287
Tausender-Kontakt-Preis 231
TCP/IP 36; 39; 42
Technologische Probleme 327
Teilnehmerzahl
  Internet 21
  WWW 22
Teilzahlungskäufe 350
Telearbeit 137
Teledienstedatenschutzgesetz 356
Telefax-Gateways 139
Telemanagement 138
Teleservice 138
Telnet 15; 72
Terminalemulation 72; *380*
Terminalverbindung 275
Testmarkt Internet 197
Thumbnails 241
Timingstrategie 183
TKP 230
T-Online 35; 62
Touchscreen 137
Transaktionskosten 115
Transaktionsprozesse 115

Ü
Übertragungsintegrität 333

U
UK Online 63
Umwelt- und Konkurrenzanalyse 108
Unabstreitbarkeit 333
Unbeobachtbarkeit 332
Uniform Ressource Locator 161
Unix 51
Unterbrecherwerbung 243
Unternehmenskommunikation 11; 121
Unverkettbarkeit 333
Urhebergesetz 358
Urheberrecht 357
URL 161
USENET 39
USENET News 37 *siehe* News
UUCP 36

V
Validität von Online-Befragungen 102
VDZ 246

Verbindungen
dedizierte 40
T1, T3 40
Vereine 281
als Internet-Provider 41
Verkaufsförderung 220
Veronica 15; 80
Versandhandel 24; 258
Verschlüsselungstechnologie 337
Verträge im Netz 348
Vertraulichkeit 332
Video-on-Demand 365
Vier-Augen-Gespräche 129
Virtual Private Networks 149
virtuelle
Events 218
Filiale 250
Mall 258
Messe 217
Teams 138; 146
Unternehmen 138
Visits 313
Volkswagen AG 149
Volltextsuche 78
VPN *siehe* Virtual Private Networks
VRML 50; 164

W

W3 *siehe* World Wide Web
Wachstumsraten Internet 57
WAIS 15; 78
Waren- 187
korb 254
logistik 265
WebEdit 162
Web-Umfrage 27
Weiterbildung 136
Werbe-
botschaften 233
budget 229
E-Mail 214
geschenke 221
mittel 236
mittel-Auswahl 236
wirkungsanalyse 101
Werbung 222
emotionale 225
für Homepage 304
gesendet/angefordert 237
in den News 238
in Diskussionslisten 238
indirekte 239
Ziele 224
Werkzeuganwendungen 13
Wettbewerbsvorteile 183
Whiteboarding 122
Whois 14
Wide Area Information System 78
Wide Area Networks 40
Willensäußerungen 351
WinZip 87
WIPO 47
World Wide Web 15; 39; 159
WWW-
Bestellformulare 254
Browser 161
Funktionsweise 160
Hard-/Software 289
Hilfsapplikationen 164
Layout 308
Präsentation 260
Server-Liste 85
Teilnehmerzahl 22
Umfragen 95
Verträge 348

X

X.500 14
XML 50; 161

Y

Yahoo-Server 83

Z

Zahlung per Kreditkarte 209
Zahlungsbedingungen 207
Zahlungssysteme 339
Zeitschriftenarchive 116
Zielgruppengröße 21
Zölle und Steuern 202
Zugangsarten 275
Zugriffskontrolle 332